矢量传感器阵列参数估计及滤波

王桂宝　王兰美　廖桂生　著

科学出版社

北　京

内 容 简 介

矢量传感器阵列参数估计是阵列参数估计的重要内容。矢量传感器阵列不仅具有标量传感器阵列的优势，还具有标量传感器阵列不具备的特点。可充分利用矢量传感器阵列的诸多优势进行参数估计、干扰抑制、解模糊、解相干和降维处理，发挥其在雷达、导航等领域的优越性。本书首先介绍矢量传感器阵列相关基础知识，其次研究电磁矢量传感器阵列参数估计相关算法，包括锥面和柱面共形阵列参数估计算法、降维算法、基于CS理论的DOA估计算法和解相干算法等，最后研究电磁矢量传感器阵列滤波算法。

本书可供通信与信息系统、信号与信息处理、微波和电磁场、电子对抗、水声等专业的本科生、研究生和相关专业技术人员参考。

图书在版编目（CIP）数据

矢量传感器阵列参数估计及滤波/王桂宝，王兰美，廖桂生著. —北京：科学出版社，2022.1

ISBN 978-7-03-067183-7

Ⅰ. ①矢… Ⅱ. ①王…②王…③廖… Ⅲ. ①矢量-传感器-参数估计-研究②矢量-传感器-滤波技术-研究 Ⅳ. ①TP212

中国版本图书馆CIP数据核字（2020）第246784号

责任编辑：宋无汗 杨 丹 / 责任校对：杨 赛

责任印制：赵 博 / 封面设计：陈 敬

科学出版社 出版

北京东黄城根北街16号

邮政编码：100717

http://www.sciencep.com

涿州市般润文化传播有限公司 印刷

科学出版社发行 各地新华书店经销

*

2022年1月第 一 版 开本：720×1000 1/16

2024年1月第三次印刷 印张：13 1/2

字数：270 000

定价：120.00元

（如有印装质量问题，我社负责调换）

前　言

矢量传感器不仅能获取空间电磁信号的幅度相位信息，而且能感知电磁信号的极化信息，在雷达、通信、导航等众多领域有着广阔的应用前景。

本书是作者近十年科研成果的总结，涉及矢量传感器阵列参数估计的几个关键问题。电磁矢量传感器阵列是一种复合阵列结构形式，为阵列解相干和共形阵列设计提供了新途径；可提供完备的电磁矢量信息，在相同阵元数和快拍数下，矢量阵列的接收数据量和变量个数均增加，从而使计算量增加。同时，变量个数的增加导致搜索类算法的计算量呈指数增加。本书针对电磁矢量传感器参数估计中的热点和难点展开研究，并在参数估计的基础上进一步研究极化域滤波问题。

全书共三篇。第一篇(第 1、2 章)为基础知识，介绍阵列信号处理的研究现状，以及矢量运算和矩阵运算等阵列信号处理的基础。第二篇(第 3～6 章)为参数估计，首先从空气动力学角度，研究与飞行器外表形状一致的共形阵列；其次研究矢量阵列降低计算量的降维算法；再次研究低快拍下基于压缩感知理论的到达角估计算法；同频干扰和多径效应导致阵列接收信号为相干信号，最后研究基于矢量特性的解相干算法。第三篇(第 7 章)为滤波算法，在参数估计的基础上，研究空域滤波、极化域滤波、空-频-极化域联合滤波和稳健滤波算法。为了保证技术性和可读性，本书将算法和计算机仿真实验结合，通过仿真实验验证算法的有效性，使读者可以直观、系统地掌握电磁矢量传感器阵列参数估计的基本原理和方法。

本书的出版得到了国家自然科学基金面上项目(61972239、61772398)和陕西省重点研发计划项目(2019SF-257、2020GY-024)的支持。本书撰写分工如下：西安电子科技大学王兰美教授撰写第 1、2 章和第 7 章，陕西理工大学王桂宝教授撰写第 3～6 章，西安电子科技大学廖桂生教授拟定全书内容并统稿。感谢王乐、周琨、林吉平、陈智海、邹明杲、游娜、惠哲、杨乐、徐晓健、王瑶、王欢等研究生为本书付出的辛勤劳动。在本书撰写过程中，广泛参考了国内外代表性著作和论文，在此向各位作者表示感谢!

由于作者水平有限，书中难免存在不足之处，敬请读者批评指正。

目　　录

前言

第一篇　基础知识

第 1 章　绪论 …… 3
1.1　研究背景和意义 …… 3
1.2　研究现状 …… 4
1.2.1　共形电磁矢量传感器阵列的研究现状 …… 4
1.2.2　压缩感知理论的研究现状 …… 5
1.2.3　电磁矢量传感器阵列降维算法的研究现状 …… 6
1.2.4　解相干算法的研究现状 …… 7
1.2.5　滤波算法的研究现状 …… 7
1.3　本书的主要内容 …… 8
参考文献 …… 9
第 2 章　电磁矢量传感器阵列信号处理基础 …… 13
2.1　引言 …… 13
2.2　线性空间和希尔伯特空间 …… 13
2.2.1　线性空间 …… 13
2.2.2　希尔伯特空间 …… 14
2.3　窄带信号模型 …… 21
参考文献 …… 22

第二篇　参数估计

第 3 章　共形电磁矢量传感器阵列参数估计算法 …… 27
3.1　引言 …… 27
3.2　锥面共形阵列信号模型与参数估计算法 …… 29
3.2.1　锥面共形阵列信号模型 …… 30
3.2.2　信号参数估计算法 …… 31
3.2.3　计算机仿真实验 …… 37
3.3　基于平行因子模型的平面共形阵列和柱面共形阵列参数估计算法 …… 38

3.3.1 平行因子参数估计算法 ······ 39
3.3.2 基于平行因子模型的平面共形阵列参数估计算法 ······ 42
3.3.3 基于平行因子模型的柱面共形阵列参数估计算法 ······ 49
3.4 分离式电磁对柱面共形阵列参数估计 ······ 57
3.4.1 柱面共形阵列信号模型 ······ 57
3.4.2 空域导向矢量估计 ······ 58
3.4.3 解模糊处理 ······ 60
3.4.4 DOA 估计 ······ 60
3.4.5 极化参数估计 ······ 61
3.4.6 计算机仿真实验 ······ 61
参考文献 ······ 62
第 4 章 电磁矢量传感器阵列降维算法 ······ 64
4.1 引言 ······ 64
4.2 单电磁矢量传感器的 MUSIC 参数估计算法 ······ 65
4.2.1 单电磁信号模型 ······ 66
4.2.2 Hermitian 矩阵及其性质 ······ 67
4.2.3 单电磁矢量传感器 MUSIC 降维算法 ······ 67
4.2.4 计算机仿真实验 ······ 69
4.3 电磁矢量传感器圆形阵列 MUSIC 参数估计算法 ······ 71
4.3.1 阵列信号模型 ······ 71
4.3.2 基于 MUSIC 降维的信号参数估计算法 ······ 72
4.3.3 计算机仿真实验 ······ 73
4.4 拉伸单电磁矢量传感器参数估计算法 ······ 77
4.4.1 拉伸单电磁信号模型 ······ 77
4.4.2 传统 MUSIC 算法 ······ 78
4.4.3 拉伸单电磁矢量传感器 MUSIC 降维算法 ······ 78
4.4.4 计算机仿真实验 ······ 79
4.5 分布式电磁矢量传感器参数估计算法 ······ 82
4.5.1 问题描述 ······ 82
4.5.2 分布式 MUSIC 降维处理算法 ······ 85
4.5.3 计算机仿真实验 ······ 86
4.6 近场源参数估计的降维算法 ······ 89
4.6.1 阵列结构和数据接收模型 ······ 89
4.6.2 算法实现原理 ······ 90
4.6.3 计算机仿真实验 ······ 93

参考文献 …… 95
第 5 章　基于 CS 理论的 DOA 估计算法 …… 98
5.1　引言 …… 98
5.2　基于 CS 理论的 DOA 估计算法模型 …… 101
5.2.1　稀疏重构算法的基本原理 …… 101
5.2.2　正交匹配追踪算法 …… 102
5.2.3　计算机仿真实验 …… 104
5.3　基于奇异值分解的 DOA 估计 …… 110
5.3.1　DOA 估计模型 …… 110
5.3.2　CS 用于 DOA 估计的仿真 …… 113
5.4　基于 CS 理论的双平行均匀线阵二维 DOA 估计 …… 119
5.4.1　双平行均匀线阵阵列结构和信号模型 …… 119
5.4.2　计算机仿真实验 …… 122
5.5　基于 CS 理论的 L 阵二维 DOA 估计 …… 125
5.5.1　观测矩阵的设计 …… 125
5.5.2　参数配对算法 …… 127
5.5.3　计算机仿真实验 …… 128
5.6　电磁矢量传感器阵列的压缩感知降维算法 …… 130
5.6.1　电磁矢量传感器阵列模型 …… 130
5.6.2　稀疏模型下的极化和 DOA 估计 …… 133
5.6.3　电磁矢量传感器阵列的 CS-DOA 估计算法 …… 134
5.6.4　算法的性能对比 …… 136
参考文献 …… 138
第 6 章　电磁矢量传感器阵列的解相干算法 …… 140
6.1　引言 …… 140
6.2　空间平滑算法 …… 141
6.2.1　前向空间平滑算法 …… 141
6.2.2　后向空间平滑算法 …… 143
6.2.3　前后向空间平滑算法 …… 144
6.2.4　前后向空间平滑算法仿真分析 …… 144
6.3　极化解相干 …… 146
6.3.1　极化解相干 MUSIC 参数估计算法 …… 146
6.3.2　计算机仿真实验 …… 149
6.4　非均匀阵列及其高精度 DOA 估计 …… 152
6.4.1　非均匀阵列组构建 …… 153

6.4.2 信号模型 …… 155
6.4.3 阵列接收数据处理 …… 156
6.4.4 基于稀疏重构的 DOA 估计 …… 157
6.4.5 计算机仿真实验 …… 158
6.5 互质阵列解相干算法 …… 162
6.5.1 阵列流型 …… 162
6.5.2 算法原理 …… 163
6.5.3 计算机仿真实验 …… 164
参考文献 …… 165

第三篇 滤波算法

第 7 章 电磁矢量传感器阵列滤波算法 …… 169
7.1 引言 …… 169
7.2 空域滤波算法 …… 171
7.3 极化域滤波算法 …… 174
7.3.1 三维矢量极化域滤波 …… 175
7.3.2 极化损失 …… 175
7.3.3 SINR 处理增益 …… 176
7.4 空域-极化域自适应对消方法 …… 177
7.4.1 对消系统模型 …… 178
7.4.2 旁瓣对消系统的简易模型 …… 180
7.4.3 空域-极化域联合对消方法 …… 181
7.5 自适应波束形成滤波算法 …… 189
7.5.1 自适应滤波准则 …… 190
7.5.2 Capon 波束形成 …… 191
7.5.3 空-频-极化域联合滤波算法 …… 191
7.5.4 基于空-频-极化域联合滤波的稳健波束形成算法 …… 196
7.5.5 一种改进的稳健波束形成算法 …… 199
7.5.6 部分极化波的稳健波束形成算法 …… 202
参考文献 …… 206

第一篇 基础知识

第1章 绪　　论

1.1 研究背景和意义

信号处理的主要目的是对信号内外特征中的有效信息进行提取、恢复和利用。雷达发射和接收到的信号都是电磁波，是具有振幅、频率和极化特性的矢量波。极化是一种可以观测到的物理特性，也是一种与空域、频域和时域信息一样具有利用价值的重要信息。利用雷达收发信号时，目标散射信号所蕴含的极化信息可被应用于目标检测、目标识别和滤波等方面。然而，由于雷达目标散射机理难以揭示以及极化测量的复杂性和技术方面的困难，极化信息的开发利用研究还需要不断深入，其重要价值引起了国内外众多专家学者的高度重视[1-4]。

矢量波的共有特性是极化。极化是指在空间中的某一点处观察到的矢量波随时间的变化特性，该特性可以用矢量场进行描述。通常，电磁波的极化表示电场矢量端点作为时间的函数所形成空间轨迹的形状和旋向[1]。当电磁波的极化状态(通常用极化参数表征极化状态)已知时，可以利用其极化信息处理相关问题。对信号参数进行估计时，电磁波的极化状态也是其中一部分。信号与信息处理学科中，参数估计是重要的组成部分，近年来发展迅速，应用十分广泛，包括雷达、导航、通信、医学等众多领域，涉及军事领域和民用领域[5,6]。随着信号处理的快速发展，对其精度和分辨率等方面的要求越来越高，各种性能优良的估计方法不断被提出。

在现代信号处理研究中，阵列信号是其重要组成部分，本质是通过空间中由传感器组成的分散排列的接收阵列接收空域和时域信息，同时对信号进行监测并提取信息。在阵列信号参数估计过程中，传感器输出的信号一般会受到噪声干扰的影响，可以根据相应的准则和方法从中提取出所需信息。由标量传感器组成的阵列能够对信号的功率、频率、到达角(direction of arrival，DOA)、时间延迟等常见参量进行有效估计，但无法对信号极化状态进行估计。极化状态一般用极化敏感阵列进行估计，这是由于电场矢量常用来表示极化状态，极化敏感阵列是进行电场方向估计的常用阵列。因此，利用极化敏感阵列进行参数估计具有重要意义。正交偶极子对可以构成平面阵，通过这种阵列可以估计信号的 DOA、频率和极化参数。利用六分量电磁矢量传感器阵列进行 DOA 估计时，首先估算出信号的电磁矢量，其次用电场矢量叉乘磁场矢量，最后得到 DOA 估计值。电磁矢量传感器与标量传感器的不同之处在于其能够估计电磁波极化参数并确定电场矢量和磁场矢量，为 DOA 估计提供新的思路。

现代电磁环境日趋复杂，在阵列信号处理技术发挥极大作用的雷达、遥感、通信和导航等领域，如何极大程度地抑制干扰，提高接收信号的质量成为亟须解决的问题。空域滤波和波束形成等现有滤波算法只适用于信号的 DOA 及干扰与信号传播方向不同的情况，当目标信号的传播方向与干扰相同时，常用算法无法进行滤波。频域滤波滤除干扰主要通过信号和干扰在频率上的差别。极化域滤波与频域滤波的不同之处在于其在信号和干扰同方向同频率时不受限制。当干扰在频域、时域和空域的特征与信号都比较接近时，极化域中信号与干扰的差别可以被用于抑制干扰。极化域滤波的硬件要求比较高，以全极化雷达系统为基础，造价昂贵，且由于近些年来全极化雷达系统的研究进展缓慢，有关方法的研究成果未达到期望效果。但是极化捷变和极化分集技术领域取得的重大进展，为进一步通过变极化技术对干扰进行抑制提供了技术上的便捷。利用极化进行滤波的多种方法被陆续提出[7-9]。在合成干扰的极化度较高、优势较大的情况下，通常采用一般的极化域滤波算法。在合成干扰的极化度不高、干扰频带没有重叠部分时，通常采用频域-极化域滤波算法。当信号和干扰所处的多普勒通道相同且合成干扰极化度较低时，一般的极化域滤波算法失效，这种情况下，极化域滤波参数及相应滤波算法研究的意义越来越大。

1.2 研究现状

阵列信号处理技术的研究自 20 世纪 60 年代开始，至今已有约 60 年的发展历史，并在空间信号测向领域得到了广泛的应用。DOA 估计作为阵列信号处理的重要组成部分，在抗干扰和信号源定位中有重要的应用，其相关算法的研究是近几十年的热点。

1.2.1 共形电磁矢量传感器阵列的研究现状

近年来，共形阵列天线在波束形成、测向和优化阵列排布等方面的研究成为热点，在航空航天、雷达、声呐、通信等领域被广泛应用。与传统线阵和面阵不同，共形阵列不满足方向图乘积定理，因此其阵列波束方向图的复杂度更高。许多以共形阵列为基础的算法被陆续提出，如基于四元数多重信号分类(multiple signal classification，MUSIC)的锥面共形阵列极化 DOA 联合估计算法[10]；基于稀疏重构的共形阵列稳健自适应波束形成算法[11]；盲极化 DOA 估计算法[12-15]和信源方位与极化参数联合估计算法[16,17]等。其中，文献[18]和[19]利用欧拉旋转变换建立共形天线接收数据的数学模型，并结合 MUSIC 算法，为共形天线在阵列信号处理领域的应用奠定了基础。基于旋转不变技术的信号参数估计(estimation of signal parameters via rotational invariance techniques, ESPRIT)算法中引入锥面共形阵列[13]，在极化信息未知的情况下实现了入射角的高分辨测向，解决了入射角与极化参数之间互耦的问题。然而，该算法仅适用于锥形阵列，在其他阵列中无法使用。文献[20]在柱面共形阵列中引入 ESPRIT 算法[21]，并利用该算法具有的单曲率特点，实现了极化状态下入射信号的盲极化 DOA 估计。文献[13]和[20]运用的阵列流型主要为锥面和柱面，将极化参数同时用于这两种阵列。文献[22]和[23]将其与秩损理论结合，利用交叉电偶极子构成共形阵列，通过轮换对比的方法实现信源估计方位信息和极化信息的配对，解决了信源方位估计和锥面、柱面共形阵列的多参数联合估计问题。文献[24]和[25]引入 MUSIC 算法，实现了两种共形阵列极化 DOA 联合估计。文献[26]和[27]引入了四阶累计量的相关理论，并结合 ESPRIT 算法，在不需要已知信源极化状态和单位方向图信息的条件下实现了 DOA 估计，且在锥面、柱面和球面共形阵列中均适用，实现了对阵列孔径的扩展。为了处理相干信源入射共形阵列的问题，文献[14]将空间平滑思想应用于锥面共形载体，并利用其单曲率特性，将同一母线上的阵元等效为均匀线阵，实现了相干信号入射时锥面共形阵列的高分辨率 DOA 估计。文献[15]中，柱面相干信源的 DOA 估计采用了同样的方法。文献[16]中，利用上下圆环和参考阵元的相位差实现了锥面共形阵列的 DOA 解模糊参数估计。

1.2.2 压缩感知理论的研究现状

在稀疏信号的研究中，压缩感知(compressed sensing, CS)理论的提出具有十分重要的意义[28]。1993 年，Mallat 等[29]提出了信号在过完备字典下的稀疏分解，为 2006 年 CS 理论的正式提出奠定了基础。文献[30]对作为 CS 测量矩阵的分块有序 Vandermonde 矩阵进行了研究，证明了其优越性。文献[31]提出的广义正交匹配追踪算法，证明了 CS 理论的收敛性。随着 CS 理论的发展，越来越多的学者将其应用于阵列信号处理领域，以提高算法的性能。2005 年，Malioutov 等[32]将稀疏信号恢复思想应用于 DOA 估计领域，提出了 l_1 范数奇异值分解(l_1-norm singular value decomposition, l_1-SVD)算法，并利用二阶锥规划求解，实现了多快拍情况下基于系数模型的 DOA 估计的降维处理。文献[33]对 l_1-SVD 算法进行改进，提出了加权子空间拟合。2010 年，Hyder 等[34]利用最小化 l_2/l_0 范数，实现了相干信源和快拍数较少情况下的高精度信源估计。2013 年，Northardt 等[35]提出了误差修正算法，减小了最小化范数引起的误差，提高了估计精度。后来，贝叶斯 CS 理论被提出并应用于 DOA 估计中。例如，文献[36]提出通过稀疏贝叶斯阵列校正阵列误差的方法；文献[37]利用贝叶斯方法打破了感知矩阵的条件限制，使其在稀疏度未知时，仍然可以进行 DOA 估计。在对贪婪重构算法进行研究时，以最小化误差的l_2范数为准则，提出了匹配跟踪法[38]、正交匹配跟踪法[39]、阶梯正交匹配跟踪法[40]和压缩采样匹配跟踪法[41]等多种算法，且都具有较高的估计精度。文献[39]提出了快速正交匹配追踪法，并将其与子空间类算法结合，使其在二维 MIMO 雷达的 DOA 估计中，发挥了重要的作用。CS 相关理论被广泛地应用于图像处理、数据挖掘、阵列信号处理、现代通信等多个领域，并逐渐从理论走上应用，发挥的作用越来越大。

1.2.3 电磁矢量传感器阵列降维算法的研究现状

电磁矢量传感器能够同时测量入射电磁波的电场分量和磁场分量，其接收信号包含二维 DOA 和极化参数的四维信号，对应的 MUSIC 谱峰搜索是一个四维搜索，计算复杂度和存储量非常大。利用 MUSIC 算法无法直接估计上述四维信号的联合谱值，因此对四维 MUSIC 算法进行降维在 DOA 估计中具有十分重要的作用。

一些学者对 MUSIC 算法的缺点进行了研究[42-45]。文献[42]给出了一个四维空间-极化联合谱估计的MUSIC算法，该算法利用输入信号极化信息的连续性特点，通过检测空间中某些区域的极化状态，将相邻空间位置处的极化状态限制到一个小的区域做精确搜索，直到找到所有的谱峰。相比直接四维 MUSIC 搜索，该算法的计算量有较大程度的减少，通过求 MUSIC 谱函数的导数将四维搜索变为二维搜索，要求目标函数必须是凸函数才可以用求导数的方式求解极值点。文献[43]利用 MUSIC 降维算法给出了极化敏感阵列的盲 DOA 和极化参数估计算法，其核心思想如下：首先利用信号子空间获得 DOA 的初始估计值，其次根据该值通过一维局部搜索获得更加精确的 DOA 估计值，最后通过估计的极化导向矢量获得极化参数估计。该算法利用拉格朗日乘子法求 MUSIC 谱峰，而拉格朗日乘子法通过求导数的方式求极值要求目标函数为凸函数。文献[44]先利用 ESPRIT 算法获得 DOA 估计的粗略初始值，然后利用线性约束最小方差(linearly constrained minimum variance，LCMV)极化波束形成权将信号子空间中 K 个信号的导向矢量进行分离，且只提取六分量中某一分量的导向矢量，之后进行二维 DOA 搜索，得到信号的 DOA 精确估计值，将其代入 ESPRIT 中得到电磁场矢量估计值，从而得到极化参数的精确估计值。这种方法仅利用 MUSIC 算法提高了 DOA 的估计精度，其主体是 ESPRIT 算法。文献[45]基于瑞利-里茨法实现了空间角度和极化参数解耦合的单电磁矢量传感器 MUSIC 降维算法。文献[46]提出了一种在电磁矢量传感器MIMO雷达中联合DOA和极化参数估计的PM算法，该算法没有MUSIC算法中协方差矩阵特征分解的过程，复杂程度低，但仍然需要进行二维谱峰搜索。

文献[47]提出一种基于迭代 MUSIC 算法的离开角(direction of departure，DOD)、DOA 和极化联合估计算法，将四维谱峰搜索算法简化为两次迭代的一维谱峰搜索算法，从而实现降维。

1.2.4　解相干算法的研究现状

当入射到天线阵列的信号中存在多个相干信号时，阵列数据协方差矩阵会出现秩缺失现象，使与信号子空间对应的特征矢量发散至噪声子空间，最终无法精确估计信号子空间和噪声子空间，且阵列流型和噪声子空间不正交，算法失效。为了解决该问题，需要正确处理产生亏秩的阵列协方差矩阵，即采用某些方法将阵列协方差矩阵恢复为满秩矩阵，使其秩的个数与入射信号个数相等。从 20 世纪 80 年代开始，多种处理相干信源的 DOA 估计算法陆续被提出。目前解相干算法被分为降维和非降维两种类型，降维算法包括空间平滑类算法和矩阵重构类算法及其改进算法；非降维算法包括频域平滑算法和 Toeplitz 方法等，这些算法不会造成阵列有效孔径损失，但对环境要求比较严格。

1985 年，Shan 等[48]为了处理相干信源提出了空间平滑算法，但该算法存在许多不足。为了减少阵列孔径损失，1989 年，Pillai 等[49]提出了后向空间平滑算法和前后向空间平滑算法。后来，基于前人理论基础，各种改进算法被提出。Dai 等[50]基于耦合矩阵的特殊结构改进空间平滑算法，在没有参考信源的条件下消除耦合。对于相干信源，国内学者也提出了很多非常好的算法。毛维平等[51]提出通过改变参考阵元，利用对应参考阵元的互相关信息，矢量重构数据矩阵，可以在不损失阵列孔径的条件下完全解相干。文献[52]提出了基于独立成分分析的算法，通过参数方程建立混合矩阵，可在信源数大于阵元数的情况下进行参数估计。

1.2.5　滤波算法的研究现状

一般情况下，期望信号和干扰信号不可能完全相同，必然存在某一方面的差别，期望信号和干扰信号之间的差异可以用来抑制干扰并增强信号，从而达到滤波的目的。抗干扰滤波是电子信息系统研究的主要内容之一，算法大致可以分为两类。一类是极化域滤波算法和空域滤波算法，此类算法在信号进入接收机之前进行滤波，主要利用期望信号和干扰信号之间的极化状态或 DOA 间的差异，抑制干扰并增强期望信号；另一类是频域滤波算法和时域滤波算法，其在信号进入接收机以后对干扰信号进行滤除并增强信号。目前，信号处理在时域、频域和空域滤波方面的应用已趋于成熟，但利用极化信息抗干扰的潜力还未被完全发掘。极化信息的应用研究是近年来的一大热点。

2005 年，庄钊文等[53]研究了各种滤波准则下完全极化、部分极化敏感阵列的抗干扰性能。在电磁矢量传感器的研究方面，Wang 等[54]联合空域和极化域提出了联合滤波算法，利用均方根误差准则，避免了信号损失，并有效地抑制了干扰，获得较好的滤波效果。上述频域滤波、空域滤波和空域-极化域(space and polarization，SP)联合滤波、频域-极化域联合滤波等算法可以提高输出信噪比(signal to noise ratio，SNR)，但是对频域、空域和极化域中的信号和干扰信息利用率比较低。为了提高信息利用率，王兰美等提出了一种空频-极化域联合滤波算法，能极大程度地利用三域的信号和干扰信息，在抑制干扰方面具有很大优势，使输出信干噪比(signal to interference plus noise ratio，SINR)提高，并且可以处理任意两个域中信号和干扰无法分离的问题[55,56]。因此，包含极化参数在内的信号参数估计和极化域滤波算法研究具有一定的理论意义和实用价值。

1.3　本书的主要内容

本书的结构如图 1.3.1 所示。

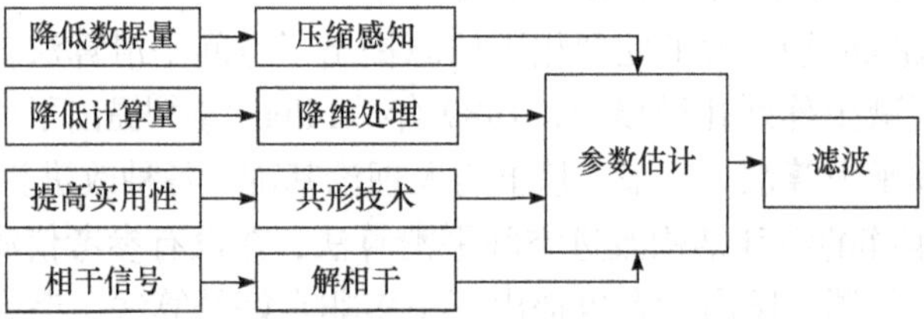

图 1.3.1　本书的结构

具体内容包括以下几个方面。

(1) 低快拍：在快拍数低的情况下，MUSIC 和 ESPRIT 等高分辨参数估计算法的性能将严重下降甚至失效，本书研究基于单次快拍和低快拍情况下的双平行线阵、L 阵的二维 DOA 估计、CS 参数估计算法和电磁矢量传感器阵列的降维 CS 算法。

(2) 多维参数：电磁场矢量应为至少包含俯仰角、方位角、辅助极化角和极化相位差的四维参数估计，因此以 MUSIC 和 CS 为代表的参数估计算法的计算量将大大增加，这限制了参数估计算法的实用性，导致 MUSIC 算法变成四维参数搜索。CS 算法的完备字典也因四维参数而非常庞大，严重影响了参数估计算法的处理速度，参数降维变得非常迫切。基于此，本书研究基于单电磁矢量传感器、电磁矢量传感器圆形阵列、拉伸电磁矢量传感器的 MUSIC 降维算法，以及基于 CS 的电磁矢量传感器降维和近场源降维方法。

(3) 解相干：相干信号数据协方差秩亏损，利用空间平滑算法恢复矩阵的秩但存在孔径损失；矢量解相干无孔径损失，非均匀阵列矢量解相干时，非均匀布阵能扩大孔径，矢量解相干可恢复秩。

(4) 共形阵列：共形阵列天线与飞行器的表面共形相同，不影响飞行器的机械性能，既满足天线的电磁性能，又兼顾飞行器的气动特性，成为天线领域的研究热点。本书主要研究锥面共形阵列的参数估计算法，以及平面阵、柱面阵和同心柱面阵的平行因子参数估计算法。

(5) 滤波处理：电磁环境日益复杂，电磁干扰对空域、频域和极化域进行全域覆盖，单维域的干扰抑制方法很难达到效果。本书重点研究联合空域、频域和极化域的多维域信息的多域滤波算法与稳健波束形成算法。

为了将电磁矢量传感器阵列参数估计方法应用于实际工程，从降低采样率、计算量，提高布阵灵活性的共性技术与相干信号的解相干处理技术出发，在信号参数估计的基础上研究滤波算法以提高滤波性能。

本书各章内容安排如下：

第 1 章介绍本书的研究背景和意义，以及降维算法、解相干算法、CS 理论、共形阵列和滤波算法的研究现状。

第 2 章介绍电磁矢量传感器阵列信号处理基础，包含矢量运算和矩阵运算的基本理论。

第 3 章介绍共形电磁矢量传感器阵列参数估计算法。主要研究共点电磁对锥面共形阵列和分离式电磁对柱面共形阵列的 ESPRIT 算法，以及平面和柱面共形阵列的平行因子参数估计算法。

第 4 章介绍电磁矢量传感器阵列降维算法。主要研究单电磁矢量传感器的 MUSIC 参数估计算法、电磁矢量传感器圆形阵列 MUSIC 参数估计算法、拉伸单电磁矢量传感器参数估计算法、分布式电磁矢量传感器参数估计算法和近场源参数估计的降维算法。

第 5 章介绍基于 CS 理论的 DOA 估计算法。重点研究基于 CS 理论的双平行均匀线阵和 L 阵的二维 DOA 估计方法以及电磁矢量传感器阵列的 CS 降维算法。

第 6 章研究电磁矢量传感器阵列的解相干算法。主要研究空间平滑算法解相干消除秩亏损的算法，利用电磁矢量传感器自身结构特点解相干以及非均匀阵列下的矢量解相干。

第 7 章介绍电磁矢量传感器阵列滤波算法。研究空域滤波和极化域滤波，重点论述空域-极化域滤波、空-频-极化域滤波和稳健的空-频-极化域滤波算法。

参 考 文 献

[1] KOSTINSKI A B, BOERNER W M. On foundations of radar polarimetry[J]. IEEE Transactions on Antennas and Propagation, 1986, 34(12): 1395-1404.

[2] 庄钊文, 肖顺平, 王雪松. 雷达极化信息处理及其应用[M]. 北京: 国防工业出版社, 1999.

[3] 王桂宝, 陶海红, 王兰美, 等. 提高卫星导航性能的阵列参数估计算法[J]. 宇航学报, 2014, 35(10): 1176-1181.

[4] 温芳茹. 雷达目标探测的最佳极化[J]. 电波与天线, 1998(1): 48-59.

[5] WANG G B, FU M X, ZHAO F, et al. DOA and polarization estimation algorithm based on the virtual multiple baseline theory[J]. Progress in Electromagnetics Research C, 2016, 65: 45-56.

[6] WANG L M, WANG G B, CHEN Z H. Joint DOA-polarization estimation based on uniform concentric circular array[J]. Journal of Electromagnetic Waves and Applications, 2013, 27(13): 1702-1714.

[7] 余洁, 刘利敏, 李小娟, 等. 利用 ICA 算法进行全极化 SAR 影像滤波研究[J]. 武汉大学学报, 2013, 38(2): 212-216.

[8] 张嘉纹, 党小宇, 杨凌辉, 等. 海面短波地波通信中基于DNN神经网络的单样本极化滤波器预测研究[J]. 电子学报, 2020, 48(11): 2250-2257.

[9] 韩雪, 朴胜春. 自适应极化滤波的水中目标线谱提取方法[J]. 传感器与微系统, 2018, 37(8): 58-60.

[10] 刘帅, 韩勇, 闫锋刚, 等. 锥面共形阵列极化-DOA 估计的降维 MUSIC 算法[J]. 哈尔滨工业大学学报, 2017, 49(5): 36-41.

[11] 陈沛, 赵拥军, 刘成城. 基于稀疏重构的共形阵列稳健自适应波束形成算法[J]. 电子与信息学报, 2017, 39(2): 301-308.

[12] 张羚, 郭英, 齐子森, 等. 柱面共形阵列天线盲极化 2D DOA 估计[J]. 空军工程大学学报(自然科学版), 2016, 17(3): 78-84.

[13] 齐子森, 郭英, 姬伟峰, 等. 锥面共形阵列天线盲极化 DOA 估计算法[J]. 电子学报, 2009, 37(9): 1919-1925.

[14] 齐子森, 郭英, 王布宏, 等. 锥面共形阵列天线相干信源盲极化 DOA 估计算法[J]. 系统工程与电子技术, 2011, 33(6): 1226-1230.

[15] 齐子森, 郭英, 王布宏, 等. 柱面共形阵列天线盲极化波达方向估计算法[J]. 电波科学学报, 2011, 26(2): 245-252.

[16] WANG G B. A joint parameter estimation method with conical conformal CLD pair array[J]. Progress in Electromagnetics Research C, 2015, 57: 99-107.

[17] 张树银, 郭英, 齐子森, 等. 基于子空间原理的共形阵列多参数联合估计算法[J]. 系统工程与电子技术, 2012, 34(6): 1146-1152.

[18] 王布宏, 郭英, 王永良, 等. 共形天线阵列流形的建模方法[J]. 电子学报, 2009, 37(3): 481-484.

[19] 齐子森, 郭英, 王布宏, 等. 共形阵列天线 MUSIC 算法性能分析[J]. 电子与信息学报, 2008, 30(11): 2674-2677.

[20] 齐子森, 郭英, 王布宏, 等. 基于 ESPRIT 算法的柱面共形阵列天线 DOA 估计[J]. 系统工程与电子技术, 2011, 33(8): 1728-1731.

[21] ROY R, KAILATH T. ESPRIT-Estimation of signal parameters via rotational invariance techniques [J]. IEEE Transactions on Acoustics, Speech, and Signal Processing, 1989, 37(7): 984-995.

[22] 张树银, 郭英, 齐子森. 锥面共形阵列信源方位和极化参数的联合估计算法[J]. 电子与信息学报, 2011, 33(10): 2407-2412.

[23] 王兰美, 郭立新, 王桂宝, 等. 锥面共形阵列多参数联合估计方法: CN 201310191348.9[P]. 2013-09-04.

[24] 刘帅, 周洪娟, 金铭, 等. 锥面共形阵列天线的极化-DOA 估计[J]. 系统工程与电子技术, 2012, 34(2): 253-257.

[25] 彭文灿, 魏江, 瞿颜, 等. 柱面共形阵列天线的极化-DOA 估计[J]. 计算机仿真, 2013, 30(9): 173-176.

[26] 齐子森, 郭英, 王布宏, 等. 基于四阶累积量的共形阵列波达方向估计算法[J]. 电波科学学报, 2011, 26(4): 735-743.

[27] 刘帅, 闫锋刚, 金铭, 等. 基于四元数 MUSIC 的锥面共形阵列极化-DOA 联合估计[J]. 系统工程与电子技

术, 2016, 38(1): 1-7.

[28] RUBINSTEIN R, ZIBULEVSKY M, ELAD M. Double sparsity: Learning sparse dictionaries for sparse signal approximation[J]. IEEE Transactions on Signal Processing, 2010, 58(3): 1553-1564.

[29] MALLAT S G, ZHANG Z. Matching pursuits with time-frequency dictionaries[J]. IEEE Transactions on Signal Processing, 1993, 41(12): 3397-3415.

[30] 赵瑞珍, 王若乾, 张凤珍, 等. 分块的有序范德蒙矩阵作为压缩感知测量矩阵的研究[J]. 电子与信息学报, 2015, 37(6): 1317-1322.

[31] WANG J, KWON S, SHIM B. Generalized orthogonal matching pursuit[J]. IEEE Transactions on Signal Processing, 2012, 60(12): 6202-6216.

[32] MALIOUTOV D, CETIN M, WILLSKY A S. A sparse signal reconstruction perspective for source localization with sensor arrays[J]. IEEE Transactions on Signal Processing, 2005, 53(8): 3010-3022.

[33] HU N, YE Z, XU D, et al. A sparse recovery algorithm for DOA estimation using weighted subspace fitting[J]. Signal Processing, 2012, 92(10): 2566-2570.

[34] HYDER M M, MAHATA K. Direction-of-arrival estimation using a mixed $l_{2,0}$ norm approximation[J]. IEEE Transactions on Signal Processing, 2010, 58(9): 4646-4655.

[35] NORTHARDT E T, BILIK I, ABRAMOVICH Y I. Spatial compressive sensing for direction-of-arrival estimation with bias mitigation via expected likelihood[J]. IEEE Transactions on Signal Processing, 2013, 61 (5): 1183-1195.

[36] LIU Z M, ZHOU Y Y. A unified framework and sparse Bayesian perspective for direction-of-arrival estimation in the presence of array imperfections[J]. IEEE Transactions on Signal Processing, 2013, 61(15): 3786-3798.

[37] CARLIN M, ROCCA P, OLIVERI G, et al. Directions-of-arrival estimation through Bayesian compressive sensing strategies[J]. IEEE Transactions on Antennas Propagation, 2013, 61(7): 3828-3838.

[38] MALLAT S G, ZHANG Z. Matching pursuits with time-frequency dictionaries[J]. IEEE Transactions on Signal Processing, 1993, 41(12): 3397-3415.

[39] TROPP J A, GILBERT A C. Signal recovery from random measurements via orthogonal matching pursuit[J]. IEEE Transactions on Information Theory, 2007, 53(12): 4655-4666.

[40] DONOHO D L, TSAIG Y, DRORI I, et al. Sparse solution of underdetermined systems of linear equations by stagewise orthogonal matching pursuit[J]. IEEE Transactions on Information Theory, 2012, 58(2): 1094-1211.

[41] NEEDELL D, TROPP J. CoSaMP: Iterative signal recovery from incomplete and inaccurate samples [J]. Applied and Computational Harmonic Analysis, 2009, 26(3): 301-321.

[42] GUO R, MAO X P, LI S B, et al. Fast four-dimensional joint spectral estimation with array composed of diversely polarized elements[C]. IEEE Radar Conference, Atlanta, 2012: 919-923.

[43] ZHANG X F, CHEN C, LI J F, et al. Blind DOA and polarization estimation for polarization-sensitive array using dimension reduction MUSIC[J]. Multidimens Systems and Signal Processing, 2014, 25(1): 67-82.

[44] WONG K T, ZOLTOWSKI M D. Self-initiating MUSIC-based direction finding and polarization estimation in spatio-polarizational beamspace[J]. IEEE Transactions on Antennas and Propagation, 2000, 48(8): 1235-1245.

[45] WANG L M, YANG L, WANG G B, et al. Uni-vector-sensor dimensionality reduction MUSIC algorithm for DOA and polarization estimation[J]. Mathematical Problems in Engineering, 2014, 2014: 1-9.

[46] LIU Y, YING W U. Polarization parameters estimation based on propagator method[J]. Computer Engineering and Design, 2011, 32(10): 3317-3320.

[47] 郑桂妹, 杨明磊, 陈伯孝, 等. 干涉式矢量传感器 MIMO 雷达的 DOD/DOA 和极化联合估计[J]. 电子与信息

学报, 2012, 34(11): 2635-2641.

[48] SHAN T J, KAILATH T. Adaptive beamforming for coherent signals and interference[J]. IEEE Transactions on Acoustics, Speech, and Signal Processing, 1985, 33(3): 527-536.

[49] PILLAI S U, KWON B H. Forward/backward spatial smoothing techniques for coherent signals identification[J]. IEEE Transactions on Acoustics, Speech, and Signal Processing, 1989, 37(1): 8-15.

[50] DAI J, YE Z. Spatial smoothing for direction of arrival estimation of coherent signals in the presence of unknown mutual coupling[J]. IET Signal Processing, 2011, 5(4): 418-425.

[51] 毛维平, 李国林, 李磊. 矢量重构解相干的波达方向估计新方法[J]. 四川大学学报 (工程科学版), 2013, 45(6): 123-126.

[52] MA G W, SHA Z C, LIU Z M, et al. ICA-based direction-of-arrival estimation of uncorrelated and coherent signals with uniform linear array[J]. Signal Image and Video Processing, 2014, 8(3): 543-548.

[53] 庄钊文, 等. 极化敏感阵列信号处理[M]. 北京: 国防工业出版社, 2005.

[54] WANG K, ZHANG Y. The application of adaptive three-dimension polarization filtering in sidelobe canceller[C]. 11th IEEE Singapore International Conference on Communication Systems, Guang Zhou, 2008: 519-522.

[55] 王兰美, 王洪洋, 廖桂生. 矢量天线空频极化域联合滤波新方法[J]. 西安电子科技大学学报(自然科学版), 2004, 31(6): 870-872.

[56] 游娜. 电磁矢量传感器取向误差校正和干扰抑制研究[D]. 西安: 西安电子科技大学, 2011.

第 2 章　电磁矢量传感器阵列信号处理基础

本章首先介绍线性空间和希尔伯特空间，其次介绍窄带信号模型，包括其在时域、频域上的表示，为后面章节的理解和描述奠定基础。

2.1　引　　言

任何事物都存在于空间之中，并且事物的运动、发展和变化离不开空间。这种现实的空间就是三维欧氏空间，19 世纪以前的数学都是在三维空间中讨论的，平面和直线是三维空间的一种特殊情况。由于多维空间在数学理论研究和实际应用中的重要作用，在 19 世纪后期，多维空间的概念和理论研究成为热点。

多维空间的广泛应用，推动了空间概念和理论的进一步发展，其也成为解决很多问题非常有效且不可缺少的工具。

2.2　线性空间和希尔伯特空间

2.2.1　线性空间

线性空间[1,2]是线性代数的中心内容和基本概念，也被称为向量空间。

设 $\boldsymbol{V}$ 表示一个非空集合，$\boldsymbol{P}$ 为一个域。

(1) 在 $\boldsymbol{V}$ 中定义了一种运算，称为加法，即对 $\boldsymbol{V}$ 中任意两个元素 $\boldsymbol{\alpha}$ 与 $\boldsymbol{\beta}$ 都按某一法则对应 $\boldsymbol{V}$ 内唯一确定的一个元素 $\boldsymbol{\alpha}+\boldsymbol{\beta}$，称为 $\boldsymbol{\alpha}$ 与 $\boldsymbol{\beta}$ 的和。

(2) 在 $\boldsymbol{P}$ 与 $\boldsymbol{V}$ 的元素间定义了一种运算，称为纯量乘法(也称数量乘法)，即对 $\boldsymbol{V}$ 中任意元素 $\boldsymbol{\alpha}$ 和 $\boldsymbol{P}$ 中任意元素 k，都按某一法则对应 $\boldsymbol{V}$ 内唯一确定的一个元素 $k\boldsymbol{\alpha}$，称为 k 与 $\boldsymbol{\alpha}$ 的积。

(3) 加法与纯量乘法满足以下条件：

① $\boldsymbol{\alpha}+\boldsymbol{\beta}=\boldsymbol{\beta}+\boldsymbol{\alpha}$，对任意 $\boldsymbol{\alpha},\boldsymbol{\beta}\in\boldsymbol{V}$；

② $\boldsymbol{\alpha}+(\boldsymbol{\beta}+\boldsymbol{\gamma})=(\boldsymbol{\alpha}+\boldsymbol{\beta})+\boldsymbol{\gamma}$，对任意 $\boldsymbol{\alpha},\boldsymbol{\beta},\boldsymbol{\gamma}\in\boldsymbol{V}$；

③ 存在一个矩阵 $\boldsymbol{0}\in\boldsymbol{V}$，对一切 $\boldsymbol{\alpha}\in\boldsymbol{V}$ 有 $\boldsymbol{\alpha}+\boldsymbol{0}=\boldsymbol{\alpha}$，矩阵 $\boldsymbol{0}$ 称为 $\boldsymbol{V}$ 的零元；

④ 对任一 $\boldsymbol{\alpha}\in\boldsymbol{V}$，都存在 $\boldsymbol{\beta}\in\boldsymbol{V}$ 使 $\boldsymbol{\alpha}+\boldsymbol{\beta}=\boldsymbol{0}$，$\boldsymbol{\beta}$ 称为 $\boldsymbol{\alpha}$ 的负元素，记为 $-\boldsymbol{\alpha}$；

⑤ 对 $\boldsymbol{P}$ 中单位 1，有 $1\boldsymbol{\alpha}=\boldsymbol{\alpha}(\boldsymbol{\alpha}\in\boldsymbol{V})$；

⑥ 对任意 k，$l\in\boldsymbol{P}$，$\boldsymbol{\alpha}\in\boldsymbol{V}$ 有 $(kl)\boldsymbol{\alpha}=k(l\boldsymbol{\alpha})$；

⑦ 对任意 k，$l\in\boldsymbol{P}$，$\boldsymbol{\alpha}\in\boldsymbol{V}$ 有 $(k+l)\boldsymbol{\alpha}=k\boldsymbol{\alpha}+l\boldsymbol{\alpha}$；

⑧ 对任意 $k\in\boldsymbol{P}$，$\boldsymbol{\alpha}$，$\boldsymbol{\beta}\in\boldsymbol{V}$ 有 $k(\boldsymbol{\alpha}+\boldsymbol{\beta})=k\boldsymbol{\alpha}+k\boldsymbol{\beta}$。

则称 $\boldsymbol{V}$ 为域 $\boldsymbol{P}$ 上的一个线性空间，或向量空间。$\boldsymbol{V}$ 中元素称为向量，$\boldsymbol{V}$ 的零元称为零向量，$\boldsymbol{P}$ 称为线性空间的基域。当 $\boldsymbol{P}$ 是实数域时，$\boldsymbol{V}$ 称为实线性空间；当 $\boldsymbol{P}$ 是复数域时，$\boldsymbol{V}$ 称为复线性空间。

2.2.2 希尔伯特空间

希尔伯特空间是指定义了内积的完备线性空间[3,4]。

设矢量 $\underline{\boldsymbol{\alpha}}=[x_1,x_2,\cdots,x_N]^{\mathrm{T}}$，$\underline{\boldsymbol{\beta}}=[y_1,y_2,\cdots,y_N]^{\mathrm{T}}$，两个矢量的内积为 $(\underline{\boldsymbol{\alpha}},\underline{\boldsymbol{\beta}})=\underline{\boldsymbol{\alpha}}^{\mathrm{H}}\underline{\boldsymbol{\beta}}=\sum_{i=1}^{N}x_i^* y_i$，上角 T 和 H 分别表示转置和共轭转置，*表示取复共轭。

1. 独立性、正交性和子空间分解

1) 线性无关

N 维线性空间中，若 $\sum_{i=1}^{n}a_i\underline{\boldsymbol{\alpha}}_i=0\Leftrightarrow a_1=a_2=\cdots=a_n=0$，那么矢量组 $\{\underline{\boldsymbol{\alpha}}_1,\underline{\boldsymbol{\alpha}}_2,\cdots,\underline{\boldsymbol{\alpha}}_n\}$ 线性无关；若 $\underline{\boldsymbol{\alpha}}_1,\underline{\boldsymbol{\alpha}}_2,\cdots,\underline{\boldsymbol{\alpha}}_n$ 的非平凡组合为零，则称 $\{\underline{\boldsymbol{\alpha}}_1,\underline{\boldsymbol{\alpha}}_2,\cdots,\underline{\boldsymbol{\alpha}}_n\}$ 线性相关。

2) 子空间

线性空间 $\boldsymbol{\Omega}$ 的一个子集 $\boldsymbol{V}$，若 $\boldsymbol{V}$ 对加法和数乘封闭，即 $\forall\underline{\boldsymbol{\alpha}},\underline{\boldsymbol{\beta}}\in\boldsymbol{V}$ 和 $a\in\mathbf{C}$，有 $\underline{\boldsymbol{\alpha}}+\underline{\boldsymbol{\beta}}\in\boldsymbol{V}$，$a\underline{\boldsymbol{\alpha}}\in\boldsymbol{V}$，则 $\boldsymbol{V}$ 是 $\boldsymbol{\Omega}$ 的一个子空间。

设 $\{\underline{\boldsymbol{\alpha}}_1,\underline{\boldsymbol{\alpha}}_2,\cdots,\underline{\boldsymbol{\alpha}}_n\}$ 是 $\boldsymbol{\Omega}$ 上的一组矢量，则由 $\underline{\boldsymbol{\alpha}}_1,\underline{\boldsymbol{\alpha}}_2,\cdots,\underline{\boldsymbol{\alpha}}_n$ 所有线性组合构成的集合是 $\boldsymbol{\Omega}$ 的一个子空间，常称为 $\{\underline{\boldsymbol{\alpha}}_1,\underline{\boldsymbol{\alpha}}_2,\cdots,\underline{\boldsymbol{\alpha}}_n\}$ 张成的子空间，记 $\mathrm{span}\{\underline{\boldsymbol{\alpha}}_1,\underline{\boldsymbol{\alpha}}_2,\cdots,\underline{\boldsymbol{\alpha}}_n\}=\left\{\sum_{i=1}^{n}a_i\underline{\boldsymbol{\alpha}}_i\middle|a_1,a_2,\cdots,a_n\in\mathbf{C}\right\}$。若 $\{\underline{\boldsymbol{\alpha}}_1,\underline{\boldsymbol{\alpha}}_2,\cdots,\underline{\boldsymbol{\alpha}}_n\}$ 线性无关，且 $\underline{\boldsymbol{\beta}}\in\mathrm{span}\{\underline{\boldsymbol{\alpha}}_1,\underline{\boldsymbol{\alpha}}_2,\cdots,\underline{\boldsymbol{\alpha}}_n\}$，那么 $\boldsymbol{\beta}$ 可由 $\underline{\boldsymbol{\alpha}}_1,\underline{\boldsymbol{\alpha}}_2,\cdots,\underline{\boldsymbol{\alpha}}_n$ 唯一线性表示。

如果 $\{\underline{\boldsymbol{\alpha}}_{i1},\underline{\boldsymbol{\alpha}}_{i2},\cdots,\underline{\boldsymbol{\alpha}}_{ik}\}$ 线性无关，并且不是 $\{\underline{\boldsymbol{\alpha}}_1,\underline{\boldsymbol{\alpha}}_2,\cdots,\underline{\boldsymbol{\alpha}}_n\}$ 的任一线性无关组的真子集，那么子集 $\{\underline{\boldsymbol{\alpha}}_{i1},\underline{\boldsymbol{\alpha}}_{i2},\cdots,\underline{\boldsymbol{\alpha}}_{ik}\}$ 就是 $\{\underline{\boldsymbol{\alpha}}_1,\underline{\boldsymbol{\alpha}}_2,\cdots,\underline{\boldsymbol{\alpha}}_n\}$ 的一个最大线性无关组。

如果是最大线性无关组，则

(1) $\mathrm{span}\{\underline{\boldsymbol{\alpha}}_1,\underline{\boldsymbol{\alpha}}_2,\cdots,\underline{\boldsymbol{\alpha}}_n\}=\mathrm{span}\{\underline{\boldsymbol{\alpha}}_{i1},\underline{\boldsymbol{\alpha}}_{i2},\cdots,\underline{\boldsymbol{\alpha}}_{ik}\}$；

(2) $\dim\mathrm{span}\{\underline{\boldsymbol{\alpha}}_1,\underline{\boldsymbol{\alpha}}_2,\cdots,\underline{\boldsymbol{\alpha}}_n\}=k$；

(3) 称 $\{\underline{\boldsymbol{\alpha}}_{i1},\underline{\boldsymbol{\alpha}}_{i2},\cdots,\underline{\boldsymbol{\alpha}}_{ik}\}$ 是 $\mathrm{span}\{\underline{\boldsymbol{\alpha}}_1,\underline{\boldsymbol{\alpha}}_2,\cdots,\underline{\boldsymbol{\alpha}}_n\}$ 的一个基。

3) 矩阵的值域与零空间

给定一组向量，由这组向量张成的子空间容易由上述内容写出。另一种求子空间的方法是给定子空间中矢量的约束条件，如与矩阵有关的两子空间值域与零空间。

设 $\underline{\boldsymbol{A}}\in\mathbf{R}^{m\times n}$，则 $\underline{\boldsymbol{A}}$ 的值域(或列空间)为

$$\begin{aligned}\mathbf{R}(\underline{\boldsymbol{A}})&=\left\{\underline{\boldsymbol{y}}\in\mathbf{R}^m\,\middle|\,\underline{\boldsymbol{y}}=\underline{\boldsymbol{A}}\,\underline{\boldsymbol{x}},\underline{\boldsymbol{x}}\in\mathbf{R}^n\right\}\\&=\mathrm{span}\{a_1,a_2,\cdots,a_n\},\quad \underline{\boldsymbol{A}}=(a_1,a_2,\cdots,a_n)\end{aligned}\tag{2.2.1}$$

$\underline{\boldsymbol{A}}$ 的零空间为

$$N(\underline{\boldsymbol{A}})=\left\{\underline{\boldsymbol{x}}\in\mathbf{R}^n\,\middle|\,\underline{\boldsymbol{A}}\,\underline{\boldsymbol{x}}=\mathbf{0}\right\}\tag{2.2.2}$$

矩阵 $\underline{\boldsymbol{A}}$ 的秩定义为 $\mathrm{rank}(\underline{\boldsymbol{A}})=\dim[\mathbf{R}(\underline{\boldsymbol{A}})]$。

可以证明 $\mathrm{rank}(\underline{\boldsymbol{A}})=\mathrm{rank}(\underline{\boldsymbol{A}}^{\mathrm{T}})$，即矩阵的秩与最大无关行数或最大无关列数相等。

$\mathrm{rank}(\underline{\boldsymbol{A}})+\dim[N(\underline{\boldsymbol{A}})]=n$，如果 $m=n$，则以下关系等价：

(1) $\underline{\boldsymbol{A}}$ 是非奇异的；

(2) $N(\underline{\boldsymbol{A}})=\{0\}$；

(3) $\mathrm{rank}(\underline{\boldsymbol{A}})=n$ (满秩)。

4) 正交性

设 $\underline{\boldsymbol{\alpha}},\ \underline{\boldsymbol{\beta}}\in\mathbf{R}^n$，则两个矢量的夹角余弦定义为

$$\cos\gamma=\frac{(\underline{\boldsymbol{\alpha}},\underline{\boldsymbol{\beta}})}{\sqrt{(\underline{\boldsymbol{\alpha}},\underline{\boldsymbol{\alpha}})(\underline{\boldsymbol{\beta}},\underline{\boldsymbol{\beta}})}}\qquad(\underline{\boldsymbol{\alpha}},\underline{\boldsymbol{\beta}}\neq 0)\tag{2.2.3}$$

(1) 矢量 $\underline{\boldsymbol{\alpha}},\underline{\boldsymbol{\beta}}$ 正交是指其夹角余弦等于零，即 $(\underline{\boldsymbol{\alpha}},\underline{\boldsymbol{\beta}})=0$；

(2) 矢量组 $\{\underline{\boldsymbol{\alpha}}_1,\underline{\boldsymbol{\alpha}}_2,\cdots,\underline{\boldsymbol{\alpha}}_n\}$ 正交，对所有 $i\neq j$，有 $\underline{\boldsymbol{\alpha}}_i$ 与 $\underline{\boldsymbol{\alpha}}_j$ 正交。如果满足 $(\underline{\boldsymbol{\alpha}}_i,\underline{\boldsymbol{\alpha}}_j)=\delta_{ij}$，则称为标准正交；

(3) 子空间 $\boldsymbol{S}_1,\boldsymbol{S}_2,\cdots,\boldsymbol{S}_p$ 互相正交，如果 $\forall\underline{\boldsymbol{\alpha}}\in\boldsymbol{S}_i$ 和 $\underline{\boldsymbol{\beta}}\in\boldsymbol{S}_j$，当 $i\neq j$ 时有 $(\underline{\boldsymbol{\alpha}},\ \underline{\boldsymbol{\beta}})=0$。

5) 子空间分解

如果 $\boldsymbol{S}_1,\boldsymbol{S}_2,\cdots,\boldsymbol{S}_k$ 是线性空间 $\boldsymbol{\Omega}$ 的子空间，它们的和 $\boldsymbol{S}=\{\underline{\boldsymbol{\alpha}}_1+\underline{\boldsymbol{\alpha}}_2+\cdots+\underline{\boldsymbol{\alpha}}_k\,|\,\underline{\boldsymbol{\alpha}}_i\in\boldsymbol{S}_i,i=1,2,\cdots,k\}$ 也是一个子空间；若每一个 $\underline{\boldsymbol{v}}\in\boldsymbol{S}$ 有唯一的表达式 $\underline{\boldsymbol{v}}=\underline{\boldsymbol{\alpha}}_1+\underline{\boldsymbol{\alpha}}_2+\cdots+\underline{\boldsymbol{\alpha}}_k,\underline{\boldsymbol{\alpha}}_i\in\boldsymbol{S}_i$，则 $\boldsymbol{S}$ 称为一个直和，并写为 $\boldsymbol{S}=\boldsymbol{S}_1\oplus\boldsymbol{S}_2\oplus\cdots\oplus\boldsymbol{S}_k$；

子空间的交集也是一个子空间，如$\boldsymbol{S}=\boldsymbol{S}_1\cap\boldsymbol{S}_2$，若$\boldsymbol{S}_i\cap\boldsymbol{S}_j=\{0\}, i\neq j$，则直和为$\boldsymbol{S}=\boldsymbol{S}_1+\boldsymbol{S}_2+\cdots+\boldsymbol{S}_k$。

6) 正交分解

一个子空间$\boldsymbol{S}\in\mathbf{R}^m$的正交补为$\boldsymbol{S}^{\perp}=\left\{\underline{\boldsymbol{y}}\in\mathbf{R}^m \middle| \underline{\boldsymbol{y}}^{\mathrm{T}}\underline{\boldsymbol{x}}=0,\underline{\boldsymbol{x}}\in\boldsymbol{S}\right\}$，如果矢量$\underline{\boldsymbol{v}}_1,\underline{\boldsymbol{v}}_2,\cdots,\underline{\boldsymbol{v}}_k$是标准正交且张成子空间，则称矢量组$\underline{\boldsymbol{v}}_1,\underline{\boldsymbol{v}}_2,\cdots,\underline{\boldsymbol{v}}_k$构成子空间$\boldsymbol{S}$的一个标准正交基。它总可以扩充为$\mathbf{R}^m$的一组完全的标准正交基$\{\boldsymbol{v}_1,\boldsymbol{v}_2,\cdots,\boldsymbol{v}_m\}$，此时$\boldsymbol{S}^{\perp}=\operatorname{span}\{\boldsymbol{v}_{k+1},\boldsymbol{v}_{k+2},\cdots,\boldsymbol{v}_m\}$。

2. 线性变换与正交投影算子

1) 线性变换

若$\mathcal{A}$满足：

(1) $\forall\underline{\boldsymbol{\alpha}},\underline{\boldsymbol{\beta}}\in\mathbf{R}^m,\mathcal{A}\left(\underline{\boldsymbol{\alpha}}+\underline{\boldsymbol{\beta}}\right)=\mathcal{A}\underline{\boldsymbol{\alpha}}+\mathcal{A}\underline{\boldsymbol{\beta}}$；

(2) $\forall\underline{\boldsymbol{\alpha}}\in\mathbf{R}^m,a\in\mathbf{R}^1,\mathcal{A}(a\underline{\boldsymbol{\alpha}})=a\mathcal{A}\underline{\boldsymbol{\alpha}}$。

则称为线性变换。

线性空间$\mathbf{R}^m$上的变换$\mathcal{A}$称为线性变换，线性变换$\mathcal{A}$可用矩阵$\underline{\boldsymbol{A}}$表示。用一组基表示$\underline{\boldsymbol{A}}$在线性变换$\mathcal{A}$下的像，其坐标排成的矩阵称为$\mathcal{A}$在这组基下的矩阵。线性变换与矩阵一一对应。

2) 正交投影算子

正交投影算子的定义如下。

设子空间$\boldsymbol{S}\in\mathbf{R}^m$，如果：

(1) $\forall\underline{\boldsymbol{x}}\in\mathbf{R}^m,P\underline{\boldsymbol{x}}\in\boldsymbol{S}$且$\forall\underline{\boldsymbol{x}}\in\boldsymbol{S},P\underline{\boldsymbol{x}}=\underline{\boldsymbol{x}}$；

(2) $\forall\underline{\boldsymbol{x}}\in\mathbf{R}^m,\forall\underline{\boldsymbol{y}}\in\boldsymbol{S},\left(\underline{\boldsymbol{x}}-P\underline{\boldsymbol{x}},\underline{\boldsymbol{y}}\right)=0$。

则称线性变换P为正交投影算子。

几何意义：在m维线性空间中，其中的一个点b和子空间$\boldsymbol{S}$已知，求点p，使点b到点p的距离不超过点b到$\boldsymbol{S}$上各点的距离，如图 2.2.1 所示。

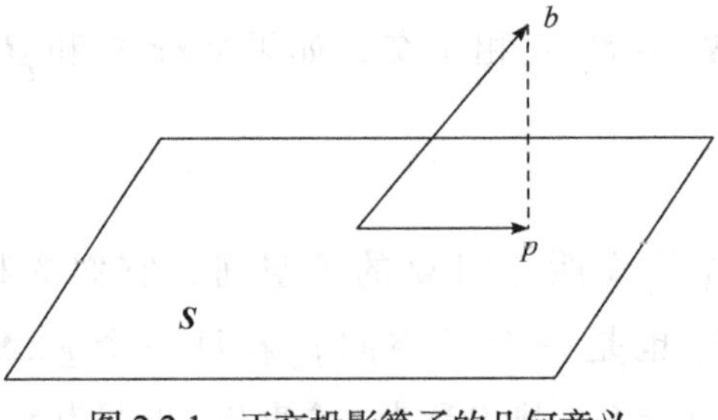

图 2.2.1　正交投影算子的几何意义

向量 $\underline{\boldsymbol{b}}$ 表示的数据可由实验和调查得到，由于其中存在很多误差，无法在给定子空间中找到这组数据。并且方程组不相容且无解，无法把 $\underline{\boldsymbol{b}}$ 表示成子空间 $\boldsymbol{S}$ 中的一个向量，因此最小二乘法选择点 $\underline{\boldsymbol{p}}$ 作为最佳选择。

正交投影算子的表示，即点 $\underline{\boldsymbol{p}}$ 的求解。

(1) 若子空间 $\boldsymbol{S}$ 由标准正交基 $\boldsymbol{a}_1,\boldsymbol{a}_2,\cdots,\boldsymbol{a}_n$ 张成，则任一矢量在子空间 $\boldsymbol{S}$ 上的正交投影矢量 $\underline{\boldsymbol{p}}$ 可表示为

$$\underline{\boldsymbol{p}}=\sum_{i=1}^{n}\left(\underline{\boldsymbol{b}}_i,\underline{\boldsymbol{a}}_i\right)\underline{\boldsymbol{a}}_i=\left(\underline{\boldsymbol{a}}_1,\underline{\boldsymbol{a}}_2,\cdots,\underline{\boldsymbol{a}}_n\right)\begin{pmatrix}\underline{\boldsymbol{a}}_1^{\mathrm{H}}\\ \underline{\boldsymbol{a}}_2^{\mathrm{H}}\\ \vdots\\ \underline{\boldsymbol{a}}_n^{\mathrm{H}}\end{pmatrix}\underline{\boldsymbol{b}}=\underline{\boldsymbol{P}}\underline{\boldsymbol{b}} \tag{2.2.4}$$

式(2.2.4)可用直角坐标系解释：

$$\underline{\boldsymbol{P}}=\left(\underline{\boldsymbol{a}}_1,\underline{\boldsymbol{a}}_2,\cdots,\underline{\boldsymbol{a}}_n\right)\begin{pmatrix}\underline{\boldsymbol{a}}_1^{\mathrm{H}}\\ \underline{\boldsymbol{a}}_2^{\mathrm{H}}\\ \vdots\\ \underline{\boldsymbol{a}}_n^{\mathrm{H}}\end{pmatrix}=\underline{\boldsymbol{A}}\underline{\boldsymbol{A}}^{\mathrm{H}}\qquad \underline{\boldsymbol{A}}=\left(\underline{\boldsymbol{a}}_1,\underline{\boldsymbol{a}}_2,\cdots,\underline{\boldsymbol{a}}_n\right) \tag{2.2.5}$$

式中，$m\times m$ 阶方阵 $\underline{\boldsymbol{P}}$ 常称为投影矩阵。可见，由标准正交基求正交投影算子很方便。

(2) 若子空间 $\boldsymbol{S}$ 由一组基 $\boldsymbol{a}_1,\boldsymbol{a}_2,\cdots,\boldsymbol{a}_n$ (未必正交)张成，求由 $\boldsymbol{a}_1,\boldsymbol{a}_2,\cdots,\boldsymbol{a}_n$ 表示的空间 $\boldsymbol{S}$ 上的正交投影算子。由正交投影算子的定义可知，$\underline{\boldsymbol{b}}$ 到 $\boldsymbol{S}$ 的投影矢量 $\underline{\boldsymbol{p}}=\underline{\boldsymbol{A}}\underline{\boldsymbol{x}}$，即 $\underline{\boldsymbol{p}}$ 由 $\boldsymbol{a}_1,\boldsymbol{a}_2,\cdots,\boldsymbol{a}_n$ 线性表示，且 $\underline{\boldsymbol{b}}-\underline{\boldsymbol{p}}$ 与 $\boldsymbol{a}_1,\boldsymbol{a}_2,\cdots,\boldsymbol{a}_n$ 正交，即 $\underline{\boldsymbol{A}}^{\mathrm{H}}\left(\underline{\boldsymbol{b}}-\underline{\boldsymbol{A}}\underline{\boldsymbol{x}}\right)=0$，则 $\boldsymbol{x}=\left(\underline{\boldsymbol{A}}^{\mathrm{H}}\underline{\boldsymbol{A}}\right)^{-1}\underline{\boldsymbol{A}}^{\mathrm{H}}\underline{\boldsymbol{b}}$，得投影矢量：

$$\underline{\boldsymbol{p}}=\underline{\boldsymbol{A}}\left(\underline{\boldsymbol{A}}^{\mathrm{H}}\underline{\boldsymbol{A}}\right)^{-1}\underline{\boldsymbol{A}}^{\mathrm{H}}\underline{\boldsymbol{b}} \tag{2.2.6}$$

由此可知，$\boldsymbol{S}$ 上的正交投影矩阵为 $\underline{\boldsymbol{P}}=\underline{\boldsymbol{A}}\left(\underline{\boldsymbol{A}}^{\mathrm{H}}\underline{\boldsymbol{A}}\right)^{-1}\underline{\boldsymbol{A}}^{\mathrm{H}}$。

3) 正交变换与正交矩阵

如果对线性空间中的任意矢量 $\underline{\boldsymbol{\alpha}}$ 和 $\underline{\boldsymbol{\beta}}$，有内积关系：

$$\left(\lambda\underline{\boldsymbol{\alpha}},\lambda\underline{\boldsymbol{\beta}}\right)=\left(\underline{\boldsymbol{\alpha}},\underline{\boldsymbol{\beta}}\right) \tag{2.2.7}$$

则线性变换是正交变换。

如果正交变换 λ 的矩阵 $\underline{\boldsymbol{A}}$ 满足关系：$\underline{\boldsymbol{A}}^{\mathrm{H}}\underline{\boldsymbol{A}}=\underline{\boldsymbol{A}}\underline{\boldsymbol{A}}^{\mathrm{H}}=\boldsymbol{I}$，则矩阵 $\underline{\boldsymbol{A}}$ 为正交矩阵或酉矩阵，相应的线性变换 λ 为保角变换或酉变换。

以下为两个重要例子。

例 1　离散傅里叶变换(discrete Fourier transform，DFT)是正交变换，其矩阵为

$$\underline{\boldsymbol{B}}=\frac{1}{\sqrt{N}}\begin{bmatrix}1 & 1 & \cdots & 1\\ 1 & W_{N,1} & \cdots & W_{N,N-1}\\ \vdots & \vdots & & \vdots\\ 1 & W_{N,1}^{N-1} & \cdots & W_{N,N-1}^{N-1}\end{bmatrix}_{N\times N}\qquad\left(W_{N,k}^{k}=\mathrm{e}^{\mathrm{j}\frac{2k\pi}{N}},k=1,2,\cdots,N-1\right)\tag{2.2.8}$$

若 $\underline{\boldsymbol{X}}\in\mathbf{C}^{N\times1}$，则对矩阵 $\underline{\boldsymbol{X}}$ 做 DFT，即

$$\underline{\boldsymbol{y}}=\underline{\boldsymbol{B}}\,\underline{\boldsymbol{X}}=\begin{bmatrix}\vdots\\ \sum x_i\mathrm{e}^{\mathrm{j}\frac{2k\pi(i-1)}{N}}\\ \vdots\end{bmatrix}_{N\times1}\tag{2.2.9}$$

式中，矩阵 $\underline{\boldsymbol{B}}$ 常称为一种 Butler 矩阵(线性情况)。正交变换是可逆变换，变换后无信息损失。

在数字信号处理中，DFT 是一种很重要的变换，常用于将数据从时域变换到频域，便于分析信号频谱。在阵列信号处理中，对阵列空间抽样数据做 DFT，即将数据变换到角频域分析波达方向。尽管用 DFT 做谱分析时分辨率不高，但在高分辨谱估计和自适应滤波技术中，DFT 变换仍是很重要的一种正交变换。

DFT 是一种不依赖数据的变换，下面介绍一种依赖数据的正交变换，即随机矢量的线性变换。

例 2　卡-洛(K-L)变换。一个随机序列 $\{x(n)\}_{n=1}^{N}$，若其自相关函数为 $\underline{\boldsymbol{R}}_x(N\times N)$，则 K-L 变换为 $\underline{\boldsymbol{Y}}=\underline{\boldsymbol{T}}\,\underline{\boldsymbol{X}}$。其中，

$$\underline{\boldsymbol{T}}^{\mathrm{H}}\underline{\boldsymbol{T}}=\underline{\boldsymbol{I}}\ (\text{正交矩阵})$$

$$\underline{\boldsymbol{T}}=(\underline{T}_1,\underline{T}_2,\cdots,\underline{T}_N)\left(\sum_{k=1}^{N}T_{ki}^{*}T_{kj}=\underline{T}_i^{\mathrm{H}}\underline{T}_j=\delta_{ij};\ \underline{\boldsymbol{R}}_x\underline{T}_i=\lambda_i\underline{T}_i,\ i=1,2,\cdots,N\right)$$

$\underline{\boldsymbol{Y}}$ 的特点：

(1) 若 $E[\boldsymbol{y}_i]=0$，则 $E\left(\boldsymbol{y}_i\boldsymbol{y}_j^{*}\right)=\lambda_i\delta_{ij},\lambda_i=E\left\{|\boldsymbol{y}_i|^2\right\}$ (E 为数学期望)；

(2) $\underline{\boldsymbol{R}}_y=\mathrm{diag}(\lambda_i),\ \lambda_1\geqslant\lambda_2\geqslant\cdots\geqslant\lambda_N$。

物理意义：按随机序列的能量大小逐次做 N 个正交方向分解。$\underline{\boldsymbol{Y}}$ 的各分量去

相关且按能量从大到小排列。

K-L 变换也称最佳变换。

3. 矩阵的分解

1) 特征分解

对任一 N 维 Hermitian 矩阵($\underline{\boldsymbol{A}}=\underline{\boldsymbol{A}}^{\mathrm{H}}$)，其特征矢量构成 N 维空间的一组标准正交基。因此，存在一个正交矩阵 $\underline{\boldsymbol{T}}$，使得 $\underline{\boldsymbol{A}}$ 与一个对角阵相似，即

$$\underline{\boldsymbol{T}}^{-1}\underline{\boldsymbol{A}}\underline{\boldsymbol{T}}=\operatorname{diag}\left(\lambda_1,\lambda_2,\cdots,\lambda_N\right) \tag{2.2.10}$$

式中，$\lambda_i\left(i=1,2,\cdots,N\right)$ 为 $\underline{\boldsymbol{A}}$ 的特征值。

正定(半正定)性：若 Hermitian 矩阵 $\underline{\boldsymbol{A}}$ 对任一非零矢量有 $\underline{\boldsymbol{X}}^{\mathrm{H}}\underline{\boldsymbol{A}}\underline{\boldsymbol{X}}>0\ (\geqslant 0)$，则称 $\underline{\boldsymbol{A}}$ 为正定(半正定)的。正定的 Hermitian 矩阵 $\underline{\boldsymbol{A}}$ 的所有特征值为正数，即

$$\underline{\boldsymbol{A}}=\underline{\boldsymbol{T}}\operatorname{diag}\left(\lambda_1,\lambda_2,\cdots,\lambda_N\right)\underline{\boldsymbol{T}}^{\mathrm{H}}=\sum_{i=1}^{N}\lambda_i\underline{\boldsymbol{v}}_i\underline{\boldsymbol{v}}_i^{\mathrm{H}}=\boldsymbol{E}_{\mathrm{s}}\boldsymbol{\Sigma}_{\mathrm{s}}\boldsymbol{E}_{\mathrm{s}}^{\mathrm{H}}+\boldsymbol{E}_{\mathrm{n}}\boldsymbol{\Sigma}_{\mathrm{n}}\boldsymbol{E}_{\mathrm{n}}^{\mathrm{H}} \tag{2.2.11}$$

式中，$\lambda_i(i=1,2,\cdots,N)$ 为 $\underline{\boldsymbol{A}}$ 的特征值；$\underline{\boldsymbol{v}}_i(i=1,2,\cdots,N)$ 为特征矢量；$\boldsymbol{\Sigma}_{\mathrm{s}}$ 为根据前 K 个极大特征值形成的对角阵，相应矢量形成的 $\boldsymbol{E}_{\mathrm{s}}=\left[e_1,e_2,\cdots,e_K\right]$ 代表信号子空间；$\boldsymbol{\Sigma}_{\mathrm{n}}$ 为根据余下相对较小的特征值形成的对角阵，相应矢量形成的矩阵代表噪声子空间 $\boldsymbol{E}_{\mathrm{n}}=\left[e_{K+1},e_{K+2},\cdots,e_M\right]$，称此分解为特征分解。

2) 奇异值分解

对 $\forall\underline{\boldsymbol{A}}\in\mathbf{C}^{n\times m}$，存在正交矩阵 $\underline{\boldsymbol{U}}=\left(\underline{\boldsymbol{u}}_1,\underline{\boldsymbol{u}}_2,\cdots,\underline{\boldsymbol{u}}_n\right)\in\mathbf{C}^{n\times n}$ 和 $\underline{\boldsymbol{V}}=\left(\underline{\boldsymbol{v}}_1,\underline{\boldsymbol{v}}_2,\cdots,\underline{\boldsymbol{v}}_m\right)\in\mathbf{C}^{m\times m}$，使得

$$\underline{\boldsymbol{A}}=\sum_{i=1}^{r}\sigma_i\underline{\boldsymbol{u}}_i\underline{\boldsymbol{v}}_i^{\mathrm{H}}=\underline{\boldsymbol{U}}\operatorname{diag}\left(\sigma_1,\sigma_2,\cdots,\sigma_r,0,\cdots,0\right)\underline{\boldsymbol{V}}^{\mathrm{H}} \tag{2.2.12}$$

式中，$r=\operatorname{rank}\left(\underline{\boldsymbol{A}}\right)$；$\sigma_1\geqslant\sigma_2\geqslant\cdots\geqslant\sigma_r\geqslant\sigma_{r+1}=\cdots=0$；$\sigma_i$ 是 $\underline{\boldsymbol{A}}$ 的奇异值。

容易验证：

(1) $\underline{\boldsymbol{A}}\underline{\boldsymbol{v}}_i=\sigma_i\underline{\boldsymbol{u}}_i$；

(2) $\underline{\boldsymbol{A}}^{\mathrm{H}}\underline{\boldsymbol{u}}_i=\sigma_i\underline{\boldsymbol{v}}_i,\ (i=1,2,\cdots,p)$；

(3) $\boldsymbol{N}\left(\underline{\boldsymbol{A}}\right)=\operatorname{span}\left\{\underline{\boldsymbol{v}}_{r+1},\underline{\boldsymbol{v}}_{r+2},\cdots,\underline{\boldsymbol{v}}_m\right\}$；

(4) $\boldsymbol{R}\left(\underline{\boldsymbol{A}}\right)=\operatorname{span}\left\{\underline{\boldsymbol{u}}_1,\underline{\boldsymbol{u}}_2,\cdots,\underline{\boldsymbol{u}}_r\right\}$。

3) 矩阵正交三角分解

任一矩阵 $\underline{\boldsymbol{A}}\in\mathbf{C}^{n\times m}$，总可以化为 $\underline{\boldsymbol{A}}=\underline{\boldsymbol{Q}}\underline{\boldsymbol{R}}$，其中 $\underline{\boldsymbol{Q}}$ 是正交矩阵，$\underline{\boldsymbol{R}}$ 是上三角矩阵，称此分解为 $\underline{\boldsymbol{A}}$ 的正交三角(QR)分解。

4. 复变量实函数求导数

研究实函数：$f\left(W,W^*\right)=g\left(x,y\right)$，其中$W=x+\mathrm{j}y$，$W^*=x-\mathrm{j}y$。

根据求导法则：

$$\frac{\partial g}{\partial x}=\frac{\partial f}{\partial W}\frac{\partial W}{\partial x}+\frac{\partial f}{\partial W^*}\frac{\partial W^*}{\partial x}=\frac{\partial f}{\partial W}+\frac{\partial f}{\partial W^*}$$

$$\frac{\partial g}{\partial y}=\frac{\partial f}{\partial W}\frac{\partial W}{\partial y}+\frac{\partial f}{\partial W^*}\frac{\partial W^*}{\partial y}=\mathrm{j}\frac{\partial f}{\partial W}-\mathrm{j}\frac{\partial f}{\partial W^*}$$

则

$$\frac{\partial f}{\partial W}=\frac{1}{2}\left(\frac{\partial g}{\partial x}-\mathrm{j}\frac{\partial g}{\partial y}\right) \tag{2.2.13}$$

$$\frac{\partial g}{\partial W^*}=\frac{1}{2}\left(\frac{\partial g}{\partial x}+\mathrm{j}\frac{\partial g}{\partial y}\right) \tag{2.2.14}$$

1) 矩阵对标量求微分

若矩阵$\underline{\boldsymbol{A}}=\left(a_{ij}\right)_{m\times n}$的元素是某个自变量$t$(标量)的函数，当每一个$a_{ij}\left(t\right)$均为可微函数时，可构成一个与$\underline{\boldsymbol{A}}$同阶的矩阵：$\dfrac{\mathrm{d}\underline{\boldsymbol{A}}}{\mathrm{d}t}\triangleq\left[\dfrac{\mathrm{d}a_{ij}}{\mathrm{d}t}\right]_{m\times n}$，称作矩阵$\underline{\boldsymbol{A}}$对自变量$t$的导数或微分。

矩阵的微分满足如下基本运算规则：

(1) $\dfrac{\mathrm{d}\left(\underline{\boldsymbol{A}}+\underline{\boldsymbol{B}}\right)}{\mathrm{d}t}=\dfrac{\mathrm{d}\underline{\boldsymbol{A}}}{\mathrm{d}t}+\dfrac{\mathrm{d}\underline{\boldsymbol{B}}}{\mathrm{d}t}$；

(2) $\dfrac{\mathrm{d}(\underline{\boldsymbol{A}}\underline{\boldsymbol{B}})}{\mathrm{d}t}=\dfrac{\mathrm{d}\underline{\boldsymbol{A}}}{\mathrm{d}t}\underline{\boldsymbol{B}}+\underline{\boldsymbol{A}}\dfrac{\mathrm{d}\underline{\boldsymbol{B}}}{\mathrm{d}t}$。

2) 矩阵对矢量求微分

设$\underline{\boldsymbol{A}}=\left(a_{ij}\right)_{m\times n}$的元素$\underline{\boldsymbol{x}}_{p\times 1}$是某一矢量的可微函数，则矩阵$\underline{\boldsymbol{A}}$对矢量$\underline{\boldsymbol{x}}$的微分：

$$\frac{\mathrm{d}\underline{\boldsymbol{A}}}{\mathrm{d}\underline{\boldsymbol{x}}}=\begin{bmatrix}\dfrac{\mathrm{d}\underline{\boldsymbol{A}}}{\mathrm{d}x_1}\\\dfrac{\mathrm{d}\underline{\boldsymbol{A}}}{\mathrm{d}x_2}\\\vdots\\\dfrac{\mathrm{d}\underline{\boldsymbol{A}}}{\mathrm{d}x_p}\end{bmatrix}\neq\frac{\mathrm{d}\underline{\boldsymbol{A}}}{\mathrm{d}\underline{\boldsymbol{x}}^{\mathrm{H}}}=\begin{bmatrix}\dfrac{\mathrm{d}\underline{\boldsymbol{A}}}{\mathrm{d}x_1} & \dfrac{\mathrm{d}\underline{\boldsymbol{A}}}{\mathrm{d}x_2} & \cdots & \dfrac{\mathrm{d}\underline{\boldsymbol{A}}}{\mathrm{d}x_p}\end{bmatrix} \tag{2.2.15}$$

3) 矩阵对矩阵求微分

设 $\underline{\boldsymbol{A}}=\left(a_{ij}\right)_{p\times q}$， $\underline{\boldsymbol{B}}=\left(b_{kl}\right)_{s\times t}$，则 $\dfrac{\mathrm{d}\underline{\boldsymbol{A}}}{\mathrm{d}\underline{\boldsymbol{B}}}\triangleq\left[\left(\dfrac{\mathrm{d}a_{ij}}{\mathrm{d}b_{kl}}\right)_{p\times q}\right]_{sp\times tq}$。

矩阵 $\underline{\boldsymbol{B}}$ 共有 $s\times t$ 个块，每个分块矩阵为矩阵 $\underline{\boldsymbol{A}}$ 对矩阵 $\underline{\boldsymbol{B}}$ 的元素 b_{kl} 求导，所有分块矩阵按 $\underline{\boldsymbol{B}}$ 阵排列方式排列。

例 3　$f\left(\underline{\boldsymbol{W}}\right)=\underset{1\times N}{\underline{\boldsymbol{W}}^{\mathrm{H}}}\ \underset{N\times N}{\underline{\boldsymbol{R}}}\ \underset{N\times 1}{\underline{\boldsymbol{W}}}$，其中，$\underline{\boldsymbol{R}}^{\mathrm{H}}=\underline{\boldsymbol{R}}$，求 $\dfrac{\mathrm{d}f\left(\underline{\boldsymbol{W}}\right)}{\mathrm{d}\underline{\boldsymbol{W}}}$。

解：$\because f^{\mathrm{H}}\left(\underline{\boldsymbol{W}}\right)=\underline{\boldsymbol{W}}^{\mathrm{H}}\underline{\boldsymbol{R}}\underline{\boldsymbol{W}}=f\left(\underline{\boldsymbol{W}}\right)$

$\therefore f\left(\underline{\boldsymbol{W}}\right)$ 为实数

$$\therefore \frac{\mathrm{d}f\left(\underline{\boldsymbol{W}}\right)}{\mathrm{d}\underline{\boldsymbol{W}}}=\underline{\boldsymbol{R}}\underline{\boldsymbol{W}}+\left(\underline{\boldsymbol{W}}^{\mathrm{H}}\underline{\boldsymbol{R}}\right)^{\mathrm{H}}=2\underline{\boldsymbol{R}}\underline{\boldsymbol{W}}$$

2.3　窄带信号模型

当信号的带宽远小于其中心频率的信号时，称为窄带信号[5-12]。通信和雷达等信息系统常用实窄带高频信号。

1) 窄带信号的时域表示

窄带信号的时域表示为 $s(t)=a(t)\cos\left[\omega_0 t+\phi(t)\right]$，$a(t)$ 带宽越宽，信号起伏越快。窄带条件要求 $a(t)$ 变化比 $\cos\left[\omega_0 t+\phi(t)\right]$ 变化慢。窄带信号的复信号表示为 $z(t)=a(t)\mathrm{e}^{\mathrm{j}\phi(t)}\mathrm{e}^{\mathrm{j}\omega_0 t}$，其中 $\mathrm{e}^{\mathrm{j}\omega_0 t}$ 为载波，是信息载体，但不含信息。窄带信号复包络(基带信号)表示为 $z_{\mathrm{B}}(t)=a(t)\mathrm{e}^{\mathrm{j}\phi(t)}$。实际信号实现如图 2.3.1 所示。

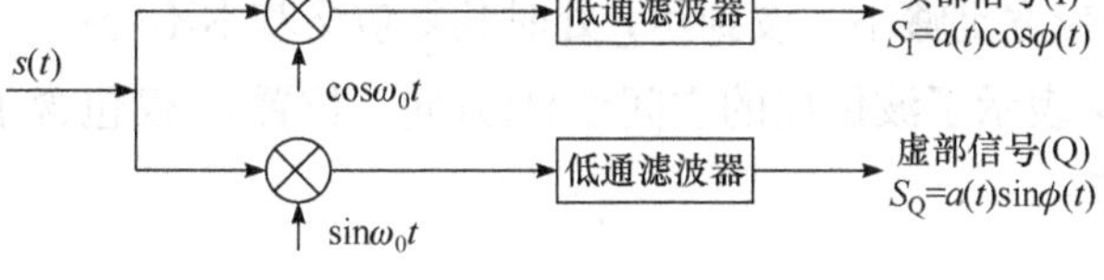

图 2.3.1　实际信号实现

2) 窄带信号的空域表示

假设坐标原点的传播波为窄带信号，用复数形式表示为

$$s\left(\underline{\mathbf{0}},t\right)=z_{\mathrm{B}}\left(t\right)\mathrm{e}^{\mathrm{j}\omega_0 t}\tag{2.3.1}$$

沿方向 $\underline{\boldsymbol{\alpha}}$ 传播到 $\underline{\boldsymbol{r}}$ 时，有

$$s(\underline{\boldsymbol{r}},t)=z_{\mathrm{B}}(t-\underline{\boldsymbol{\alpha}}^{\mathrm{T}}\underline{\boldsymbol{r}})\mathrm{e}^{\mathrm{j}\omega_0(t-\underline{\boldsymbol{\alpha}}^{\mathrm{T}}\underline{\boldsymbol{r}})} \tag{2.3.2}$$

由逆傅里叶变换(inverse Fourier transform，IFT)得

$$z_{\mathrm{B}}(t)=\frac{1}{2\pi}\int_{-\infty}^{+\infty}z(\omega)\mathrm{e}^{\mathrm{j}\omega t}\mathrm{d}\omega \tag{2.3.3}$$

记传播时间为 $\tau=\underline{\boldsymbol{\alpha}}^{\mathrm{T}}\underline{\boldsymbol{r}}$，则

$$z_{\mathrm{B}}(t-\tau)=\frac{1}{2\pi}\int_{-\infty}^{+\infty}z(\omega)\mathrm{e}^{\mathrm{j}\omega(t-\tau)}\mathrm{d}\omega=\frac{1}{2\pi}\int_{-\infty}^{+\infty}z(\omega)\mathrm{e}^{\mathrm{j}\omega t}\mathrm{e}^{-\mathrm{j}\omega\tau}\mathrm{d}\omega \tag{2.3.4}$$

如果 $z_{\mathrm{B}}(t)$ 信号带宽为 B，则

$$z(\omega)=\begin{cases}z(\omega), & \omega\in\left[-\dfrac{B}{2},\dfrac{B}{2}\right]\\ 0, & \text{其他}\end{cases} \tag{2.3.5}$$

因此，式(2.3.4)等价于 $z_{\mathrm{B}}(t-\tau)=\frac{1}{2\pi}\int_{-B/2}^{B/2}z(\omega)\mathrm{e}^{\mathrm{j}\omega t}\mathrm{e}^{-\mathrm{j}\omega\tau}\mathrm{d}\omega$。

若 $\frac{B}{2}\tau\ll 1\Rightarrow \mathrm{e}^{-\mathrm{j}\omega\tau}\approx 1$，$\omega\in\left[-\frac{B}{2},\frac{B}{2}\right]$，即要求 $B\ll\frac{1}{\tau}=\frac{c}{|\tau|}$ 或 $\tau\ll\frac{1}{B}$ 时，有

$$z_{\mathrm{B}}(t-\tau)\approx\frac{1}{2\pi}\int_{-B/2}^{B/2}z(\omega)\mathrm{e}^{\mathrm{j}\omega t}\mathrm{d}\omega=z_{\mathrm{B}}(t) \tag{2.3.6}$$

因此，

$$\begin{aligned}s(\underline{\boldsymbol{r}},t)&=z_{\mathrm{B}}(t)\mathrm{e}^{\mathrm{j}\omega_0 t}\mathrm{e}^{-\mathrm{j}\omega_0\tau}\\&=s(\underline{\boldsymbol{0}},t)\mathrm{e}^{-\mathrm{j}\omega_0\tau}\end{aligned} \tag{2.3.7}$$

综上所述，可知：

(1) 当信号带宽足够小，波到达 $\underline{\boldsymbol{r}}$ 处时其复包络基本不变；

(2) $\tau=\underline{\boldsymbol{\alpha}}^{\mathrm{T}}\underline{\boldsymbol{r}}$ 表示了波传播的空间信息(方向、位置)，仅包含于载波项中，与信号复包络无关。

参 考 文 献

[1] 林锰, 吴红梅. 线性空间与矩阵论[M]. 哈尔滨: 哈尔滨工程大学出版社, 2016.

[2] 吕琳琳. 线性空间的子空间覆盖[J]. 高师理科学刊, 2019, 39(9): 24-27.

[3] 罗崇洋. 希尔伯特空间中算法的收敛性[D]. 天津: 天津工业大学, 2015.

[4] 郑维行, 王声望. 实变函数与泛函分析概要. 第 2 册[M]. 5 版. 北京: 高等教育出版社, 2019.

[5] 王桂宝, 傅明星. 十字阵虚拟基线二维测向算法[J]. 现代雷达, 2016, 38(5): 26-28.

[6] PRAKASAM P, SURESH KUMAR T R, VELMURUGAN T, et al. Efficient power distribution model for IoT nodes

driven by energy harvested from low power ambient RF signal[J]. Microelectronics Journal, 2020, 95(5): 104665.

[7] PAL S, GUPTA S. Nonlinear performance and small signal model of junction-less microring modulator[J]. Optics Communications, 2020, 459: 124984.

[8] 王桂宝. 稀疏电磁对阵列 DOA 和极化参数估计[J]. 探测与控制学报, 2017, 39(5): 71-75.

[9] 张小飞, 汪飞, 徐大专. 阵列信号处理的理论和应用[M]. 北京: 国防工业出版社, 2010.

[10] 彭金龙. 窄带相干信号 DOA 估计算法研究[D]. 西安: 西安电子科技大学, 2014.

[11] 陈华. 窄带阵列信号的二维测向技术研究[D]. 天津: 天津大学, 2016.

[12] 陈华. 窄带阵列信号处理算法研究[D]. 天津: 天津大学, 2012.

第二篇　参数估计

第 3 章　共形电磁矢量传感器阵列参数估计算法

本章简单介绍共形电磁矢量传感器阵列的特点、优势和研究现状，研究锥面共形阵列和分离式柱面共形阵列的空间相位解模糊参数估计方法，以及基于三线性分解的平面阵、柱面共形阵多参数联合估计。

3.1　引　　言

现代飞行器中，天线被广泛用于通信、雷达、导航等领域，共形天线可以满足飞行器某些新的功能和性能要求，是近年来比较热门的研究领域[1,2]。美国电气和电子工程师协会对共形天线的定义：同某一表面共形的天线或阵列，常规天线的形状由其电磁性能决定，共形天线的形状由电磁性能和飞行器的气动特性共同决定，这是共形天线与普通天线形状不同的原因[1]。例如，在抛物面形地面卫星接收天线中，其反射面是抛物面的凹表面，这种天线不利于飞行器的气动特性，因此为了消除这种不利影响，需要将其安装在飞行器内部并安装天线罩。如果将抛物面天线的口面设置为凸表面，此时可以将其安装在飞行器表面，并将这种抛物面天线称为共形天线。共形天线的优点是可以提高飞行器的气动性能，降低雷达散射截面(radar cross section, RCS)[2-4]。共形天线常用于飞机等高速运动物体的表面。

共形阵列已广泛用于有人驾驶飞机、无人机、舰船与地面车辆，当前对共形天线需求最为迫切的领域是要求大孔径尺寸的卫星通信领域和军用机载监视雷达领域，而共形天线在无人机或导弹上可能最先得以应用。小型隐身无人作战飞机可以更好地利用共形天线的优势，将整个无人机平台的外表层都作为孔径，进行通信、雷达成像和电子干扰。

在现代作战飞机上，可用于安装大型、高增益天线的位置非常有限，而作战飞机上需要安装雷达、导航、通信和电子对抗等各种类型的天线，其总数已超过 70 个[1,5]，不仅会对飞机的飞行产生额外的气动阻力，增加飞机的 RCS，而且会在安装位置上产生冲突，产生天线遮挡和电磁兼容等一系列问题。因此，从改善飞机的气动外形和降低 RCS 的角度，都希望对传统的天线加以改进，改进的方法之一是采用共形天线。共形天线具有低剖面的特点，可以安装在飞机表面且不增加风阻。在飞机上采用共形天线的另一个作用是增大天线的孔径[2,4]，其在预警机上体现得特别充分，以色列研制的“费尔康”预警机就使用了共形相控阵列天线。另外，未来多任务机载雷达需要大型的收发阵列，才能满足在严重杂波和干扰情况下探测空中和地面移动目标的需求。在飞机上安装大型平面共形阵列天线不现实，于是相关专家、学者开始研制大型的共形孔径。将共形天线附着在飞机的蒙皮表面有明显优势，这种结构扩大了可进行态势探测的平台范围，机翼、机门或机身都可以成为天线，弥补了只有具有较多空间的大中型飞机才能携载探测载荷的不足[6,7]。由于共形天线与所附物体的结构融为一体，不产生额外的气动阻力，降低了油耗，提高了飞机的航程。采用共形天线对平台设计也带来极大的便利，天线的形状和大小对飞机设计而言是很难控制的因素，而共形阵列将使飞机的设计变得容易，同时由于无常规天线罩，信号传输和发射特性也容易预测。共形天线优于普通机载天线的另一个优势在于，不会增加飞机的 RCS，可以实现降低飞机雷达特征的优化设计。对共形天线的需求推动了其发展，当前世界上许多国家开展了共形天线的研究，并且取得发展和突破，图 3.1.1～图 3.1.3 列出了几种典型的共形天线。

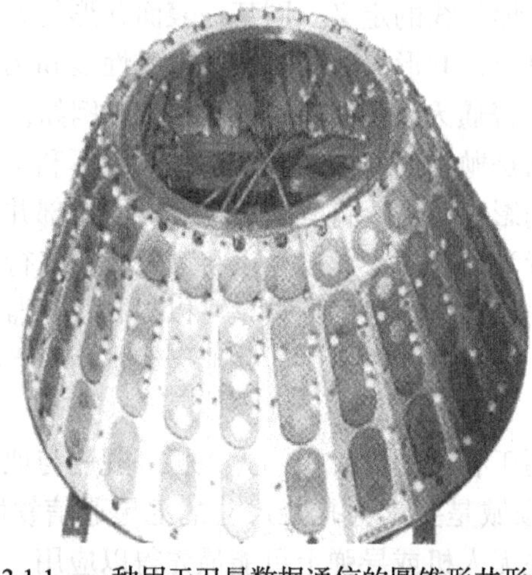

图 3.1.1　一种用于卫星数据通信的圆锥形共形天线

图 3.1.2　一种 300MHz～13GHz 的共形天线

图 3.1.3　德国 FGAN 公司用于 X 波段 SAR 成像的 ERAK0 共形天线

共形天线具有很多优良的电磁性能，在军用和民用中都得到了广泛使用，因此研究基于共形阵列的参数估计算法具有重要的意义[8,9]。图 3.1.4 给出了本章的结构图。

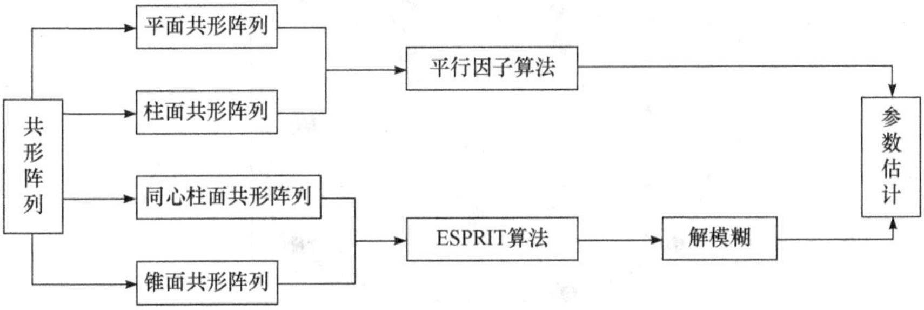

图 3.1.4　本章的结构图

3.2　锥面共形阵列信号模型与参数估计算法

本节基于锥面共形电磁矢量传感器阵列 DOA 和极化参数联合估计算法，首先根据旋转不变子空间理论，利用电偶极子和磁偶极子阵列导向矢量间的关系得到极化矩阵，进而得到极化参数的估计；其次利用不存在相位模糊的上圆环得到 DOA 的粗略估计值,从而求解下圆环的相位模糊数;最后得到DOA的精确估计[10]。锥面共形电磁矢量传感器阵列参数估计算法仅需要两次特征分解，第二次特征分解的特征值可得到极化参数的估计，特征矢量可得到坡印廷矢量的估计，从而得到 DOA 估计。该算法能够解决稀疏阵列相位模糊和平面共形阵列俯仰角象限模糊问题，计算量小且估计精度高。

3.2.1　锥面共形阵列信号模型

锥面共形阵列阵元由一个电偶极子和一个小磁环组成的偶极子对组成，其电偶极子沿 z 轴放置，同时小磁环的中心轴线也沿 z 轴放置。电偶极子和小磁环组成的偶极子对位于同一锥面上的两个半径分别为 R_1 和 R_2 的圆环上，两圆环上各均匀分布 $N/2$ 个阵元，在圆锥的顶点处存在一个参考阵元，参考阵元与上圆环阵元间的距离 $l_1 \leqslant 0.5\lambda_{\min}$，与下圆环阵元间的距离 $l_2 \gg 0.5\lambda_{\min}$。上下两个圆环上的对应阵元在锥面同一条母线上，即上圆环上的每一个阵元在下圆环上均有与之对应的阵元，锥面共形阵列模型如图 3.2.1 所示。为了在利用上圆环进行 DOA 估计的过程中不出现相位模糊，要求上圆环的半径满足条件 $R_1 \leqslant 0.5\lambda_{\min}$，其中 $\lambda_{\min}$ 为入射电磁信号的最小波长。

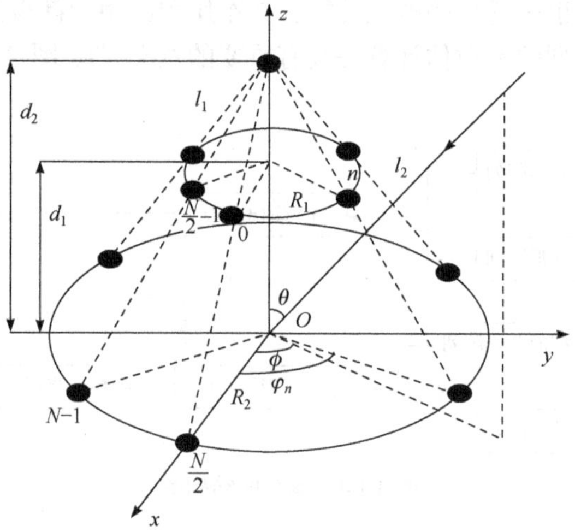

图 3.2.1　锥面共形阵列模型

为了减小阵列阵元之间互耦的影响，提高估计精度，可以根据实际需要对下圆环的半径 R_2 进行合理设置。假设第 1 个阵元处于 x 轴上且位于半径为 R_1 的圆环上，沿圆周逆时针方向分别是第 $0,1,\cdots,N/2-1$ 个阵元，第 $N/2$ 个阵元处于 x 轴上且位于半径为 R_2 的圆环上，沿圆周逆时针方向分别是第 $N/2,N/2+1,\cdots,N-1$ 个阵元。上圆环上第 n 个阵元坐标为 $(R_1\cos\varphi_n, R_1\sin\varphi_n, d)$，下圆环上第 n 个阵元坐标为 $(R_2\cos\varphi_n, R_2\sin\varphi_n, 0)$，其中 φ_n 表示阵元位置，为圆周上第 n 个阵元点与圆心的连线与坐标系中 x 轴正方向之间的夹角，其大小为 $\varphi_n = 4\pi n/N\ (n = 0,1,\cdots,N/2-1)$。

假设有 K 个单位功率、远场窄带且完全极化的横电磁波信号入射到锥面共形极化敏感阵列上，设第 k 个信号的 DOA 为 (θ_k,ϕ_k)，极化参数为 (γ_k,η_k)，且互不

相干，则坐标原点处阵元接收的第 k 个入射信号的电磁场可表示为[11]

$$V(\theta_k,\phi_k,\gamma_k,\eta_k)=\begin{bmatrix} e_{kz} \\ h_{kz}\end{bmatrix}=\begin{bmatrix} -\sin\theta_k & 0 \\ 0 & \sin\theta_k\end{bmatrix}\begin{bmatrix} \sin\gamma_k \mathrm{e}^{\mathrm{j}\eta_k} \\ \cos\gamma_k\end{bmatrix}=\begin{bmatrix} -\sin\theta_k\sin\gamma_k \mathrm{e}^{\mathrm{j}\eta_k} \\ \sin\theta_k\cos\gamma_k\end{bmatrix} \tag{3.2.1}$$

上圆环上第 n 个阵元与坐标原点处阵元的相位差为

$$q_n(\theta_k,\phi_k)=\mathrm{e}^{\mathrm{j}2\pi R_1\left[\sin\theta_k\cos(\varphi_n-\phi_k)+z_n\cos\theta_k/R_1\right]/\lambda} \tag{3.2.2}$$

式中，入射波的俯仰角 θ_k 和方位角 ϕ_k 分别满足 $\theta_k\in[0,\pi/2]$ 和 $\phi_k\in[0,2\pi]$；两个极化参数分别满足 $\gamma_k\in[0,\pi/2]$ 和 $\eta_k\in[-\pi,\pi]$。因此，阵列的空域-极化域导向矢量为

$$\boldsymbol{a}_k(\theta_k,\phi_k,\gamma_k,\eta_k)=\boldsymbol{V}(\theta_k,\phi_k,\gamma_k,\eta_k)\otimes\boldsymbol{q}(\theta_k,\phi_k) \tag{3.2.3}$$

该导向矢量是 θ_k、ϕ_k、γ_k 和 η_k 四个变量的函数，可以解决这些参数的联合估计问题。但如果直接使用变量搜索的方法进行估计，将成为四维搜索问题，计算量大，本节利用 ESPRIT 避开参数搜索的方法进行估计。

3.2.2　信号参数估计算法

假设有 K 个远场窄带完全极化波信号入射到锥面共形阵列上，那么阵列参考阵元和 N 个偶极子对阵列的 M 次快拍数据可以表示为

$$\boldsymbol{X}(t)=\boldsymbol{A}\boldsymbol{S}(t)+\boldsymbol{N}(t) \tag{3.2.4}$$

$$\boldsymbol{A}(\theta,\phi,\gamma,\eta)=\left[\boldsymbol{a}_1(\theta_1,\phi_1,\gamma_1,\eta_1),\cdots,\boldsymbol{a}_K(\theta_K,\phi_K,\gamma_K,\eta_K)\right] \tag{3.2.5}$$

式中，$\boldsymbol{A}$ 表示阵列导向矢量矩阵；$\boldsymbol{S}(t)=\left[s_1(t),s_2(t),\cdots,s_K(t)\right]$ 表示 K 个互相独立的基带信号；$\boldsymbol{N}(t)$ 表示均值为 0，相互独立的高斯白噪声矢量，且噪声和信号互不相关。

接收数据 $\boldsymbol{X}$ 的协方差矩阵 $\boldsymbol{R}_x$ 为

$$\boldsymbol{R}_x=E\left[\boldsymbol{X}\boldsymbol{X}^{\mathrm{H}}\right]=\boldsymbol{A}\boldsymbol{R}_s\boldsymbol{A}^{\mathrm{H}}+\sigma^2\boldsymbol{I} \tag{3.2.6}$$

式中，$(\cdot)^{\mathrm{H}}$ 表示转置复共轭；$\boldsymbol{R}_s=E\left[\boldsymbol{S}(t_1)\boldsymbol{S}^{\mathrm{H}}(t_1)\right]$，为入射信号的自相关函数；$\sigma^2$ 为高斯白噪声的功率；$\boldsymbol{I}$ 为单位矩阵。

阵列导向矢量矩阵 $\boldsymbol{A}$ 由上圆环和下圆环的导向矢量组成，可以表示为

$$\boldsymbol{A}=\begin{bmatrix}\boldsymbol{A}_1 \\ \boldsymbol{A}_2\end{bmatrix} \tag{3.2.7}$$

式中，$\boldsymbol{A}_1$ 为磁偶极子子阵导向矢量矩阵；$\boldsymbol{A}_2$ 为电偶极子子阵导向矢量矩阵。

$$\boldsymbol{A}_1=\left[\sin\theta_1\cos\gamma_1\otimes\boldsymbol{q}(\theta_1,\phi_1),\cdots,\sin\theta_K\cos\gamma_K\otimes\boldsymbol{q}(\theta_K,\phi_K)\right] \tag{3.2.8}$$

$$\boldsymbol{A}_2=\left[-\sin\theta_1\sin\gamma_1\mathrm{e}^{\mathrm{j}\eta_1}\otimes\boldsymbol{q}(\theta_1,\phi_1),\cdots,-\sin\theta_K\sin\gamma_K\mathrm{e}^{\mathrm{j}\eta_K}\otimes\boldsymbol{q}(\theta_K,\phi_K)\right] \tag{3.2.9}$$

式中，$\boldsymbol{q}(\theta_k,\phi_k)$为空域导向矢量，可表示为

$$\boldsymbol{q}(\theta_k,\phi_k)=\left[1,\ \boldsymbol{q}_{\mathrm{u}}(\theta_k,\phi_k),\ \boldsymbol{q}_{\mathrm{d}}(\theta_k,\phi_k)\right]^{\mathrm{T}} \tag{3.2.10}$$

空域导向矢量$\boldsymbol{q}(\theta_k,\phi_k)$包括参考阵元和上、下圆环子阵在内的两个阵列空域导向矢量，上圆环子阵空域导向矢量和下圆环子阵空域导向矢量分别用$\boldsymbol{q}_{\mathrm{u}}(\theta_k,\phi_k)$和$\boldsymbol{q}_{\mathrm{d}}(\theta_k,\phi_k)$表示：

$$\boldsymbol{q}_{\mathrm{u}}(\theta_k,\phi_k)=\begin{bmatrix}\exp\left(\mathrm{j}2\pi R_1\left(\sin\theta_k\cos(\phi_k-\varphi_1)+\dfrac{d_1-d_2}{R_1}\cos\theta_k\right)\Big/\lambda\right)\\ \vdots \\ \exp\left(\mathrm{j}2\pi R_1\left(\sin\theta_k\cos\left(\phi_k-\varphi_{\frac{N}{2}}\right)+\dfrac{d_1-d_2}{R_1}\cos\theta_k\right)\Big/\lambda\right)\end{bmatrix} \tag{3.2.11}$$

$$\boldsymbol{q}_{\mathrm{d}}(\theta_k,\phi_k)=\begin{bmatrix}\exp\left(\mathrm{j}2\pi R_2\left(\sin\theta_k\cos(\phi_k-\varphi_1)-d_2\cos\theta_k/R_2\right)/\lambda\right)\\ \vdots \\ \exp\left(\mathrm{j}2\pi R_2\left(\sin\theta_k\cos\left(\phi_k-\varphi_{\frac{N}{2}}\right)-d_2\cos\theta_k/R_2\right)\Big/\lambda\right)\end{bmatrix} \tag{3.2.12}$$

式中，λ为入射电磁信号的波长；$\varphi_1\sim\varphi_{\frac{N}{2}}$为圆环上阵元的位置角度；$\theta_k$和$\phi_k$分别为第$k$个入射电磁信号的俯仰角和方位角；$d_1$为上圆环圆心与下圆环圆心间的距离；$d_2$为参考阵元与下圆环圆心间的距离。

根据子空间参数估计原理，对$\boldsymbol{R}_x$进行特征分解获得其信号子空间$\boldsymbol{E}_{\mathrm{s}}$，这时将会有一个非奇异的变换矩阵$\boldsymbol{T}$满足条件$\boldsymbol{E}_{\mathrm{s}}=\boldsymbol{A}\boldsymbol{T}$。根据式(3.2.7)将阵列导向矢量矩阵$\boldsymbol{A}$划分为$\boldsymbol{A}_1$和$\boldsymbol{A}_2$的组合，同样将信号子空间$\boldsymbol{E}_{\mathrm{s}}$划分为$\boldsymbol{E}_{\mathrm{s}1}$和$\boldsymbol{E}_{\mathrm{s}2}$，且满足下面两个关系式：

$$\boldsymbol{E}_{\mathrm{s}1}=\boldsymbol{A}_1\boldsymbol{T} \tag{3.2.13}$$

$$\boldsymbol{E}_{\mathrm{s}2}=\boldsymbol{A}_2\boldsymbol{T}=\boldsymbol{A}_1\boldsymbol{\Omega}\boldsymbol{T} \tag{3.2.14}$$

因为$\boldsymbol{E}_{s1}$和$\boldsymbol{E}_{s2}$都满秩，所以有以下关系式：

$$\left(\boldsymbol{E}_{s1}^{H}\boldsymbol{E}_{s1}\right)^{-1}\boldsymbol{E}_{s1}^{H}\boldsymbol{E}_{s2}\boldsymbol{T}^{-1}=\boldsymbol{T}^{-1}\boldsymbol{\Omega} \tag{3.2.15}$$

式中，$\boldsymbol{\Omega}=\mathrm{diag}\left(\left[-\tan\gamma_1 e^{j\eta_1},\cdots,-\tan\gamma_K e^{j\eta_K}\right]\right)$。

令$\boldsymbol{\Psi}=\left(\boldsymbol{E}_{s1}^{H}\boldsymbol{E}_{s1}\right)^{-1}\boldsymbol{E}_{s1}^{H}\boldsymbol{E}_{s2}$，并对其进行特征分解，得到大特征值对应的特征矢量，组成非奇异变换矩阵的逆矩阵，极化矩阵$\boldsymbol{\Omega}$由大特征值组成，即可得到磁偶极子子阵导向矢量矩阵和电偶极子子阵导向矢量矩阵的估计值，分别为$\hat{\boldsymbol{A}}_1=\boldsymbol{E}_{s1}\boldsymbol{T}^{-1}$和$\hat{\boldsymbol{A}}_2=\boldsymbol{E}_{s2}\boldsymbol{T}^{-1}$。

根据得到的极化矩阵$\boldsymbol{\Omega}$可以估计出极化参数，电偶极子和磁偶极子子阵间的极化矩阵$\boldsymbol{\Omega}$为

$$\boldsymbol{\Omega}=\begin{bmatrix}-\tan\gamma_1 e^{j\eta_1} & & \\ & \ddots & \\ & & -\tan\gamma_K e^{j\eta_K}\end{bmatrix} \tag{3.2.16}$$

由式(3.2.16)得到极化参数的估计值为

$$\begin{cases}\gamma_k=\tan^{-1}\left(\left|\boldsymbol{\Omega}_{kk}\right|\right)\\ \eta_k=\arg(-\boldsymbol{\Omega}_{kk})\end{cases}\quad (k=1,2,\cdots,K) \tag{3.2.17}$$

设上圆环子阵空域导向矢量的估计值$\tilde{\boldsymbol{q}}_{u}\left(\tilde{\theta}_k,\tilde{\phi}_k\right)$可表示为

$$\tilde{\boldsymbol{q}}_{u}\left(\tilde{\theta}_k,\tilde{\phi}_k\right)=\frac{\hat{\boldsymbol{A}}_1\left(2:\dfrac{N}{2}+1,k\right)}{\hat{\boldsymbol{A}}_1(1,k)}=\frac{\hat{\boldsymbol{A}}_2\left(2:\dfrac{N}{2}+1,k\right)}{\hat{\boldsymbol{A}}_2(1,k)} \tag{3.2.18}$$

即

$$\tilde{\boldsymbol{q}}_{u}\left(\tilde{\theta}_k,\tilde{\phi}_k\right)=\begin{bmatrix}\exp\left(j2\pi R_1\left(\sin\tilde{\theta}_k\cos\left(\tilde{\phi}_k-\varphi_1\right)+\dfrac{d_1-d_2}{R_1}-\cos\tilde{\theta}_k\right)\Big/\lambda\right)\\ \vdots \\ \exp\left(j2\pi R_1\left(\sin\tilde{\theta}_k\cos\left(\tilde{\phi}_k-\varphi_{\frac{N}{2}}\right)+\dfrac{d_1-d_2}{R_1}\cos\tilde{\theta}_k\right)\Big/\lambda\right)\end{bmatrix} \tag{3.2.19}$$

由式(3.2.19)可以得到坡印廷矢量$\hat{\boldsymbol{P}}_k\left(\tilde{\theta}_k,\tilde{\phi}_k\right)$的粗略估计值为

$$\hat{\boldsymbol{P}}_k\left(\tilde{\theta}_k,\tilde{\phi}_k\right)=\begin{bmatrix}\sin\tilde{\theta}_k\cos\tilde{\phi}_k\\ \sin\tilde{\theta}_k\sin\tilde{\phi}_k\\ \cos\tilde{\theta}_k\end{bmatrix}=\boldsymbol{C}_1^{\dagger}\boldsymbol{D}_1 \tag{3.2.20}$$

式中，†表示伪逆，如$\boldsymbol{C}_1^{\dagger}$为$\boldsymbol{C}_1$的伪逆；$\boldsymbol{C}_1$为上圆环阵元的位置矩阵；$\boldsymbol{D}_1$为上圆环子阵的真实相位矢量。$\boldsymbol{C}_1$与$\boldsymbol{D}_1$分别表示如下：

$$\boldsymbol{C}_1=\frac{2\pi R_1}{\lambda}\begin{bmatrix}1 & 0 & \dfrac{d_1-d_2}{R_1}\\ \cos\left(\dfrac{4\pi}{N}\right) & \sin\left(\dfrac{4\pi}{N}\right) & \dfrac{d_1-d_2}{R_1}\\ \vdots & \vdots & \vdots\\ \cos\left(\dfrac{4\pi}{N}\left(\dfrac{N}{2}-1\right)\right) & \sin\left(\dfrac{4\pi}{N}\left(\dfrac{N}{2}-1\right)\right) & \dfrac{d_1-d_2}{R_1}\end{bmatrix} \tag{3.2.21}$$

$$\boldsymbol{D}_1=\arg\left(\tilde{\boldsymbol{q}}_{\mathrm{u}}\left(\tilde{\theta}_k,\tilde{\phi}_k\right)\right) \tag{3.2.22}$$

因为上圆环半径小于半波长，故不存在相位模糊，利用坡印廷矢量$\hat{\boldsymbol{P}}_k\left(\tilde{\theta}_k,\tilde{\phi}_k\right)$可以得到信号 DOA 的粗略估计值$\left(\tilde{\theta}_k,\tilde{\phi}_k\right)$为

$$\tilde{\theta}_k=\arcsin\left(\sqrt{\left[\hat{\boldsymbol{P}}_k\left(\tilde{\theta}_k,\tilde{\phi}_k\right)\right]_1^2+\left[\hat{\boldsymbol{P}}_k\left(\tilde{\theta}_k,\tilde{\phi}_k\right)\right]_2^2}\right) \tag{3.2.23}$$

$$\begin{cases}\tilde{\phi}_k=\arctan\left(\dfrac{\left[\hat{\boldsymbol{P}}_k\left(\tilde{\theta}_k,\tilde{\phi}_k\right)\right]_2}{\left[\hat{\boldsymbol{P}}_k\left(\tilde{\theta}_k,\tilde{\phi}_k\right)\right]_1}\right), & \left[\hat{\boldsymbol{P}}_k\left(\tilde{\theta}_k,\tilde{\phi}_k\right)\right]_1\geqslant 0\\ \tilde{\phi}_k=\pi+\arctan\left(\dfrac{\left[\hat{\boldsymbol{P}}_k\left(\tilde{\theta}_k,\tilde{\phi}_k\right)\right]_2}{\left[\hat{\boldsymbol{P}}_k\left(\tilde{\theta}_k,\tilde{\phi}_k\right)\right]_1}\right), & \left[\hat{\boldsymbol{P}}_k\left(\tilde{\theta}_k,\tilde{\phi}_k\right)\right]_1<0\end{cases} \tag{3.2.24}$$

式中，$[\cdot]_i$ $(i=1,2)$表示取第i个元素。那么，下圆环子阵空域导向矢量的估计值$\hat{\boldsymbol{q}}_{\mathrm{d}}\left(\hat{\theta}_k,\hat{\phi}_k\right)$可表示为

$$\hat{\boldsymbol{q}}_{\mathrm{d}}\left(\hat{\theta}_k,\hat{\phi}_k\right)=\frac{\hat{\boldsymbol{A}}_1\left(\dfrac{N}{2}+2:N+1,k\right)}{\hat{\boldsymbol{A}}_1(1,k)}=\frac{\hat{\boldsymbol{A}}_2\left(\dfrac{N}{2}+2:N+1,k\right)}{\hat{\boldsymbol{A}}_2(1,k)} \tag{3.2.25}$$

即

$$\hat{\boldsymbol{q}}_{\mathrm{d}}\left(\hat{\theta}_k,\hat{\phi}_k\right)=\begin{bmatrix}\exp\left(\mathrm{j}2\pi R_2\left(\sin\hat{\theta}_k\cos\left(\hat{\phi}_k-\varphi_1\right)-d_2\cos\hat{\theta}_k/R_2\right)/\lambda\right)\\ \vdots\\ \exp\left(\mathrm{j}2\pi R_2\left(\sin\hat{\theta}_k\cos\left(\hat{\phi}_k-\varphi_{\frac{N}{2}}\right)-d_2\cos\hat{\theta}_k/R_2\right)/\lambda\right)\end{bmatrix}\tag{3.2.26}$$

该下圆环子阵空域导向矢量 $\hat{\boldsymbol{q}}_{\mathrm{d}}\left(\hat{\theta}_k,\hat{\phi}_k\right)$ 的相位差存在模糊，假设其模糊数为 $\boldsymbol{m}(n,k)$，且下圆环子阵的真实相位矢量为 $\boldsymbol{D}_2$，那么 $\boldsymbol{D}_2$ 可以表示为

$$\boldsymbol{D}_2=\arg\left(\hat{\boldsymbol{q}}_{\mathrm{d}}\left(\hat{\theta}_k,\hat{\phi}_k\right)\right)+2\pi\boldsymbol{m}(n,k)\tag{3.2.27}$$

利用入射信号 DOA 的粗略估计值 $\left(\tilde{\theta}_k,\tilde{\phi}_k\right)$，计算下圆环子阵空域导向矢量估计值 $\hat{\boldsymbol{q}}_{\mathrm{d}}\left(\hat{\theta}_k,\hat{\phi}_k\right)$ 的相位粗略估计值：

$$\boldsymbol{\Phi}_1\left(R_2,d_2,\tilde{\theta}_k,\tilde{\phi}_k\right)=\begin{bmatrix}2\pi R_2\left(\sin\tilde{\theta}_k\cos\left(\tilde{\phi}_k-\varphi_1\right)-\dfrac{d_2}{R_2}\cos\tilde{\theta}_k\right)/\lambda\\ \vdots\\ 2\pi R_2\left(\sin\tilde{\theta}_k\cos\left(\tilde{\phi}_k-\varphi_{\frac{N}{2}}\right)-\dfrac{d_2}{R_2}\cos\tilde{\theta}_k\right)/\lambda\end{bmatrix}\tag{3.2.28}$$

利用 $\hat{\boldsymbol{q}}_{\mathrm{d}}\left(\hat{\theta}_k,\hat{\phi}_k\right)$ 和 $\boldsymbol{\Phi}_1\left(R_2,d_2,\tilde{\theta}_k,\tilde{\phi}_k\right)$ 可以求得 $\hat{\boldsymbol{q}}_{\mathrm{d}}\left(\hat{\theta}_k,\hat{\phi}_k\right)$ 的模糊数矢量 $\boldsymbol{m}(n,k)$，从而得到精确的下圆环子阵的空域导向矢量。计算 $\boldsymbol{m}(n,k)$ 的方法如下：

$$\boldsymbol{m}(n,k)=\arg\min\left(\arg\left(\hat{\boldsymbol{q}}_{\mathrm{d}}\left(\hat{\theta}_k,\hat{\phi}_k\right)\right)+2\pi\boldsymbol{m}(n,k)-\boldsymbol{\Phi}_1\left(R_2,d_2,\tilde{\theta}_k,\tilde{\phi}_k\right)\right)\tag{3.2.29}$$

利用下圆环的相位模糊数矢量 $\boldsymbol{m}(n,k)$ 求得下圆环子阵的真实相位矢量 $\boldsymbol{D}_2=\arg\left(\hat{\boldsymbol{q}}_{\mathrm{d}}\left(\hat{\theta}_k,\hat{\phi}_k\right)\right)+2\pi\boldsymbol{m}(n,k)$，由式(3.2.26)计算坡印廷矢量的精确估计值为

$$\hat{\boldsymbol{P}}_k\left(\hat{\theta}_k,\hat{\phi}_k\right)=\begin{bmatrix}\sin\hat{\theta}_k\cos\hat{\phi}_k\\ \sin\hat{\theta}_k\sin\hat{\phi}_k\\ \cos\hat{\theta}_k\end{bmatrix}=\boldsymbol{C}_2^{\dagger}\boldsymbol{D}_2\tag{3.2.30}$$

式中，$\boldsymbol{C}_2$ 为下圆环阵元位置的矩阵：

$$C_2 = \frac{2\pi R_2}{\lambda}\begin{bmatrix} 1 & 0 & -\frac{d_2}{R_2} \\ \cos\left(\frac{4\pi}{N}\right) & \sin\left(\frac{4\pi}{N}\right) & -\frac{d_2}{R_2} \\ \vdots & \vdots & \vdots \\ \cos\left(\frac{4\pi}{N}\left(\frac{N}{2}-1\right)\right) & \sin\left(\frac{4\pi}{N}\left(\frac{N}{2}-1\right)\right) & -\frac{d_2}{R_2} \end{bmatrix} \tag{3.2.31}$$

利用坡印廷矢量 $\hat{\boldsymbol{P}}_k\left(\hat{\theta}_k,\hat{\phi}_k\right)$ 可得到信号 DOA 的精确估计值如下：

$$\tilde{\theta}_k = \arcsin\left(\sqrt{\left[\hat{\boldsymbol{P}}_k\left(\tilde{\theta}_k,\tilde{\phi}_k\right)\right]_1^2 + \left[\hat{\boldsymbol{P}}_k\left(\tilde{\theta}_k,\tilde{\phi}_k\right)\right]_2^2}\right) \tag{3.2.32}$$

$$\begin{cases} \hat{\phi}_k = \arctan\left(\dfrac{\left[\hat{\boldsymbol{P}}_k\left(\hat{\theta}_k,\hat{\phi}_k\right)\right]_2}{\left[\hat{\boldsymbol{P}}_k\left(\hat{\theta}_k,\hat{\phi}_k\right)\right]_1}\right), & \left[\hat{\boldsymbol{P}}_k\left(\hat{\theta}_k,\hat{\phi}_k\right)\right]_1 \geqslant 0 \\ \hat{\phi}_k = \pi + \arctan\left(\dfrac{\left[\hat{\boldsymbol{P}}_k\left(\hat{\theta}_k,\hat{\phi}_k\right)\right]_2}{\left[\hat{\boldsymbol{P}}_k\left(\hat{\theta}_k,\hat{\phi}_k\right)\right]_1}\right), & \left[\hat{\boldsymbol{P}}_k\left(\hat{\theta}_k,\hat{\phi}_k\right)\right]_1 < 0 \end{cases} \tag{3.2.33}$$

本小节算法将阵元分布在同一锥面的两个圆环上，对应的阵元位于同一母线上。利用无相位模糊的上圆环子阵空域导向矢量估计信号 DOA 的粗略估计值，再根据该粗略估计值求出下圆环存在的相位模糊数，利用所得相位模糊数求出下圆环的精确空域导向矢量，从而得到 DOA 的精确估计值。该算法对下圆环的半径没有限制，可以实现高精度参数估计。

锥面共形电磁矢量传感器阵列参数联合估计算法的具体步骤如下。

步骤 1：计算锥面共形阵列上下两个圆阵和参考阵元的接收数据 $\boldsymbol{X}$ 的协方差矩阵 $\boldsymbol{R}_x = E\left[\boldsymbol{X}\boldsymbol{X}^{\mathrm{H}}\right]$；

步骤 2：对步骤 1 中得到的协方差矩阵 $\boldsymbol{R}_x$ 进行特征分解，得到电偶极子和磁偶极子子阵间极化矩阵 $\boldsymbol{\Omega}$、上圆环子阵空域导向矢量的估计值 $\hat{\boldsymbol{q}}_{\mathrm{u}}\left(\hat{\theta}_k,\hat{\phi}_k\right)$ 和下圆环子阵空域导向矢量的估计值 $\hat{\boldsymbol{q}}_{\mathrm{d}}\left(\hat{\theta}_k,\hat{\phi}_k\right)$；

步骤 3：利用 $\boldsymbol{\Omega}$ 估计出极化参数 $\{\gamma,\eta\}$，$\hat{\boldsymbol{q}}_{\mathrm{u}}\left(\hat{\theta}_k,\hat{\phi}_k\right)$ 得出 DOA 的粗略估计值 $\left\{\tilde{\theta},\tilde{\phi}\right\}$；

步骤 4：利用 $\left\{\tilde{\theta},\tilde{\phi}\right\}$ 计算出下圆环子阵空域导向矢量的粗略值 $\boldsymbol{\Phi}_1\left(R_2,d_2,\tilde{\theta}_k,\tilde{\phi}_k\right)$；

步骤 5：利用 $\hat{\boldsymbol{q}}_{\mathrm{d}}\left(\hat{\theta}_k,\hat{\phi}_k\right)$ 和 $\boldsymbol{\Phi}_1\left(R_2,d_2,\tilde{\theta}_k,\tilde{\phi}_k\right)$ 解下圆环相位模糊，得到模糊数矢

量 $\boldsymbol{m}(n,k)$；

步骤 6：利用模糊数矢量 $\boldsymbol{m}(n,k)$ 和 $\hat{\boldsymbol{q}}_{\mathrm{d}}\left(\hat{\theta}_k,\hat{\phi}_k\right)$ 计算下圆环子阵真实相位矢量 $\boldsymbol{D}_2$；

步骤 7：利用 $\boldsymbol{D}_2$ 得出 DOA 的精确估计值 $\left\{\hat{\theta},\hat{\phi}\right\}$。

3.2.3　计算机仿真实验

3.2.2 小节分析了基于锥面共形阵列的极化参数和 DOA 联合估计的原理与步骤。下面利用 Matlab 软件进行计算机仿真实验，验证算法的有效性，并与单圆阵列和同心圆阵列情况进行比较分析。与同心圆阵列相比，3.2.2 小节所述方法能够解决稀疏阵列的相位模糊和平面共形阵列存在的俯仰角象限模糊问题。为了描述方便，单个圆形阵列参数估计方法简称为单个圆阵方法，同心圆环阵列参数估计方法简称为同心圆阵方法，3.2.2 小节所述的锥面共形阵列参数估计方法简称为本节方法。

仿真实验：锥面共形阵列模型如图 3.2.1 所示。参考阵元与锥面上的两个圆环的圆心在一条直线上，上圆环与下圆环的距离 $d_1=\lambda_{\min}$；参考阵元与下圆环的距离 $d_2=1.4\lambda_{\min}$；锥面上圆环的半径分别为 $R_{1\mathrm{c}}=0.3\lambda_{\min}$ 和 $R_{2\mathrm{c}}=2\lambda_{\min}$；单个圆阵列圆环的半径 $R_{\mathrm{sc}}=0.3\lambda_{\min}$；同心圆环的内外圆半径分别为 $R_{1\mathrm{r}}=0.3\lambda_{\min}$ 和 $R_{2\mathrm{r}}=2\lambda_{\min}$，其中 $\lambda_{\min}$ 为入射信号的最小波长；所有圆环上阵元数均为 $N=15$；两个远场窄带信号的参数分别为 $(\theta_1,\phi_1,\gamma_1,\eta_1)=(65°,70°,26°,140°)$ 和 $(\theta_2,\phi_2,\gamma_2,\eta_2)=(77°,82°,30°,100°)$。仿真实验采用 1024 次快拍数据，Monte-Carlo 独立实验数取 500，取 SNR 为−5～50dB，仿真得到三种方法参数估计结果的均方根误差(root mean square error, RMSE)随 SNR 变化的关系曲线如图 3.2.2～图 3.2.5 所示。

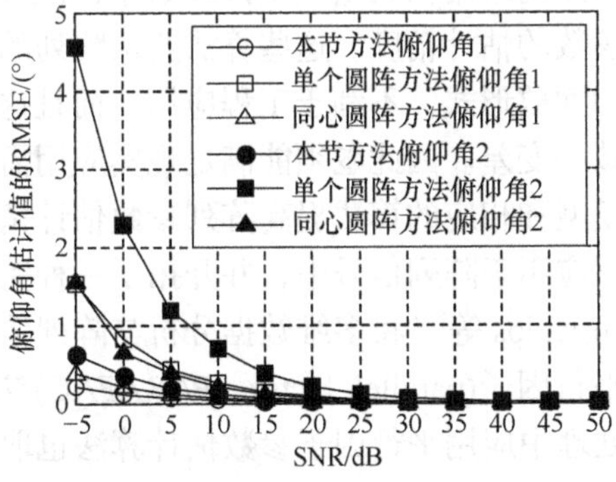

图 3.2.2　俯仰角估计值的 RMSE 随 SNR 的变化曲线

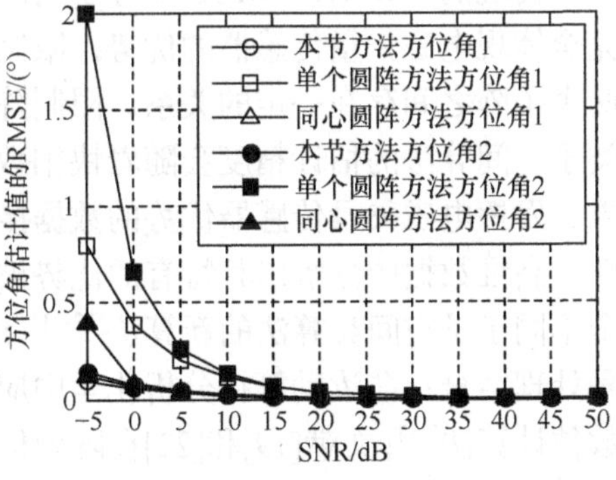

图 3.2.3　方位角估计值的 RMSE 随 SNR 的变化曲线

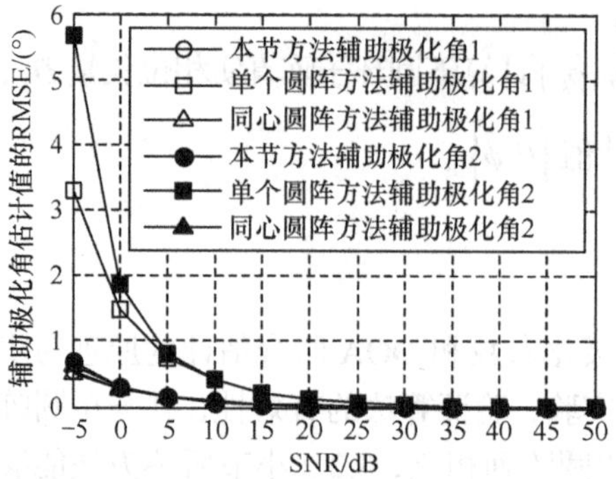

图 3.2.4　辅助极化角估计值的 RMSE 随 SNR 的变化曲线

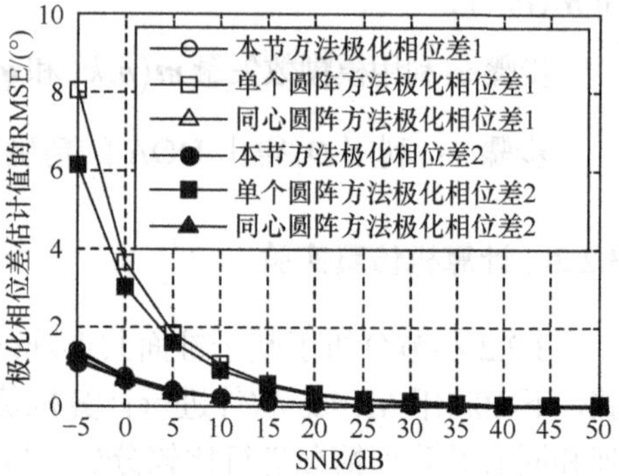

图 3.2.5　极化相位差估计值的 RMSE 随 SNR 的变化曲线

从图 3.2.2 和图 3.2.3 中可以看出，对于低 SNR 情况下俯仰角和方位角的估计，本节方法比单个圆阵方法好，略好于同心圆阵方法，这是由于本节方法采用了上圆环解下圆环的相位模糊，从而提高了估计精度；从图 3.2.4 和图 3.2.5 中可以看出，对于低 SNR 情况下极化参数辅助极化角和极化相位差的估计，本节方法比单个圆阵方法好，和同心圆阵方法估计效果相差较小。因此对于多信源情况，本节方法估计效果好。

3.3　基于平行因子模型的平面共形阵列和柱面共形阵列参数估计算法

传统的 ESPRIT、MUSIC 等子空间类算法均采用长矢量模型接收数据，没有完全体现电磁矢量传感器的优势，限制了参数的估计精度。这些算法要求阵列的两个子阵之间存在一定的关系，限制阵列的摆放形式，不利于工程应用，而且这类子空间算法的估计精度会随着快拍数的减小变差。因此亟须能满足现实应用需求、发挥电磁矢量传感器优势的数据接收模型和相应的算法提高阵列参数估计精度。高维数据的分解以其特有的优势被广泛应用于阵列信号中，并开拓了一种完全不同于子空间类算法的新算法[12-21]。Sidiropoulos 等[12]将多维数据分析与阵列信号处理结合；俞汝勤等在分析化学中应用平行因子(parallel factor，PARAFAC)参数估计算法[13]；文献[19]和[22]在阵列信号处理中应用平行因子参数估计算法也取得了一些研究成果。

本节基于平行因子理论构建电磁波接收阵列的三维矩阵模型，同时给出相应的算法。首先三维矩阵信号接收模型的建立，能反映阵列信号本身所具有的高维特性，有助于揭示长矢量模型所忽视的数据间的矢量特性，因此平行因子理论的引入可以优化阵列信号数据接收模型。其次平行因子理论的本质是一种三维矩阵分解技术，完全不同于子空间类算法，因此平行因子理论的引入开创了一种全新的参数估计算法。最后基于平行因子模型的阵列参数估计算法没有涉及统计量分析，适用于任意阵列，无须参数配对，即使快拍数减小也能保证其良好的估计精度，因此平行因子理论的引入可以增加算法的适用范围，提高参数估计精度。总之，基于平行因子理论的阵列信号处理算法可适用任意阵列形式，信号参数整体估计性能较好。

本节以均匀柱面共形阵列和均匀平面共形阵列作为接收阵列，验证算法的有效性[23]。首先构建接收数据的平行因子模型，其次基于平行因子参数估计算法处理接收数据，得到参数的估计值，最后将本节算法与经典 ESPRIT 算法进行比较，证明本节算法的优越性。

3.3.1　平行因子参数估计算法

1. 构造接收数据的平行因子模型

当 K 个中心频率相同的远场窄带信号以不同的参数入射到天线阵列上，设各个子阵的输出数据分别为 $\boldsymbol{Y}_1,\boldsymbol{Y}_2,\cdots,\boldsymbol{Y}_L$，相应的输出噪声分别为 $\boldsymbol{N}_1,\boldsymbol{N}_2,\cdots,\boldsymbol{N}_L$，则第 1 个子阵的输出数据为

$$\boldsymbol{Y}_1=\boldsymbol{AS}+\boldsymbol{N}_1 \tag{3.3.1}$$

式中，$\boldsymbol{S}$ 为入射信号矩阵；$\boldsymbol{A}$ 为第 1 个子阵的阵列导向矢量，取决于阵列摆放形式和阵元的组成成分：

$$\boldsymbol{A}=\begin{bmatrix}\boldsymbol{A}_1 & \boldsymbol{A}_2 & \cdots & \boldsymbol{A}_K\end{bmatrix} \tag{3.3.2}$$

定义子阵关系矩阵为

$$\boldsymbol{\Phi}=\begin{bmatrix}1 & 1 & \cdots & 1\\ \Phi_{2-1,1} & \Phi_{2-1,2} & \cdots & \Phi_{2-1,K}\\ \vdots & \vdots & & \vdots\\ \Phi_{L-1,1} & \Phi_{L-1,2} & \cdots & \Phi_{L-1,K}\end{bmatrix} \tag{3.3.3}$$

矩阵 $\boldsymbol{\Phi}$ 代表子阵之间的关系，若各个子阵之间的接收数据是通过子阵的位置移动而得，则 $\boldsymbol{\Phi}$ 蕴含着子阵移动的空域信息；若各个子阵之间的接收数据是通过子阵的时延(或其他操作)而得，则 $\boldsymbol{\Phi}$ 蕴含着子阵的时延(或其他)信息。因此，此处的子阵既可以是类似 ESPRIT 算法中的子阵概念，也可以是阵列接收数据通过一定的操作得到的与之相关的另一组接收数据。正是基于 $\boldsymbol{\Phi}$ 的灵活性，本节算法不受阵列摆放形式的限制。

第 2 个子阵的输出数据为

$$\boldsymbol{Y}_2=\boldsymbol{A}\begin{bmatrix}\Phi_{2-1,1} & & \\ & \ddots & \\ & & \Phi_{2-1,K}\end{bmatrix}\boldsymbol{S}+\boldsymbol{N}_2 \tag{3.3.4}$$

依此推导可得第l个子阵的输出数据为

$$\boldsymbol{Y}_l=\boldsymbol{A}\begin{bmatrix}\Phi_{l-1,1} & & \\ & \ddots & \\ & & \Phi_{l-1,K}\end{bmatrix}\boldsymbol{S}+\boldsymbol{N}_l \tag{3.3.5}$$

式(3.3.5)可以重新表示为

$$\boldsymbol{Y}_l=\boldsymbol{A}\mathrm{diag}\left(\boldsymbol{\Phi}(l,:)\right)\boldsymbol{S}+\boldsymbol{N}_l \tag{3.3.6}$$

式(3.3.6)也可以表示为

$$\boldsymbol{Y}_{m,n,l}=\sum_{k=1}^{K}\boldsymbol{A}_{m,k}\boldsymbol{S}_{k,n}\boldsymbol{\Phi}_{l,k}+\boldsymbol{N}_{m,n,l} \tag{3.3.7}$$

式中，$\boldsymbol{Y}_{m,n,l}$为矩阵$\boldsymbol{Y}$的第(m,n,l)个数据；$\boldsymbol{A}_{m,k}$为矩阵$\boldsymbol{A}$的第(m,k)个数据；$\boldsymbol{S}_{k,n}$为矩阵$\boldsymbol{S}$的第(k,n)个数据；$\boldsymbol{\Phi}_{l,k}$为矩阵$\boldsymbol{\Phi}$的第(l,k)个数据。式(3.3.7)是感应数据的平行因子模型。

2. 平行因子模型的辨识性分析及分解算法

若K个入射电磁波互不相关且具有不同的参数，$k_A=\mathrm{rank}(\boldsymbol{A})=K$。$\boldsymbol{\Phi}$为Vandermonde矩阵且$k_{\Phi}=\mathrm{rank}(\boldsymbol{\Phi})=K$，$k_S=\min(K,L)$，则只需$L\geqslant 2$就可通过平行因子分解唯一辨识$\boldsymbol{A}$、$\boldsymbol{S}$和$\boldsymbol{\Phi}$。

在忽略噪声的理想情况下，传感器阵列感应数据的第一个方向切片可表示为

$$\bar{\boldsymbol{Y}}=\begin{bmatrix}\boldsymbol{Y}_1\\ \boldsymbol{Y}_2\\ \vdots\\ \boldsymbol{Y}_L\end{bmatrix}=\begin{bmatrix}\boldsymbol{A}\mathrm{diag}\left(\boldsymbol{\Phi}(1,:)\right)\\ \boldsymbol{A}\mathrm{diag}\left(\boldsymbol{\Phi}(2,:)\right)\\ \vdots\\ \boldsymbol{A}\mathrm{diag}\left(\boldsymbol{\Phi}(L,:)\right)\end{bmatrix}\boldsymbol{S} \tag{3.3.8}$$

根据式(3.3.8)，最小二乘拟合估计为

$$\hat{\boldsymbol{S}}=\begin{bmatrix}\hat{\boldsymbol{A}}\mathrm{diag}\left(\hat{\boldsymbol{\Phi}}(1,:)\right)\\ \hat{\boldsymbol{A}}\mathrm{diag}\left(\hat{\boldsymbol{\Phi}}(2,:)\right)\\ \vdots\\ \hat{\boldsymbol{A}}\mathrm{diag}\left(\hat{\boldsymbol{\Phi}}(L,:)\right)\end{bmatrix}^{\dagger}\begin{bmatrix}\boldsymbol{Y}_1\\ \boldsymbol{Y}_2\\ \vdots\\ \boldsymbol{Y}_L\end{bmatrix} \tag{3.3.9}$$

式中，$\hat{\boldsymbol{A}}$和$\hat{\boldsymbol{\Phi}}$分别表示式(3.3.8)得到的$\boldsymbol{A}$和$\boldsymbol{\Phi}$的估计值；$[\cdot]^{\dagger}$表示矩阵伪逆。

在忽略噪声的理想情况下，传感器阵列感应数据的第二个方向切片可表示为

$$\bar{\boldsymbol{X}}=\begin{bmatrix}\boldsymbol{X}_1\\ \boldsymbol{X}_2\\ \vdots\\ \boldsymbol{X}_M\end{bmatrix}=\begin{bmatrix}\boldsymbol{S}^{\mathrm{T}}\mathrm{diag}\left(\boldsymbol{A}(1,:)\right)\\ \boldsymbol{S}^{\mathrm{T}}\mathrm{diag}\left(\boldsymbol{A}(2,:)\right)\\ \vdots\\ \boldsymbol{S}^{\mathrm{T}}\mathrm{diag}\left(\boldsymbol{A}(M,:)\right)\end{bmatrix}\boldsymbol{\varPhi}^{\mathrm{T}} \tag{3.3.10}$$

根据式(3.3.10)，最小二乘拟合估计为

$$\hat{\boldsymbol{\varPhi}}^{\mathrm{T}}=\begin{bmatrix}\hat{\boldsymbol{S}}^{\mathrm{T}}\mathrm{diag}\left(\hat{\boldsymbol{A}}(1,:)\right)\\ \hat{\boldsymbol{S}}^{\mathrm{T}}\mathrm{diag}\left(\hat{\boldsymbol{A}}(2,:)\right)\\ \vdots\\ \hat{\boldsymbol{S}}^{\mathrm{T}}\mathrm{diag}\left(\hat{\boldsymbol{A}}(M,:)\right)\end{bmatrix}^{\dagger}\begin{bmatrix}\boldsymbol{X}_1\\ \boldsymbol{X}_2\\ \vdots\\ \boldsymbol{X}_M\end{bmatrix} \tag{3.3.11}$$

在忽略噪声的理想情况下，传感器阵列感应数据的第三个方向切片可表示为

$$\bar{\boldsymbol{Z}}=\begin{bmatrix}\boldsymbol{Z}_1\\ \boldsymbol{Z}_2\\ \vdots\\ \boldsymbol{Z}_N\end{bmatrix}=\begin{bmatrix}\boldsymbol{\varPhi}\mathrm{diag}\left(\boldsymbol{S}^{\mathrm{T}}(1,:)\right)\\ \boldsymbol{\varPhi}\mathrm{diag}\left(\boldsymbol{S}^{\mathrm{T}}(2,:)\right)\\ \vdots\\ \boldsymbol{\varPhi}\mathrm{diag}\left(\boldsymbol{S}^{\mathrm{T}}(N,:)\right)\end{bmatrix}\boldsymbol{A}^{\mathrm{T}} \tag{3.3.12}$$

根据式(3.3.12)，最小二乘拟合估计为

$$\hat{\boldsymbol{A}}^{\mathrm{T}}=\begin{bmatrix}\hat{\boldsymbol{\varPhi}}\mathrm{diag}\left(\hat{\boldsymbol{S}}^{\mathrm{T}}(1,:)\right)\\ \hat{\boldsymbol{\varPhi}}\mathrm{diag}\left(\hat{\boldsymbol{S}}^{\mathrm{T}}(2,:)\right)\\ \vdots\\ \hat{\boldsymbol{\varPhi}}\mathrm{diag}\left(\hat{\boldsymbol{S}}^{\mathrm{T}}(N,:)\right)\end{bmatrix}^{\dagger}\begin{bmatrix}\boldsymbol{Z}_1\\ \boldsymbol{Z}_2\\ \vdots\\ \boldsymbol{Z}_N\end{bmatrix} \tag{3.3.13}$$

式(3.3.1)～式(3.3.13)是分解平行因子模型的平行因子参数估计算法。实际中接收数据是一个维数为 $M\times N\times L$ 的三维矩阵，其中 M 由第 1 个子阵的阵元数决定，N 由快拍数决定，L 由子阵个数决定。一般情况下，快拍数均较大，此时如果直接采用平行因子算法进行求解，循环次数较多，算法不易收敛。

为此可以采用复平行因子(complex parallel factor, COMFAC)算法，其主要过程为：①通过 tucker3 模型对接收数据构成的三维矩阵 $\boldsymbol{Y}$ 进行无损压缩，即保证平行因子参数估计算法中 $\boldsymbol{X}$ 的有效描述小于压缩后 $\boldsymbol{X}$ 任一维的数据量；②在零初始值的情况下对压缩后的三维矩阵 $\boldsymbol{X}$ 进行求解；③将求得的结果作为初始值通过平行因子模型的最小二乘法继续运算；④通过平行因子与 tucker3 模型之间的关系

得到初始值;⑤通过平行因子模型的最小二乘法对采样数据 $\boldsymbol{Y}$ 求解得到最终结果。为了便于理清上述算法的结构，图 3.3.1 和图 3.3.2 分别为平行因子参数估计算法与 COMFAC 算法的流程图。

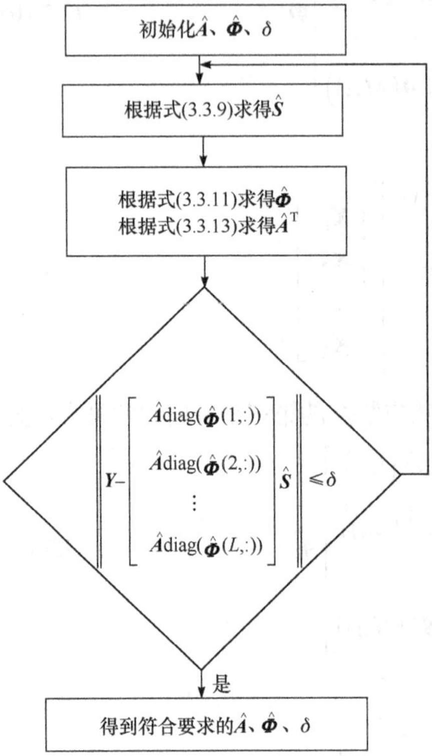

图 3.3.1 平行因子参数估计算法的流程图

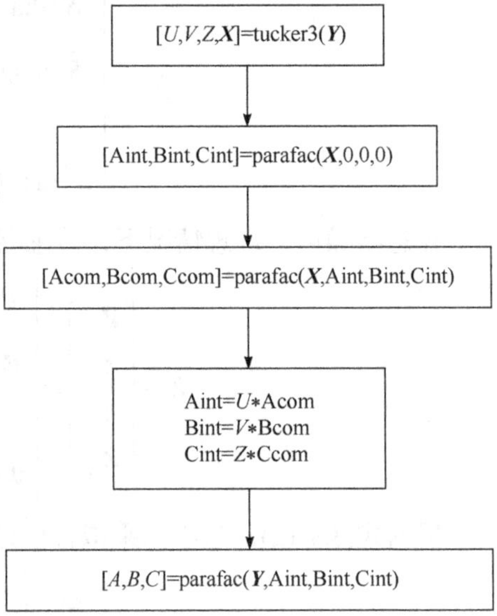

图 3.3.2 COMFAC 算法的流程图

3.3.2 基于平行因子模型的平面共形阵列参数估计算法

1. 构造接收数据的平行因子模型

本小节采用图 3.3.3 所示的均匀面阵作为接收阵列，第 1 个子阵的阵元位于 x 轴的坐标原点，其他阵元沿 x 轴正方向均匀分布，将第 1 个子阵沿 y 轴方向平移可得到其余子阵。阵元均采用电磁偶极子对，为了保证参数估计过程中不出现模糊的问题，所有子阵紧邻阵元间的距离需满足 $d_x \leqslant 0.5\lambda$，紧邻子阵间的距离需满足 $d_x \leqslant 0.5\lambda$。当第 $k(1 \leqslant k \leqslant K)$ 个功率为 1 的电磁波，从远场入射到阵列上时，位于坐标原点的阵元输出的数据为

$$\boldsymbol{p}(\theta_k,\gamma_k,\eta_k)=\begin{bmatrix} e_{kz} \\ h_{kz} \end{bmatrix}=\begin{bmatrix} -\sin\theta_k\sin\gamma_k \mathrm{e}^{\mathrm{j}\eta_k} \\ \sin\theta_k\cos\gamma_k \end{bmatrix} \tag{3.3.14}$$

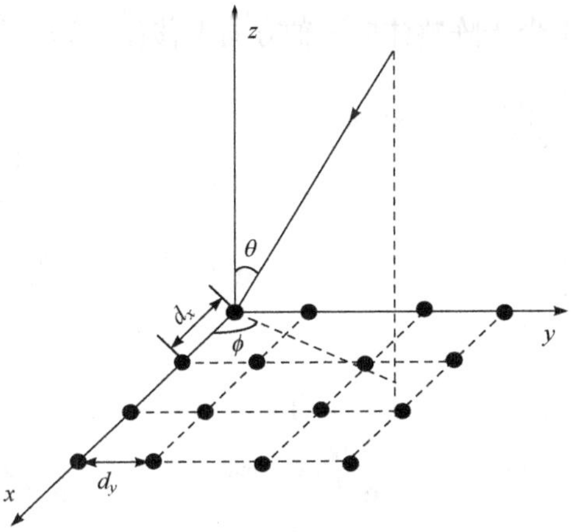

图 3.3.3　均匀面阵

第 1 个子阵上的 M 个传感器与位于原点处的传感器之间形成的相位差，可以构成阵列空域导向矢量 $\boldsymbol{q}_k$：

$$\boldsymbol{q}_k=\begin{bmatrix}1 & \mathrm{e}^{\mathrm{j}2\pi d_x\sin\theta_k\cos\phi_k/\lambda} & \cdots & \mathrm{e}^{\mathrm{j}2\pi(M-1)d_x\sin\theta_k\cos\phi_k/\lambda}\end{bmatrix}^{\mathrm{T}} \tag{3.3.15}$$

则子阵导向矢量为

$$\boldsymbol{A}_k=\begin{bmatrix}e_{kz}\boldsymbol{q}_k\\ h_{kz}\boldsymbol{q}_k\end{bmatrix}=\begin{bmatrix}\boldsymbol{A}_{\mathrm{e}k}\\ \boldsymbol{A}_{\mathrm{h}k}\end{bmatrix} \tag{3.3.16}$$

式中，$\boldsymbol{A}_{\mathrm{e}k}=e_{kz}\boldsymbol{q}_k$，表示电偶极子子阵的导向矢量；$\boldsymbol{A}_{\mathrm{h}k}=h_{kz}\boldsymbol{q}_k$，表示磁偶极子子阵的导向矢量；$\boldsymbol{A}_{\mathrm{e}k}$ 与 $\boldsymbol{A}_{\mathrm{h}k}$ 之间的关系为 $\boldsymbol{A}_{\mathrm{e}k}=-\tan\gamma_k\mathrm{e}^{\mathrm{j}\eta_k}\boldsymbol{A}_{\mathrm{h}k}$。

当 K 个中心频率相同的远场窄带信号以不同的参数照射到天线阵列上，设各个子阵的输出数据分别为 $\boldsymbol{Y}_1,\boldsymbol{Y}_2,\cdots,\boldsymbol{Y}_L$，相应的输出噪声分别为 $\boldsymbol{N}_1,\boldsymbol{N}_2,\cdots,\boldsymbol{N}_L$，则第 1 个子阵的输出数据为

$$\boldsymbol{Y}_1=\boldsymbol{AS}+\boldsymbol{N}_1 \tag{3.3.17}$$

式中，$\boldsymbol{S}$ 表示入射电磁波矩阵；$\boldsymbol{A}$ 表示第 1 个子阵上的 K 个入射电磁波的导向矢量矩阵：

$$\boldsymbol{A}=\begin{bmatrix}\boldsymbol{A}_1 & \boldsymbol{A}_2 & \cdots & \boldsymbol{A}_K\end{bmatrix} \tag{3.3.18}$$

第 2 个子阵由第 1 个子阵整体向 y 轴方向平移 d_y 得到，则其上的数据为

$$\boldsymbol{Y}_2=\boldsymbol{A}\begin{bmatrix}\mathrm{e}^{\mathrm{j}2\pi d_y\sin\theta_1\sin\phi_1/\lambda} & & \\ & \ddots & \\ & & \mathrm{e}^{\mathrm{j}2\pi d_y\sin\theta_K\sin\phi_K/\lambda}\end{bmatrix}\boldsymbol{S}+\boldsymbol{N}_2 \tag{3.3.19}$$

第l个子阵由第 1 个子阵整体向y轴方向平移$(l-1)d_y$得到，则其上的数据为

$$\boldsymbol{Y}_l=\boldsymbol{A}\begin{bmatrix} \mathrm{e}^{\mathrm{j}\frac{2\pi}{\lambda}(l-1)d_y\sin\theta_1\sin\phi_1} & & \\ & \ddots & \\ & & \mathrm{e}^{\mathrm{j}\frac{2\pi}{\lambda}(l-1)d_y\sin\theta_K\sin\phi_K} \end{bmatrix}\boldsymbol{S}+\boldsymbol{N}_l \tag{3.3.20}$$

可知，关系矩阵$\boldsymbol{\Phi}$为

$$\boldsymbol{\Phi}=\begin{bmatrix} 1 & 1 & \cdots & 1 \\ \mathrm{e}^{\mathrm{j}\frac{2\pi}{\lambda}d_y\sin\theta_1\sin\phi_1} & \mathrm{e}^{\mathrm{j}\frac{2\pi}{\lambda}d_y\sin\theta_2\sin\phi_2} & \cdots & \mathrm{e}^{\mathrm{j}\frac{2\pi}{\lambda}d_y\sin\theta_K\sin\phi_K} \\ \vdots & \vdots & & \vdots \\ \mathrm{e}^{\mathrm{j}\frac{2\pi}{\lambda}(L-1)d_y\sin\theta_1\sin\phi_1} & \mathrm{e}^{\mathrm{j}\frac{2\pi}{\lambda}(L-1)d_y\sin\theta_2\sin\phi_2} & \cdots & \mathrm{e}^{\mathrm{j}\frac{2\pi}{\lambda}(L-1)d_y\sin\theta_K\sin\phi_K} \end{bmatrix} \tag{3.3.21}$$

式(3.3.20)可以重新表示为如下形式：

$$\boldsymbol{Y}_l=\boldsymbol{A}\,\mathrm{diag}\big(\boldsymbol{\Phi}(l,:)\big)\boldsymbol{S}+\boldsymbol{N}_l \tag{3.3.22}$$

式(3.3.22)也可以表示为如下形式：

$$\boldsymbol{Y}_{m,n,l}=\sum_{k=1}^{K}\boldsymbol{A}_{m,k}\boldsymbol{S}_{k,n}\boldsymbol{\Phi}_{l,k}+\boldsymbol{N}_{m,n,l} \tag{3.3.23}$$

式中，$\boldsymbol{Y}_{m,n,l}$为矩阵$\boldsymbol{Y}$的第(m,n,l)个数据；$\boldsymbol{A}_{m,k}$为矩阵$\boldsymbol{A}$的第(m,k)个数据；$\boldsymbol{S}_{k,n}$为矩阵$\boldsymbol{S}$的第(k,n)个数据；$\boldsymbol{\Phi}_{l,k}$为矩阵$\boldsymbol{\Phi}$的第(l,k)个数据。式(3.3.23)是接收数据的平行因子模型，其中$\boldsymbol{\Phi}$包含的是子阵间的空域信息。

2. 信号参数估计算法

通过对接收数据进行平行因子分解可求得信号导向矢量$\hat{\boldsymbol{A}}$和关系矩阵$\hat{\boldsymbol{\Phi}}$，由式(3.3.15)和式(3.3.16)可得第 1 个子阵空域导向矢量的估计值为

$$\hat{\boldsymbol{q}}\big(\hat{\theta}_k,\hat{\phi}_k\big)=\frac{\hat{\boldsymbol{A}}_{\mathrm{e}}(:,k)}{\hat{\boldsymbol{A}}_{\mathrm{e}}(1,k)}=\frac{\hat{\boldsymbol{A}}_{\mathrm{h}}(:,k)}{\hat{\boldsymbol{A}}_{\mathrm{h}}(1,k)}=\begin{bmatrix} 1 \\ \mathrm{e}^{\mathrm{j}2\pi d_x\sin\hat{\theta}_k\cos\hat{\phi}_k/\lambda} \\ \vdots \\ \mathrm{e}^{\mathrm{j}2\pi d_x(M-1)\sin\hat{\theta}_k\cos\hat{\phi}_k/\lambda} \end{bmatrix} \tag{3.3.24}$$

由式(3.3.24)可得，第k个入射信号在第 1 个子阵的第m个传感器上形成的相位与在坐标原点处传感器上形成的相位差为

$$\psi_{k,m}=\frac{2\pi}{\lambda}d_x(m-1)\sin\hat{\theta}_k\cos\hat{\phi}_k \tag{3.3.25}$$

由式(3.3.25)，可得

$$\hat{\alpha}_k=\sin\hat{\theta}_k\cos\hat{\phi}_k=\frac{\lambda\psi_{k,m}}{2\pi d_x(m-1)} \tag{3.3.26}$$

由式(3.3.21)，可得

$$\hat{\beta}_k=\sin\hat{\theta}_k\sin\hat{\phi}_k=\frac{\arg\left[\hat{\boldsymbol{\Phi}}(l,k)\right]\lambda}{2\pi(l-1)d_y} \tag{3.3.27}$$

联合式(3.3.26)和式(3.3.27)可求得 DOA 的估计值：

$$\begin{cases}\hat{\theta}_k=\arcsin(\sqrt{\hat{\alpha}_k^2+\hat{\beta}_k^2})\\ \hat{\phi}_k=\arctan\dfrac{\hat{\alpha}_k}{\hat{\beta}_k}\end{cases} \tag{3.3.28}$$

由式(3.3.16)和式(3.3.18)，可将矩阵 $\hat{\boldsymbol{A}}$ 分成如式(3.3.16)所示的电偶极子子阵导向矢量 $\hat{\boldsymbol{A}}_{\mathrm{e}}$ 和磁偶极子子阵导向矢量 $\hat{\boldsymbol{A}}_{\mathrm{h}}$ 两部分，$\hat{\boldsymbol{A}}_{\mathrm{e}}$ 与 $\hat{\boldsymbol{A}}_{\mathrm{h}}$ 具有如下关系：

$$\hat{\boldsymbol{A}}_{\mathrm{e}}=\hat{\boldsymbol{A}}_{\mathrm{h}}\hat{\boldsymbol{\Omega}} \tag{3.3.29}$$

式中，

$$\hat{\boldsymbol{\Omega}}=\begin{bmatrix}-\tan\hat{\gamma}_1\mathrm{e}^{\mathrm{j}\hat{\eta}_1} & & & & \\ & \ddots & & & \\ & & -\tan\hat{\gamma}_k\mathrm{e}^{\mathrm{j}\hat{\eta}_k} & & \\ & & & \ddots & \\ & & & & -\tan\hat{\gamma}_K\mathrm{e}^{\mathrm{j}\hat{\eta}_K}\end{bmatrix} \tag{3.3.30}$$

进而求得极化参数：

$$\begin{cases}\hat{\gamma}_k=\arctan(\left|\hat{\boldsymbol{\Omega}}_{kk}\right|)\\ \hat{\eta}_k=\arg(-\hat{\boldsymbol{\Omega}}_{kk})\end{cases} \tag{3.3.31}$$

3. 计算机仿真与结果分析

本实验采用的均匀共形面阵由 4 个完全相同的均匀线阵作为子阵构成，紧邻的两个子阵的间距均为 $d_y=0.5\lambda$，所有线阵相邻阵元均相距 $d_x=0.5\lambda$，所有线阵均由 6 个偶极子对构成。假定有两个参数不同的电磁波入射到阵列上，信号的参数分别设定为$(\theta_1,\phi_1,\gamma_1,\eta_1)=(72°,85°,30°,120°)$和$(\theta_2,\phi_2,\gamma_2,\eta_2)=(30°,43°,67°,80°)$。将平行因子参数估计算法与 ESPRIT 算法在相同 SNR、相同阵列模型和相同仿真参数情况下做对比，所有仿真均采用 1024 次快拍数据，500 次 Monte-Carlo 独立实验，研究时 SNR 的取值为 0～45dB。

从图 3.3.4～图 3.3.7 可以看出，SNR 增大时，两种算法参数估计值的 RMSE 都相应减小。图 3.3.4 中 SNR 为 0dB 时，基于平行因子参数估计算法的俯仰角估计值的 RMSE 比基于 ESPRIT 算法的俯仰角估计值的 RMSE 小1.7°左右，且在研究的 SNR 区间内，平行因子参数估计算法的俯仰角估计值的 RMSE 始终低于 ESPRIT 算法的俯仰角估计值的 RMSE。因此，平行因子算法的应用有助于减小俯仰角估计值的 RMSE。图 3.3.5 中 SNR 为 0dB 时，基于平行因子参数估计算法的方位角估计值的 RMSE 比基于 ESPRIT 算法的方位角估计值的 RMSE 小 0.3°左右，且在研究的 SNR 区间内，平行因子参数估计算法的方位角估计值的 RMSE 始终低于 ESPRIT

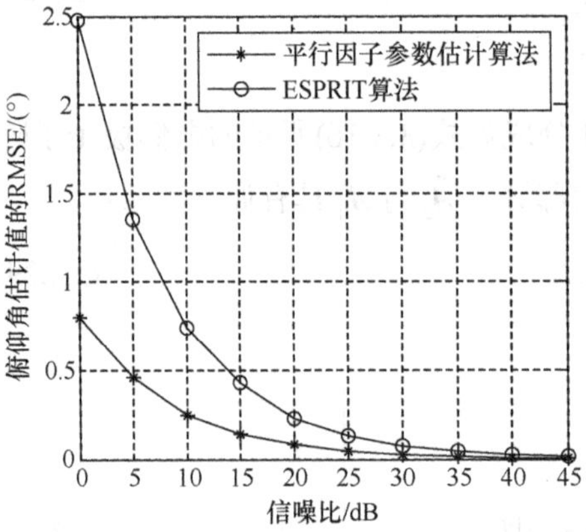

图 3.3.4　俯仰角估计值的 RMSE

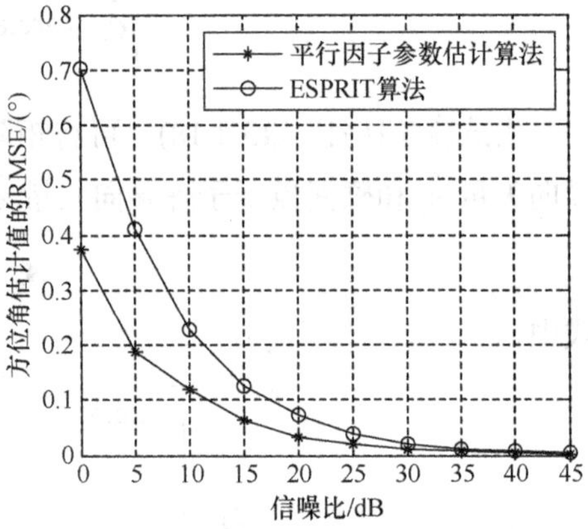

图 3.3.5　方位角估计值的 RMSE

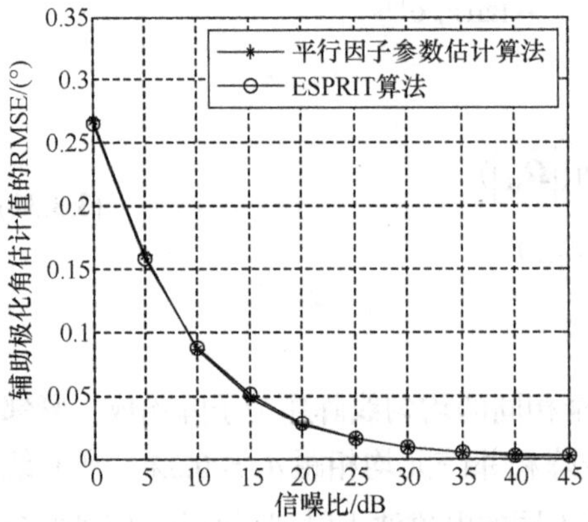

图 3.3.6　辅助极化角估计值的 RMSE

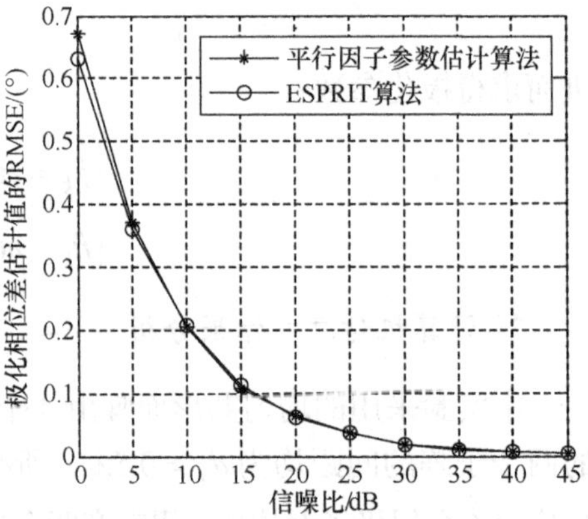

图 3.3.7　极化相位差估计值的 RMSE

算法的方位角估计值的 RMSE。因此，平行因子参数估计算法的应用有助于减小方位角估计值的 RMSE。从图 3.3.6 与图 3.3.7 可以看出，两种算法的极化参数估计误差相当，说明在极化参数估计方面平行因子参数估计算法与 ESPRIT 算法优势相当。

图 3.3.8 中 SNR 为 0dB 时，基于平行因子参数估计算法的 DOA 估计联合 RMSE 比基于 ESPRIT 算法的 DOA 估计联合 RMSE 小 1.7° 左右，且在研究的 SNR 区间内平行因子参数估计算法的 DOA 估计联合 RMSE 始终低于 ESPRIT 算法的 DOA 估计联合 RMSE。因此，平行因子参数估计算法的应用有助于减小 DOA 估计联合 RMSE。图 3.3.9 中基于平行因子算法与基于 ESPRIT 算法的极化参数估计联合 RMSE 基本相等。从图 3.3.10 和图 3.3.11 可以看出，当 SNR 增大时，两种算法的各个参数成功概率均增大，在 SNR 增大时均能得到正确的信号参数估计值。图 3.3.10 中 SNR 为 0dB 时，基于平行因子参数估计算法的 DOA 估计成功概率为 0.75，而基于 ESPRIT 算法的 DOA 估计成功概率仅为 0.25；SNR 为 5dB 时，基

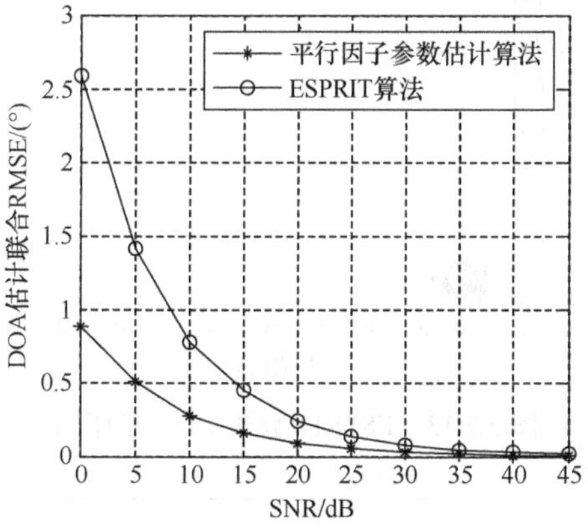

图 3.3.8　DOA 估计联合 RMSE

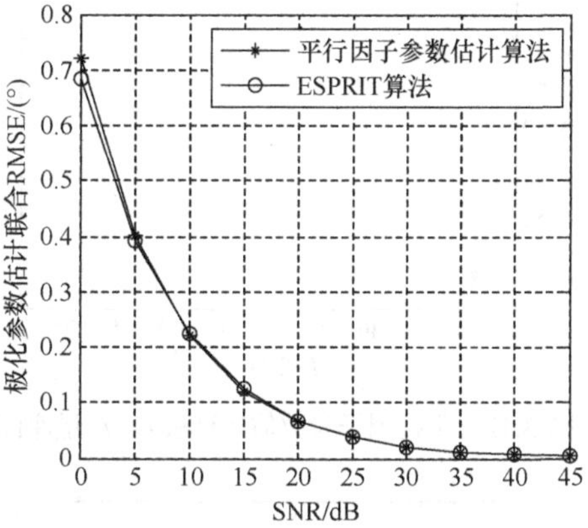

图 3.3.9　极化参数估计联合 RMSE

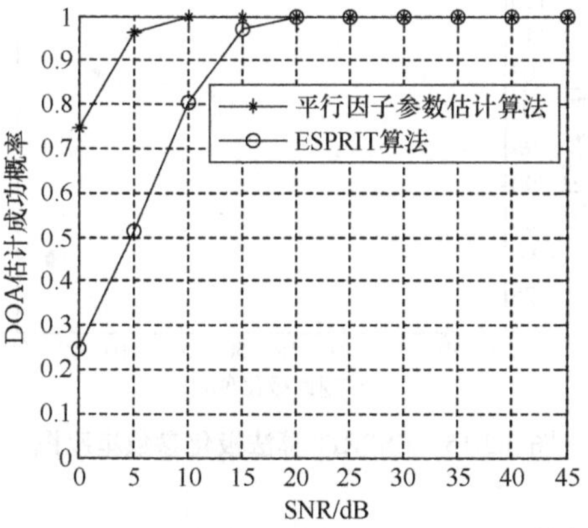

图 3.3.10　DOA 估计成功概率

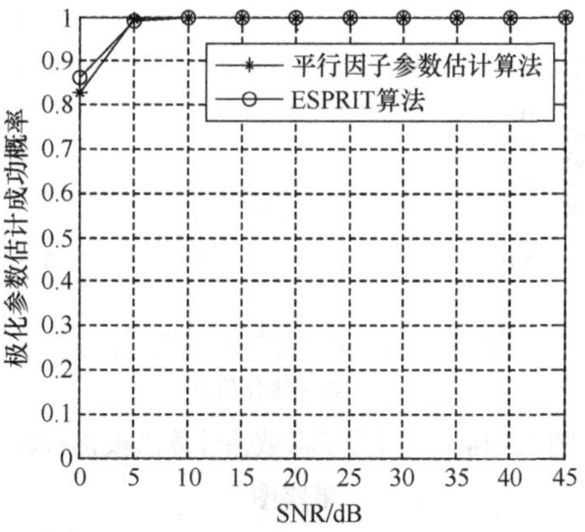

图 3.3.11　极化参数估计成功概率

于平行因子参数估计算法的 DOA 估计成功概率高达 0.95 以上，而基于 ESPRIT 算法的 DOA 估计成功概率刚刚超过 0.5。因此，在低 SNR 情况下平行因子参数估计算法的应用明显地提高了 DOA 估计成功概率。图 3.3.11 显示了两种算法在研究的 SNR 区间内都具有相同的极化参数估计成功概率，说明平行因子参数估计算法的应用可以得到与子空间类算法相近的极化估计效果。

图 3.3.12～图 3.3.15 给出了 SNR 为 10dB 时各参数的星座图。从图 3.3.12 与图 3.3.13 可以看出，基于平行因子参数估计算法的 DOA 估计值与真值相比，估计误差较小；基于 ESPRIT 算法的 DOA 估计值与真值相比，估计误差较大。因此，平行因子参数估计算法的应用能增加 DOA 估计的精确性。

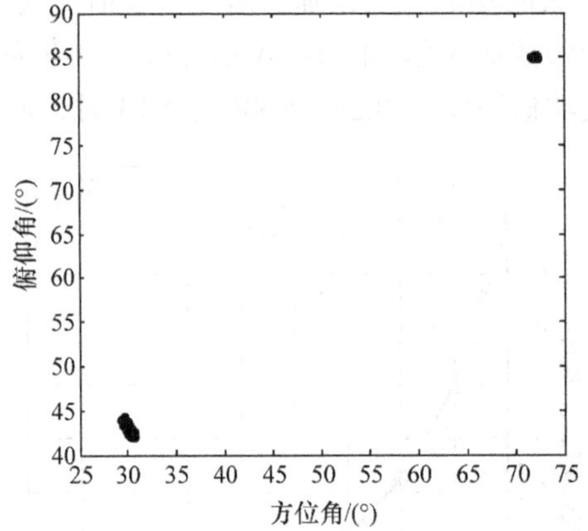

图 3.3.12　平行因子参数估计算法 DOA 星座图

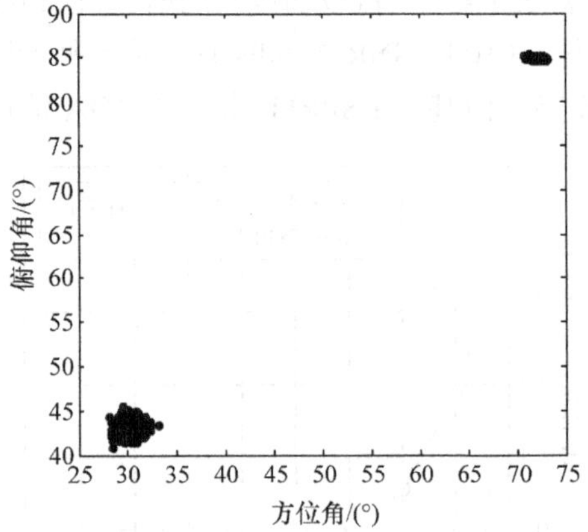

图 3.3.13　ESPRIT 算法 DOA 星座图

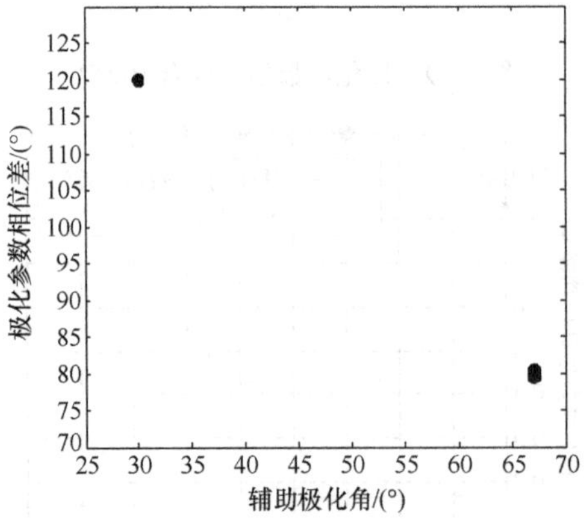

图 3.3.14　平行因子参数估计算法极化参数星座图

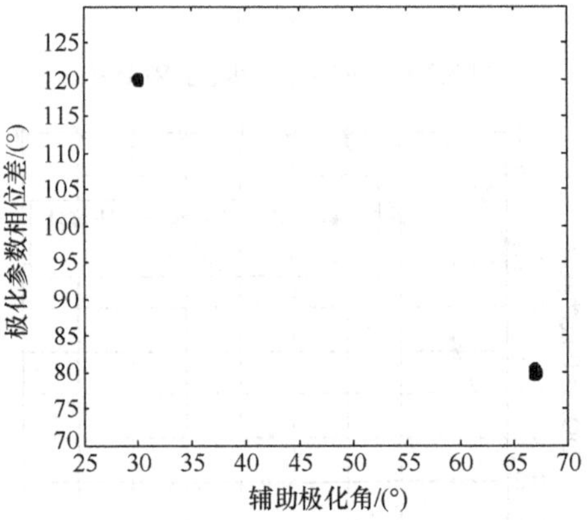

图 3.3.15　ESPRIT 算法极化参数星座图

从图 3.3.14 与图 3.3.15 可以看出，两种算法的极化参数相位差都紧紧围绕在真值附近，且两种算法的极化参数估计值紧密程度相当，估计误差都较小。

图 3.3.16 中 SNR 为 0dB 时，基于平行因子参数估计算法的总体联合 RMSE 比基于 ESPRIT 算法的总体联合 RMSE 小$1.5°$左右，且在研究的信噪比区间内平行因子参数估计算法的总体联合 RMSE 始终低于 ESPRIT 算法的总体联合 RMSE。因此，平行因子参数估计算法的参数估计总体上强于 ESPRIT 算法的参数估计。

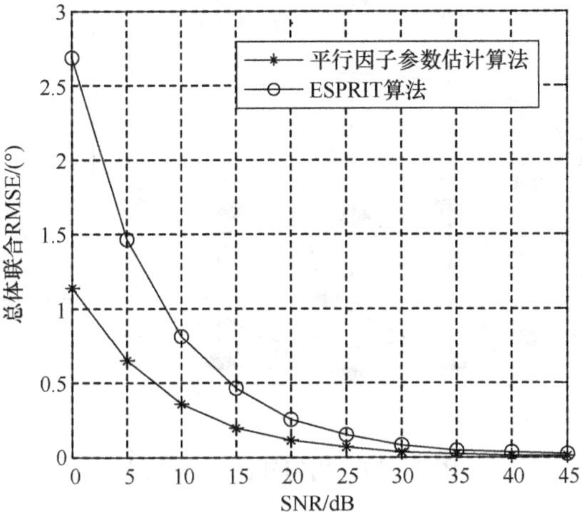

图 3.3.16　总体联合 RMSE

从整个仿真实验可以看出，平行因子的引入可以提高二维阵列 DOA 参数估计精度，与子空间算法的极化参数估计精度相当。

3.3.3　基于平行因子模型的柱面共形阵列参数估计算法

1. 构造接收数据的平行因子模型

采用图 3.3.17 所示的均匀柱面共形阵作为接收阵列，第 1 个传感器位于 x 轴的正方向上，其他传感器沿逆时针方向均匀放置在圆周上，将第 1 个子阵沿 z 轴方向平移可得到其余子阵。阵元均采用电磁偶极子对，为了保证参数估计过程中不出现模糊的问题，圆阵的半径须满足 $R \leqslant \lambda \Big/ \left(4\sin\dfrac{2\pi}{M}\right)$，相邻子阵间距均满足 $d \leqslant 0.5\lambda$。当第 $k(1 \leqslant k \leqslant K)$ 个功率为 1 的电磁波从远场入射到阵列上时，位于坐标原点的阵元输出的数据为

$$\boldsymbol{p}(\theta_k,\gamma_k,\eta_k)=\begin{bmatrix} e_{kz} \\ h_{kz} \end{bmatrix}=\begin{bmatrix} -\sin\theta_k \sin\gamma_k \mathrm{e}^{\mathrm{j}\eta_k} \\ \sin\theta_k \cos\gamma_k \end{bmatrix} \tag{3.3.32}$$

第 1 个子阵上的 M 个传感器与位于原点处的传感器之间形成的相位差，可以构成阵列空域导向矢量 $\boldsymbol{q}_k$：

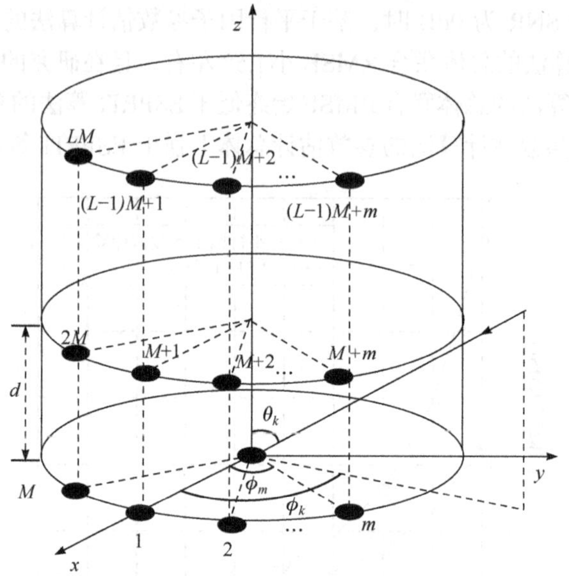

图 3.3.17　均匀柱面共形阵列

$$\boldsymbol{q}_k = \begin{bmatrix} \mathrm{e}^{\mathrm{j}\frac{2\pi R}{\lambda}\sin\theta_k\cos(\phi_k-\varphi_1)} & \mathrm{e}^{\mathrm{j}\frac{2\pi R}{\lambda}\sin\theta_k\cos(\phi_k-\varphi_2)} & \cdots & \mathrm{e}^{\mathrm{j}\frac{2\pi R}{\lambda}\sin\theta_k\cos(\phi_k-\varphi_M)} \end{bmatrix}^{\mathrm{T}} \tag{3.3.33}$$

式中，$\varphi_m = 2\pi(m-1)/M\ (1 \leqslant m \leqslant M)$，表示第 m 个传感器在圆周上的位置角坐标，则子阵导向矢量为

$$\boldsymbol{A}_k = \begin{bmatrix} e_{kz}\boldsymbol{q}_k \\ h_{kz}\boldsymbol{q}_k \end{bmatrix} = \begin{bmatrix} \boldsymbol{A}_{\mathrm{e}k} \\ \boldsymbol{A}_{\mathrm{h}k} \end{bmatrix} \tag{3.3.34}$$

式中，$\boldsymbol{A}_{\mathrm{e}k} = e_{kz}\boldsymbol{q}_k$，表示电偶极子子阵的导向矢量；$\boldsymbol{A}_{\mathrm{h}k} = h_{kz}\boldsymbol{q}_k$，表示磁偶极子子阵的导向矢量；$\boldsymbol{A}_{\mathrm{e}k}$ 与 $\boldsymbol{A}_{\mathrm{h}k}$ 之间的关系为 $\boldsymbol{A}_{\mathrm{e}k} = -\tan\gamma_k \mathrm{e}^{\mathrm{j}\eta_k}\boldsymbol{A}_{\mathrm{h}k}$。

当 K 个中心频率相同的远场窄带信号以不同的参数照射到天线阵列上，设各个子阵的输出数据分别为 $\boldsymbol{Y}_1,\boldsymbol{Y}_2,\cdots,\boldsymbol{Y}_L$，相应的输出噪声分别为 $\boldsymbol{N}_1,\boldsymbol{N}_2,\cdots,\boldsymbol{N}_L$，则第 1 个子阵的输出数据为

$$\boldsymbol{Y}_1 = \boldsymbol{AS} + \boldsymbol{N}_1 \tag{3.3.35}$$

式中，$\boldsymbol{S}$ 表示入射电磁波矩阵；$\boldsymbol{A}$ 表示第 1 个子阵上的 K 个入射电磁波的导向矢量矩阵：

$$\boldsymbol{A} = \begin{bmatrix} \boldsymbol{A}_1 & \boldsymbol{A}_2 & \cdots & \boldsymbol{A}_K \end{bmatrix} \tag{3.3.36}$$

第 2 个子阵在结构上是由第 1 个子阵整体向 z 轴方向平移 d 得到，则其上的

数据为

$$\boldsymbol{Y}_2=\boldsymbol{A}\begin{bmatrix} \mathrm{e}^{\mathrm{j}\frac{2\pi}{\lambda}d\cos\theta_1} & & \\ & \ddots & \\ & & \mathrm{e}^{\mathrm{j}\frac{2\pi}{\lambda}d\cos\theta_K} \end{bmatrix}\boldsymbol{S}+\boldsymbol{N}_2 \tag{3.3.37}$$

第 l 个了阵在结构上是由第 1 个子阵整体向 z 轴方向平移 $(l-1)d$ 得到，则其上的数据为

$$\boldsymbol{Y}_l=\boldsymbol{A}\begin{bmatrix} \mathrm{e}^{\mathrm{j}\frac{2\pi}{\lambda}(l-1)d\cos\theta_1} & & \\ & \ddots & \\ & & \mathrm{e}^{\mathrm{j}\frac{2\pi}{\lambda}(l-1)d\cos\theta_K} \end{bmatrix}\boldsymbol{S}+\boldsymbol{N}_l \tag{3.3.38}$$

可知，关系矩阵 $\boldsymbol{\Phi}$ 为

$$\boldsymbol{\Phi}=\begin{bmatrix} 1 & 1 & \cdots & 1 \\ \mathrm{e}^{\mathrm{j}\frac{2\pi}{\lambda}d\cos\theta_1} & \mathrm{e}^{\mathrm{j}\frac{2\pi}{\lambda}d\cos\theta_2} & \cdots & \mathrm{e}^{\mathrm{j}\frac{2\pi}{\lambda}d\cos\theta_K} \\ \vdots & \vdots & & \vdots \\ \mathrm{e}^{\mathrm{j}\frac{2\pi}{\lambda}(L-1)d\cos\theta_1} & \mathrm{e}^{\mathrm{j}\frac{2\pi}{\lambda}(L-1)d\cos\theta_2} & \cdots & \mathrm{e}^{\mathrm{j}\frac{2\pi}{\lambda}(L-1)d\cos\theta_K} \end{bmatrix} \tag{3.3.39}$$

式(3.3.38)可以重新表示为如下形式：

$$\boldsymbol{Y}_l=\boldsymbol{A}\mathrm{diag}\left(\boldsymbol{\Phi}(l,:)\right)\boldsymbol{S}+\boldsymbol{N}_l \tag{3.3.40}$$

式(3.3.40)也可以表示为如下形式：

$$\boldsymbol{Y}_{m,n,l}=\sum_{k=1}^{K}\boldsymbol{A}_{m,k}\boldsymbol{S}_{k,n}\boldsymbol{\Phi}_{n,l}+\boldsymbol{N}_{m,n,l} \tag{3.3.41}$$

式中，$\boldsymbol{Y}_{m,n,l}$ 为矩阵 $\boldsymbol{Y}$ 的第 (m,n,l) 个数据；$\boldsymbol{A}_{m,k}$ 为矩阵 $\boldsymbol{A}$ 的第 (m,k) 个数据；$\boldsymbol{S}_{k,n}$ 为矩阵 $\boldsymbol{S}$ 的第 (k,n) 个数据；$\boldsymbol{\Phi}_{n,l}$ 为矩阵 $\boldsymbol{\Phi}$ 的第 (n,l) 个数据。式(3.3.41)是接收数据的平行因子模型，其中 $\boldsymbol{\Phi}$ 包含的是子阵间的空域信息。

2. 信号参数估计算法

通过对接收数据进行平行因子分解可求得信号导向矢量 $\hat{\boldsymbol{A}}$，由式(3.3.33)和式(3.3.34)可得第 1 个子阵空域导向矢量的估计值为

$$\hat{\boldsymbol{q}}\left(\hat{\theta}_k,\hat{\phi}_k\right)=\frac{\hat{\boldsymbol{A}}_{\mathrm{e}}(:,k)}{\hat{\boldsymbol{A}}_{\mathrm{e}}(1,k)}=\frac{\hat{\boldsymbol{A}}_{\mathrm{h}}(:,k)}{\hat{\boldsymbol{A}}_{\mathrm{h}}(1,k)}=\begin{bmatrix} \mathrm{e}^{\mathrm{j}\frac{2\pi R\left(\sin\hat{\theta}_k\cos\left(\hat{\phi}_k-\varphi_1\right)\right)}{\lambda}} \\ \vdots \\ \mathrm{e}^{\mathrm{j}\frac{2\pi R\left(\sin\hat{\theta}_k\cos\left(\hat{\phi}_k-\varphi_M\right)\right)}{\lambda}} \end{bmatrix} \tag{3.3.42}$$

由式(3.3.42)可得，第 k 个入射信号在第 1 个子阵的第 m 个传感器上形成的相位与在坐标原点处传感器上形成的相位差为

$$\psi_{k,m}=\frac{2\pi R\left(\sin\hat{\theta}_k\cos\hat{\phi}_k\cos\varphi_m+\sin\hat{\theta}_k\sin\hat{\phi}_k\sin\varphi_m\right)}{\lambda} \tag{3.3.43}$$

则由式(3.3.43)可得第 1 个子阵上所有传感器的相位与位于原点处传感器的相位差构成的矩阵：

$$\boldsymbol{\Psi}=\left[\psi_{k,1},\psi_{k,2},\cdots,\psi_{k,M}\right]^{\mathrm{T}} \tag{3.3.44}$$

推导可得，相位差 $\boldsymbol{\Psi}$ 、方向余弦 $\boldsymbol{\Gamma}$ 和阵元角位置 $\boldsymbol{W}$ 之间的关系为

$$\boldsymbol{\Psi}=\boldsymbol{W}\boldsymbol{\Gamma} \tag{3.3.45}$$

式中，$\boldsymbol{W}$ 包含传感器的位置参数：

$$\boldsymbol{W}=\frac{2\pi R}{\lambda}\begin{bmatrix} \sin\varphi_1 & \cos\varphi_1 \\ \sin\varphi_2 & \cos\varphi_2 \\ \vdots & \vdots \\ \sin\varphi_M & \cos\varphi_M \end{bmatrix} \tag{3.3.46}$$

方向余弦矩阵 $\boldsymbol{\Gamma}$ 表示为

$$\boldsymbol{\Gamma}=\begin{bmatrix} \hat{\alpha}_k \\ \hat{\beta}_k \end{bmatrix}=\begin{bmatrix} \sin\hat{\theta}_k\sin\hat{\phi}_k \\ \sin\hat{\theta}_k\cos\hat{\phi}_k \end{bmatrix} \tag{3.3.47}$$

由式(3.3.46)，方向余弦矩阵 $\boldsymbol{\Gamma}$ 为

$$\boldsymbol{\Gamma}=\boldsymbol{W}^{\dagger}\boldsymbol{\Psi} \tag{3.3.48}$$

式中，$\boldsymbol{W}^{\dagger}=\left[\boldsymbol{W}^{\mathrm{H}}\boldsymbol{W}\right]^{-1}\boldsymbol{W}^{\mathrm{H}}$ 。

根据式(3.3.47)中的 $\boldsymbol{\Gamma}$ ，求得 DOA 估计值：

$$\begin{cases} \hat{\theta}_k=\arcsin(\sqrt{\hat{\alpha}_k^2+\hat{\beta}_k^2}) \\ \hat{\phi}_k=\arctan\dfrac{\hat{\alpha}_k}{\hat{\beta}_k} \end{cases} \tag{3.3.49}$$

由式(3.3.34)和式(3.3.36)可将矩阵 $\hat{\boldsymbol{A}}$ 分为如式(3.3.34)所示的电偶极子子阵导向矢量 $\hat{\boldsymbol{A}}_{\mathrm{e}}$ 和磁偶极子子阵导向矢量 $\hat{\boldsymbol{A}}_{\mathrm{h}}$ 两部分，$\hat{\boldsymbol{A}}_{\mathrm{e}}$ 与 $\hat{\boldsymbol{A}}_{\mathrm{h}}$ 具有如下关系：

$$\hat{\boldsymbol{A}}_{\mathrm{e}} = \hat{\boldsymbol{A}}_{\mathrm{h}}\boldsymbol{\Omega} \tag{3.3.50}$$

式中，

$$\hat{\boldsymbol{\Omega}} = \begin{bmatrix} -\tan\hat{\gamma}_1 \mathrm{e}^{\mathrm{j}\hat{\eta}_1} & & & & \\ & \ddots & & & \\ & & -\tan\hat{\gamma}_k \mathrm{e}^{\mathrm{j}\hat{\eta}_k} & & \\ & & & \ddots & \\ & & & & -\tan\hat{\gamma}_K \mathrm{e}^{\mathrm{j}\hat{\eta}_K} \end{bmatrix} \tag{3.3.51}$$

进而求得极化参数：

$$\begin{cases} \hat{\gamma}_k = \arctan(|\hat{\boldsymbol{\Omega}}_{kk}|) \\ \hat{\eta}_k = \arg(-\hat{\boldsymbol{\Omega}}_{kk}) \end{cases} \tag{3.3.52}$$

3. 计算机仿真与结果分析

下面基于 Matlab 软件对本节算法进行仿真，以验证基于平行因子参数估计算法联合估计信号参数的正确性，并与 ESPRTI 算法做对比。仿真结果表明，平行因子参数估计算法在 DOA 参数估计方面较 ESPRIT 算法具有优势，在极化参数估计方面与 ESPRIT 算法的优势相当，总体上平行因子参数估计算法优势较大。

本实验采用 4 个完全相同的均匀圆阵作为子阵构成的均匀共形柱面阵列，上下紧邻的两个子阵的间距 d 均为 0.5λ，每个圆阵的半径都是 $R=0.5\lambda$，所有圆阵均由 6 个偶极子对构成。假定两个参数分别为 $(\theta_1,\phi_1,\gamma_1,\eta_1)=(72°,85°,30°,120°)$ 和 $(\theta_2,\phi_2,\gamma_2,\eta_2)=(30°,43°,67°,80°)$ 的电磁波入射到阵列上。将平行因子参数估计算法与 ESPRIT 算法在相同阵列参数、相同入射信号、相同噪声环境和相同仿真参数情况下做对比。所有仿真均采用 1024 次快拍数据，500 次 Monte-Carlo 独立实验，研究时的 SNR 取值为 0～45dB。

从图 3.3.18～图 3.3.21 可以看出，当 SNR 在 0～45dB 变化时，两种算法的参数估计值的 RMSE 都相应降低，可以证明两种算法都是正确的。图 3.3.18 中 SNR 为 0dB 时，基于平行因子参数估计算法的俯仰角估计值的 RMSE 比基于 ESPRIT 算法的俯仰角估计值的 RMSE 小 0.7° 左右，且在研究的信噪比区间内平行因子参数估计算法的俯仰角估计值的 RMSE 始终低于 ESPRIT 算法的俯仰角估计值的 RMSE。因此，平行因子参数估计算法的应用有助于减小俯仰角估计值的 RMSE。图 3.3.19 中 SNR 为 0dB 时，基于平行因子参数估计算法的方位角估计值的 RMSE 比基于 ESPRIT 算法的方位角估计值的 RMSE 小 0.2° 左右，且在研究的信噪比区间内平行因子参数估计算法的方位角估计值的 RMSE 始终低于 ESPRIT 算法的方位角估计值的 RMSE。因此，平行因子参数估计算法的应用有助于减小方位角估计值的 RMSE。从图 3.3.20 与图 3.3.21 可以看出，两种算法的极化参数估计误差相当，说明在极化参数估计方面平行因子参数估计算法与 ESPRIT 算法优势相当，同样是一种极化参数高分辨算法。

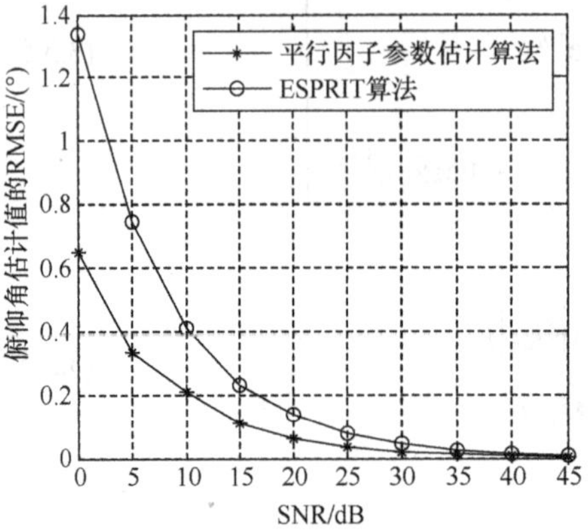

图 3.3.18　俯仰角估计值的 RMSE

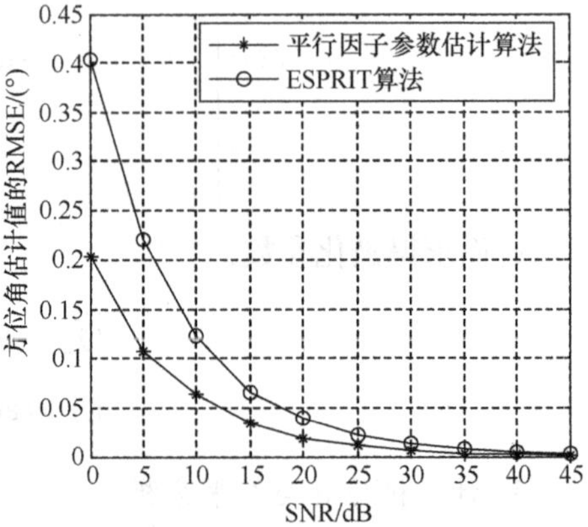

图 3.3.19　方位角估计值的 RMSE

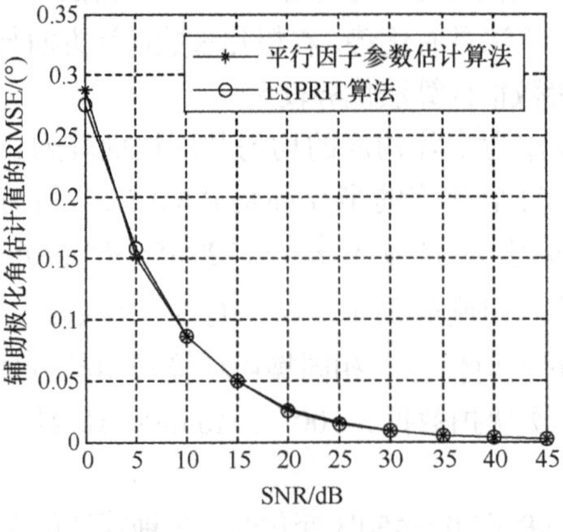

图 3.3.20　辅助极化角估计值的 RMSE

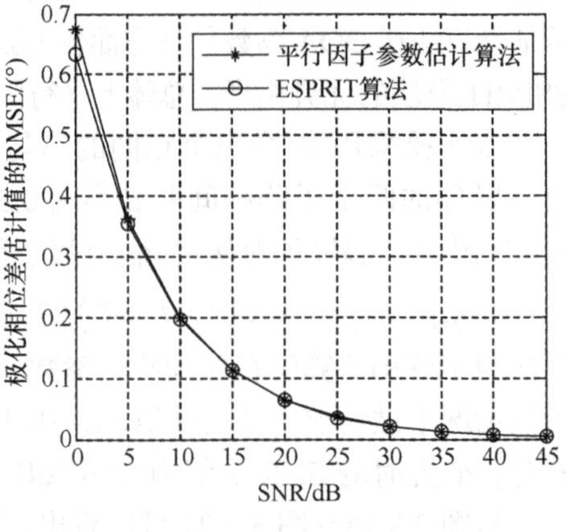

图 3.3.21　极化相位差估计值的 RMSE

图 3.3.22 与图 3.3.23 体现了两种算法的 DOA 和极化参数整体估计性能的优劣。在 SNR 区间内平行因子参数估计算法的 DOA 估计联合 RMSE 始终低于 ESPRIT 算法的 DOA 估计联合 RMSE，两种算法的极化参数估计联合 RMSE 基本相等。因此，平行因子算法的引入可以提高 DOA 参数估计性能。

从图 3.3.24 和图 3.3.25 可知，当信噪比增大时，两种算法的各个参数成功概率均增大，因此两种算法均能得到正确的信号参数。图 3.3.24 中 SNR 为 0dB 时，基于平行因子参数估计算法的 DOA 估计成功概率为 0.9，而基于 ESPRIT 算法的 DOA

估计成功概率仅为 0.5。因此，平行因子参数估计算法的应用明显地提高了 DOA 估计成功概率。图 3.3.25 显示了两种算法具有相同的极化参数估计成功概率。

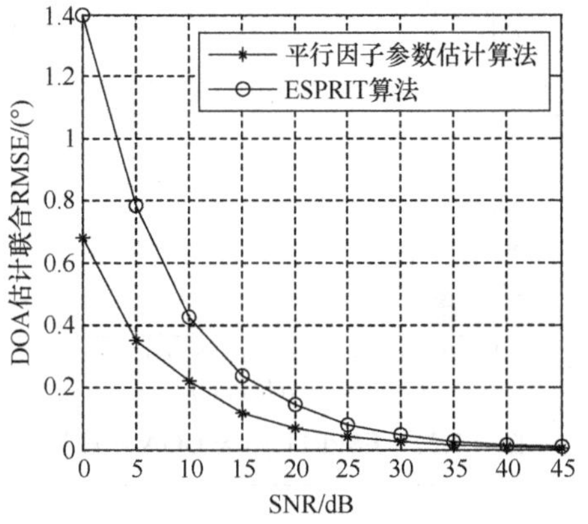

图 3.3.22　DOA 估计联合 RMSE

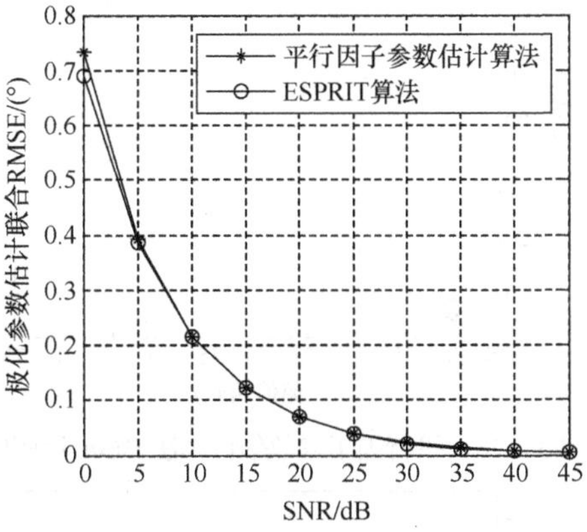

图 3.3.23　极化参数估计联合 RMSE

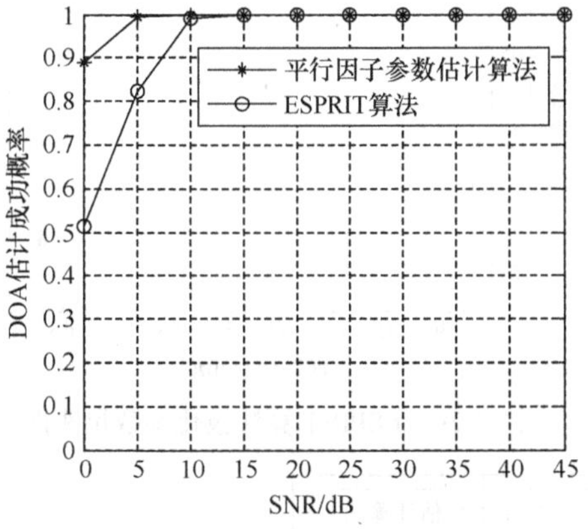

图 3.3.24　DOA 估计成功概率

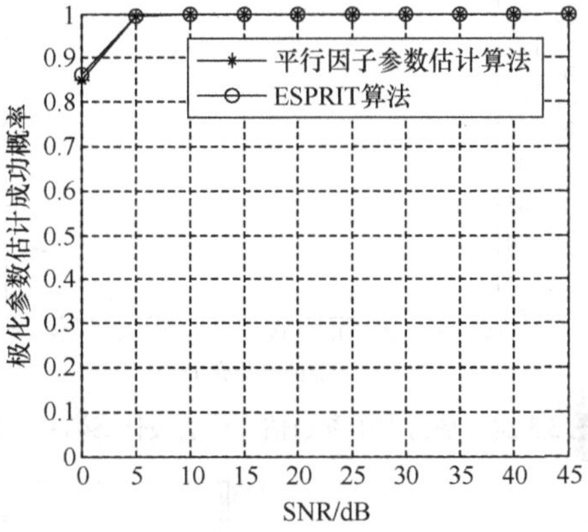

图 3.3.25　极化参数估计成功概率

图 3.3.26～图 3.3.29 给出了 SNR 为 10dB 时各参数的星座图。从图 3.3.26 和图 3.3.27 可以看出，基于平行因子算法的 DOA 参数估计值紧紧围绕在真值附近，估计误差较小；基于 ESPRIT 算法的 DOA 参数估计值偏离真值较多，估计误差较大。因此，平行因子的应用能增加 DOA 估计精度。

从图 3.3.28 和图 3.3.29 可以看出，相同 SNR 下两种算法的极化参数估计值都紧紧围绕在真值附近。

图 3.3.30 中 SNR 为 0dB 时，基于平行因子参数估计算法的总体联合 RMSE 比基于 ESPRIT 算法的总体联合 RMSE 小 0.6° 左右，且在研究的信噪比区间内平行因子参数估计算法的总体联合 RMSE 始终低于 ESPRIT 算法的总体联合 RMSE。因此，平行因子参数估计算法的性能优于 ESPRIT 算法。

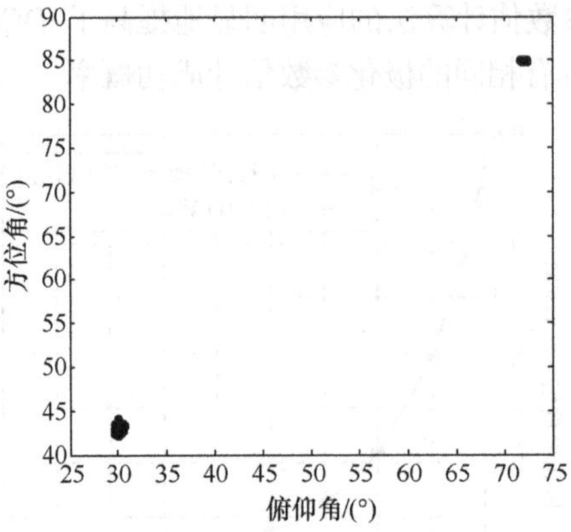

图 3.3.26　平行因子参数估计算法 DOA 星座图

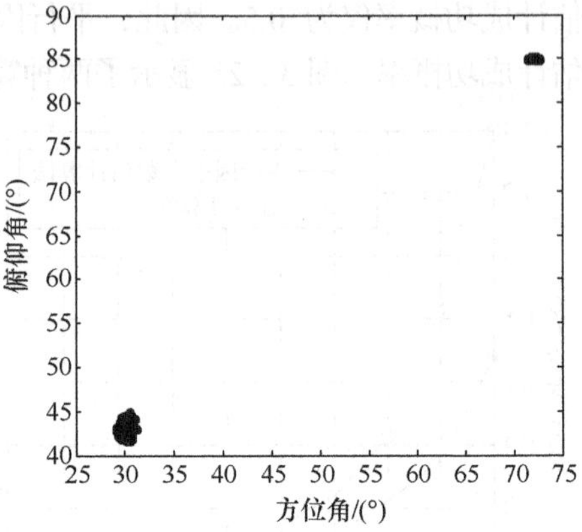

图 3.3.27　ESPRIT 算法 DOA 星座图

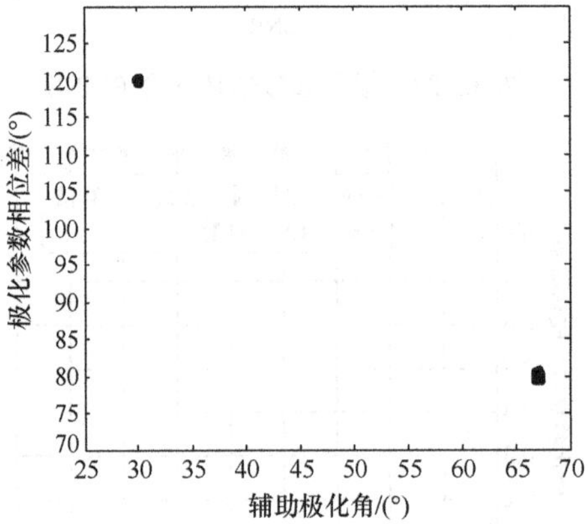

图 3.3.28　平行因子参数估计算法极化参数星座图

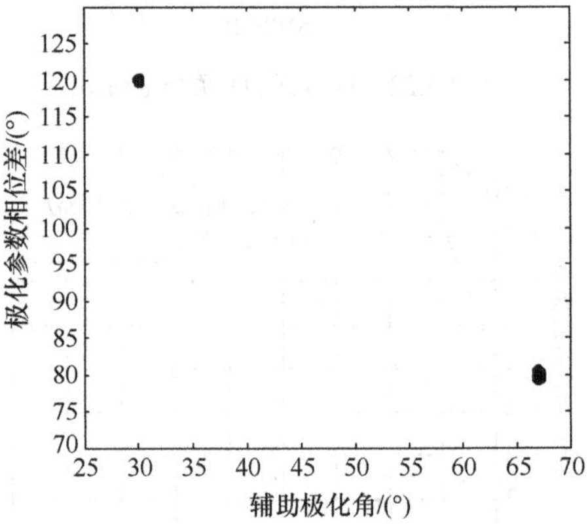

图 3.3.29　ESPRIT 算法极化参数星座图

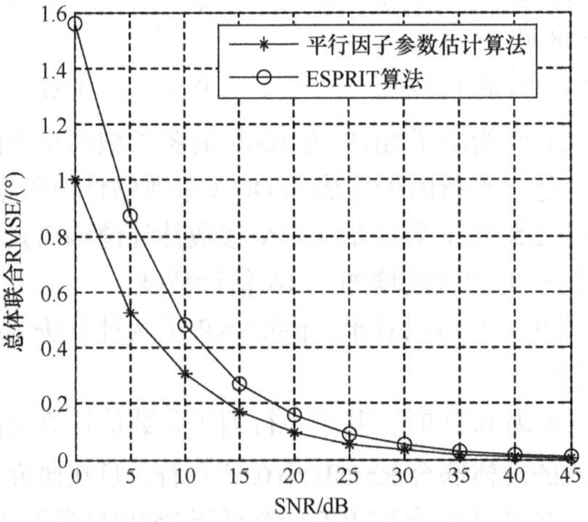

图 3.3.30　总体联合 RMSE

仿真实验表明，基于二维和三维阵列的平行因子参数估计算法能提高 DOA 的估计精度，且具有与子空间算法相当的极化参数估计精度，整体上提高了参数估计精度。

3.4　分离式电磁对柱面共形阵列参数估计

3.4.1　柱面共形阵列信号模型

由沿 z 轴方向相分离的电偶极子和磁偶极子构成的偶极子对组成同心柱面共形阵列，$2N$ 个电偶极子和 $2N$ 个磁偶极子分别分布在圆柱筒两端面的同心圆环上，所述同心圆柱面包括半径为 R_1 的内圆柱面和半径为 R_2 的外圆柱面，$R_1 \gg 0.5\lambda_{\min}$，$R_2 \gg 0.5\lambda_{\min}$，$R_2 - R_1 \leqslant 0.5\lambda_{\min}$。互相对应的电偶极子和磁偶极子在同一条母线上，垂直距离为 d，内圆环和外圆环上分布的电偶极子和磁偶极子数量相同且均沿圆周均匀间隔分布，同一平面内圆环上的电偶极子或磁偶极子和距其最近的外圆环上的电偶极子或磁偶极子有相同的方位角。参考阵元包括位于同心圆环圆心上的参考电偶极子和参考磁偶极子，K 个互不相关的信号以不同的极化状态 (γ_k,η_k) 从不同的方向 (θ_k,ϕ_k) 入射到如图 3.4.1 所示的同心柱面共形阵列。

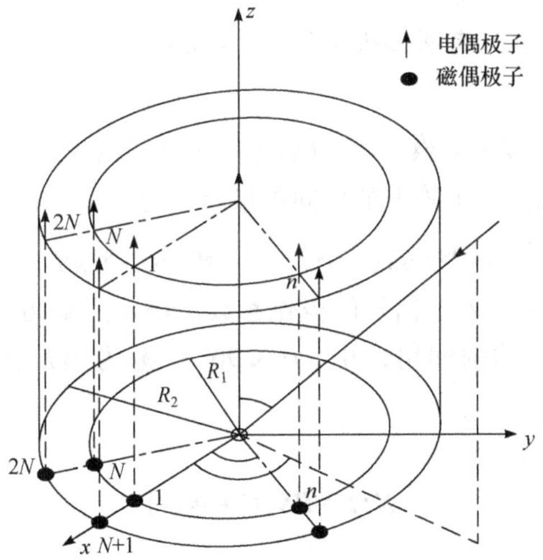

图 3.4.1　同心柱面共形阵列示意图

第 k 个入射信号在内圆环上的 N 个电偶极子子阵构成的空域导向矢量为

$$\boldsymbol{q}_{1\mathrm{e}}(\theta_k,\phi_k)=\left[\mathrm{e}^{\mathrm{j}2\pi R_1\left[\sin\theta_k\cos(\phi_k-\varphi_1)+d\cos\theta_k/R_1\right]/\lambda},\cdots,\mathrm{e}^{\mathrm{j}2\pi R_1\left[\sin(\theta_k)\cos(\phi_k-\varphi_N)+d\cos\theta_k/R_1\right]/\lambda}\right] \tag{3.4.1}$$

第 k 个入射信号在外圆环上的 N 个电偶极子子阵构成的空域导向矢量为

$$\boldsymbol{q}_{2\mathrm{e}}(\theta_k,\phi_k)=\left[\mathrm{e}^{\mathrm{j}2\pi R_2\left[\sin(\theta_k)\cos(\phi_k-\varphi_1)+\frac{d}{R_2}\cos(\theta_k)\right]/\lambda},\cdots,\mathrm{e}^{\mathrm{j}2\pi R_2\left[\sin(\theta_k)\cos(\phi_k-\varphi_N)+\frac{d}{R_2}\cos(\theta_k)\right]/\lambda}\right]$$

(3.4.2)

第 k 个入射信号在参考电偶极子和内外同心圆环上的电偶极子子阵上的阵列空域导向矢量为

$$\boldsymbol{q}_{\mathrm{e}}(\theta_k,\phi_k)=\left[\mathrm{e}^{\mathrm{j}2\pi d\cos\theta_k/\lambda},\ \boldsymbol{q}_{1\mathrm{e}}(\theta_k,\phi_k),\ \boldsymbol{q}_{2\mathrm{e}}(\theta_k,\phi_k)\right] \tag{3.4.3}$$

K 个信号在电偶极子子阵上的导向矢量矩阵为

$$\boldsymbol{B}_1=\left[-\sin\theta_1\sin\gamma_1\mathrm{e}^{\mathrm{j}\eta_1}\boldsymbol{q}_{\mathrm{e}}(\theta_1,\phi_1),\ \cdots,\ -\sin\theta_K\sin\gamma_K\mathrm{e}^{\mathrm{j}\eta_K}\boldsymbol{q}_{\mathrm{e}}(\theta_K,\phi_K)\right] \tag{3.4.4}$$

第 k 个入射信号在内圆环上的 N 个磁偶极子子阵形成的空域导向矢量为

$$\boldsymbol{q}_{1\mathrm{h}}(\theta_k,\phi_k)=\left[\mathrm{e}^{\mathrm{j}2\pi R_1\sin\theta_k\cos(\phi_k-\varphi_1)/\lambda},\ \cdots,\ \mathrm{e}^{\mathrm{j}2\pi R_1\sin\theta_k\cos(\phi_k-\varphi_N)/\lambda}\right] \tag{3.4.5}$$

第 k 个入射信号在外圆环上 N 个磁偶极子子阵形成的空域导向矢量为

$$\boldsymbol{q}_{2\mathrm{h}}(\theta_k,\phi_k)=\left[\mathrm{e}^{\mathrm{j}2\pi R_2\sin\theta_k\cos(\phi_k-\varphi_1)/\lambda},\ \cdots,\ \mathrm{e}^{\mathrm{j}2\pi R_2\sin\theta_k\cos(\phi_k-\varphi_N)/\lambda}\right] \tag{3.4.6}$$

第 k 个入射信号在参考磁偶极子和内外同心圆环上的磁偶极子子阵上的阵列空域导向矢量为

$$\boldsymbol{q}_{\mathrm{h}}(\theta_k,\phi_k)=\left[1,\ \boldsymbol{q}_{1\mathrm{h}}(\theta_k,\phi_k),\ \boldsymbol{q}_{2\mathrm{h}}(\theta_k,\phi_k)\right] \tag{3.4.7}$$

K 个信号在磁偶极子子阵上的导向矢量矩阵为

$$\boldsymbol{B}_2=\left[\sin\theta_1\cos\gamma_1\boldsymbol{q}_{\mathrm{h}}(\theta_1,\phi_1),\ \cdots,\ \sin\theta_K\cos\gamma_K\boldsymbol{q}_{\mathrm{h}}(\theta_K,\phi_K)\right] \tag{3.4.8}$$

式中，γ_k、η_k 为第 k 个入射信号的极化参数，$0°\leqslant\gamma_k\leqslant 90°, -180°\leqslant\eta_k\leqslant 180°$；$\theta_k$ 为第 k 个入射信号的俯仰角，$0°\leqslant\theta_k\leqslant 90°$；$\phi_k$ 为第 k 个入射信号的方位角，$-180°\leqslant\phi_k\leqslant 180°$。

全阵列接收信号为

$$\boldsymbol{X}(t)=\boldsymbol{BS}(t)+\boldsymbol{N}(t) \tag{3.4.9}$$

式中，$\boldsymbol{B}=\begin{bmatrix}\boldsymbol{B}_1\\ \boldsymbol{B}_2\end{bmatrix}$ 为阵列导向矢量；$\boldsymbol{S}(t)=\left[s_1(t),s_2(t),\cdots,\ s_k(t),\cdots,s_K(t)\right]^{\mathrm{T}}$ 为入射信号矩阵；$\boldsymbol{N}(t)$ 为噪声矩阵。

3.4.2 空域导向矢量估计

由全阵列的 M 次快拍数据计算接收数据协方差矩阵 $\boldsymbol{R}_x$：

$$\boldsymbol{R}_x = \frac{1}{M}\sum_{t=1}^{M}\boldsymbol{X}(t)\boldsymbol{X}(t)^{\mathrm{H}} = \boldsymbol{B}\boldsymbol{R}_{\mathrm{s}}\boldsymbol{B}^{\mathrm{H}} + \sigma^2\boldsymbol{I} \tag{3.4.10}$$

式中，$\boldsymbol{R}_{\mathrm{s}} = \frac{1}{M}\sum_{t=1}^{M}\boldsymbol{S}(t)\boldsymbol{S}(t)^{\mathrm{H}}$ 为入射信号的自相关函数；$(\cdot)^{\mathrm{H}}$ 为转置复共轭；σ^2 为白噪声功率；$\boldsymbol{I}$ 为单位矩阵。

对接收数据协方差矩阵 $\boldsymbol{R}_x$ 进行特征分解得到信号子空间 $\boldsymbol{E}$，据子空间理论，存在$(K\times K)$维的非奇异变换矩阵 $\boldsymbol{T}$ 满足：

$$\boldsymbol{E} = \boldsymbol{B}\boldsymbol{T} = \left[\boldsymbol{B}_1^{\mathrm{T}}, \boldsymbol{B}_2^{\mathrm{T}}\right]^{\mathrm{T}}\boldsymbol{T} \tag{3.4.11}$$

令

$$\boldsymbol{E}_2 = \boldsymbol{B}_2\boldsymbol{T} \tag{3.4.12}$$

$$\boldsymbol{E}_1 = \boldsymbol{B}_1\boldsymbol{T} = \boldsymbol{B}_2\boldsymbol{\Phi}_1\boldsymbol{T} \tag{3.4.13}$$

则

$$\boldsymbol{\Psi} = \boldsymbol{E}_2^{\dagger}\boldsymbol{E}_1 \tag{3.4.14}$$

对 $\boldsymbol{\Psi}$ 进行特征分解，特征值构成电场和磁场的关系矩阵如下：

$$\hat{\boldsymbol{\Phi}}_1 = \mathrm{diag}\left[-\tan\gamma_1\mathrm{e}^{\mathrm{j}(\eta_1+2\pi d\cos\theta_1/\lambda)}, \cdots, -\tan\gamma_K\mathrm{e}^{\mathrm{j}(\eta_K+2\pi d\cos\theta_K/\lambda)}\right] \tag{3.4.15}$$

根据特征矢量构成非奇异变换矩阵 $\boldsymbol{T}$ 的逆矩阵 $\boldsymbol{T}^{-1}$，从而得到电偶极子子阵导向矢量矩阵的估计值：

$$\hat{\boldsymbol{B}}_1 = \boldsymbol{E}_1\boldsymbol{T}^{-1} \tag{3.4.16}$$

磁偶极子子阵导向矢量矩阵的估计值为

$$\hat{\boldsymbol{B}}_2 = \boldsymbol{E}_2\boldsymbol{T}^{-1} \tag{3.4.17}$$

阵列导向矢量矩阵的估计值为

$$\hat{\boldsymbol{B}} = \boldsymbol{E}\boldsymbol{T}^{-1} \tag{3.4.18}$$

用 $\hat{\boldsymbol{B}}_2$ 的第 k 列对该列的第 1 个元素归一化，得到第 k 个入射信号的磁偶极子子阵空域导向矢量的估计值 $\hat{\boldsymbol{q}}_{\mathrm{h}}(\theta_k,\phi_k)$；用 $\hat{\boldsymbol{B}}$ 的第 k 列对该列的第 1 个元素归一化，得

$$\frac{\hat{\boldsymbol{B}}(:,k)}{\hat{B}(1,k)} = \begin{bmatrix} \hat{\boldsymbol{q}}_{\mathrm{h}}(\theta_k,\phi_k) \\ -\tan\gamma_k\mathrm{e}^{\mathrm{j}(\eta_k+2\pi d\cos\theta_k/\lambda)}\hat{\boldsymbol{q}}_{\mathrm{h}}(\theta_k,\phi_k) \end{bmatrix} = \begin{bmatrix} \hat{\boldsymbol{q}}_{\mathrm{h}}(\theta_k,\phi_k) \\ \hat{\boldsymbol{q}}(\theta_k,\phi_k,\gamma_k,\eta_k) \end{bmatrix} \tag{3.4.19}$$

从而可得

$$\hat{\boldsymbol{q}}(\theta_k,\phi_k,\gamma_k,\eta_k) = -\tan\gamma_k\mathrm{e}^{\mathrm{j}\left(\eta_k+\frac{2\pi}{\lambda}d\cos\theta_k\right)}\hat{\boldsymbol{q}}_{\mathrm{h}}(\theta_k,\phi_k) \tag{3.4.20}$$

3.4.3 解模糊处理

外圆环上 N 个磁偶极子子阵空域导向矢量估计值 $\hat{\boldsymbol{q}}_{2\text{h}}(\theta_k,\phi_k)$ 点除内圆环上 N 个磁偶极子子阵空域导向矢量估计值 $\hat{\boldsymbol{q}}_{1\text{h}}(\theta_k,\phi_k)$，可得短间隔空域导向矢量 $\boldsymbol{q}_\text{s}(k)$；外圆环上 N 个磁偶极子子阵空域导向矢量估计值 $\hat{\boldsymbol{q}}_{2\text{h}}(\theta_k,\phi_k)$ 点乘内圆环上 N 个磁偶极子子阵空域导向矢量 $\hat{\boldsymbol{q}}_{1\text{h}}(\theta_k,\phi_k)$，可得长间隔空域导向矢量 $\boldsymbol{q}_\text{L}(k)$；由短间隔空域导向矢量 $\boldsymbol{q}_\text{s}(k)$ 求其测量相位矢量：

$$\hat{\boldsymbol{\Phi}}_\text{s}(k)=\arg(\boldsymbol{q}_\text{s}(k)) \tag{3.4.21}$$

式中，$\arg(\cdot)$ 表示取相位。

$$\hat{\boldsymbol{\Phi}}_\text{s}(k)=\boldsymbol{\Phi}_\text{s}(k)=\boldsymbol{C}_1\tilde{\boldsymbol{P}} \tag{3.4.22}$$

式中，$\tilde{\boldsymbol{P}}=[\sin\theta_k\sin\phi_k,\sin\theta_k\cos\phi_k]^\text{T}$，为方向余弦矢量粗略估计值。

单圆环阵元的位置矩阵：

$$\boldsymbol{W}=\begin{bmatrix}\sin\left(\dfrac{2\pi}{N}\right) & \cos\left(\dfrac{2\pi}{N}\right)-1\\ \vdots & \vdots\\ \sin\left[(N-1)\dfrac{2\pi}{N}\right] & \cos\left[(N-1)\dfrac{2\pi}{N}\right]-1\end{bmatrix} \tag{3.4.23}$$

$$\boldsymbol{C}_1=\frac{2\pi(R_2-R_1)}{\lambda}\boldsymbol{W} \tag{3.4.24}$$

由长间隔空域导向矢量 $\boldsymbol{q}_\text{L}(k)$ 求其测量相位矢量：

$$\hat{\boldsymbol{\Phi}}_\text{L}(k)=\arg(\boldsymbol{q}_\text{L}(k)) \tag{3.4.25}$$

求相位模糊数矢量 $\boldsymbol{m}(n,k)$：

$$\boldsymbol{\Phi}_\text{L}(k)=\boldsymbol{C}_2\tilde{\boldsymbol{P}}=\frac{R_2+R_1}{R_2-R_1}\boldsymbol{\Phi}_s(k)\approx\arg(\boldsymbol{q}_\text{L}(k))+2\boldsymbol{m}(n,k)\pi \tag{3.4.26}$$

式中，$\boldsymbol{C}_2=\dfrac{2\pi(R_2+R_1)}{\lambda}\boldsymbol{W}$，$\lambda$ 为入射信号的波长。

3.4.4 DOA 估计

根据式(3.4.26)求得的相位模糊数矢量 $\boldsymbol{m}(n,k)$，计算长间隔空域导向矢量 $\boldsymbol{q}_\text{L}(k)$ 的相位矢量精确测量值 $\boldsymbol{\Phi}_\text{Le}(k)$：

$$\boldsymbol{\Phi}_\text{Le}(k)=\arg(\boldsymbol{q}_\text{L}(k))+2\boldsymbol{m}(n,k)\pi=\boldsymbol{C}_2\hat{\boldsymbol{P}} \tag{3.4.27}$$

则

$$\hat{\boldsymbol{P}}=\left(\boldsymbol{C}_2^{\mathrm{H}}\boldsymbol{C}_2\right)^{-1}\boldsymbol{C}_2^{\mathrm{H}}\boldsymbol{\Phi}_{\mathrm{Le}}(k) \tag{3.4.28}$$

式中，$\hat{\boldsymbol{P}}=\left[\sin\hat{\theta}_k\sin\hat{\phi}_k,\sin\hat{\theta}_k\cos\hat{\phi}_k\right]^{\mathrm{T}}$ 为方向余弦矢量精确估计值，从而得到入射信号俯仰角和方位角的精确估计值：

$$\hat{\theta}_k=\arcsin\sqrt{\hat{P}^2(1)+\hat{P}^2(2)} \tag{3.4.29}$$

$$\hat{\phi}_k=\begin{cases}\arctan\left(\dfrac{\hat{P}(1)}{\hat{P}(2)}\right), & \hat{P}(2)\geqslant 0\\ \pi+\arctan\left(\dfrac{\hat{P}(1)}{\hat{P}(2)}\right), & \hat{P}(2)<0\end{cases} \tag{3.4.30}$$

3.4.5　极化参数估计

根据电场和磁场关系矩阵 $\hat{\boldsymbol{\Phi}}_1$ 和接收阵列空域-极化域导向矢量 $\hat{\boldsymbol{q}}(\theta_k,\phi_k,\gamma_k,\eta_k)$ 估计极化参数：

$$\hat{\boldsymbol{\Phi}}_1=\mathrm{diag}\left[-\tan\gamma_1\mathrm{e}^{\mathrm{j}(\eta_1+2\pi d\cos\theta_1/\lambda)},\cdots,-\tan\gamma_K\mathrm{e}^{\mathrm{j}(\eta_K+2\pi d\cos\theta_K/\lambda)}\right] \tag{3.4.31}$$

得

$$\gamma_k=\tan^{-1}\left(\left|\hat{\Phi}_1(k,k)\right|\right) \tag{3.4.32}$$

$$\eta_k+\frac{2\pi}{\lambda}d\cos\theta_k=\arg\left(-\hat{\Phi}_1(k,k)\right)+2q\pi \tag{3.4.33}$$

根据

$$\hat{\boldsymbol{q}}(\theta_k,\phi_k,\gamma_k,\eta_k)=\tan\gamma_k\mathrm{e}^{\mathrm{j}\left(\eta_k+\frac{2\pi}{\lambda}d\cos\theta_k\right)}\hat{\boldsymbol{q}}_{\mathrm{h}}(\theta_k,\phi_k) \tag{3.4.34}$$

确定相位模糊数 q 。由相位模糊数 q 和 $\hat{\theta}_k$ 得到极化参数 η_k 的估计值：

$$\eta_k=\arg\left(-\hat{\Phi}_1(k,k)\right)+2q\pi-\frac{2\pi}{\lambda}d\cos\theta_k \tag{3.4.35}$$

3.4.6　计算机仿真实验

为描述方便，将文献[24]方法简称为文献方法，分离式电磁对柱面共形阵列参数估计方法简称为本节方法。文献方法的均匀圆环阵列半径 $R=1.2\lambda_{\min}$ ；本节方法的同心圆环阵列的内、外半径分别为 $R_1=0.9\lambda_{\min}$ 、 $R_2=1.4\lambda_{\min}$ ，阵元数

$N=14$，采用 200 次 Monte-Carlo 独立实验。两个互不相关的入射信号参数分别为 $(\theta_1,\phi_1,\gamma_1,\eta_1)=(30°,43°,67°,80°)$ 和 $(\theta_2,\phi_2,\gamma_2,\eta_2)=(72°,85°,30°,120°)$，快拍数为 1024 时的运行结果如图 3.4.2 和图 3.4.3 所示。

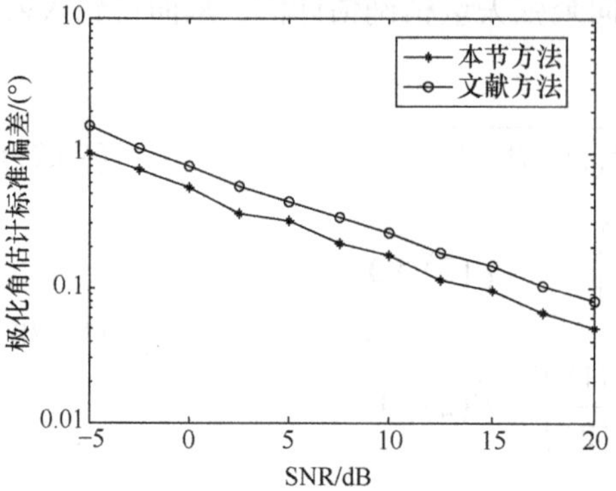

图 3.4.2　极化角估计标准偏差随 SNR 变化的曲线

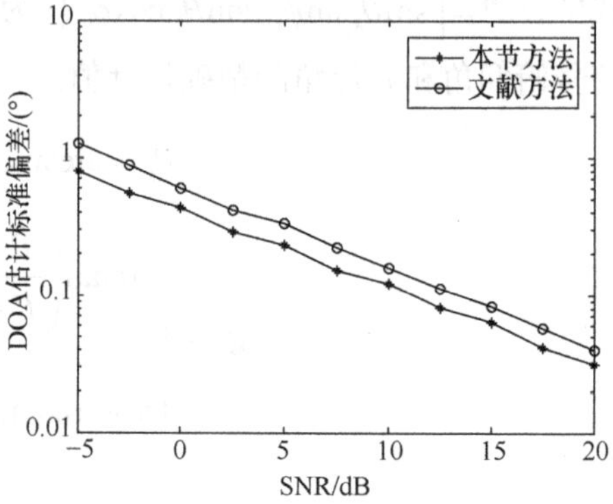

图 3.4.3　DOA 估计标准偏差随 SNR 变化的曲线

图 3.4.2 是信号极化角估计标准偏差随 SNR 变化的曲线图，图 3.4.3 是信号 DOA 估计标准偏差随 SNR 变化的曲线图。可以看出，随着信号强度的增强，本节方法的误差逐渐减小，且偏差小于均匀圆环阵列的偏差。

参 考 文 献

[1] LARS J, PATRIK P. Conformal Array Antenna Theory and Design [M]. Picataway: IEEE Press, 2006.
[2] WANG G B, TAO H H, WANG L M, et al. Joint estimation of DOA and polarization with CLD pair cylindrical array based on quaternion model[J]. Mathematical Problems in Engineering, 2014, 2014:1-7.
[3] 叶杰, 刘志慧. 机载预警雷达共形阵应用技术分析[J]. 现代雷达, 2009, 31(7): 8-11.
[4] 张光义. 共形相控阵天线的应用与关键技术[J]. 中国电子科学研究院学报, 2010, 5(4): 331-336.
[5] 朱松. 共形天线的发展及其电子战应用[J]. 中国电子科学研究院学报, 2007, 2(6): 562-567.
[6] LOU S. More potential for arrays[J]. Aviation Week & Space Technology, 2007, 167(4): 6-8.
[7] FULGHUM D A, BARRIE D, WALL R. Sensors vs. airframes[J]. Aviation Week & Space Technology, 2006, 165(17): 46-47.
[8] 许群, 王云香, 刘少斌, 等. 飞行器共形天线技术综述[J]. 现代雷达, 2015, 37(9): 50-54.
[9] WANG G B. A joint parameter estimation method with conical conformal CLD pair array[J]. Progress in Electromagnetics Research C, 2015, 57: 99-107.
[10] 林吉平. 阵列信号参数估计算法研究[D]. 西安: 西安电子科技大学, 2014.
[11] WONG K T, ZOLTOWSKI M D. Self-Initiating MUSIC-based direction finding and polarization estimation in spatio-polarizational beamspace[J]. IEEE Transactions on Antennas Propagation, 2000, 48(8): 1235-1245.
[12] SIDIROPOULOS N D, BRO R, GIANNAKIS G B. Parallel factor analysis in sensor array processing[J]. IEEE Transaction on Signal Processing, 2000, 48(8): 2377-2388.

[13] 吴海龙, 俞汝勤. 现代分析化学中的三线性成分模型[J]. 化工技术与开发, 2000(31). 17-19.

[14] SIDIROPOULOS N D, LIU X Q. Identifiability results for blind beamforming in incoherent multipath with small delay spread[J]. IEEE Transaction on Signal Processing, 2001, 49(1): 228-236.

[15] CATTELL R B. "Parallel proportional profiles" and other principles for determining the choice of factors by rotation[J]. Psychometrika, 1944, 9(4): 267-283.

[16] HARSHMAN R A, LUNDY M E. PARAFAC: Parallel factor analysis[J]. Computational Statistics & Data Analysis, 1994, 18(1): 39-72.

[17] BRO R, SIDIROPOULOS N D, GIANNAKIS G B. Optimal joint azimuth-elevation and signal-array response estimation using parallel factor analysis[C]. Conference Record of 32nd Asilomar Conference on Signals, systems and Computers, Pacific Grove, 1998: 1594-1598.

[18] KIERS H A L, KRIJNEN W P. An efficient algorithm for PARAFAC of three-way data with large numbers of observation units[J]. Psychometrika, 1991, 56(1): 147-152.

[19] ZHANG X F, HUANG X Z, XU D Z. Blind parafac signal detection for uniform circular array with polarization sensitive antennas[J]. Transactions of Nanjing University of Aeronautics & Astronautics, 2006, 23(4): 291-296.

[20] LIANG J L. 4-D parameter estimation of narrowband sources based on parallel factor analysis[J]. Chinese Science Bulletin, 2008, 53(4): 2239-2247.

[21] JIANG T, SIDIROPOULS N D. Kruskal's permutation lemma and the identification of CANDECOMP/PARAFAC and bilinear models with constant modulus constraints[J]. IEEE Transaction on Signal Processing, 2004, 52(9): 2625-2636.

[22] 梁军利, 杨树元, 赵峰, 等. 一种新的基于平行因子分析的近场源定位算法[J]. 系统工程与电子技术, 2007, 29(1): 32-36.

[23] 陈智海. 阵列信号多参数联合估计算法研究[D]. 西安: 西安电子科技大学, 2014.

[24] 许远. 基于圆形极化阵列的信号多参数估计[D]. 长春: 长春理工大学, 2009.

第 4 章　电磁矢量传感器阵列降维算法

本章主要介绍远场和近场情况下的多维参数估计。对于远场情况，研究单电磁矢量传感器、电磁矢量传感器圆形阵列、拉伸单电磁矢量传感器和分布式电磁矢量传感器阵列的 MUSIC 降维算法，利用瑞利-里兹定理将四维搜索变成两个二维搜索以降低计算量。对于近场情况，利用对称阵列的对称阵元间的相位关系对消距离因子，得到仅含有 DOA 的空域导向矢量，从而利用 CS 算法估计信号的 DOA；将估计得到的 DOA 信息代入构造距离稀疏字典，利用对消处理之前的数据估计距离参数，从而将近场 DOA 和距离的二维参数估计转换为 DOA 和距离的两个一维估计，且参数自动配对，可降低计算量，并提高算法的实用性。

4.1　引　　言

空间谱估计技术能够突破阵列孔径瑞利限的限制，有效地估计出一个波束空间不同方向的信号参数，因此被称为高分辨谱估计技术[1]。空间谱估计技术有效提高了信号 DOA 的估计性能，经典的高分辨 DOA 估计方法如 MUSIC 算法及其改进算法，是特征结构的子空间方法。

MUSIC 算法是目前使用广泛的 DOA 估计方法，适用于雷达、通信、测向和声呐等系统中[2-4]。MUSIC 算法于 1968 年由 Schmidt 等提出，因良好的角度分辨能力和估计精度而备受关注。1972 年，Pisarenko 引入了利用协方差矩阵最小特征向量的估计方法，对信号的协方差矩阵进行特征分解。1984 年，Wax 等[5]进一步提出了二维 MUSIC 算法。1986 年，Schmidt[6]再次发表了高分辨估计算法，完善了 MUSIC 算法的估计性能。1989 年，MUSIC 特征矢量算法[7]和求根 MUSIC 算法[8]等被提出，Hua 等[9]提出了基于 L 阵的二维 DOA 估计。2007 年，Goossens 等[10]提出了互耦情况下的均匀圆列二维 DOA 估计算法。之后又有学者提出了基于高阶累积量的算法[11]和基于循环平稳理论的循环 MUSIC 算法[12]。

MUSIC 算法的提出对于空间谱估计高分辨算法的研究具有划时代的意义。利用 MUSIC 算法进行 DOA 估计时，先对接收数据的协方差矩阵进行分解得到噪声子空间和信号子空间，通常采用特征分解、奇异值分解 (singular value decomposition, SVD)和矩阵 QR 分解等方法；由于信号子空间和噪声子空间相互正交且位于同一空间，二者有相同的阵列流型空间，可以利用这些特性在空间中构造“针状谱峰”。在一定条件下，MUSIC 算法的估计性能和最大似然估计[13]相似，但 MUSIC 算法的主要缺点是需要对空间谱进行搜索，若想获得精确度很高的估计，搜索步长必须很小，因此计算复杂度高且存储量大，使 MUSIC 算法在实际应用中面临诸多挑战。

由前文可知，直接利用 MUSIC 算法计算四维信号的联合谱值，从而估计 DOA 和极化参数的方法并不可行，因此，对四维域 MUSIC 算法做降维处理在信号 DOA 估计中具有非常重要的意义，一些学者为此提出了多种改进的 MUSIC 算法[14-18]。文献[14]给出了一种四维空间-极化联合谱估计的 MUSIC 算法，该算法的计算量相比于直接四维 MUSIC 算法搜索有较大程度的减少。文献[15]利用降维 MUSIC 算法给出了极化敏感阵列的盲极化 DOA 估计和极化参数估计算法。文献[16]中降维算法的主体是 ESPRIT 算法，同时利用 MUSIC 算法提高了 DOA 的估计精度。

针对四维域 MUSIC 算法的降维需求，为了保证高分辨性能，并能有效提高计算效率，本章提出一种基于瑞利-里兹定理的 MUSIC 降维算法[19]。该算法直接利用共轭对称矩阵的瑞利-里兹定理将 DOA 和极化参数解耦，相应的四维搜索被分解为两个二维搜索，计算量和存储量大大降低。相比于文献[14]～[16]的 MUSIC 降维算法，该算法不需要由四维域 MUSIC 或 ESPRIT 算法做参数粗略估计，以用于后续空域参数精确估计。本章分别讨论单电磁矢量传感器、电磁矢量传感器圆形阵列、拉伸单电磁矢量传感器和分布式电磁矢量传感器圆形阵列的 MUSIC 降维算法，提出的 MUSIC 降维算法结构图如图 4.1.1 所示。

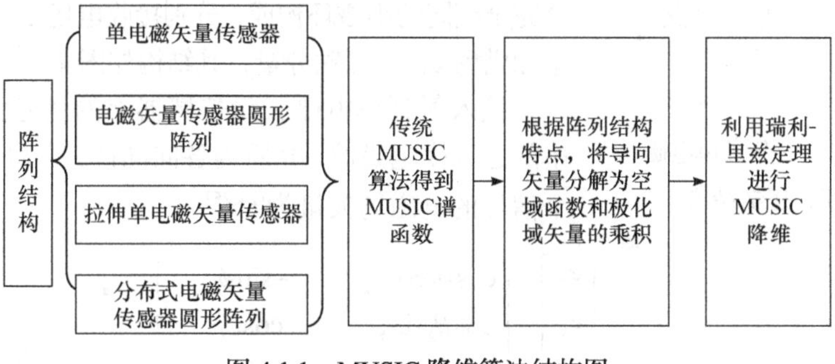

图 4.1.1　MUSIC 降维算法结构图

4.2　单电磁矢量传感器的 MUSIC 参数估计算法

利用一个六分量电磁矢量传感器(简称单电磁矢量传感器)可以估计多个单频非相干入射信号源的方位角、俯仰角和极化状态，由于单电磁矢量传感器在空间上共中心，它的近场波前曲率效应可以忽略不计。单电磁矢量传感器由于奇特的结构，近年来受到学者们的广泛关注。文献[20]研究了基于二阶/高阶统计量下的相干信号子空间技术，该技术被用于宽带非高斯信号源的二维测向；文献[21]研究了单电磁矢量传感器的 DOA 和极化参数估计算法；Wong 等[22]通过延时抽头构造 ESPRIT 结构，研究了单电磁矢量传感器参数估计的 ESPRIT 算法。

在空域-极化域 MUSIC 算法研究方面，由于电磁矢量传感器非四元数 MUSIC 算法的四维搜索过程，该算法计算量大且存储量高。为了简化运算，李京书等[23]提出了一种四元数 MUSIC 降维算法，该算法使用二分量电磁矢量传感器联合估计信号的 DOA 和极化参数。

本节在现有基础上，提出一种基于单电磁矢量传感器进行 DOA 和极化参数联合估计的新的 MUSIC 降维算法。该算法首先将信号的导向矢量表示为空域函数和极化域函数的乘积形式；其次利用极化域函数模为常数的特点，将 MUSIC 谱转化为瑞利比的形式；最后利用自共轭矩阵的瑞利-里兹定理将四维 MUSIC 搜索转化为两个二维搜索，分别估计 DOA 和极化参数，如果搜索角度数为 L，则四维 MUSIC 搜索的计算量大约为 L 的四次方，而降维 MUSIC 算法的计算量约为 L 二次方的两倍，在保证估计精度高的同时计算量大幅减少。因此，该算法具有较高的理论意义和实际工程应用价值。

4.2.1　单电磁信号模型

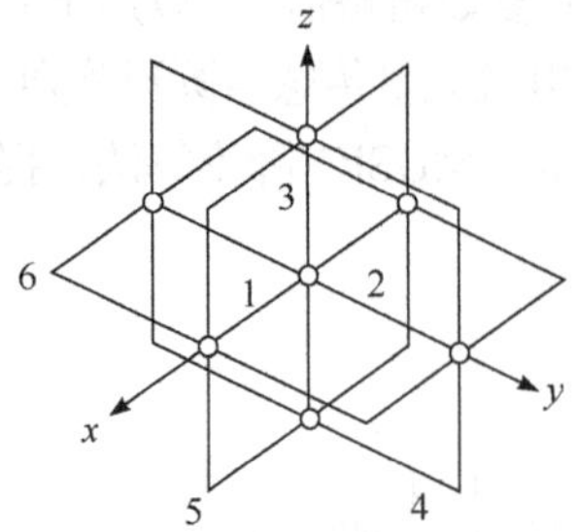

图 4.2.1　六分量单电磁矢量传感器结构

接收阵列是一个六分量单电磁矢量传感器，由空间相互垂直且共点的三个完全相同的电偶极子和三个完全相同的小磁环构成，分别接收电场 x、y、z 轴分量和磁场 x、y、z 轴分量，其结构如图 4.2.1 所示。

设入射到单电磁矢量传感器上的信号为单位功率的远场横电磁波，介质为各向同性，第 $k\left(1\leqslant k\leqslant 5\right)$ 个信号的电磁场矢量为[24,25]

$$
\boldsymbol{a}_k\left(\theta_k,\phi_k,\gamma_k,\eta_k\right)=\begin{bmatrix} e_x\\ e_y\\ e_z\\ h_x\\ h_y\\ h_z \end{bmatrix}=\underbrace{\begin{bmatrix} \cos\theta_k\cos\phi_k & -\sin\phi_k\\ \cos\theta_k\sin\phi_k & \cos\phi_k\\ -\sin\theta_k & 0\\ -\sin\phi_k & -\cos\theta_k\cos\phi_k\\ \cos\phi_k & -\cos\theta_k\sin\phi_k\\ 0 & \sin\theta_k \end{bmatrix}}_{\boldsymbol{\Omega}(\theta_k,\phi_k)}\underbrace{\begin{bmatrix} \sin\gamma_k \mathrm{e}^{\mathrm{j}\eta_k}\\ \cos\gamma_k \end{bmatrix}}_{\boldsymbol{g}(\gamma_k,\eta_k)}
$$

$$
=\boldsymbol{\Omega}\left(\theta_k,\phi_k\right)\boldsymbol{g}\left(\gamma_k,\eta_k\right) \tag{4.2.1}
$$

式中，$\theta_k \in [0,\pi]$，表示入射信号的俯仰角；$\phi_k \in [0,2\pi]$，表示入射信号的方位角；$\gamma_k \in [0,\pi/2]$，表示辅助极化角；$\eta_k \in [-\pi,\pi]$，表示极化相位差；$\boldsymbol{\Omega}(\theta_k,\phi_k)$，表示 DOA 函数；$\boldsymbol{g}(\gamma_k,\eta_k)$，表示极化函数。

4.2.2 Hermitian 矩阵及其性质

设 $\boldsymbol{A}^{\mathrm{H}}$ 表示矩阵 $\boldsymbol{A}$ 的转置复共轭矩阵，若矩阵 $\boldsymbol{A}$ 满足 $\boldsymbol{A}=\boldsymbol{A}^{\mathrm{H}}$，则称矩阵 $\boldsymbol{A}=[a_{ij}]\in \boldsymbol{M}_n$ 是 Hermitian 矩阵。若矩阵 $\boldsymbol{A}=-\boldsymbol{A}^{\mathrm{H}}$，则称矩阵 $\boldsymbol{A}$ 是斜 Hermitian 矩阵或反 Hermitian 矩阵。Hermitian 矩阵也称自共轭矩阵。

设 $\boldsymbol{A}\in \boldsymbol{M}_n$ 是 Hermitian 矩阵，则

(1) 对所有的 $\boldsymbol{x}\in \mathbf{C}^n$，$\boldsymbol{x}^{\mathrm{H}}\boldsymbol{A}\boldsymbol{x}$ 是实数；

(2) $\boldsymbol{A}\in \boldsymbol{M}_n$ 的所有特征值是实数；

(3) 对所有的 $\boldsymbol{S}\in \boldsymbol{M}_n$，$\boldsymbol{S}^{\mathrm{H}}\boldsymbol{A}\boldsymbol{S}$ 是 Hermitian 矩阵；

(4) 主对角线上的元素都是实数；

(5) Hermitian 矩阵行列式的值都是实数。

Hermitian 矩阵具有下列性质。

性质 1：Hermitian 矩阵的谱理论。给定 $\boldsymbol{A}\in \boldsymbol{M}_n$，$\boldsymbol{A}\in \boldsymbol{M}_n$ 是 Hermitian 矩阵当且仅当存在一个酉矩阵 $\boldsymbol{U}\in \boldsymbol{M}_n$ 和实对角矩阵 $\boldsymbol{\Lambda}\in \boldsymbol{M}_n$ 满足 $\boldsymbol{A}=\boldsymbol{U}\boldsymbol{\Lambda}\boldsymbol{U}^{\mathrm{H}}$。更进一步，$\boldsymbol{A}$ 是实 Hermitian 矩阵当且仅当有一个实正交矩阵 $\boldsymbol{P}\in \boldsymbol{M}_n$ 和实对角矩阵 $\boldsymbol{\Lambda}\in \boldsymbol{M}_n$ 满足 $\boldsymbol{A}=\boldsymbol{P}\boldsymbol{\Lambda}\boldsymbol{P}^{\mathrm{H}}$。

性质 2：Hermitian 矩阵特征值的变特征。Hermitian 矩阵的特征值可以表征为最优化问题的求解过程，由于 Hermitian 矩阵 $\boldsymbol{A}\in \boldsymbol{M}_n$ 的特征值是实数，按照由小到大的顺序，记为

$$\lambda_{\min}=\lambda_1\leqslant\lambda_2\leqslant\cdots\leqslant\lambda_{n-1}\leqslant\lambda_n=\lambda_{\max} \tag{4.2.2}$$

最小和最大特征值很容易表征为带约束的最小和最大问题求解，表达式 $\boldsymbol{x}^{\mathrm{H}}\boldsymbol{A}\boldsymbol{x}/\boldsymbol{x}^{\mathrm{H}}\boldsymbol{x}$ 称为瑞利-里兹比。

4.2.3 单电磁矢量传感器 MUSIC 降维算法

$K(K\leqslant 5)$ 个远场横电磁波信号通过均匀各向同性介质入射到上述单电磁矢量传感器上，将阵列的输出数据按顺序排列得阵列接收数据：

$$\boldsymbol{X}(t)=\boldsymbol{A}\boldsymbol{S}(t)+\boldsymbol{N}(t) \tag{4.2.3}$$

式中，$\boldsymbol{N}(t)$ 表示均值为 0，方差为 σ^2 的高斯白噪声矢量；$\boldsymbol{S}(t)=[s_1(t),s_2(t),\cdots,s_K(t)]$，表示 K 个互不相关信号构成的矩阵；$\boldsymbol{A}=[\boldsymbol{a}_1(\theta_1,\phi_1,\gamma_1,\eta_1),\cdots,\boldsymbol{a}_K(\theta_K,\phi_K,\gamma_K,\eta_K)]$，

表示信号导向矢量。

接收数据的自相关矩阵为

$$\boldsymbol{R}_x = E\left[\boldsymbol{X}\boldsymbol{X}^{\mathrm{H}}\right] = \boldsymbol{A}\boldsymbol{R}_{\mathrm{s}}\boldsymbol{A}^{\mathrm{H}} + \sigma^2\boldsymbol{I} \tag{4.2.4}$$

式中，$\boldsymbol{R}_{\mathrm{s}} = E\left[\boldsymbol{S}(t_1)\boldsymbol{S}^{\mathrm{H}}(t_1)\right]$，表示入射信号的自相关函数。

对 $\boldsymbol{R}_x$ 进行特征分解，K 个大特征对应的特征矢量构成信号子空间 $\boldsymbol{U}_{\mathrm{s}}$，$(6-K)$ 个小特征值对应的特征矢量构成噪声子空间 $\boldsymbol{U}_{\mathrm{n}}$。利用噪声子空间 $\boldsymbol{U}_{\mathrm{n}}$ 形成多信号分类 MUSIC 空间零谱函数为

$$P_{\mathrm{MUSIC}} = \max_{\theta,\phi,\gamma,\eta} \frac{1}{\boldsymbol{a}^{\mathrm{H}}\boldsymbol{U}_{\mathrm{n}}\boldsymbol{U}_{\mathrm{n}}^{\mathrm{H}}\boldsymbol{a}} = \left[\min_{\theta,\phi,\gamma,\eta} \frac{\boldsymbol{a}^{\mathrm{H}}\boldsymbol{U}_{\mathrm{n}}\boldsymbol{U}_{\mathrm{n}}^{\mathrm{H}}\boldsymbol{a}}{1}\right]^{-1} \tag{4.2.5}$$

式(4.2.5)对应于 DOA 和极化参数估计是一个四维搜索问题，因此必须进行降维处理。将信号导向矢量表示为空域函数和极化域函数的乘积，即 $\boldsymbol{a} = \boldsymbol{\Omega}\boldsymbol{g}$。又根据式(4.2.1)可知极化域函数 $\boldsymbol{g}$ 满足 $\boldsymbol{g}^{\mathrm{H}}\boldsymbol{g}=1$，从而 MUSIC 零谱函数可以表示为

$$P_{\mathrm{MUSIC}} = \left[\min_{\theta,\phi,\gamma,\eta} \frac{\boldsymbol{a}^{\mathrm{H}}\boldsymbol{U}_{\mathrm{n}}\boldsymbol{U}_{\mathrm{n}}^{\mathrm{H}}\boldsymbol{a}}{1}\right]^{-1} = \left[\min_{\theta,\phi,\gamma,\eta} \frac{\boldsymbol{g}^{\mathrm{H}}\boldsymbol{\Omega}^{\mathrm{H}}\boldsymbol{U}_{\mathrm{n}}\boldsymbol{U}_{\mathrm{n}}^{\mathrm{H}}\boldsymbol{\Omega}\boldsymbol{g}}{1}\right]^{-1} = \left[\min_{\theta,\phi,\gamma,\eta} \frac{\boldsymbol{g}^{\mathrm{H}}\boldsymbol{\Omega}^{\mathrm{H}}\boldsymbol{U}_{\mathrm{n}}\boldsymbol{U}_{\mathrm{n}}^{\mathrm{H}}\boldsymbol{\Omega}\boldsymbol{g}}{\boldsymbol{g}^{\mathrm{H}}\boldsymbol{g}}\right]^{-1} \tag{4.2.6}$$

令 $\boldsymbol{B} = \boldsymbol{\Omega}^{\mathrm{H}}\boldsymbol{U}_{\mathrm{n}}\boldsymbol{U}_{\mathrm{n}}^{\mathrm{H}}\boldsymbol{\Omega}$，则 $\boldsymbol{B}$ 是自共轭矩阵，式(4.2.6)变为如下形式：

$$P_{\mathrm{MUSIC}} = \left[\min_{\theta,\phi,\gamma,\eta} \frac{\boldsymbol{g}^{\mathrm{H}}\boldsymbol{B}\boldsymbol{g}}{\boldsymbol{g}^{\mathrm{H}}\boldsymbol{g}}\right]^{-1} \tag{4.2.7}$$

为了对上述 MUSIC 零谱函数做降维处理，引入如下数学定理。

自共轭矩阵瑞利-里兹定理：自共轭矩阵 $\boldsymbol{B} \in \mathbf{C}^{n\times n}$ 的瑞利比 $R(\boldsymbol{g}) = \dfrac{\boldsymbol{g}^{\mathrm{H}}\boldsymbol{B}\boldsymbol{g}}{\boldsymbol{g}^{\mathrm{H}}\boldsymbol{g}}$ 是一个标量，$\boldsymbol{B}$ 的特征值按升序排列为 $\lambda_{\min} = \lambda_1 \leqslant \lambda_2 \leqslant \cdots \leqslant \lambda_{\max}$，其中 $\lambda_{\min}$ 和 $\lambda_{\max}$ 是矩阵 $\boldsymbol{B}$ 的最小和最大特征值，则对任意的 $\boldsymbol{g} \in \mathbf{C}^n$，有如下关系式成立：$\lambda_1\boldsymbol{g}^{\mathrm{H}}\boldsymbol{g} \leqslant \boldsymbol{g}^{\mathrm{H}}\boldsymbol{B}\boldsymbol{g} \leqslant \lambda_n\boldsymbol{g}^{\mathrm{H}}\boldsymbol{g}$ 且 $\lambda_{\min} = \min\limits_{\boldsymbol{g}\neq\boldsymbol{0}} \dfrac{\boldsymbol{g}^{\mathrm{H}}\boldsymbol{B}\boldsymbol{g}}{\boldsymbol{g}^{\mathrm{H}}\boldsymbol{g}}$，$\lambda_{\max} = \max\limits_{\boldsymbol{g}\neq\boldsymbol{0}} \dfrac{\boldsymbol{g}^{\mathrm{H}}\boldsymbol{B}\boldsymbol{g}}{\boldsymbol{g}^{\mathrm{H}}\boldsymbol{g}}$。

根据自共轭矩阵瑞利-里兹定理，式(4.2.7)可以表示为

$$P_{\mathrm{MUSIC}}(\theta,\phi) = \left[\lambda_{\min_{\theta,\phi}}(\boldsymbol{B})\right]^{-1} \tag{4.2.8}$$

根据式(4.2.8)可以通过二维 MUSIC 搜索得到信号 θ_k 和 ϕ_k 的估计。将求得的

θ_k、ϕ_k 代入空域函数 $\boldsymbol{\Omega}$，从而得到 $\boldsymbol{B}=\boldsymbol{\Omega}^{\mathrm{H}}\boldsymbol{U}_{\mathrm{n}}\boldsymbol{U}_{\mathrm{n}}^{\mathrm{H}}\boldsymbol{\Omega}$ 的估计，进而得到极化参数估计的 MUSIC 谱函数：

$$P_{\mathrm{MUSIC}}(\gamma,\eta)=\max_{\gamma,\eta}\frac{1}{\boldsymbol{g}^{\mathrm{H}}\boldsymbol{\Omega}^{\mathrm{H}}U_{\mathrm{n}}U_{\mathrm{n}}^{\mathrm{H}}\boldsymbol{\Omega}\boldsymbol{g}}=\max_{\gamma,\eta}\frac{1}{\boldsymbol{g}^{\mathrm{H}}\boldsymbol{B}\boldsymbol{g}} \tag{4.2.9}$$

利用式(4.2.9)在极化域 (γ,η) 中搜索，从而得到极化参数的估计。

这种 MUSIC 参数估计方法利用自共轭矩阵瑞利-里兹定理将四维搜索变成两个二维搜索，大大降低了计算量。

4.2.4　计算机仿真实验

假设两个等功率远场电磁波信号入射到六分量单电磁矢量传感器上，如图 4.2.1 所示。两个信号的参数分别为 $(\theta_1,\phi_1,\gamma_1,\eta_1)=(30°,60°,20°,60°)$ 和 $(\theta_2,\phi_2,\gamma_2,\eta_2)=(70°,20°,70°,40°)$。1024 次采样快拍数，对每种情况都执行 500 次独立的 Monte-Carlo 实验。

仿真实验 1：传统 ESPRIT 算法和 MUSIC 降维算法的性能比较。

从图 4.2.2～图 4.2.5 可以看出，MUSIC 降维算法和传统 ESPRIT 算法的估计性能类似，两种算法下 DOA 和极化参数的估计标准偏差都是随着 SNR 的增加而显著下降。虽然从理论仿真来看，传统 ESPRIT 算法的性能略优于 MUSIC 降维算法，但在工程应用中，实际的噪声不同于理想的高斯白噪声，传统 ESPRIT 算法的不变结构很难完全满足，因此 MUSIC 降维算法的估计优于传统 ESPRIT 算法。研究单电磁矢量传感器的 MUSIC 降维算法具有重要意义。因为四维 MUSIC 降维算法的计算量太大，所以本节没有仿真四维 MUSIC 算法并将其与 MUSIC 降维算法做性能比较。

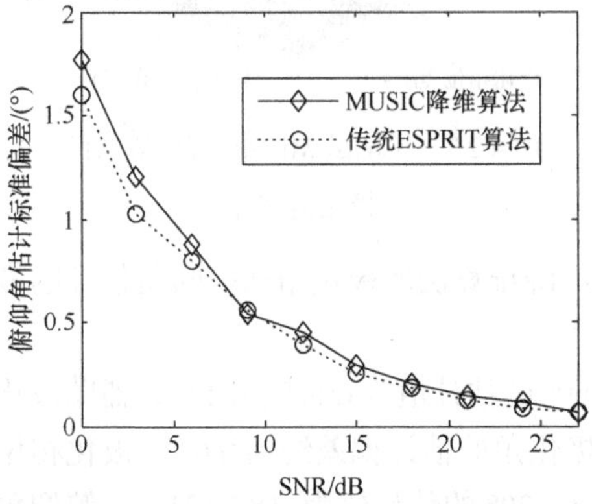

图 4.2.2　俯仰角估计标准偏差随 SNR 的变化曲线

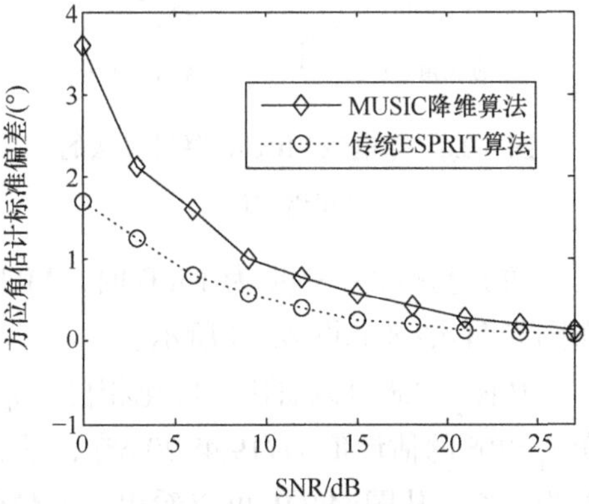

图 4.2.3　方位角估计标准偏差随 SNR 的变化曲线

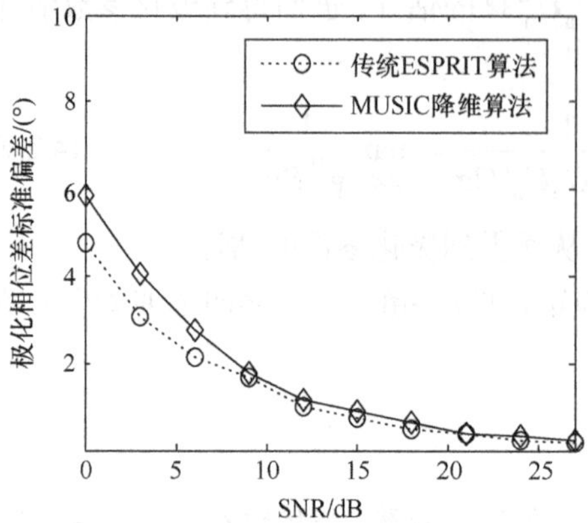

图 4.2.4　极化相位差估计标准偏差随 SNR 的变化曲线

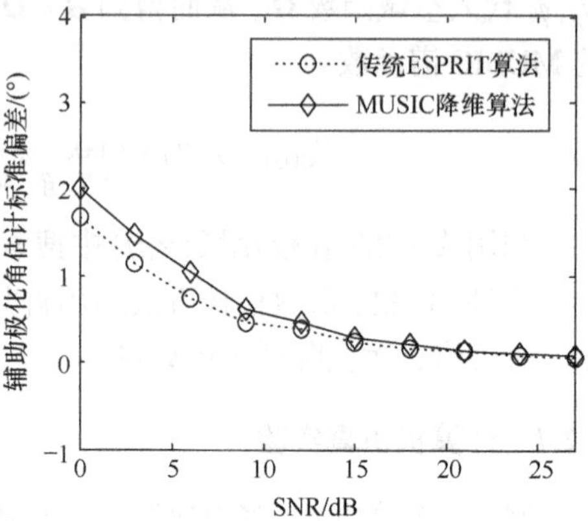

图 4.2.5　辅助极化角估计标准偏差随 SNR 的变化曲线

仿真实验 2：SNR 为 15dB 时，MUSIC 降维算法的空间谱和极化谱估计分别如图 4.2.6 和图 4.2.7 所示，得到了正确的 DOA 和极化参数估计，说明本节的 MUSIC 降维算法是有效的。

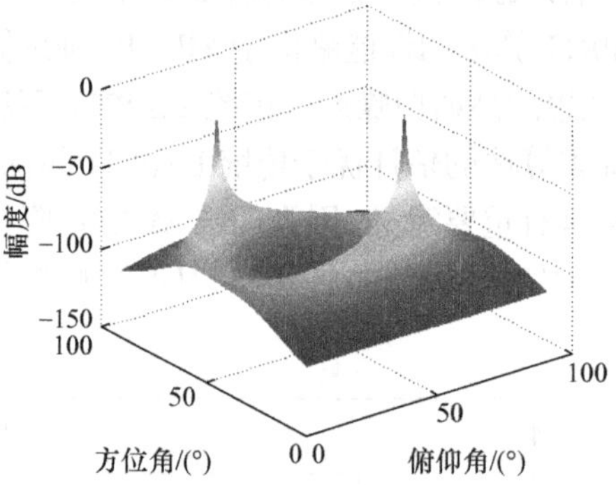

图 4.2.6　单电磁 MUSIC 降维算法的空间谱估计

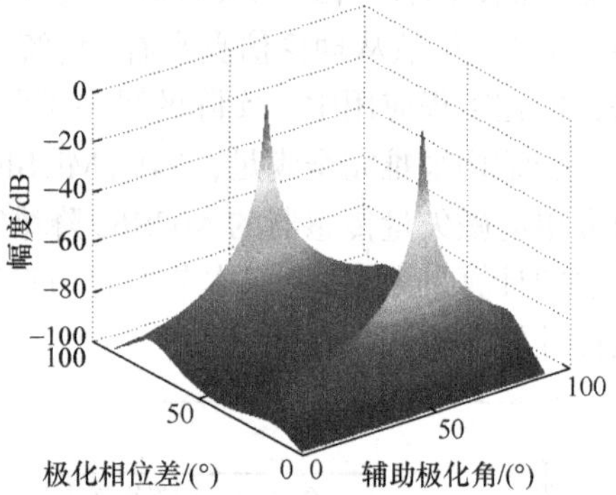

图 4.2.7　单电磁 MUSIC 降维算法的极化谱估计

仿真实验 3：SNR 为 15dB 时，MUSIC 降维算法的极化角和空间角估计的散布图如图 4.2.8 和图 4.2.9 所示。

从图 4.2.8 可以看出，极化相位差 η_1=60° 的估计值为 (58.5°,61.5°)，辅助极化角 γ_1=20° 的估计值为 (19.4°,20.6°)，辅助极化角的估计偏差约为 0.6°，极化相位差为 1.5°。从图 4.2.9 可以看出，方位角 ϕ_2=20° 的估计值为 (18.2°,21°)，俯仰角 θ_2=70° 的估计值为 (69.2°,70.4°)，方位角的估计偏差约为 1.4°，俯仰角偏差为 0.6°。

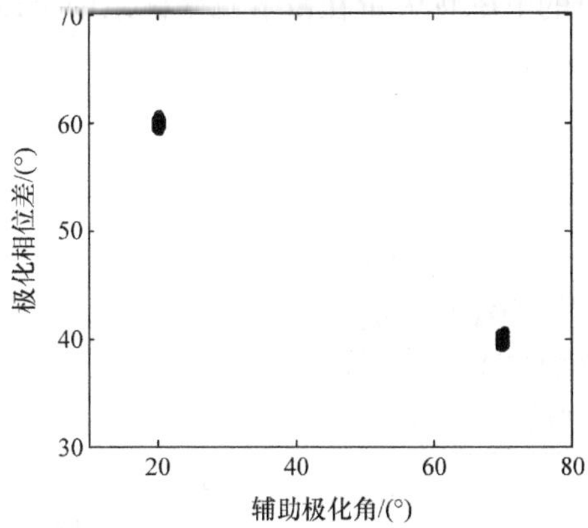

图 4.2.8　单电磁 MUSIC 降维算法的极化角估计散布图

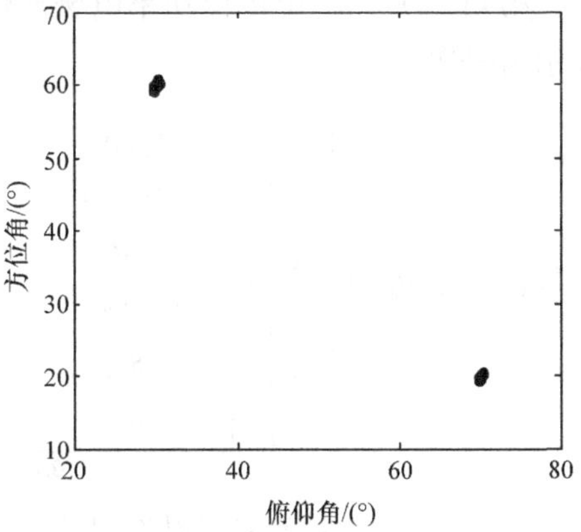

图 4.2.9　单电磁 MUSIC 降维算法的 DOA 估计散布图

4.3　电磁矢量传感器圆形阵列 MUSIC 参数估计算法

单电磁矢量传感器 MUSIC 降维的参数估计算法涉及的传感器，由空间上共点的 6 个天线组成。单电磁矢量传感器天线虽然可以完成信号 DOA 和极化参数的估计，但无论是传统 ESPRIT 算法还是 MUSIC 算法，都存在天线阵列孔径小，参数估计精度特别是 DOA 估计精度低的缺陷。为了提高参数估计精度，本节研究由电磁矢量传感器构成的圆形阵列 MUSIC 参数估计算法。

4.3.1　阵列信号模型

半径为 R 的圆上均匀分布有 M 个六分量电磁矢量传感器，第 1 个阵元放在圆环与 X 轴正向交点上，沿圆周逆时针分别放置第 $1,2,\cdots,M$ 个阵元，圆的半径满足 $R\leqslant 2\pi/(4\sin(\pi/M))$，阵列结构如图 4.3.1 所示。

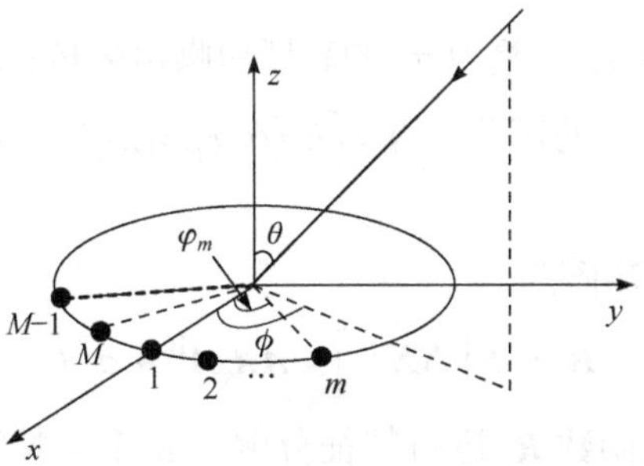

图 4.3.1　均匀圆形阵列结构

第 $k(1\leqslant k\leqslant K)$ 个单位功率电磁波信号的电磁场矢量在笛卡儿坐标系中可以表示为[24,25]

$$\boldsymbol{a}_k(\theta_k,\phi_k,\gamma_k,\eta_k)=\begin{bmatrix}e_x\\e_y\\e_z\\h_x\\h_y\\h_z\end{bmatrix}=\underbrace{\begin{bmatrix}\cos\theta_k\cos\phi_k & -\sin\phi_k\\ \cos\theta_k\sin\phi_k & \cos\phi_k\\ -\sin\theta_k & 0\\ -\sin\phi_k & -\cos\theta_k\cos\phi_k\\ \cos\phi_k & -\cos\theta_k\sin\phi_k\\ 0 & \sin\theta_k\end{bmatrix}}_{\boldsymbol{\Omega}(\theta_k,\phi_k)}\underbrace{\begin{bmatrix}\sin\gamma_k \mathrm{e}^{\mathrm{j}\eta_k}\\ \cos\gamma_k\end{bmatrix}}_{\boldsymbol{g}(\gamma_k,\eta_k)}$$

$$=\boldsymbol{\Omega}(\theta_k,\phi_k)\boldsymbol{g}(\gamma_k,\eta_k) \tag{4.3.1}$$

式中，$\theta_k\in[0,\pi]$，为信号的俯仰角；$\phi_k\in[0,2\pi]$，为方位角；$\gamma_k\in[0,\pi/2]$，为辅助极化角；$\eta_k\in[-\pi,\pi]$，为极化相位差；$\boldsymbol{\Omega}(\theta_k,\phi_k)$ 为 DOA 函数；$\boldsymbol{g}(\gamma_k,\eta_k)$ 为极化函数。

圆形阵列的 M 个阵元与原点间的相位差构成阵列空域导向矢量：

$$\begin{aligned}\boldsymbol{q}(\theta_k,\phi_k)&=[q(\theta_k,\phi_k,\varphi_1),q(\theta_k,\phi_k,\varphi_2),\cdots,q(\theta_k,\phi_k,\varphi_M)]\\&=\left[\mathrm{e}^{\mathrm{j}2\pi R\sin(\theta_k)\cos(\phi_k-\varphi_1)/\lambda},\mathrm{e}^{\mathrm{j}2\pi R\sin(\theta_k)\cos(\phi_k-\varphi_2)/\lambda},\cdots,\mathrm{e}^{\mathrm{j}2\pi R\sin(\theta_k)\cos(\phi_k-\varphi_m)/\lambda}\right]\end{aligned} \tag{4.3.2}$$

式中，$\varphi_m=2\pi(m-1)/M$，$m=1,2,\cdots,M$。

整个阵列的极化空域联合导向矢量为

$$\bar{\boldsymbol{a}}(\theta_k,\phi_k,\gamma_k,\eta_k)=\boldsymbol{a}(\theta_k,\phi_k,\gamma_k,\eta_k)\otimes\boldsymbol{q}(\theta_k,\phi_k) \tag{4.3.3}$$

4.3.2　基于 MUSIC 降维的信号参数估计算法

假设 K 个单位功率远场横电磁波信号通过各向同性介质入射到上述圆形阵列上，将阵列的输出数据按顺序排列可得整个阵列接收数据：

$$\boldsymbol{X}(t)=\boldsymbol{A}\boldsymbol{S}(t)+\boldsymbol{N}(t) \tag{4.3.4}$$

式中，$\boldsymbol{N}(t)$ 表示均值为 0，方差为 σ^2 的高斯白噪声矢量；$\boldsymbol{S}(t)=[s_1(t),\cdots,s_K(t)]$，为 K 个互不相关信号构成的矩阵；$\boldsymbol{A}=[\bar{\boldsymbol{a}}_1(\theta_1,\phi_1,\gamma_1,\eta_1),\cdots,\bar{\boldsymbol{a}}_K(\theta_K,\phi_K,\gamma_K,\eta_K)]$，为信号导向矢量。

接收数据的自相关矩阵为

$$\boldsymbol{R}_x=E\left[\boldsymbol{X}\boldsymbol{X}^{\mathrm{H}}\right]=\boldsymbol{A}\boldsymbol{R}_{\mathrm{s}}\boldsymbol{A}^{\mathrm{H}}+\sigma^2\boldsymbol{I} \tag{4.3.5}$$

对入射信号自相关函数 $\boldsymbol{R}_x$ 进行特征分解，K 个大特征对应的特征矢量构成信号子空间 $\boldsymbol{U}_{\mathrm{s}}$，$(6M-K)$ 个小特征值对应的特征矢量构成噪声子空间 $\boldsymbol{U}_{\mathrm{n}}$。利用

噪声子空间 $\boldsymbol{U}_{\mathrm{n}}$ 形成多信号分类 MUSIC 空间零谱函数：

$$P_{\mathrm{MUSIC}}=\max_{\theta,\phi,\gamma,\eta}\frac{1}{\bar{\boldsymbol{a}}^{\mathrm{H}}\boldsymbol{U}_{\mathrm{n}}\boldsymbol{U}_{\mathrm{n}}^{\mathrm{H}}\bar{\boldsymbol{a}}}=\left[\min_{\theta,\phi,\gamma,\eta}\frac{\bar{\boldsymbol{a}}^{\mathrm{H}}\boldsymbol{U}_{\mathrm{n}}\boldsymbol{U}_{\mathrm{n}}^{\mathrm{H}}\bar{\boldsymbol{a}}}{1}\right]^{-1} \tag{4.3.6}$$

式(4.3.6)对应的参数估计问题是一个四维搜索优化问题，需要的运算量很大，进行降维处理势在必行。

将信号导向矢量表示为空域函数和极化域函数的乘积，即 $\bar{\boldsymbol{a}}=\boldsymbol{\Pi}(\theta_k,\phi_k)\boldsymbol{g}(\gamma_k,\eta_k)$，其中 $\boldsymbol{\Pi}(\theta_k,\phi_k)=\boldsymbol{\Omega}(\theta_k,\phi_k)\otimes\boldsymbol{q}(\theta_k,\phi_k)$。

根据式(4.3.1)可知，极化域函数 $\boldsymbol{g}(\gamma_k,\eta_k)$ 满足 $\boldsymbol{g}(\gamma_k,\eta_k)\boldsymbol{g}^{\mathrm{H}}(\gamma_k,\eta_k)=1$，从而极化域-空域联合 MUSIC 零谱函数可以表示为

$$P_{\mathrm{MUSIC}}=\left[\min_{\theta,\phi,\gamma,\eta}\frac{\bar{\boldsymbol{a}}^{\mathrm{H}}\boldsymbol{U}_{\mathrm{n}}\boldsymbol{U}_{\mathrm{n}}^{\mathrm{H}}\bar{\boldsymbol{a}}}{1}\right]^{-1}=\left[\min_{\theta,\phi,\gamma,\eta}\frac{\boldsymbol{g}^{\mathrm{H}}\boldsymbol{\Pi}^{\mathrm{H}}\boldsymbol{U}_{\mathrm{n}}\boldsymbol{U}_{\mathrm{n}}^{\mathrm{H}}\boldsymbol{\Pi}\boldsymbol{g}}{1}\right]^{-1}=\left[\min_{\theta,\phi,\gamma,\eta}\frac{\boldsymbol{g}^{\mathrm{H}}\boldsymbol{\Pi}^{\mathrm{H}}\boldsymbol{U}_{\mathrm{n}}\boldsymbol{U}_{\mathrm{n}}^{\mathrm{H}}\boldsymbol{\Pi}\boldsymbol{g}}{\boldsymbol{g}^{\mathrm{H}}\boldsymbol{g}}\right]^{-1} \tag{4.3.7}$$

令 $\boldsymbol{B}=\boldsymbol{\Pi}^{\mathrm{H}}\boldsymbol{U}_{\mathrm{n}}\boldsymbol{U}_{\mathrm{n}}^{\mathrm{H}}\boldsymbol{\Pi}$，则 $\boldsymbol{B}$ 是自共轭矩阵，式(4.3.7)可重新写为如下形式：

$$P_{\mathrm{MUSIC}}=\left[\min_{\theta,\phi,\gamma,\eta}\frac{\boldsymbol{g}^{\mathrm{H}}\boldsymbol{B}\boldsymbol{g}}{\boldsymbol{g}^{\mathrm{H}}\boldsymbol{g}}\right]^{-1} \tag{4.3.8}$$

根据自共轭矩阵瑞利-里兹定理，式(4.3.8)可以表示为

$$P_{\mathrm{MUSIC}}(\theta,\phi)=\left[\lambda_{\min\limits_{\theta,\phi}}(\boldsymbol{B})\right]^{-1} \tag{4.3.9}$$

根据式(4.3.9)可以得到信号 θ_k 和 ϕ_k 的估计，将求得的 θ_k 和 ϕ_k 代入空域函数 $\boldsymbol{\Pi}(\theta_k,\phi_k)$ 中，得到 $\boldsymbol{B}=\boldsymbol{\Pi}^{\mathrm{H}}\boldsymbol{U}_{\mathrm{n}}\boldsymbol{U}_{\mathrm{n}}^{\mathrm{H}}\boldsymbol{\Pi}$ 的估计，进而得到极化参数估计的 MUSIC 谱函数：

$$P_{\mathrm{MUSIC}}(\gamma_k,\eta_k)=\max_{\gamma,\eta}\frac{1}{\boldsymbol{g}^{\mathrm{H}}\boldsymbol{\Pi}^{\mathrm{H}}\boldsymbol{U}_{\mathrm{n}}\boldsymbol{U}_{\mathrm{n}}^{\mathrm{H}}\boldsymbol{\Pi}\boldsymbol{g}}=\max_{\gamma,\eta}\frac{1}{\boldsymbol{g}^{\mathrm{H}}\boldsymbol{B}\boldsymbol{g}} \tag{4.3.10}$$

利用式(4.3.10)在极化域 (γ,η) 中做二维搜索得到极化参数的估计值。本节的 MUSIC 参数估计方法利用自共轭矩阵瑞利-里兹定理将四维搜索变成两个二维搜索，大大减少了计算量，具有重要的工程应用价值。

4.3.3　计算机仿真实验

本小节通过数据仿真分析圆形阵列 MUSIC 降维的参数估计算法(简称本节算法)性能。两个远场横电磁波信号通过各向同性介质入射到 8 个阵元的均匀圆阵上，如图 4.3.1 所示。入射信号参数分别为 $(\theta_1,\phi_1,\gamma_1,\eta_1)=(30°,60°,20°,60°)$ 和

$(\theta_2,\phi_2,\gamma_2,\eta_2)=(70°,20°,70°,40°)$，阵列半径$R=0.5\lambda$，快拍数为 256，执行 100 次独立 Monte-Carlo 实验。

仿真实验 1：将本节算法执行 100 次 Monte-Carlo 独立实验的结果与传统 ESPRIT 算法执行 500 次 Monte-Carlo 独立实验的结果进行比较。SNR 为 10dB 时，两种算法的 DOA 和极化参数估计散布图分别如图 4.3.2～图 4.3.5 所示。

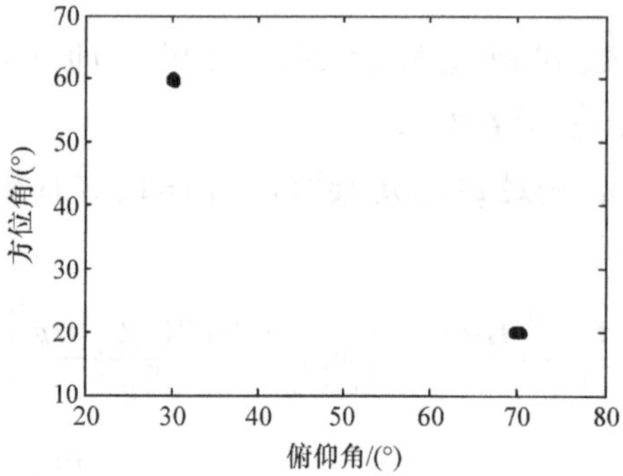

图 4.3.2　本节算法的 DOA 估计散布图

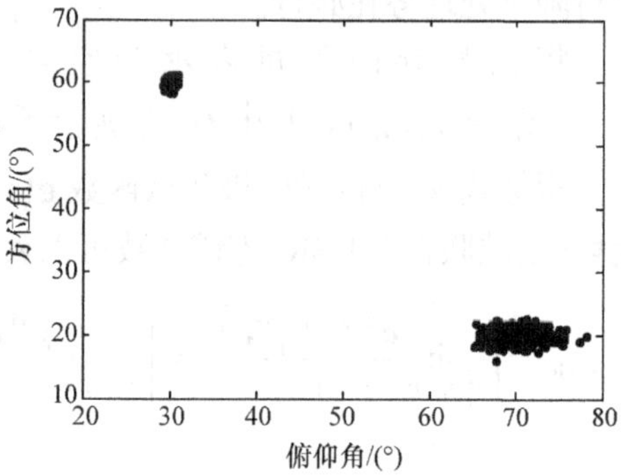

图 4.3.3　传统 ESPRIT 算法的 DOA 估计散布图

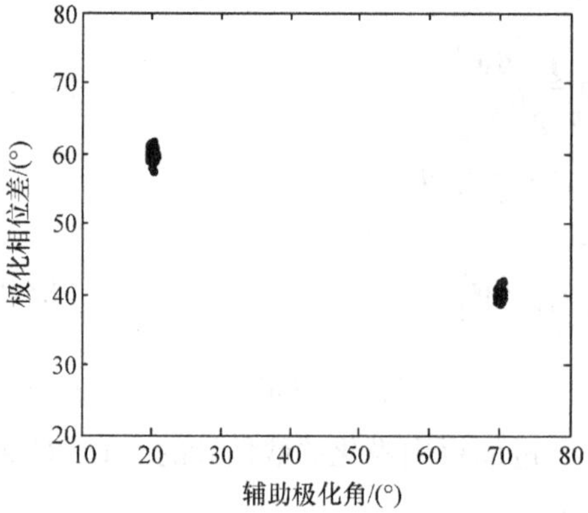

图 4.3.4　本节算法的极化角估计散布图

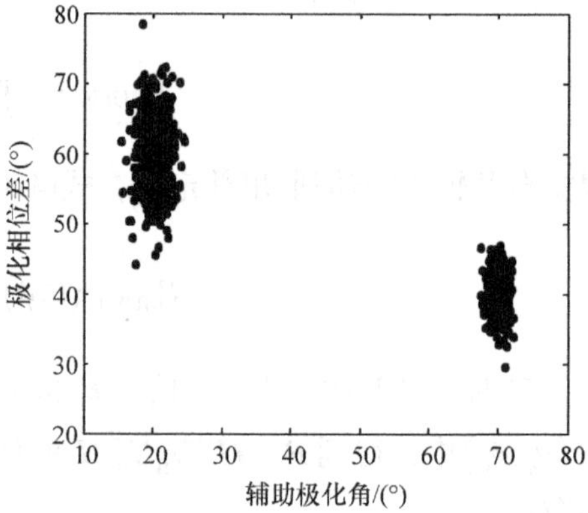

图 4.3.5　传统 ESPRIT 算法的极化角估计散布图

从图 4.3.2～图 4.3.5 可以看出，本节算法和传统 ESPRIT 算法估计的均值都是真值，但 MUSIC 算法的估计值都在真值附近的小区域内扰动，而传统 ESPRIT 算法的估计值在真值附近的较大范围内扰动，即 MUSIC 算法的精度远远高于传统 ESPRIT 算法。这是由于电磁矢量传感器阵列具有旋转不变结构。但该算法没有充分利用阵列的孔径信息，估计精度低，要提高参数的估计精度必须充分利用阵列的孔径信息。

仿真实验 2：SNR 为 10dB 时，本节算法的空间谱和极化谱估计结果如图 4.3.6 和图 4.3.7 所示。

由图 4.3.6 可知，将 DOA 估计从极化估计中解耦出来后，基于圆阵 MUSIC 降维算法的空间谱峰很尖锐，本节算法具有优异的旁瓣抑制效果和高分辨率。从

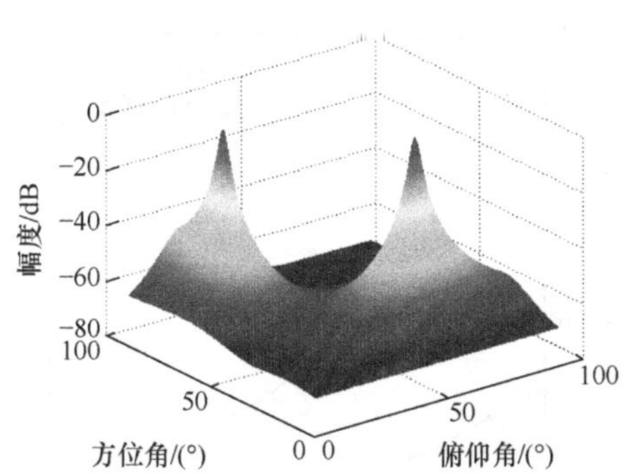

图 4.3.6 本节算法的空间谱估计结果

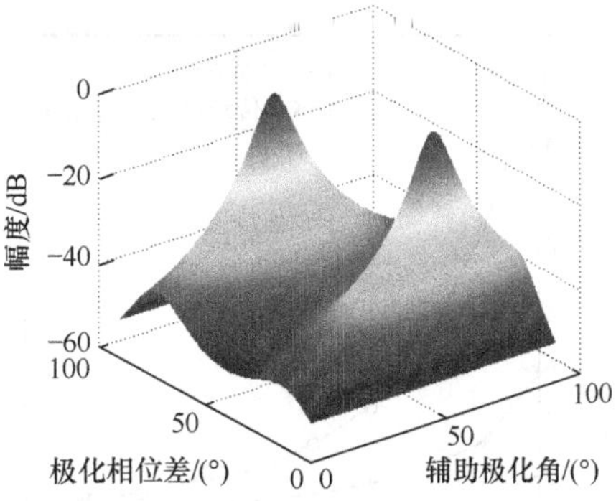

图 4.3.7 本节算法的极化谱估计结果

而可知空间 MUSIC 算法搜索精确。由图 4.3.7 可知，本节算法的极化谱能够成功检测到两个信号，并且该极化谱具有较低的旁瓣和较高的分辨率，从而验证了解耦后的极化域算法搜索过程正确。

仿真实验 3：SNR 为−8～10dB 时，本节算法和传统 ESPRIT 算法的 DOA 估计标准偏差如图 4.3.8～图 4.3.11 所示。从图中可以看出，本节算法和传统 ESPRIT 算法都是渐进一致无偏估计，但从 DOA 和极化参数估计的标准偏差来看，传统 ESPRIT 算法的标准偏差远远大于本节算法，因此，传统 ESPRIT 算法一般要与其他算法结合。可将传统 ESPRIT 算法的估计结果作为粗略估计值，通过进一步的计算提高参数估计精度。

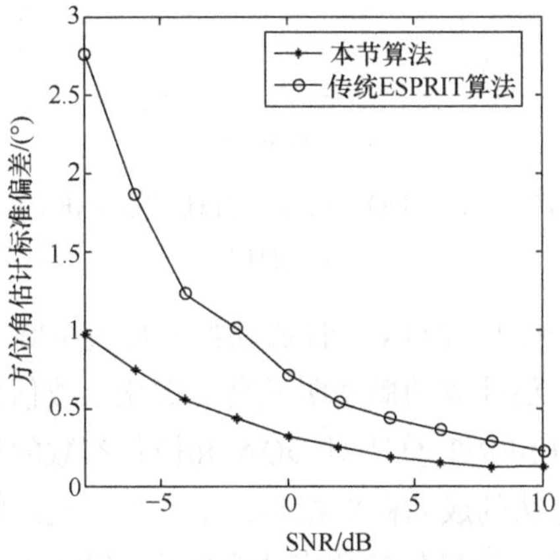

图 4.3.8 方位角估计标准偏差随 SNR 的变化曲线

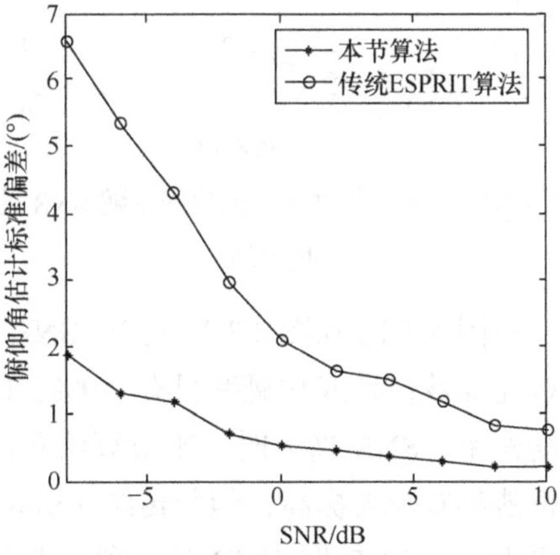

图 4.3.9 俯仰角估计标准偏差随 SNR 的变化曲线

仿真实验 4：SNR 为−8～10dB 时，本节算法和传统 ESPRIT 算法的参数估计成功概率随 SNR 的变化曲线见图 4.3.12 和图 4.3.13，将估计误差大于 1°看作估计失败。实验中本节算法采用 100 次独立 Monte-Carlo 实验，传统 ESPRIT 算法采用 500 次独立 Monte-Carlo 实验。

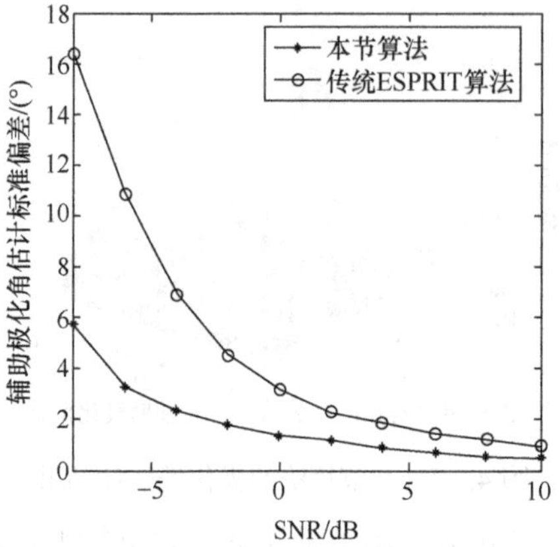

图 4.3.10　辅助极化角估计标准偏差随 SNR 的变化曲线

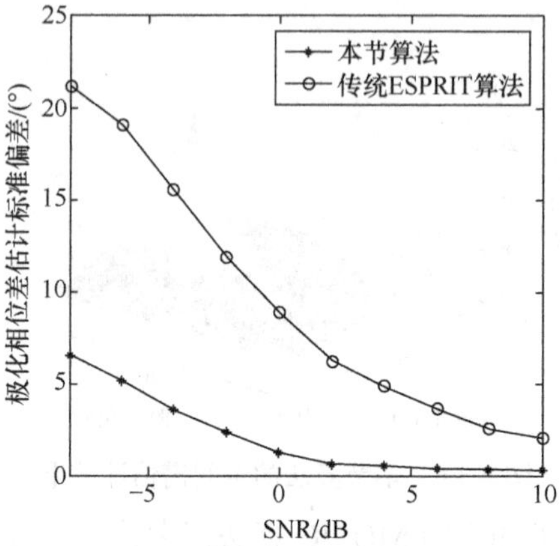

图 4.3.11　极化相位差估计标准偏差随 SNR 的变化曲线

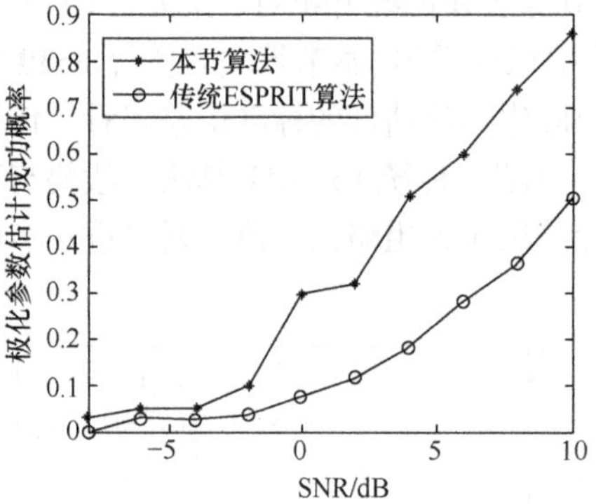

图 4.3.12　极化参数估计成功概率随 SNR 的变化曲线

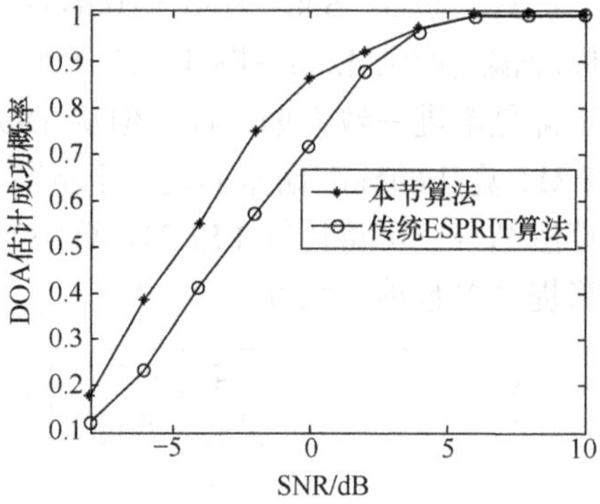

图 4.3.13　DOA 估计成功概率随 SNR 的变化曲线

由图 4.3.12 和图 4.3.13 可知，SNR 为 4dB 时，DOA 估计成功概率接近 100%，而极化参数估计成功概率只有 50%，DOA 估计成功概率明显高于极化参数估计成功概率。SNR 增大时，本节算法和传统 ESPRIT 算法对 DOA 和极化参数的估计性能都有较大提高，但与传统 ESPRIT 算法的成功概率相比，本节算法提高幅度更大。当 SNR 取 10dB 时，利用本节算法估计极化参数成功概率比 ESPRIT 算法高约 35%。

通过理论分析和仿真实验可以看出，电磁矢量传感器圆形阵列较单电磁矢量传感器具有更好的参数估计性能，主要是由于阵列孔径扩大了，从而极大地提高了 DOA 的估计精度，特别是成功概率得到了明显提高。对于单电磁矢量传感器，缺少阵列的空域信息导致参数估计性能较差，成功概率较低。

4.4　拉伸单电磁矢量传感器参数估计算法

单个电磁矢量传感器是由空间共点相互垂直的三个完全相同的电偶极子和三个完全相同的小磁环构成的天线系统，可以利用电磁波信息完成信号 DOA 和极化参数的估计。同标量传感器阵列相比，单矢量传感器具有小型化、不存在空域欠采样、阵元时间同步问题等优点。但电磁矢量传感器系统实现时要求阵元相互正交极化，增加了系统工程实现的复杂性，系统成本也比较高，不同分量传感器之间的耦合效应会影响系统的性能，也会制约共点电磁矢量传感器系统的实际应用。另外，单电磁矢量传感器存在的天线阵列孔径小、参数估计精度特别是 DOA 估计精度低的缺点，也限制了共点单电磁矢量传感器的一些应用范围。为了克服上述缺点，本节研究的拉伸单电磁矢量传感器与共点单电磁矢量传感器相比，可扩大阵列孔径，从而提高拉伸单电磁矢量传感器 MUSIC 参数估计精度特别是 DOA 的估计精度，更有利于工程实现。

4.4.1　拉伸单电磁信号模型

本节采用的接收阵列是拉伸六分量单电磁矢量传感器圆形阵列，由空间相互垂直的三个完全相同的电偶极子和三个完全相同的小磁环构成，6 个分量沿圆周均匀分布，分别接收电场和磁场的 x、y、z 分量，其结构如图 4.4.1 所示。

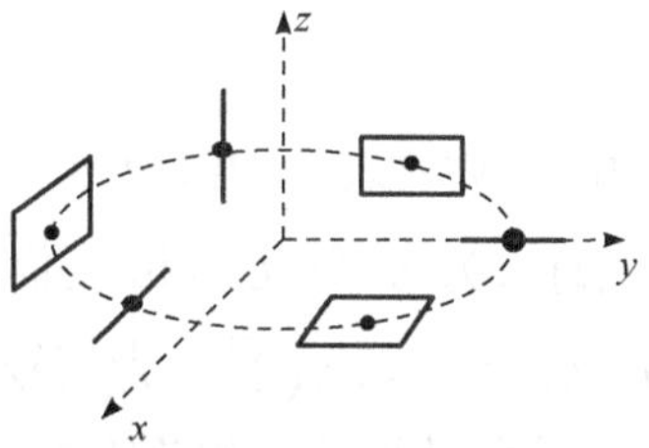

图 4.4.1　拉伸六分量单电磁矢量传感器圆形阵列结构

拉伸六分量单电磁矢量传感器的空域导向矢量为

$$\boldsymbol{q}(\theta_k,\phi_k)=\left[\mathrm{e}^{\mathrm{j}2\pi\sin\theta_k\cos(\phi_k-\varphi_1)/\lambda},\mathrm{e}^{\mathrm{j}2\pi\sin\theta_k\cos(\phi_k-\varphi_2)/\lambda},\cdots,\mathrm{e}^{\mathrm{j}2\pi\sin\theta_k\cos(\phi_k-\varphi_6)/\lambda}\right] \tag{4.4.1}$$

式中，$\varphi_m=2\pi(m-1)/6$，$m=1,2,\cdots,6$。

第 $k(1\leqslant k\leqslant 5)$ 个单位功率远场横电磁波信号通过各向同性介质入射到上述拉伸单电磁矢量传感器上，其电磁场矢量为

$$\begin{aligned}&\tilde{\boldsymbol{a}}(\theta_k,\phi_k,\gamma_k,\eta_k)\\&=\mathrm{diag}\left[\boldsymbol{q}(\theta_k,\phi_k)\right]\boldsymbol{a}(\theta_k,\phi_k,\gamma_k,\eta_k)\end{aligned}$$

$$=\underbrace{\begin{bmatrix} e^{j\frac{2\pi}{\lambda}\sin\theta_k\cos(\phi_k-\varphi_1)} & & & \\ & e^{j\frac{2\pi}{\lambda}\sin\theta_k\cos(\phi_k-\varphi_2)} & & \\ & & \ddots & \\ & & & e^{j\frac{2\pi}{\lambda}\sin\theta_k\cos(\phi_k-\varphi_6)} \end{bmatrix}\begin{bmatrix} \cos\theta_k\cos\phi_k & -\sin\phi_k \\ \cos\theta_k\sin\phi_k & \cos\phi_k \\ -\sin\theta_k & 0 \\ -\sin\phi_k & -\cos\theta_k\cos\phi_k \\ \cos\phi_k & -\cos\theta_k\sin\phi_k \\ 0 & \sin\theta_k \end{bmatrix}}_{\tilde{\boldsymbol{\Omega}}(\theta_k,\phi_k)}\underbrace{\begin{bmatrix} \sin\gamma_k e^{j\eta_k} \\ \cos\gamma_k \end{bmatrix}}_{\boldsymbol{g}(\gamma_k,\eta_k)}$$

$$=\tilde{\boldsymbol{\Omega}}(\theta_k,\phi_k)\boldsymbol{g}(\gamma_k,\eta_k) \tag{4.4.2}$$

式中，$\boldsymbol{a}(\theta_k,\phi_k,\gamma_k,\eta_k)$为共点单电磁矢量传感器的电磁场矢量；$\theta_k\in[0,\pi]$，为信号的俯仰角；$\phi_k\in[0,2\pi]$，为方位角；$\gamma_k\in[0,\pi/2]$，为辅助极化角；$\eta_k\in[-\pi,\pi]$，为极化相位差；$\tilde{\boldsymbol{\Omega}}(\theta_k,\phi_k)$为 DOA 函数；$\boldsymbol{g}(\gamma_k,\eta_k)$为极化函数。

4.4.2 传统 MUSIC 算法

$K(K\leqslant 5)$个远场横电磁波信号通过均匀各向同性介质入射到上述拉伸单电磁矢量传感器上，将阵列的输出数据按顺序排列可得阵列接收数据：

$$\boldsymbol{X}(t)=\boldsymbol{AS}(t)+\boldsymbol{N}(t) \tag{4.4.3}$$

式中，$\boldsymbol{N}(t)$表示均值为 0，方差为σ^2的高斯白噪声矢量；$\boldsymbol{S}(t)=[s_1(t),s_2(t),\cdots,s_K(t)]$，为 K 个互不相关信号构成的信号矢量矩阵；$\boldsymbol{A}=[\tilde{\boldsymbol{a}}_1(\theta_1,\phi_1,\gamma_1,\eta_1),\cdots,\tilde{\boldsymbol{a}}_K(\theta_K,\phi_K,\gamma_K,\eta_K)]$，为信号导向矢量。

接收数据的自相关矩阵：

$$\boldsymbol{R}_x=E\left[\boldsymbol{XX}^{\mathrm{H}}\right]=\boldsymbol{AR}_{\mathrm{s}}\boldsymbol{A}^{\mathrm{H}}+\sigma^2\boldsymbol{I} \tag{4.4.4}$$

对自相关函数矩阵$\boldsymbol{R}_x$进行特征分解，K个大特征对应的特征矢量构成信号子空间$\boldsymbol{U}_{\mathrm{s}}$，$(6-K)$个小特征值对应的特征矢量构成噪声子空间$\boldsymbol{U}_{\mathrm{n}}$。利用噪声子空间$\boldsymbol{U}_{\mathrm{n}}$形成多信号分类 MUSIC 空间-极化联合零谱函数：

$$P_{\mathrm{MUSIC}}=\max_{\theta,\phi,\gamma,\eta}\frac{1}{\tilde{\boldsymbol{a}}^{\mathrm{H}}\boldsymbol{U}_{\mathrm{n}}\boldsymbol{U}_{\mathrm{n}}^{\mathrm{H}}\tilde{\boldsymbol{a}}}=\left[\min_{\theta,\phi,\gamma,\eta}\frac{\tilde{\boldsymbol{a}}^{\mathrm{H}}\boldsymbol{U}_{\mathrm{n}}\boldsymbol{U}_{\mathrm{n}}^{\mathrm{H}}\tilde{\boldsymbol{a}}}{1}\right]^{-1} \tag{4.4.5}$$

式(4.4.5)是一个 DOA 和极化参数估计的四维搜索问题，因此必须进行降维处理。

4.4.3 拉伸单电磁矢量传感器 MUSIC 降维算法

将信号导向矢量表示为空域函数和极化域函数的乘积，即$\tilde{\boldsymbol{a}}=\tilde{\boldsymbol{\Omega}}\boldsymbol{g}$。根据式(4.4.2)

可知，极化域函数 $\boldsymbol{g}$ 满足 $\boldsymbol{g}^{\mathrm{H}}\boldsymbol{g}=1$，从而 MUSIC 联合零谱函数可以表示为

$$P_{\mathrm{MUSIC}}=\left[\min_{\theta,\phi,\gamma,\eta}\frac{\tilde{\boldsymbol{a}}^{\mathrm{H}}\boldsymbol{U}_{\mathrm{n}}\boldsymbol{U}_{\mathrm{n}}^{\mathrm{H}}\tilde{\boldsymbol{a}}}{1}\right]^{-1}=\left[\min_{\theta,\phi,\gamma,\eta}\frac{\boldsymbol{g}^{\mathrm{H}}\tilde{\boldsymbol{\Omega}}^{\mathrm{H}}\boldsymbol{U}_{\mathrm{n}}\boldsymbol{U}_{\mathrm{n}}^{\mathrm{H}}\tilde{\boldsymbol{\Omega}}\boldsymbol{g}}{1}\right]^{-1}=\left[\min_{\theta,\phi,\gamma,\eta}\frac{\boldsymbol{g}^{\mathrm{H}}\tilde{\boldsymbol{\Omega}}^{\mathrm{H}}\boldsymbol{U}_{\mathrm{n}}\boldsymbol{U}_{\mathrm{n}}^{\mathrm{H}}\tilde{\boldsymbol{\Omega}}\boldsymbol{g}}{\boldsymbol{g}^{\mathrm{H}}\boldsymbol{g}}\right]^{-1} \tag{4.4.6}$$

令 $\boldsymbol{B}=\tilde{\boldsymbol{\Omega}}^{\mathrm{H}}\boldsymbol{U}_{\mathrm{n}}\boldsymbol{U}_{\mathrm{n}}^{\mathrm{H}}\tilde{\boldsymbol{\Omega}}$，则 $\boldsymbol{B}$ 是自共轭矩阵，式(4.4.6)变为如下形式：

$$P_{\mathrm{MUSIC}}=\left[\min_{\theta,\phi,\gamma,\eta}\frac{\boldsymbol{g}^{\mathrm{H}}\boldsymbol{B}\boldsymbol{g}}{\boldsymbol{g}^{\mathrm{H}}\boldsymbol{g}}\right]^{-1} \tag{4.4.7}$$

式(4.4.7)可以通过自共轭矩阵瑞利-里兹定理进行降维处理，重新改写该定理如下。

自共轭矩阵瑞利-里兹定理：设矩阵 $\boldsymbol{B}$ 是 Hermitian 矩阵，且矩阵 $\boldsymbol{B}$ 的特征值以升序排列如式(4.4.8)所示，则式(4.4.9)～式(4.4.11)成立。

$$\lambda_{\min}=\lambda_1\leqslant\lambda_2\leqslant\cdots\leqslant\lambda_{n-1}\leqslant\lambda_n=\lambda_{\max} \tag{4.4.8}$$

$$\lambda_1\boldsymbol{g}^{\mathrm{H}}\boldsymbol{g}\leqslant\boldsymbol{g}^{\mathrm{H}}\boldsymbol{B}\boldsymbol{g}\leqslant\lambda_n\boldsymbol{g}^{\mathrm{H}}\boldsymbol{g}\,,\quad \boldsymbol{g}\in\mathbf{C}^n \tag{4.4.9}$$

$$\lambda_{\max}=\lambda_n=\max_{\boldsymbol{g}\neq\boldsymbol{0}}\left(\frac{\boldsymbol{g}^{\mathrm{H}}\boldsymbol{B}\boldsymbol{g}}{\boldsymbol{g}^{\mathrm{H}}\boldsymbol{g}}\right)=\max_{\boldsymbol{g}^{\mathrm{H}}\boldsymbol{g}=1}\left(\boldsymbol{g}^{\mathrm{H}}\boldsymbol{B}\boldsymbol{g}\right) \tag{4.4.10}$$

$$\lambda_{\min}=\lambda_1=\min_{\boldsymbol{g}\neq\boldsymbol{0}}\frac{\boldsymbol{g}^{\mathrm{H}}\boldsymbol{B}\boldsymbol{g}}{\boldsymbol{g}^{\mathrm{H}}\boldsymbol{g}}=\min_{\boldsymbol{g}^{\mathrm{H}}\boldsymbol{g}=1}\boldsymbol{g}^{\mathrm{H}}\boldsymbol{B}\boldsymbol{g} \tag{4.4.11}$$

根据自共轭矩阵瑞利-里兹定理，式(4.4.7)可以重新表示为

$$P_{\mathrm{MUSIC}}(\theta,\phi)=\left[\min_{\theta,\phi}\lambda_{\min}(\boldsymbol{B})\right]^{-1} \tag{4.4.12}$$

根据式(4.4.12)可以得到信号的 θ_k 和 ϕ_k 的估计，从而得到空域函数 $\tilde{\boldsymbol{\Omega}}$，进一步得到 $\boldsymbol{B}=\tilde{\boldsymbol{\Omega}}^{\mathrm{H}}\boldsymbol{U}_{\mathrm{n}}\boldsymbol{U}_{\mathrm{n}}^{\mathrm{H}}\tilde{\boldsymbol{\Omega}}$ 的估计。极化参数估计的 MUSIC 谱函数为

$$P_{\mathrm{MUSIC}}(\gamma,\eta)=\max_{\gamma,\eta}\frac{1}{\boldsymbol{g}^{\mathrm{H}}\tilde{\boldsymbol{\Omega}}^{\mathrm{H}}\boldsymbol{U}_{\mathrm{n}}\boldsymbol{U}_{\mathrm{n}}^{\mathrm{H}}\tilde{\boldsymbol{\Omega}}\boldsymbol{g}}=\max_{\gamma,\eta}\frac{1}{\boldsymbol{g}^{\mathrm{H}}\boldsymbol{B}\boldsymbol{g}} \tag{4.4.13}$$

利用式(4.4.13)在极化域 (γ,η) 中搜索，从而得到极化参数的估计。

这种 MUSIC 参数估计方法利用自共轭矩阵瑞利-里兹定理将四维搜索变成两个二维搜索，大大减少了计算量。

4.4.4 计算机仿真实验

仿真设置：假设一个拉伸单电磁矢量传感器的 6 个分量均匀分布在半径 $R=0.5\lambda$ 的圆周上，两个等功率电磁波信号同时入射到该圆周上，两个信号的 DOA 和极化参数分别为 $(\theta_1,\phi_1,\gamma_1,\eta_1)=(30°,60°,20°,60°)$ 和 $(\theta_2,\phi_2,\gamma_2,\eta_2)=(70°,20°,70°,40°)$。采样快拍数为 1024 次，SNR 为 10dB，成功概率偏差为 1°。

仿真实验 1：SNR 为 0～27dB 时，共点单电磁矢量传感器和拉伸单电磁矢量传感器的估计性能比较如图 4.4.2～图 4.4.5 所示。

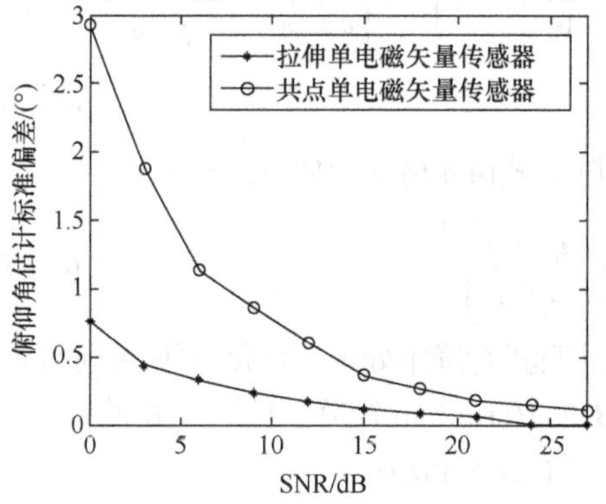

图 4.4.2 俯仰角估计标准偏差随 SNR 的变化曲线

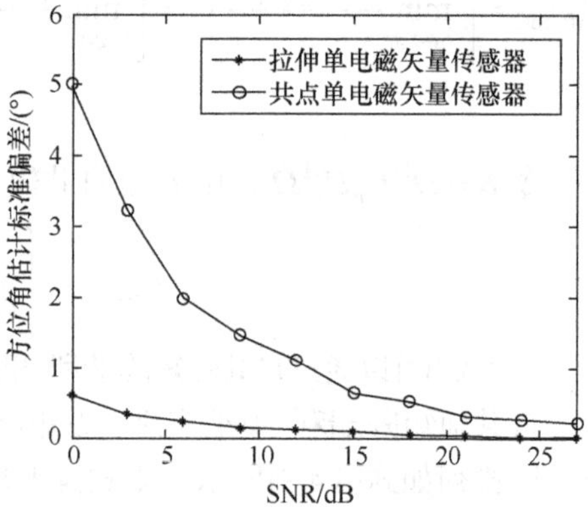

图 4.4.3 方位角估计标准偏差随 SNR 的变化曲线

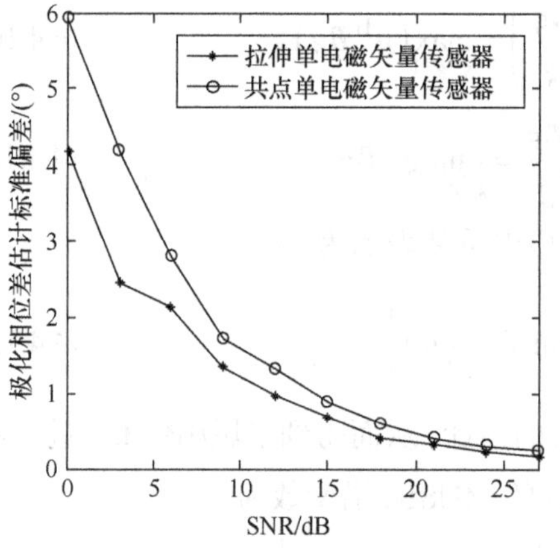

图 4.4.4 极化相位差估计标准偏差随 SNR 的变化曲线

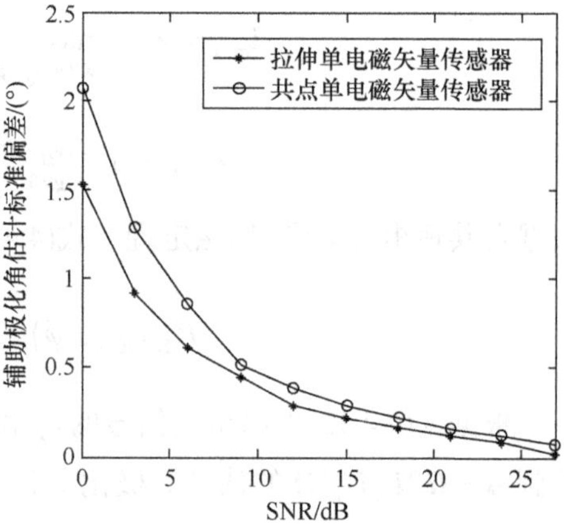

图 4.4.5 辅助极化角估计标准偏差随 SNR 的变化曲线

从图 4.4.2～图 4.4.5 可以看出，拉伸单电磁矢量传感器的估计性能特别是 DOA 的估计性能明显优于共点单电磁矢量传感器。SNR 为 0dB 时，拉伸单电磁矢量传感器的方位角估计标准偏差为 0.5°，共点单电磁矢量传感器的方位角估计标准偏差约为 5°；拉伸单电磁矢量传感器的俯仰角估计标准偏差为 0.75°，共点单电磁矢量传感器的俯仰角估计标准偏差约为 3°。拉伸单电磁矢量传感器的阵列孔径变大，参数估计精度有了明显提高，极化角估计精度也所改善，这主要是 DOA 估计精度的提高而带来的好处。

仿真实验 2：SNR 为 15dB 时，拉伸单电磁矢量传感器基于 MUSIC 降维算法的估计性能。图 4.4.6 和图 4.4.7 给出了拉伸单电磁矢量传感器的 MUSIC 空间谱和极化谱仿真结果。

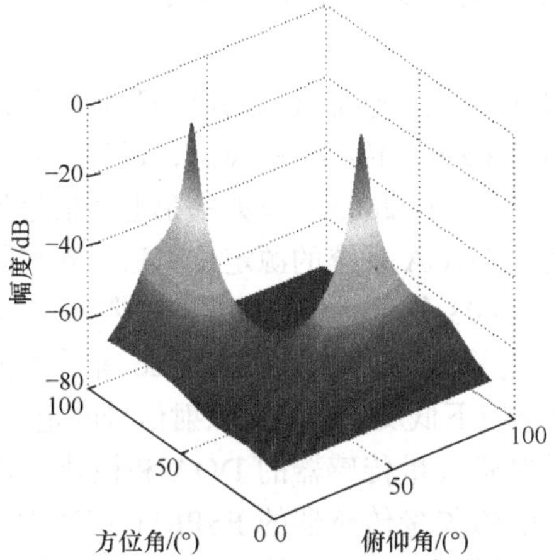

图 4.4.6　拉伸单电磁矢量传感器的 MUSIC 空间谱

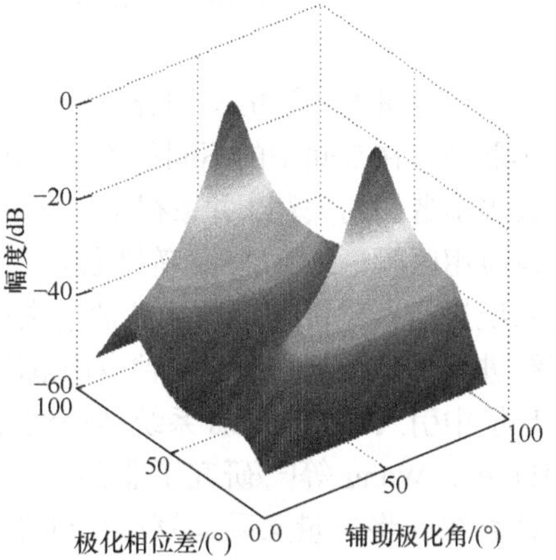

图 4.4.7　拉伸单电磁矢量传感器的 MUSIC 极化谱

从图 4.4.6 可以看出，此时的空间谱呈现两个尖锐的谱峰，可以估计两个信号的 DOA；从图 4.4.7 可以看出，极化谱也有两个较尖锐的谱峰，也能估计信息的极化参数。与共点单电磁矢量 MUSIC 降维算法相比，拉伸的谱峰更尖锐，具有更高的幅度增益。

仿真实验 3：估计共点和拉伸电磁矢量传感器的成功概率，100 次独立 Monte-Carlo 实验，如果偏差大于 2°则认为估计失败。

从图 4.4.8 和图 4.4.9 可以看出，拉伸单电磁矢量传感器比共点电磁矢量传感器具有更高的成功概率。SNR 为 12dB 时，拉伸单电磁矢量传感器的 DOA 估计成功概率约为 80%，而共点单电磁矢量传感器的成功概率只有约 25%。

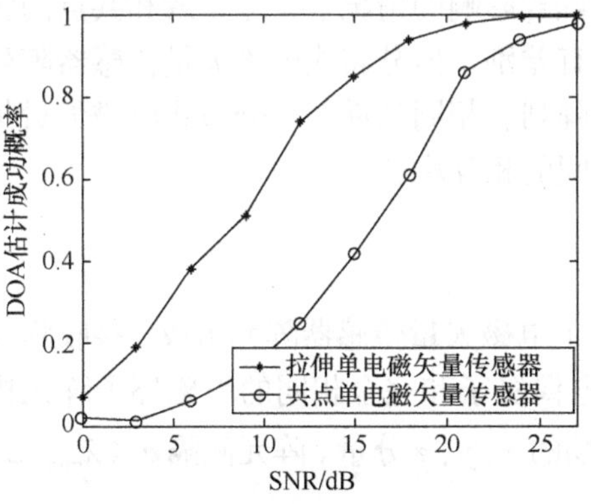

图 4.4.8　DOA 估计成功概率随 SNR 的变化曲线

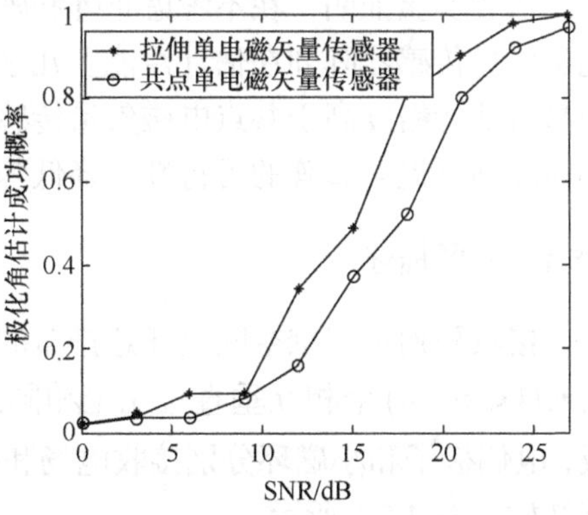

图 4.4.9　极化角估计成功概率随 SNR 的变化曲线

4.5 分布式电磁矢量传感器参数估计算法

为了测量电磁场的不同分量，分布式电磁矢量传感器阵列的电场和磁场分量传感器被放在空间中的不同位置，这扩展了电磁矢量传感器的概念，近年来吸引了较多学者们的关注，并取得了一些研究成果[26-33]。2003 年举办的第七届信号处理及应用国际论坛上，See 等[26]提出了利用 DEMCA 系统的源定位算法，并与其他系统进行对比证明了该系统的潜在性能。2003 年，文献[27]基于文献[26]中的系统进行了扩展，提出了一种应用范围更广的算法。2007 年，Hurtado 等[28]在海上环境中引入了 DEMCA 系统，研究了在该环境下低反射角时对入射信号的定位。2011 年，Wong 等[29]研究了非共点六分量电磁矢量传感器的 DOA 和极化参数估计算法，将矢量叉乘运算推广到非共点电磁矢量传感器的 ESPRIT 算法中。文献[30]～[33]进一步研究了非共点电磁矢量传感器的 ESPRIT 算法。目前对空域-极化域 DOA 和极化参数估计的研究多见于 ESPRIT 算法，本节在现有研究的基础上引入瑞利-里兹定理，提出一种新的 DOA 和极化参数联合估计的 MUSIC 降维算法。该算法首先将分布式电磁矢量传感器阵列的导向矢量表示为空域函数矩阵和极化域函数矢量的乘积形式；其次利用极化域函数模值为常数的特性，将 MUSIC 谱转化为瑞利熵函数的形式；最后利用自共轭矩阵的瑞利-里兹定理将四维 MUSIC 搜索转化为两个二维 MUSIC 搜索，分别估计 DOA 和极化参数，极大地降低了计算量。

分布式电磁矢量传感器阵列比共点电磁矢量传感器阵列的接收机数量少，且能同时接收空间极化信息和 DOA 信息，使其估计性能提高。为了降低阵元间的耦合效应，可以将电磁场分量在空间中分布式排列，此排布方式也有助于工程实现。仿真实验证明，在不考虑布阵和阵元耦合影响的情况下，分布式和共点两种电磁矢量传感器阵列在估计性能上几乎没有差别，但分布式电磁矢量传感器阵列的参数估计精度高于共点电磁矢量传感器阵列。相同条件下，分布式电磁矢量传感器阵列可提高布阵的可行性，降低阵元间的相互耦合。

4.5.1 问题描述

接收阵列由三维空间上任意排布的 N 个电磁矢量传感器阵元组成，接收阵元由 $m(1\leqslant m\leqslant 6)$ 个相互垂直且完全相同的电偶极子和完全相同的小磁环子阵元构成，电偶极子和小磁环分别接收电场和磁场的 x、y、z 分量。阵元间隔 $d\leqslant \lambda_{\min}/2$，其结构如图 4.5.1 所示。

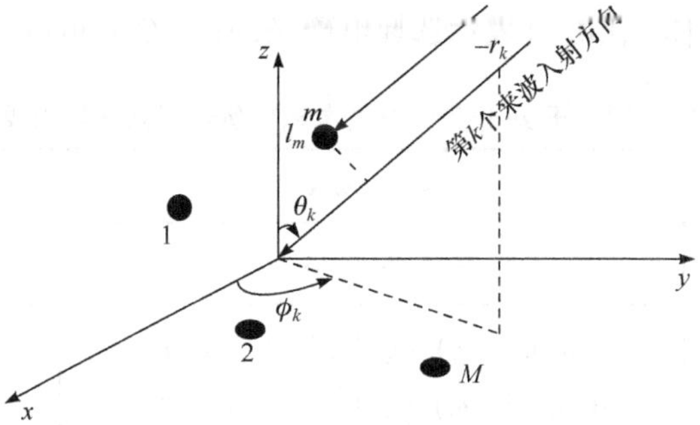

图 4.5.1　任意结构分布式电磁矢量传感器阵列结构

假设第 $k(1\leqslant k\leqslant K)$ 个远场窄带横电磁波(transverse electromagnetic wave, TEM)入射到上述由 N 个分布式电磁矢量传感器阵元所构成的接收阵列上，则该接收阵列的第 n 个分布式电磁矢量传感器阵元(该阵元有 m 个子阵元分量)的空域导向矢量为

$$\boldsymbol{q}_{nm}(\theta_k,\phi_k)=\left[\mathrm{e}^{\mathrm{j}2\pi(u_k x_{n1}+v_k y_{n1}+w_k z_{n1})/\lambda},\ \cdots,\mathrm{e}^{\mathrm{j}2\pi(u_k x_{nm}+v_k y_{nm}+w_k z_{nm})/\lambda}\right] \tag{4.5.1}$$

则第 n 个 m 分量的分布式电磁矢量传感器接收到的电磁场为

$$\begin{aligned}
&\tilde{\boldsymbol{a}}_{nm}(\theta_k,\phi_k,\gamma_k,\eta_k)\\
&=\mathrm{diag}\left[\boldsymbol{q}_{nm}(\theta_k,\phi_k)\right]\boldsymbol{a}_m(\theta_k,\phi_k,\gamma_k,\eta_k)\\
&=\underbrace{\begin{bmatrix}\mathrm{e}^{\mathrm{j}2\pi(u_k x_{n1}+v_k y_{n1}+w_k z_{n1})/\lambda} & & & \\ & \mathrm{e}^{\mathrm{j}2\pi(u_k x_{n2}+v_k y_{n2}+w_k z_{n2})/\lambda} & & \\ & & \ddots & \\ & & & \mathrm{e}^{\mathrm{j}2\pi(u_k x_{nm}+v_k y_{nm}+w_k z_{nm})/\lambda}\end{bmatrix}\boldsymbol{J}_n\begin{bmatrix}\cos\theta_k\cos\phi_k & -\sin\phi_k\\ \cos\theta_k\sin\phi_k & \cos\phi_k\\ -\sin\theta_k & 0\\ -\sin\phi_k & -\cos\theta_k\cos\phi_k\\ \cos\phi_k & -\cos\theta_k\sin\phi_k\\ 0 & \sin\theta_k\end{bmatrix}}_{\tilde{\boldsymbol{\Omega}}(\theta_k,\phi_k)}\underbrace{\begin{bmatrix}\sin\gamma_k\mathrm{e}^{\mathrm{j}\eta_k}\\ \cos\gamma_k\end{bmatrix}}_{\boldsymbol{g}(\gamma_k,\eta_k)}
\end{aligned} \tag{4.5.2}$$

式中，$u_k=\sin\theta_k\cos\phi_k$；$v_k=\sin\theta_k\sin\phi_k$；$w_k=\cos\theta_k$；$(x_{ni},y_{ni},z_{ni})$为第 n 个分布式电磁矢量传感器的第 i 个分量相对于第 n 个分布式电磁矢量传感器中心点的坐标；$\boldsymbol{J}_n$ 为选择矩阵。m 分量分布式电磁矢量传感器阵元由电磁矢量传感器 6 个分量中的 m $(1\leqslant m\leqslant 6)$个分量构成，对应于 m 分量分布式电磁矢量传感器的具体天线组成有很多种，具体见表 4.5.1。$\boldsymbol{J}_n$ 中 $\boldsymbol{p}_i$ 的维数为 m 维，其中，$\boldsymbol{p}_1=[1,0,0,0,0,0]$ 表示选择电磁场的第 1 个分量，即 e_x；$\boldsymbol{p}_2=[0,1,0,0,0,0]$表示选择电磁场的第 2 个

分量，即e_y； $\boldsymbol{p}_i=[\boldsymbol{0}_{i-1},1,\boldsymbol{0}_{6-i}]$表示选择电磁场的第$i$个分量。

表 4.5.1 对应于 m 分量分布式电磁矢量传感器天线组成列表

m	J的个数	具体的天线组合	第一种组合选择矩阵
1	$C_6^1=6$	e_x,e_y,e_z,h_x,h_y,h_z	$\boldsymbol{J}_1=\boldsymbol{p}_1$
2	$C_6^2=15$	(e_x,e_y), (e_x,e_z), (e_x,h_x), (e_x,h_y), (e_x,h_z) (e_y,e_z), (e_y,h_x), (e_y,h_y), (e_y,h_z), (e_z,h_x) (e_z,h_y), (e_z,h_z), (h_x,h_y), (h_x,h_z), (h_y,h_z)	$\boldsymbol{J}_1=[\boldsymbol{p}_1;\boldsymbol{p}_2]$
3	$C_6^3=20$	(e_x,e_y,e_z), (e_x,e_y,h_x), (e_x,e_y,h_y), (e_x,e_y,h_z) (e_x,e_z,h_x), (e_x,e_z,h_y), (e_x,e_z,h_z), (e_y,e_z,h_x) (e_y,e_z,h_y), (e_y,e_z,h_z), (e_x,h_x,h_y), (e_y,h_x,h_y) (e_z,h_x,h_y), (e_x,h_x,h_z), (e_y,h_x,h_z), (e_z,h_x,h_z) (e_x,h_y,h_z), (e_y,h_y,h_z), (e_z,h_y,h_z), (h_x,h_y,h_z)	$\boldsymbol{J}_1=[\boldsymbol{p}_1;\boldsymbol{p}_2;\boldsymbol{p}_3]$
4	$C_6^4=C_6^2=15$	(e_x,e_y,e_z,h_x), (e_x,e_y,e_z,h_y), (e_x,e_y,e_z,h_z) (e_x,e_y,h_x,h_y), (e_x,e_y,h_x,h_z), (e_x,e_y,h_y,h_z) (e_x,e_z,h_x,h_y), (e_x,e_z,h_x,h_z), (e_x,e_z,h_y,h_z) (e_y,e_z,h_x,h_y), (e_y,e_z,h_x,h_z), (e_y,e_z,h_y,h_z) (e_x,h_x,h_y,h_z), (e_y,h_x,h_y,h_z), (e_z,h_x,h_y,h_z)	$\boldsymbol{J}_1=[\boldsymbol{p}_1;\boldsymbol{p}_2;\boldsymbol{p}_3;\boldsymbol{p}_4]$
5	$C_6^5=C_6^1=6$	(e_y,e_z,h_x,h_y,h_z), (e_x,e_z,h_x,h_y,h_z) (e_x,e_y,h_x,h_y,h_z), (e_x,e_y,e_z,h_y,h_z) (e_x,e_y,e_z,h_x,h_z), (e_x,e_y,e_z,h_x,h_y)	$\boldsymbol{J}_1=[\boldsymbol{p}_2;\boldsymbol{p}_3;\boldsymbol{p}_4;\boldsymbol{p}_5;\boldsymbol{p}_6]$
6	$C_6^6=1$	$(e_x,e_y,e_z,h_x,h_y,h_z)$	$\boldsymbol{J}_1=[\boldsymbol{p}_1;\boldsymbol{p}_2;\boldsymbol{p}_3;\boldsymbol{p}_4;\boldsymbol{p}_5;\boldsymbol{p}_6]$

N个分布式电磁矢量传感器的空域导向矢量为

$$\boldsymbol{q}(\theta_k,\phi_k)=\left[q_1(\theta_k,\phi_k),\cdots,q_N(\theta_k,\phi_k)\right]=\left[\mathrm{e}^{\mathrm{j}2\pi(u_kx_1+v_ky_1+w_kz_1)/\lambda},\cdots,\mathrm{e}^{\mathrm{j}2\pi(u_kx_N+v_ky_N+w_kz_N)/\lambda}\right] \tag{4.5.3}$$

式中，(x_n,y_n,z_n)表示第n个分布式电磁矢量传感器中心点相对于坐标原点的空间坐标。

第$k(1\leqslant k\leqslant K)$个入射信号在分布式电磁矢量传感器阵列上的空域-极化域导向矢量为

$$\tilde{\tilde{\boldsymbol{a}}}(\theta_k,\phi_k,\gamma_k,\eta_k)=\left[q_1(\theta_k,\phi_k)\tilde{\boldsymbol{a}}_{1m}(\theta_k,\phi_k,\gamma_k,\eta_k),\cdots,q_N(\theta_k,\phi_k)\boldsymbol{a}_{Nm}(\theta_k,\phi_k,\gamma_k,\eta_k)\right] \tag{4.5.4}$$

则K个入射电磁波信号的分布式电磁矢量传感器阵列空域-极化域联合导向矢量为

$$\boldsymbol{A}=\left[\tilde{\tilde{\boldsymbol{a}}}(\theta_1,\phi_1,\gamma_1,\eta_1),\cdots,\tilde{\tilde{\boldsymbol{a}}}(\theta_K,\phi_K,\gamma_K,\eta_K)\right] \tag{4.5.5}$$

4.5.2　分布式 MUSIC 降维处理算法

K个远场 TEM 信号通过均匀各向同性介质入射到上述分布式电磁矢量传感器阵列上，将阵列的输出数据按顺序排列得到的阵列接收数据为

$$\boldsymbol{X}(t)=\boldsymbol{AS}(t)+\boldsymbol{N}(t) \tag{4.5.6}$$

式中，$\boldsymbol{N}(t)$表示均值为 0，方差为σ^2的高斯白噪声矢量；$\boldsymbol{S}(t)=\left[s_1(t),\ s_2(t),\cdots,\ s_K(t)\right]$，为$K$个互不相关信号构成的信号矢量矩阵；$\boldsymbol{A}=\left[\tilde{\tilde{\boldsymbol{a}}}(\theta_1,\phi_1,\gamma_1,\ \eta_1),\cdots,\ \tilde{\tilde{\boldsymbol{a}}}(\theta_K,\phi_K,\gamma_K,\ \eta_K)\right]$，为$N$个电磁矢量传感器阵列的空域-极化域导向矢量。

阵列接收数据的自相关矩阵：

$$\boldsymbol{R}_x=E\left[\boldsymbol{XX}^{\mathrm{H}}\right]=\boldsymbol{AR}_{\mathrm{s}}\boldsymbol{A}^{\mathrm{H}}+\sigma^2\boldsymbol{I} \tag{4.5.7}$$

对入射信号自相关函数矩阵$\boldsymbol{R}_x$进行特征分解，K个大特征对应的特征矢量构成信号子空间$\boldsymbol{U}_{\mathrm{s}}$，$N-K$个小特征值对应的特征矢量构成噪声子空间$\boldsymbol{U}_{\mathrm{n}}$。其中，$N=m_1+m_2+\cdots+m_N$，$m_i$是第$i$个电磁矢量传感器的子阵元数。利用噪声子空间$\boldsymbol{U}_{\mathrm{n}}$形成多信号分类 MUSIC 空间零谱函数：

$$P_{\mathrm{MUSIC}}=\max_{\theta,\phi,\gamma,\eta}\frac{1}{\tilde{\tilde{\boldsymbol{a}}}^{\mathrm{H}}\boldsymbol{U}_{\mathrm{n}}\boldsymbol{U}_{\mathrm{n}}^{\mathrm{H}}\boldsymbol{a}}=\left[\min_{\theta,\phi,\gamma,\eta}\frac{\tilde{\tilde{\boldsymbol{a}}}^{\mathrm{H}}\boldsymbol{U}_{\mathrm{n}}\boldsymbol{U}_{\mathrm{n}}^{\mathrm{H}}\tilde{\tilde{\boldsymbol{a}}}}{1}\right]^{-1} \tag{4.5.8}$$

式(4.5.8)是一个 DOA 和极化参数估计的四维搜索问题，因此必须进行降维处理。

根据式(4.5.2)和式(4.5.4)，将信号导向矢量表示为空域函数和极化域函数的乘积，即

$$\tilde{\tilde{\boldsymbol{a}}}(\theta_k,\phi_k,\gamma_k,\eta_k)=\underbrace{\begin{bmatrix}q_1(\theta_k,\phi_k)\boldsymbol{I}_1\boldsymbol{J}_1\\ q_2(\theta_k,\phi_k)\boldsymbol{I}_2\boldsymbol{J}_2\\ \vdots\\ q_N(\theta_k,\phi_k)\boldsymbol{I}_N\boldsymbol{J}_N\end{bmatrix}\begin{bmatrix}\cos\theta_k\cos\phi_k & -\sin\phi_k\\ \cos\theta_k\sin\phi_k & \cos\phi_k\\ -\sin\theta_k & 0\\ -\sin\phi_k & -\cos\theta_k\cos\phi_k\\ \cos\phi_k & -\cos\theta_k\sin\phi_k\\ 0 & \sin\theta_k\end{bmatrix}}_{\boldsymbol{\Gamma}(\theta_k,\phi_k)}\boldsymbol{g}(\gamma_k,\eta_k) \tag{4.5.9}$$

式中，$\boldsymbol{I}_n=\mathrm{diag}\left(\mathrm{e}^{\mathrm{j}2\pi(u_kx_{n1}+v_ky_{n1}+w_kz_{n1})/\lambda},\ \mathrm{e}^{\mathrm{j}2\pi(u_kx_{n2}+v_ky_{n2}+w_kz_{n2})/\lambda},\cdots,\ \mathrm{e}^{\mathrm{j}2\pi(u_kx_{nm}+v_ky_{nm}+w_kz_{nm})/\lambda}\right)$，

$1\leqslant n\leqslant N$。

由式(4.5.2)可知，极化域函数 $\boldsymbol{g}$ 满足 $\boldsymbol{g}^{\mathrm{H}}\boldsymbol{g}=1$，从而 MUSIC 联合零谱函数可以表示为

$$P_{\mathrm{MUSIC}}=\left[\min_{\theta,\phi,\gamma,\eta}\frac{\tilde{\tilde{\boldsymbol{a}}}^{\mathrm{H}}\boldsymbol{U}_{\mathrm{n}}\boldsymbol{U}_{\mathrm{n}}^{\mathrm{H}}\tilde{\tilde{\boldsymbol{a}}}}{1}\right]^{-1}=\left[\min_{\theta,\phi,\gamma,\eta}\frac{\boldsymbol{g}^{\mathrm{H}}\boldsymbol{\Gamma}^{\mathrm{H}}\boldsymbol{U}_{\mathrm{n}}\boldsymbol{U}_{\mathrm{n}}^{\mathrm{H}}\boldsymbol{\Gamma}\boldsymbol{g}}{1}\right]^{-1}=\left[\min_{\theta,\phi,\gamma,\eta}\frac{\boldsymbol{g}^{\mathrm{H}}\boldsymbol{\Gamma}^{\mathrm{H}}\boldsymbol{U}_{\mathrm{n}}\boldsymbol{U}_{\mathrm{n}}^{\mathrm{H}}\boldsymbol{\Gamma}\boldsymbol{g}}{\boldsymbol{g}^{\mathrm{H}}\boldsymbol{g}}\right]^{-1}$$

(4.5.10)

令 $\boldsymbol{B}=\boldsymbol{\Gamma}^{\mathrm{H}}\boldsymbol{U}_{\mathrm{n}}\boldsymbol{U}_{\mathrm{n}}^{\mathrm{H}}\boldsymbol{\Gamma}$，则 $\boldsymbol{B}$ 是自共轭矩阵，由式(4.5.10)可以得到如下形式：

$$P_{\mathrm{MUSIC}}=\left[\min_{\theta,\phi,\gamma,\eta}\frac{\boldsymbol{g}^{\mathrm{H}}\boldsymbol{B}\boldsymbol{g}}{\boldsymbol{g}^{\mathrm{H}}\boldsymbol{g}}\right]^{-1}\tag{4.5.11}$$

根据自共轭矩阵瑞利-里兹定理，式(4.5.11)可以表示为

$$P_{\mathrm{MUSIC}}(\theta,\phi)=\left[\min_{\theta,\phi}\lambda_{\min}(\boldsymbol{B})\right]^{-1}\tag{4.5.12}$$

根据式(4.5.12)可以得到信号的 θ_k 和 ϕ_k 估计，将其代入空域函数 $\boldsymbol{\Gamma}$，从而得到 $\boldsymbol{B}=\boldsymbol{\Gamma}^{\mathrm{H}}\boldsymbol{U}_{\mathrm{n}}\boldsymbol{U}_{\mathrm{n}}^{\mathrm{H}}\boldsymbol{\Gamma}$ 的估计，进而得到极化参数估计的 MUSIC 谱函数：

$$P_{\mathrm{MUSIC}}(\gamma,\eta)=\max_{\gamma,\eta}\frac{1}{\boldsymbol{g}^{\mathrm{H}}\boldsymbol{\Gamma}^{\mathrm{H}}\boldsymbol{U}_{\mathrm{n}}\boldsymbol{U}_{\mathrm{n}}^{\mathrm{H}}\boldsymbol{\Gamma}\boldsymbol{g}}=\max_{\gamma,\eta}\frac{1}{\boldsymbol{g}^{\mathrm{H}}\boldsymbol{B}\boldsymbol{g}}\tag{4.5.13}$$

利用式(4.5.13)在极化域 (γ,η) 中做 MUSIC 搜索，从而得到极化参数的估计。

这种 MUSIC 参数估计算法利用自共轭矩阵瑞利-里兹定理将四维搜索变成两个二维搜索，大大降低了计算量。

4.5.3 计算机仿真实验

通过计算机仿真实验验证本节方法的有效性。假设两个远场 TEM 入射到 $M=8$ 的分布式电磁矢量传感器阵列上，每个电磁矢量传感器天线的 6 个分量分布在半径为 $R=0.2\lambda$ 的小圆环上，圆环的中心位于半径 $R=0.5\lambda$ 的大圆环上。两个信号的 DOA 和极化参数分别为 $(\theta_1,\phi_1,\gamma_1,\eta_1)=(30°,60°,20°,60°)$ 和 $(\theta_2,\phi_2,\gamma_2,\eta_2)=(70°,20°,70°,40°)$。采样快拍数为 256 次，对每种情况都执行 100 次 Monte-Carlo 独立实验，实验结果如下。

仿真实验 1：SNR 为 10dB 时，分布式电磁矢量传感器 MUSIC 降维算法的估计性能如图 4.5.2 和图 4.5.3 所示。

从图 4.5.2 可以看出，分布式电磁矢量传感器 MUSIC 降维算法的空间谱很尖锐，DOA 的幅度增益很高。但从图 4.5.3 可以看出，分布式电磁矢量传感器 MUSIC 降维算法的极化谱较空间谱平坦，极化角旁瓣较高，这是由于阵列孔径的扩大对

极化角的估计性能没有太大改善。

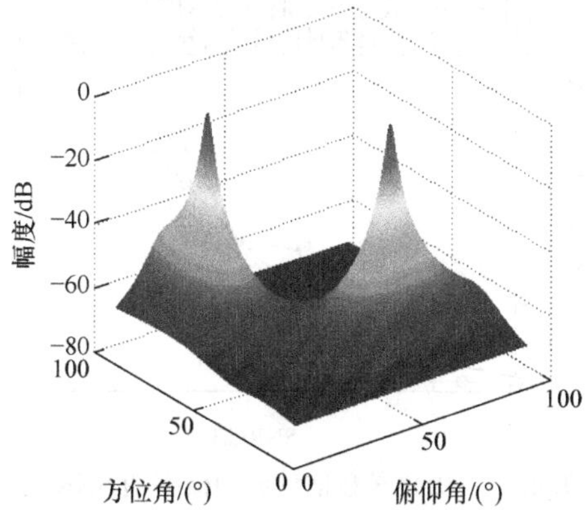

图 4.5.2　分布式电磁矢量传感器 MUSIC 降维算法的空间谱

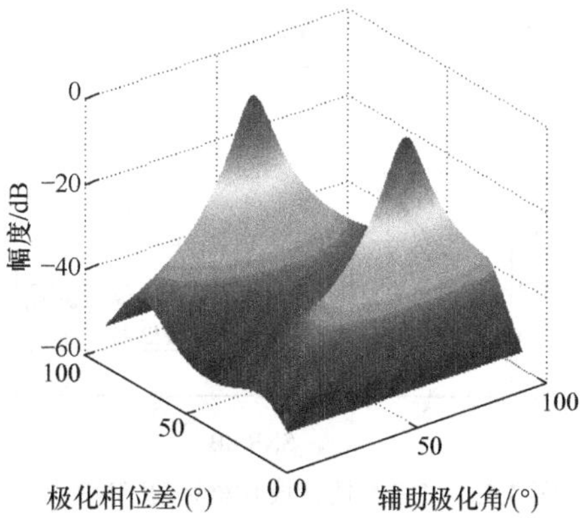

图 4.5.3　分布式电磁矢量传感器 MUSIC 降维算法的极化谱

从图 4.5.4 和图 4.5.5 可以看出，分布式电磁矢量传感器 DOA 估计的均值在真值附近的小区域内扰动，而极化角的估计值在真值附近的较大范围内容扰动。在估计精度上，DOA 有明显的提高，极化角几乎无变化。

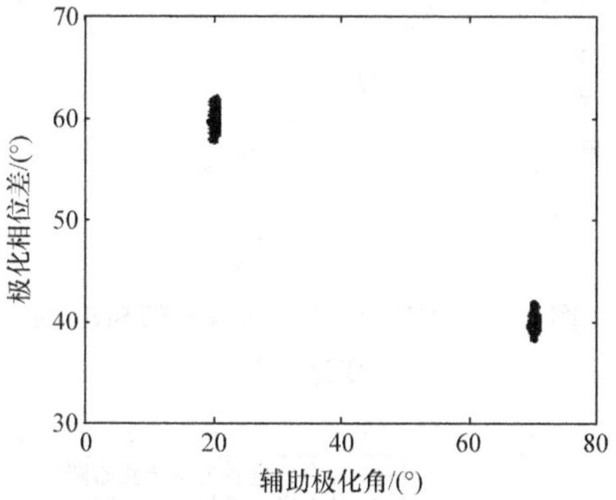

图 4.5.4　分布式电磁矢量传感器极化角估计的散布图

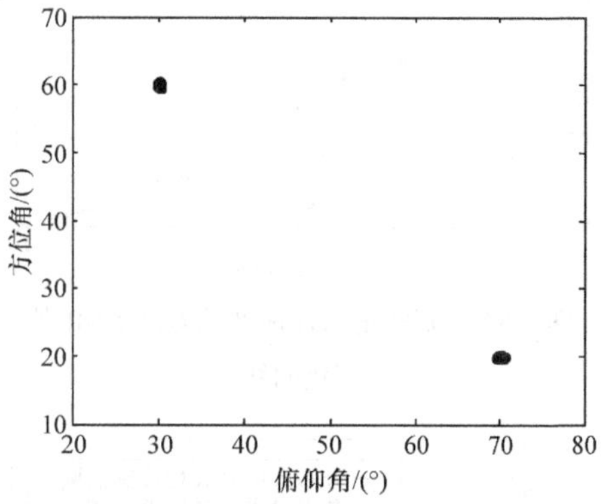

图 4.5.5　分布式电磁矢量传感器 DOA 估计的散布图

仿真实验 2：分布式电磁矢量传感器圆形阵列和共点电磁矢量传感器圆形阵列的性能比较。进行 100 次 Monte-Carlo 独立实验，SNR 的取值为−8～10dB，取样间隔为 2dB，成功概率估计偏差设为 1°，即估计偏差小于 1°则认为估计成功。

图 4.5.6 和图 4.5.7 表示信号的 DOA 和极化角估计成功概率随 SNR 的变化曲线。当 SNR 为 0dB 时，分布式电磁矢量传感器圆阵的 DOA 估计精度为 90%；当 SNR 为 10dB 时，分布式电磁矢量传感器圆阵的极化角的估计精度才基本达到了 90%。

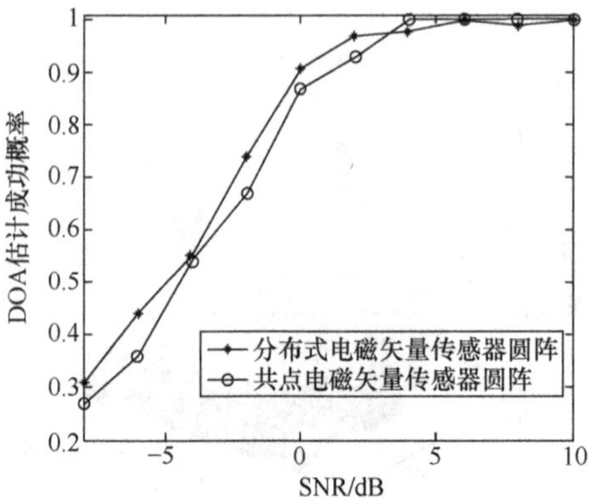

图 4.5.6　DOA 估计成功概率随 SNR 的变化曲线

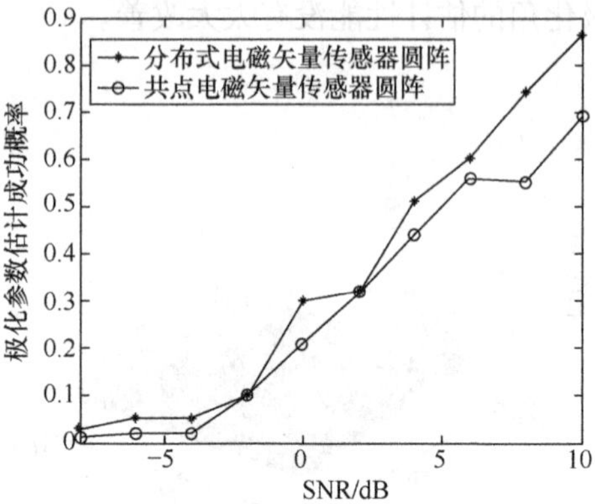

图 4.5.7　极化参数估计成功概率随 SNR 的变化曲线

图 4.5.8～图 4.5.11 给出 DOA 和极化角估计标准偏差随信噪比变化的曲线。

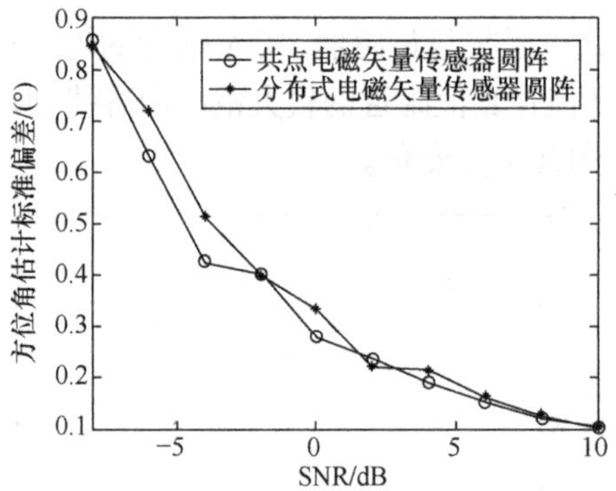

图 4.5.8　俯仰角估计标准偏差随 SNR 的变化曲线

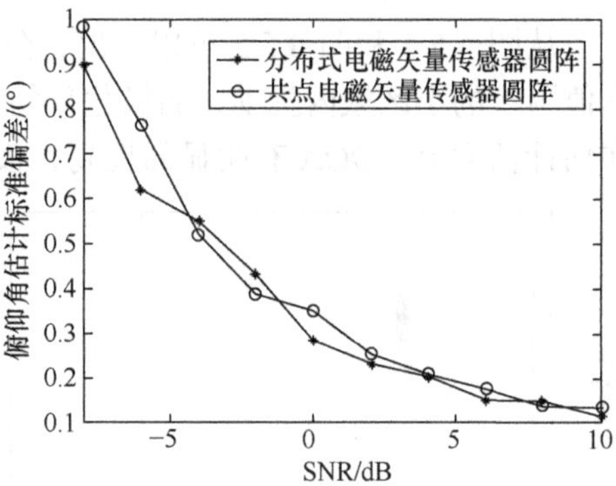

图 4.5.9　方位角估计标准偏差随 SNR 的变化曲线

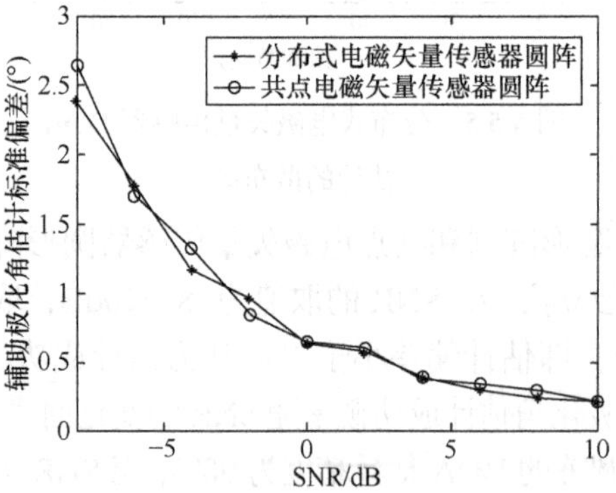

图 4.5.10　辅助极化角估计标准偏差随 SNR 的变化曲线

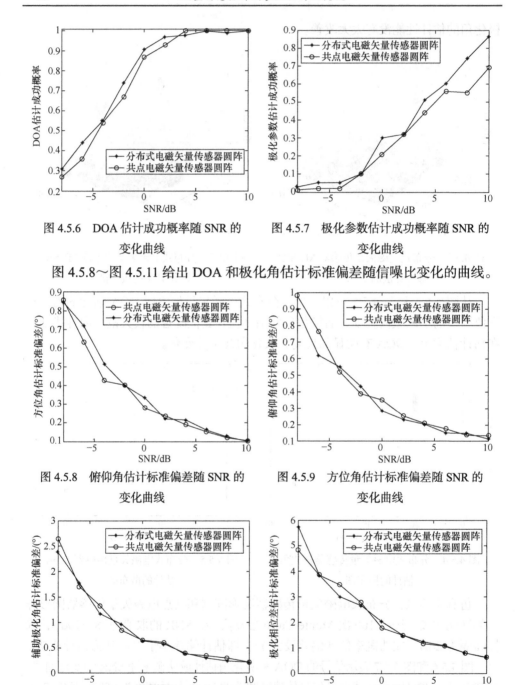

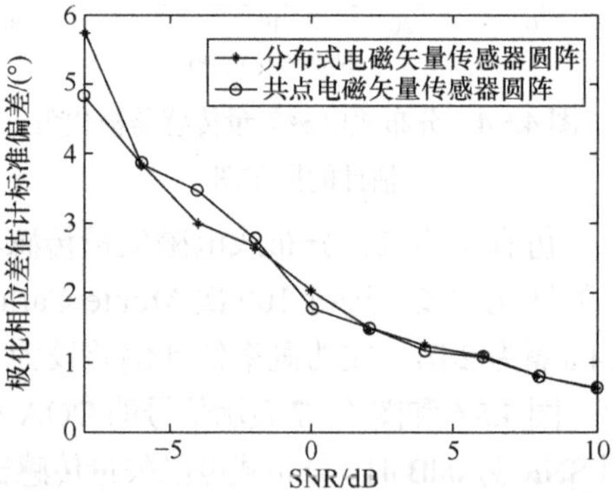

图 4.5.11　极化相位差估计标准偏差随 SNR 的变化曲线

从图中可以看出，共点电磁矢量传感器圆阵和分布式圆形电磁矢量传感圆阵的标准偏差没有太大区别，这主要是由于分布式圆形电磁矢量传感器圆阵的阵列孔径几乎没有扩大。

极化参数估计和 DOA 估计的 RMSE 随 SNR 变化曲线如图 4.5.12 和图 4.5.13 所示，分布式圆阵传感器和共点电磁矢量传感器圆阵的估计 RMSE 相似，原因是两者的阵列孔径几乎没有扩大。

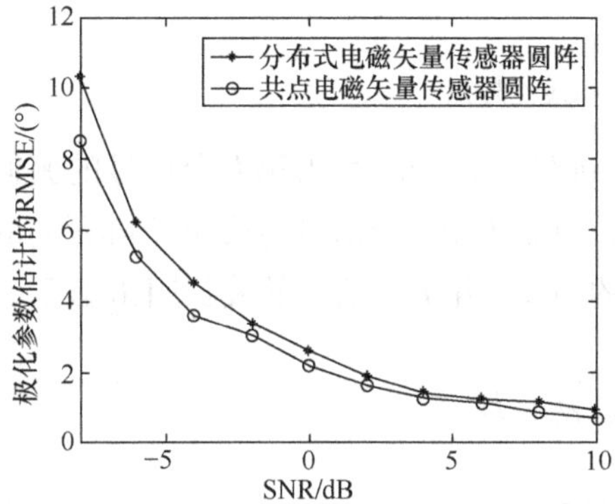

图 4.5.12　极化参数估计的 RMSE 随 SNR 的变化曲线

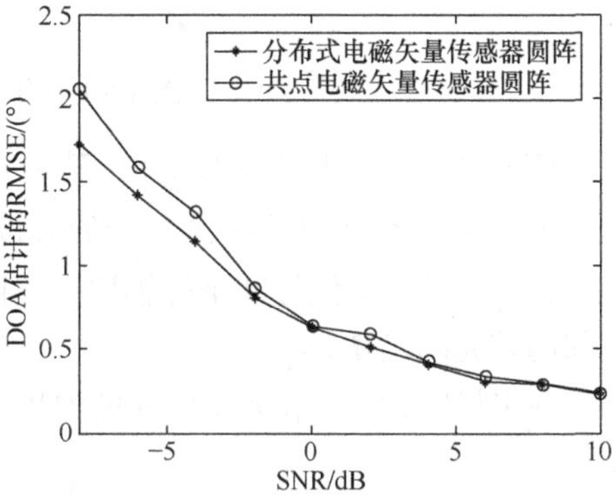

图 4.5.13　DOA 估计的 RMSE 随 SNR 的变化曲线

仿真实验中没有考虑阵列的耦合和布阵问题，因此，分布式更利于阵列排布并且可以大大降低阵元间的相互耦合，阵元间的耦合随阵元间隔的扩大急剧下降。

4.6　近场源参数估计的降维算法

当信源距离接收阵列较近时，平面波的假设不再成立，信号以球面波的形式通过阵列，此时需估计信源的 DOA 和距离参数，即近场源定位问题[34,35]。此时的导向矢量是 DOA 和距离的二维函数，大大增加了 MUSIC 降维算法搜索的次数，如果能够将导向矢量进行降维，则计算量将大大降低。基于此，本节研究基于 CS 降维的近场源 DOA 和距离估计方法。

4.6.1　阵列结构和数据接收模型

采用一个由 $M = 2P + 1$ 个阵元构成的对称阵列作为接收阵列，设 K 个信号从近场入射到上述传感器阵列上，$K \leqslant P - 1$，而且信号为相互独立、均值为零的窄带平稳信号，如图 4.6.1 所示。

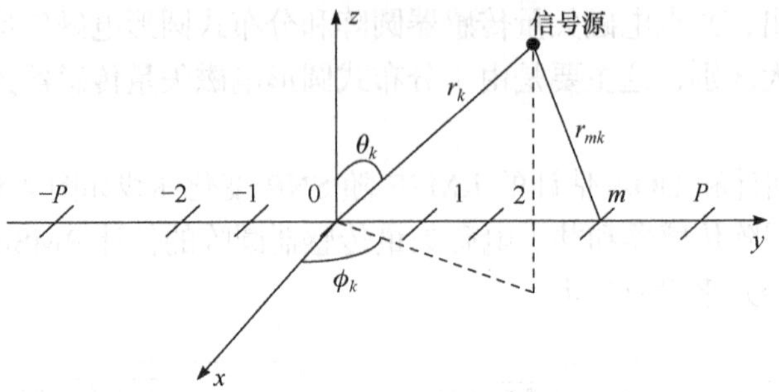

图 4.6.1　均匀对称线性阵列

信号的入射方向为(θ_k,ϕ_k)，其中$\theta_k(-\pi/2\leqslant\theta_k\leqslant\pi/2)$为第$k$个信号的俯仰角；$\phi_k(0\leqslant\phi_k<2\pi)$为第$k$个信号的方位角；$r_{mk}$为第$k$个信号与第$m$个阵元间的距离；$r_k$为第$k$个信号和坐标轴原点之间的距离；第$k$个信号的波长用$\lambda_k$表示，相邻两阵元间隔$d\leqslant\lambda_{\min}/4$。

在采样时刻t，第m个阵元的输出可以表示为

$$z_m(t)=\sum_{k=1}^{K}s_k(t)\mathrm{e}^{\mathrm{j}\tau_{mk}}+n_m(t) \tag{4.6.1}$$

式中，$s_k(t)=s(t)\mathrm{e}^{\mathrm{j}2\pi f_k t}$，表示第$k$个声源信号的幅度值；$n_m(t)$表示第$m$个阵元接收到的噪声；$\tau_{mk}$表示第$k$个信号在第$m$个阵元处相对于坐标原点的参考阵元的相位差：

$$\tau_{mk}=2\pi\frac{r_{mk}-r_k}{\lambda_k}=\frac{2\pi}{\lambda_k}\left(\sqrt{r_k^2+m^2d^2-2mdr_k\sin\theta_k}-1\right) \tag{4.6.2}$$

4.6.2　算法实现原理

近场源参数估计降维算法的具体步骤如下。

第一步：角度参数估计。

对式(4.6.2)的相位τ_{mk}采用菲涅尔近似，有

$$\tau_{mk}=2\pi\frac{r_{mk}-r_k}{\lambda_k}=\frac{2\pi r_k}{\lambda_k}\left(\sqrt{1+\frac{m^2d^2}{r_k^2}-\frac{2md\sin\theta_k}{r_k}}-1\right)\approx\mu_k m+\varphi_k m^2 \tag{4.6.3}$$

式中，$\mu_k=-2\pi\dfrac{d}{\lambda_k}\sin\theta_k$；$\varphi_k=\pi\dfrac{d^2}{\lambda_k r_k}\cos^2\theta_k$。

由式(4.6.3)可以看出μ_k只包含 DOA 中θ_k的信息，这一部分对应的相位与远场条件下的相位相同，而φ_k中既包含 DOA 中的θ_k又包含距离r_k，如果能够消掉φ_k对应的相位，则导向矢量与远场情况下完全相同。考虑第m个阵元的接收信号

$z_m(t)$ 和第 $-m$ 个阵元的接收信号 $z_{-m}^*(t)$，它们对应的相位分别为 $\tau_{mk} \approx \mu_k m + \varphi_k m^2$ 和 $-\tau_{-mk} \approx \mu_k m - \varphi_k m^2$，$\tau_{mk}$ 和 $-\tau_{-mk}$ 中与远场对应的相位相同而与距离有关的相位相反，$z_m(t)\ z_{-m}^*(t)$ 可以对消相位因子中的距离项部分，得到与远场情况一致的相位因子，这样近场的 DOA 和距离联合估计变为先 DOA 估计，再采用两步法估计距离，即由二维搜索变为两个一维搜索。

将式(4.6.3)的 τ_{mk} 代入式(4.6.1)可得

$$z_m(t) = \sum_{k=1}^{K} \boldsymbol{s}_k(t) \mathrm{e}^{\mathrm{j}(\mu_k m + \varphi_k m^2)} + n_m(t) \tag{4.6.4}$$

第 n 个和第 $-n$ 个阵元的接收数据之间的协方差矩阵元素可表示为

$$\begin{aligned} r_z(-n,n) &= E\left[z_{-n}(t) z_n^*(t) \right] \\ &= \sum_{k=1}^{K} \sigma_{s,k}^2 \mathrm{e}^{-\mathrm{j}2n\mu_k} + \sigma_\omega^2 \delta(-2n) \end{aligned} \tag{4.6.5}$$

式中，$-P \leqslant -n, n \leqslant P$；$\delta(\cdot)$ 为狄利克雷函数；$\sigma_{s,k}^2 = E\left[s_k(t) s_k^*(t) \right]$，为第 k 个信号的方差；σ_ω^2 为噪声协方差。式(4.6.5)只与 μ_k 有关，与 φ_k 无关，利用对称阵列把 DOA 和距离二维参数估计转化为先对 DOA 进行估计，再对距离参数进行估计从而实现了降维，大大降低了计算量。对所有阵元都按照式(4.6.5)进行处理，建立一个类似远场的数据接收模型：

$$\boldsymbol{r}_z = \boldsymbol{A}(\theta) \boldsymbol{r}_s + \boldsymbol{\sigma}_\omega^2 \boldsymbol{e} \tag{4.6.6}$$

式中，

$$\boldsymbol{r}_z = [\boldsymbol{r}_z(-P,P), \cdots, \boldsymbol{r}_{z,z}(0,0), \cdots, \boldsymbol{r}_{z,z}(P,-P)]^{\mathrm{T}} \in \mathbf{C}^{M\times 1} \tag{4.6.7}$$

$$\boldsymbol{r}_s = [\sigma_{s,1}^2, \cdots, \sigma_{s,k}^2, \cdots, \sigma_{s,K}^2]^{\mathrm{T}} \in \mathbf{C}^{K\times 1} \tag{4.6.8}$$

$$\boldsymbol{e} = \left[\mathbf{0}_P^{\mathrm{T}}, 1, \mathbf{0}_P^{\mathrm{T}} \right]^{\mathrm{T}} \in \mathbf{C}^{\mathrm{M}\times 1} \tag{4.6.9}$$

总的阵列的近似远场的导向矢量可以表示为

$$\boldsymbol{A}(\theta) = [\boldsymbol{a}(\theta_1), \boldsymbol{a}(\theta_2), \cdots, \boldsymbol{a}(\theta_K)] \in \mathbf{C}^{M\times K} \tag{4.6.10}$$

式中，任意一项 $\boldsymbol{a}(\theta_k)$ 可以表示为

$$\boldsymbol{a}(\theta_k) = [\mathrm{e}^{-\mathrm{j}2P\mu_k}, \cdots, 1, \cdots, \mathrm{e}^{\mathrm{j}2P\mu_k}]^{\mathrm{T}} \in \mathbf{C}^{M\times 1} \tag{4.6.11}$$

建立超完备的稀疏字典 $\boldsymbol{A}(\bar{\theta})$：

$$\boldsymbol{A}(\bar{\theta}) = [\boldsymbol{a}(\bar{\theta}_1), \boldsymbol{a}(\bar{\theta}_2), \cdots, \boldsymbol{a}(\bar{\theta}_{N_\theta})] \in \mathbf{C}^{M\times N_\theta} \tag{4.6.12}$$

式中，任意一项 $\boldsymbol{a}(\bar{\theta}_n)$ 可以表示为

$$\boldsymbol{a}(\bar{\theta}_n)=\left[\mathrm{e}^{-\mathrm{j}2P\left(-\frac{2\pi d}{\lambda}\sin\bar{\theta}_n\right)},\cdots,1,\cdots,\mathrm{e}^{\mathrm{j}2P\left(-\frac{2\pi d}{\lambda}\sin\bar{\theta}_n\right)}\right]^{\mathrm{T}}\in\mathrm{C}^{\mathrm{M}\times 1} \tag{4.6.13}$$

式中，$n\in\{1,2,\cdots,N_\theta\}$。

信号可以用$N_\theta\times 1$列的$\boldsymbol{x}'$表示，$\boldsymbol{x}'$具有行稀疏结构，且有K个非零元素，每个非零元素的位置对应信号的位置。这种离散化的模型可以表示为

$$\boldsymbol{r}_z=\boldsymbol{A}(\bar{\theta})\boldsymbol{x}'+\boldsymbol{\sigma}_\omega^2\boldsymbol{e} \tag{4.6.14}$$

实际划分时，网格N_θ一般远大于信号源数K，也大于阵元数M。式(4.6.14)仍是一个欠定方程。方程的个数比未知量个数少，理论上该方程有无穷多个解。在考虑噪声的情况下，可以通过求解式(4.6.15)的l_0范数求解：

$$\hat{\boldsymbol{x}}'=\arg\min\|\boldsymbol{x}'\|_0\quad \text{s.t. }\|\boldsymbol{r}_z-\boldsymbol{A}(\bar{\theta})\boldsymbol{x}'\|_2\leqslant\varepsilon_1 \tag{4.6.15}$$

式(4.6.15)是一个 NP 难题，通常可以转化为l_1范数的方法求解，即

$$\hat{\boldsymbol{x}}'=\arg\min\|\boldsymbol{x}'\|_1\quad \text{s.t. }\|\boldsymbol{r}_z-\boldsymbol{A}(\bar{\theta})\boldsymbol{x}'\|_2\leqslant\varepsilon_1 \tag{4.6.16}$$

式中，ε_1为噪声协方差，通过求解式(4.6.16)的凸优化问题可以得到信号角度信息。

第二步：距离参数估计。

为了得到更高精度的距离估计值，相位τ_{mk}不采用式(4.6.3)的菲涅尔近似，而利用式(4.6.2)给出的相位。根据式(4.6.1)，整个阵列在采样时刻t的输出可以表示为

$$\boldsymbol{Z}(t)=\boldsymbol{B}\boldsymbol{S}(t)+\boldsymbol{n}(t) \tag{4.6.17}$$

式中，

$$\boldsymbol{B}=\left[\boldsymbol{b}(\theta_1,r_1),\cdots,\boldsymbol{b}(\theta_k,r_k),\cdots,\boldsymbol{b}(\theta_K,r_K)\right] \tag{4.6.18}$$

$$\boldsymbol{b}(\theta_k,r_k)=\left[\mathrm{e}^{\mathrm{j}\tau_{-Pk}},\cdots,\mathrm{e}^{\mathrm{j}\tau_{mk}},\cdots,\mathrm{e}^{\mathrm{j}\tau_{Pk}}\right]^{\mathrm{T}} \tag{4.6.19}$$

$$\boldsymbol{S}(t)=\left[s_1(t),\cdots,s_k(t),\cdots,s_K(t)\right] \tag{4.6.20}$$

$$\boldsymbol{n}(t)=\left[n_{-P}(t),\cdots,n_0(t),\cdots,n_P(t)\right]^{\mathrm{T}} \tag{4.6.21}$$

将第一步得到的信号角度估计$\hat{\theta}_k$，$k\in(1,2,\cdots,K)$代入，构造完备稀疏字典$\boldsymbol{A}(\hat{\theta},\bar{r})\in\mathbf{C}^{M\times KN_r}$：

$$\boldsymbol{Z}=\boldsymbol{A}(\hat{\theta},\bar{r})\bar{\boldsymbol{X}}+\bar{\boldsymbol{W}} \tag{4.6.22}$$

式中，将得到的信号角度估计$\hat{\theta}$代入后得$\boldsymbol{A}(\hat{\theta},\bar{r})$，每个角度对应距离项划分为$N_r$个网格，$K$个信号都用同样的方法进行处理后得到$M\times KN_r$的完备字典。通常用

l_1 范数的方法求解，即

$$\hat{\bar{X}}=\arg\ \min\|\bar{X}\|_1\quad \text{s.t.}\ \|Z-A(\hat{\theta},\bar{r})\bar{X}\|_2\leqslant\varepsilon_2 \tag{4.6.23}$$

式中，ε_2 为噪声协方差，通过求解式(4.6.23)的凸优化问题可以得到信号距离的估计。为了提高估计精度也可以用多次快拍数据，并通过 l_1-SVD 方法进行参数估计。

$$Y=A(\hat{\theta},\bar{r})X+W \tag{4.6.24}$$

式中，$Y=\left[Z_1,Z_2,\cdots,Z_Q\right]$ 是阵列的 Q 次快拍构成的矩阵，$A(\hat{\theta},\bar{r})$ 同式(4.6.22)中的完备稀疏字典。

对式(4.6.24)中的 Y 进行 l_1 - SVD：

$$Y=U\Sigma V^{\mathrm{H}} \tag{4.6.25}$$

保留降维后的 $(M\times\hat{K})$ 维的信号子空间矩阵 $Y_{\mathrm{sv}}=U\Sigma D_K=YVD_K$，其中 $D_K=[I_K,\mathbf{0}^{\mathrm{T}}_{\hat{K}\times(T-\hat{K})}]$，$I_K$ 为 $(K\times K)$ 维的单位距阵，$\mathbf{0}$ 为 $[\hat{K}\times(T-\hat{K})]$ 维的零矩阵。SVD 降维后的信号子空间矩阵 Y_{sv} 包含了大部分的信号信息。类似的，设 $\hat{X}_{\mathrm{sv}}=\hat{X}VD_k$，$N_{\mathrm{sv}}=NVD_k$，可得

$$Y_{\mathrm{sv}}=A(\hat{\theta},\bar{r})\hat{X}_{\mathrm{sv}}+N_{\mathrm{sv}} \tag{4.6.26}$$

利用 SVD 将列向量的维度由 Q 降到 K，大大减小了计算的复杂度。

通过计算下面的目标函数求解最优化问题可以得到近场信号距离参数的估计，即

$$\min(\|Y_{\mathrm{sv}}-A(\hat{\theta},\bar{r})\hat{X}_{\mathrm{sv}}\|_{\mathrm{F}}^2+\lambda\|\hat{x}_{\mathrm{sv}}^{(l_2)}\|_1) \tag{4.6.27}$$

式中，$\|\ \|_{\mathrm{F}}^2$ 为 Frobenius 范数；λ 为正则化参数，求解式(4.6.27)的优化问题可以得到声源距离参数的估计值 $\hat{r}_k$，$k\in(1,2,\cdots,K)$。

4.6.3　计算机仿真实验

接收阵列为阵元数 M=15 的均匀对称线性阵列，相邻阵元之间的间隔为信号波长 λ 的四分之一，即 $d=\lambda/4$，两个不相干的近场源的位置分别为 $(\theta_1,r_1)=(-10°,5\lambda)$ 和 $(\theta_2,r_2)=(30°,10\lambda)$，SNR 取值为 20 dB，快拍数为 100，实验次数为 100 次，噪声为高斯白噪声。DOA 在[−π/2，π/2]内以 0. 1° 的间隔划分网格，在距离空间 2 λ ～15 λ 以 0.1 λ 的间隔划分网格。

仿真实验 1：在 SNR 为 20dB 时分别用 l_1-SVD、SVD-SOMP 和 SVD-MFOCUSS 三种稀疏恢复算法对信源参数进行估计，得到功率谱如图 4.6.2 和图 4.6.3 所示。

由图 4.6.2 和图 4.6.3 可以看出，三种稀疏恢复算法的功率谱均非常尖锐，都能有效地估计出近场源的 DOA，l_1-SVD 稀疏恢复算法两个主峰的中间和旁边都有小的旁瓣，但在两个信号源处的谱峰非常尖锐。

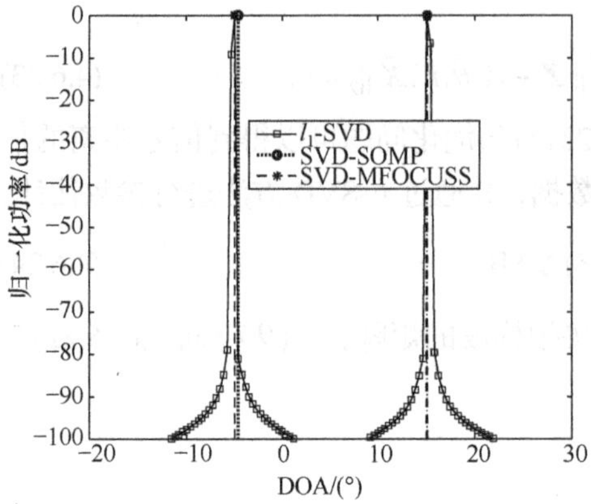

图 4.6.2　三种算法 DOA 功率谱图

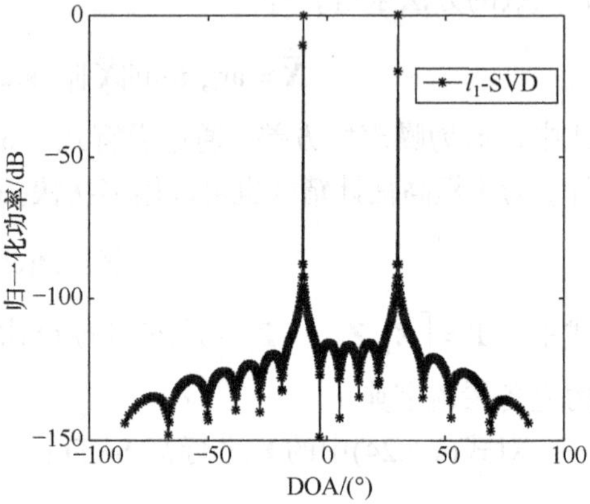

图 4.6.3　l_1-SVD 算法 DOA 功率谱图

仿真实验 2：为了探究噪声对估计值准确度的影响，以 RMSE 作为衡量的标准，每个绘图点进行 100 次独立 Monte-Carlo 试验。当 SNR 在 0～20dB 变化时 DOA 估计值的 RMSE 随 SNR 的变化曲线，如图 4.6.4 所示。

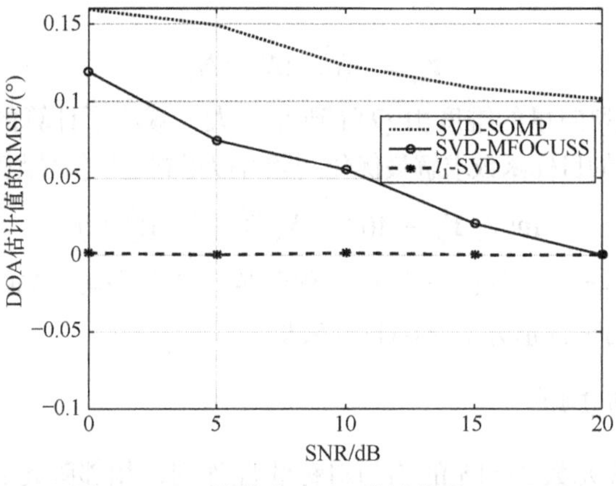

图 4.6.4　三种算法 DOA 估计值的 RMSE

由图 4.6.4 可以看出，利用 l_1-SVD、SVD-SOMP 和 SVD-MFOCUSS 三种算法进行 DOA 估计，SNR 增大时，DOA 估计 RMSE 减小。l_1-SVD 算法的 RMSE 小于 SVD-SOMP 和 SVD-MFOCUSS 两种算法的 RMSE，特别是在低 SNR 的情况下，l_1-SVD 算法的性能更佳。计算 RMSE 时，SVD-MFOCUSS 算法比 SVD-SOMP 算法性能好。

仿真实验 3：当 SNR 取 20dB 时，三种稀疏恢复算法对距离参数估计的归一化功率谱图如图 4.6.5 和图 4.6.6 所示。

由图 4.6.5 和图 4.6.6 可知，SNR 为 20dB 时，三种算法的谱峰都很尖锐，都能有效地估计近场声源的距离信息。由图 4.6.6 看出，利用 SVD-SOMP 算法进行估计时，其估计值和真值存在误差，而其他两种算法都能准确地估计出距离信息。

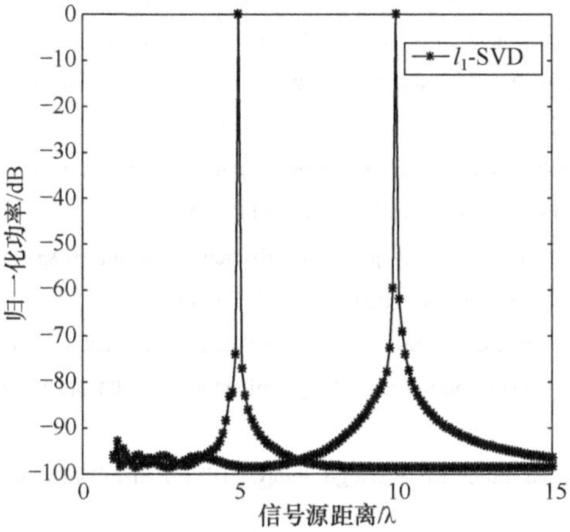

图 4.6.5　l_1-SVD 算法距离估计功率谱图

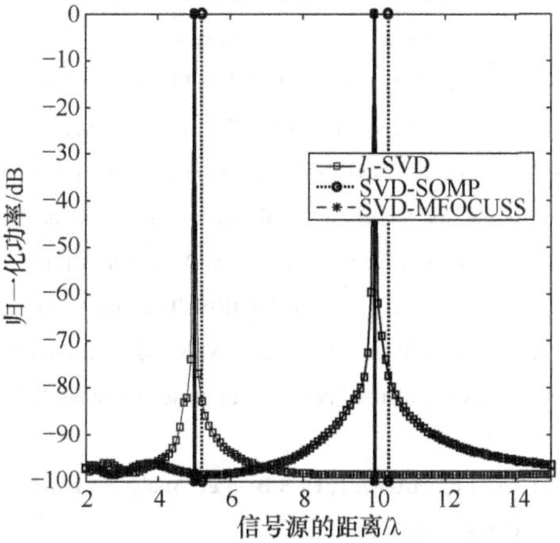

图 4.6.6　三种算法距离估计功率谱图

参 考 文 献

[1] 王永良, 陈辉, 彭应宁, 等. 空间谱估计理论与算法[M]. 北京: 清华大学出版社, 2004.

[2] CHENG Q, HUA Y. Performance analysis of the MUSIC and pencil-MUSIC algorithms for diversely polarized array[J]. IEEE Transaction on Signal Processing, 1994, 42(11): 3150-3165.

[3] CHENG Q, HUA Y. Further study of the pencil-MUSIC algorithm[J]. IEEE Transaction on Aerospace and Electronic Systems, 1996, 32(1): 284-299.

[4] HUA Y. A pencil-MUSIC algorithm for finding two-dimensional angles and polarization using crossed dipoles[J]. IEEE Transaction on Antennas and Propagation, 1984, 32(4): 817-827.

[5] WAX M, SHAN T J, KAILATH T. Spatio-temporal spectral analysis by eigenstructure methods[J]. IEEE Transaction on Acoustics, Speech, and Signal Processing, 1984, 32(4): 817-827.

[6] SCHMIDT R O. Multiple emitter location and signal parameter estimation[J]. IEEE Transaction on Antennas Propagaction, 1986, 34(3): 276-280.

[7] CADZOW J A, KIM Y S, SHIUE D C. General direction-of-arrival estimation: A signal subspace approach[J]. IEEE Transaction on Aerospace and Electronic Systems, 1989, 25(1): 31-47.

[8] RAO B D, HARI K V S. Performance analysis of root-music[J]. IEEE Transaction on Acoustics Speech, and Signal Processing, 1989, 37(12): 1939-1949.

[9] HUA Y B, SARKAR T K, WEINER D D. An L-shaped array for estimating 2-D direction of arrival[J]. IEEE Transaction on Antennas Propagation, 1991, 39(2): 143-146.

[10] GOOSSENS R, ROGIER H. A hybrid UCA-RARE/root-MUSIC approach for 2-D direction of arrival estimation in uniform circular arrays in the presence of mutual coupling [J]. IEEE Transaction on Antennas and Propagation, 2007, 55(3): 841-849.

[11] CHEVALIER P, FERREOL A, ALBERA L, et al. Higher order direction finding from arrays with diversely polarized

antennas: The PD-2q-MUSIC algorithm[J]. IEEE Transaction on Signal Processing, 2007, 55(11): 5337-5350.

[12] 周陬, 王宏远. 循环 MUSIC 算法的误差分析及改进[J]. 华中科技大学学报(自然科学版), 2007, 35(7): 22-26.

[13] LI T, NEHORAI A. Maximum likelihood direction-of-arrival estimation of underwater acoustic signals containing sinusoidal and random components[J]. IEEE Transaction on Signal Processing, 2011, 59(11): 5302-5314.

[14] GUO R, MAO X P, LI S B, LIN Z M. Fast four-dimensional joint spectral estimation with array composed of diversely polarized elements[C]. IEEE Radar Conference, Atlanta, 2012: 919-923.

[15] ZHANG X F, CHEN C, LI J F, et al. Blind DOA and polarization estimation for polarization-sensitive array using dimension reduction MUSIC[J]. Multidimensional Systems Signal Processing, 2014, 25(1): 67-82.

[16] WONG K T, ZOLTOWSKI M D. Self-initiating MUSIC direction finding and polarization estimation in spatio-polarizational beamspace[J]. IEEE Transaction on Antennas Propagation, 2000, 48(8): 1235-1245.

[17] WONG K T, LI L S, ZOLTOWSKI M D. Root-MUSIC-based direction-Finding and polarization estimation using diversely polarized possibly collocated antennas[J]. IEEE Antennas and Wireless Propagation Letters, 2004, 3(1): 129-132.

[18] GUO R, MAO X P, LI S B, et al. Analysis for 4-D fast polarization MUSIC algorithm[C]. IEEE Radar Conference, Ottawa, 2013: 1-4.

[19] WANG L M, YANG L, WANG G B, et al. Uni-vector-sensor dimensionality reduction MUSIC algorithm for DOA and polarization estimation [J]. Mathematical Problems in Engineering 2014, 2014: 1-9.

[20] XU Y G, LIU Z W, YAO G X. Uni-vector-sensor SOS/HOS-CSS for wide-band non-gaussian source direction finding[C]. IEEE International Symposium on Microware, Antenna, Propagation and EMC Techologies for Wireless Communications, Beijing, 2005, 1: 853-858.

[21] BODUR H, TUNCER T E. Fast direction of arrivals and polarization estimation for uni-vector sensor[C]. IEEE 19th Signal Processing and Communications Applications Conference, Antalya, 2011: 202-205.

[22] WONG K T, ZOLTOWSKI M D. Uni-vector-sensor ESPRIT for multisource azimuth, elevation, and polarization estimation[J]. IEEE Transaction on Antennas and Propagation, 1997, 45(10): 1467-1474.

[23] 李京书, 陶建武. 信号 DOA 和极化信息联合估计的降维四元数 MUSIC 方法[J]. 电子与信息学报, 2011, 33(1): 106-111.

[24] NEHORAI A, PALDI E. Vector-sensor array processing for electromagnetic source localization[J]. IEEE Transaction on Signal Processing, 1994, 42(2): 376-398.

[25] WONG K T, ZOLTOWSKI M D. Closed-form direction-finding and polarization estimation with arbitrarily spaced electromagnetic vector-sensors at unknown locations[J]. IEEE Transaction on Antennas and Propagation, 2000, 48(5): 671-681.

[26] SEE C M S, NEHORAI A. Source localization with distributed electromagnetic component sensor array processing[C]. 7th International Symposium on Signal Processing and Its Applications, Paris, 2003: 177-180.

[27] SEE C M S, NEHORAI A. Source localization with partially calibrated distributed electromagnetic component sensor array[J]. IEEE Workshop on Statistical Signal Processing, 2003, 1: 458-461.

[28] HURTADO M, NEHORAI A. Performance analysis of passive low-grazing-angle source localization in maritime environments using vector sensors[J]. IEEE Transaction on Aerospace Electronic Systems, 2007, 43(2): 780-789.

[29] WONG K T, YUAN X. 'Vector cross-product direction-finding' with an electromagnetic vector-sensor of six orthogonally oriented but spatially non-collocating dipoles/loops[J]. IEEE Transaction on Signal Processing, 2011, 59(1): 160-171.

[30] YUAN X. Spatially spread dipole/loop quads/quints: For direction finding and polarization estimation[J]. IEEE Antennas Wireless Propagation, 2013, 12: 1081-1084.

[31] MONTE L L, ELNOUR B, ERRICOLO D, et al. Design and realization of a distributed vector sensor for polarization diversity applications[C]. International Waveform Diversity Design Conference, Pisa, 2007: 358-361.

[32] WANG L M, CHEN Z H, WANG G B, et al. Estimating DOA and polarization with spatially spread loop and dipole pair array[J]. Journal of Systems Engineering and Electronics, 2015, 26(1): 44-49.

[33] YUAN X. Cramer-rao bound of the direction-of-arrival estimation using a spatially spread electromagnetic vector-sensor[C]. 2011 IEEE Statistical Signal Processing Workshop, 2011: 1-4.

[34] WANG L M, WANG Y, WANG G B, et al. Near-field sound source localization using principal component analysis-multi-output support vector regression[J]. International Journal Distributed Sensor Network, 2020, 16(4): 1-9.

[35] KUANG M D, WANG L, XIE J, et al. Real-valued near-field localization of partially polarized noncircular sources with a cross-dipole array[J]. IEEE Access, 2019, 7: 36623-36632.

第 5 章　基于 CS 理论的 DOA 估计算法

本章介绍基于 CS 理论的 DOA 估计算法，主要研究正交匹配追踪算法和基于 SVD 的 l_1-SVD 算法。首先研究多快拍下基于 CS 理论的 DOA 估计算法，对接收数据直接运用 CS 算法计算量太大，因此先进行 SVD 然后进行 CS。接收数据进行 SVD 后提取大特征值对应的特征矢量，矩阵维数大大降低，而且 SVD 提高了 SNR，保证了算法的估计性能。其次采用双平行线阵和 L 阵压缩感知方法将现有的 CS 一维 DOA 估计算法推广到二维 DOA 估计。最后介绍电磁矢量传感器阵列 CS 降维算法，主要介绍将四维字典转化为二维字典，且不需要配对运算的二维 CS 算法。

5.1　引　　言

学者们已经提出了多种 DOA 估计算法，如 Capon 算法、MUSIC 算法和最大似然法等，但都存在一定的缺陷。Capon 算法和 MUSIC 算法虽然能够不受瑞利限的限制，实现高分辨测向，但是 SNR 必须足够大，信号源不能强相关，且有足够多的快拍数据。最大似然法虽然有很好的统计特性，但是必须保证有精确的初始化值，才能使算法收敛到全局优化值。压缩感知算法可以实现高分辨测向，且避免了上述算法的不足。

信号采样是模拟信号转化为数字信号的必要步骤。多年来，信号采样的理论依据都是奈奎斯特采样定理，内容为只有当采样速率达到信号带宽的两倍以上时，才能由采样信号精确重建原始信号，因此采样时要满足相应的带宽条件。但是在实际应用中，超宽带通信、核磁共振成像、雷达遥感成像和传感器网络等的带宽要求越来越大，相应的对信号的采样和传输速率及存储空间等方面的要求也越来越高。因此，常采用信号压缩的方法，如基于小波变换的 JPEG 2000 标准，在信号压缩过程中，丢弃了大量的采样数据，资源浪费比较严重。从该角度出发，奈奎斯特采样机制是冗余的，信号带宽不能对信号信息进行本质的表达。图 5.1.1 是传统方法采样压缩过程。

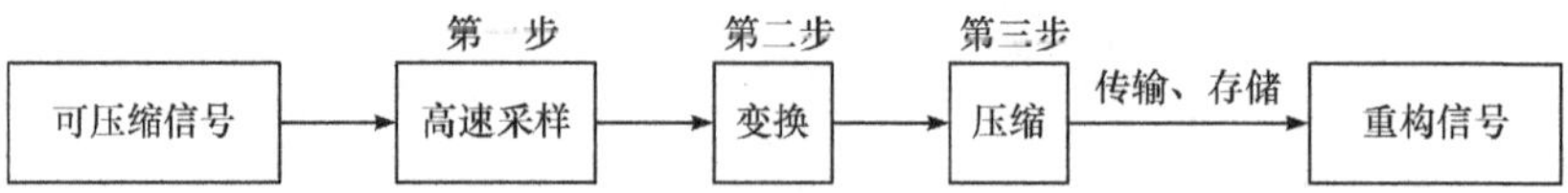

图 5.1.1　传统方法采样压缩过程

近年来，实现对信号的采样并在保证信息完整性的同时进一步压缩采样数量成为许多学者们研究的方向。稀疏性与信号带宽相比，可以更加本质且直观地传递信号的有效信息[1,2]。在阵列信号处理学科中稀疏性的研究有着非常重要的作用，以稀疏性为基础的信号估计、逼近、压缩、降维等方法被陆续提出[3,4]。CS 理论即是基于信号稀疏性的与奈奎斯特采样定理不同的新兴采样理论，可以同时实现信号的采样与压缩过程[5-9]。图 5.1.2 是 CS 理论的框架。

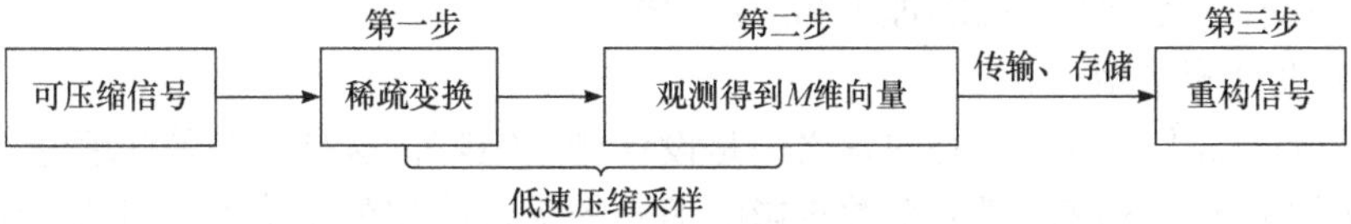

图 5.1.2　CS 理论的框架

当信号在某个域是稀疏的或者可以压缩，利用测量矩阵将变换系数投影为低维观测向量，通过求解稀疏最优化问题从低维观测向量精确还原高维信号[10-12]。采样速率不再受限于信号带宽，很大程度上取决于稀疏性和非相干性。CS 理论突破了奈奎斯特采样定理的制约，可以以远低于奈奎斯特采样频率对信号进行欠采样，通过稀疏最优化问题精确重构原始信号[13-18]。CS 理论主要包括设计稀疏字典、设计测量矩阵和设计重建算法三个核心问题。

1) 设计稀疏字典

运用 CS 理论的前提和基础是信号具有稀疏性或者可压缩性，首要任务是对信号进行稀疏表示。选择合适的稀疏字典在 CS 理论中至关重要，一方面可以保证表示系数的稀疏性和衰减性，另一方面可以在压缩测量减少时保证其重建精度。

稀疏字典主要分为三类。第一类是正交基字典，主要内容是在调和分析时计算其中的正交变换系统。第二类是紧框架字典，主要内容为图像的几何多分辨率表示，也称为 Beyond Wavelet 变换，其主要代表为 Ridgelet、Bandlet、Curvelet 和 Contourlet。第三类是过完备字典，为了增强信号逼近时的灵活性和字典的稀疏表示能力，该字典不再用单一基进行稀疏表示，而是在学习中得到一个冗余原子库或者重新构造冗余原子库，使变换系统冗余性得到提高。

1993 年，基于过完备字典的稀疏分解思想由 Mallat 等[19]提出，说明了在稀疏表示过程中过完备字典发挥的重要作用。当前，对于以过完备字典为基础的稀疏分解方法的研究依然是热点[20-24]。在过完备字典中，主要组成是基于过完备原子库的冗余系统，其中的原子并非单一基函数。在构造和学习过完备字典时，应保证其中的原子与信号固有特征相匹配，此情形下稀疏字典是冗余且非正交的，字典中原子个数的增加可以提高系统冗余性，进而增强信号逼近时的灵活性并提高其稀疏表示能力。当字典过完备时，信号的维数小于字典中的原子个数且线性无关向量个数等于信号维数。利用过完备字典进行稀疏分解时，极少数原子将包含信号的大部分能量，这些原子具有非零系统且对信号的不同特征进行匹配。构造过完备字典的方法主要包括 Gabor 字典、Refinement-Gaussian 混合字典等。基于数据训练的过完备字典的典型方法主要有 K-SVD 学习算法，该算法稀疏表示效果好，计算简单，但缺乏严格的理论推导。信号稀疏重建是压缩感知的目标，过完备字典设计中稀疏分解算法可以用来解决压缩感知的信号稀疏重建问题。我国对稀疏表示也展开了广泛的理论和应用研究。

2) 设计测量矩阵

进行压缩采样时，核心内容之一是设计测量矩阵，这是压缩采样理论实际应用成功的关键。压缩测量的个数将影响信号的稀疏性和重建精度，因此在压缩感知过程中应综合考虑测量矩阵和稀疏字典的相关设计。设计测量矩阵时，原理上需满足非相干性和等距约束性等基本准则，在确保重建精度的情况下尽量减少压缩测量个数。在技术方面考虑测量矩阵的元素和维数两个方面，设计测量矩阵的元素时可利用 Candès 等提出的随机生成方法，确定测量矩阵维数时需使压缩测量个数 M、信号稀疏性 K 和信号长度 N 满足相应的关系。主要测量内容是基于两个基本准则的测量，即基于相干性准则和等距约束性准则的测量。

3) 设计重建算法

从理论上考虑，在压缩感知的信号重建过程中其可行解有无数多个[25,26]。在压缩感知方法中进行近似重建和精确重建的理论保证是相干性准则和等距约束性准则。除了稀疏字典和测量矩阵，重建算法也是压缩感知的核心问题。在设计重建算法时，基本准则是在保证精确、快速、稳定重建原始信号的同时尽量减少压缩测量的次数。

为此，多种信号重建算法被陆续提出[27-30]。这些算法主要分为三类，第一类是基于范数最小化的松弛算法。第二类是在每次迭代过程中通过局部最优化寻找非零系数的贪婪算法。第三类是性能介于前两种算法之间的非凸方法。由于稀疏表示是为了得到稀疏解，也可以利用这三种算法对稀疏表示问题进行求解。

压缩感知是近年来阵列信号处理领域的热点，由于可直接应用采样信息，应用前景广泛，已在图像处理、图像采集和光谱分析等多个领域发挥巨大作用[31]。

在成像技术中，压缩感知理论的出现为新型传感器的研究提供了新的思路[32-34]，极大程度上影响了造价高昂的成像器件的设计。在核磁共振成像和地震勘探中，有望在较少随机观测目标信号次数下实现高精度重构，这已在一种新型单像素 CS 相机中得到了论证。对宽带无线频率信号进行分析时，采集信号频率可以远低于奈奎斯特采样频率。在医学领域，X 射线和生物医学可以在观测样本远少于位置像素点数的情况下获取期望的图像信息。近年来，压缩感知理论也被用于基因表达中，希望从少数观测样本中推导出更大数量基因的表达式。

5.2　基于 CS 理论的 DOA 估计算法模型

5.2.1　稀疏重构算法的基本原理

CS 突破了经典的奈奎斯特采样定理对频率的约束，可以在待重构信号为稀疏信号或者可压缩信号的条件下，在欠奈奎斯特采样时使用较低频率，然后利用重构算法对原始信号进行高精度重构。CS 理论为信号处理等领域注入了新的活力，开创了崭新的局面。从整个空间区域来看，目标信号的方向相对于整个空间域是极少数的方向位置，利用该特点，可以认为 DOA 位置信息具有稀疏性，能够以 CS 理论完成 DOA 估计。

假设在空间中存在 K 个远场的窄带信号入射到均匀线阵上，均匀线阵由 M 个阵元组成，阵列接收到的数据可以表示为

$$\boldsymbol{y}(t)=\tilde{\boldsymbol{A}}\tilde{\boldsymbol{s}}(t)+\tilde{\boldsymbol{n}}(t) \tag{5.2.1}$$

式中，$\tilde{\boldsymbol{A}}$ 为 $(M\times K)$ 维空间方向矩阵；$\tilde{\boldsymbol{s}}(t)$ 为空间的信号源向量；$\boldsymbol{y}(t)$ 为阵列接收到的数据。空间方向矩阵 $\tilde{\boldsymbol{A}}$ 的每一列由导向矢量 $\boldsymbol{a}_i(\omega_0)$ 构成，而每一个导向矢量对应着空间中信号的一个波达方向 θ_i，故空间方向矩阵中包含了空间中所有信号的方位信息。

为了实现空间信号 DOA 的稀疏表示，将整个空间表示为 $\{\theta_1,\theta_2,\cdots,\theta_N\}$，即将整个空间划分为图 5.2.1 的形式[17]。

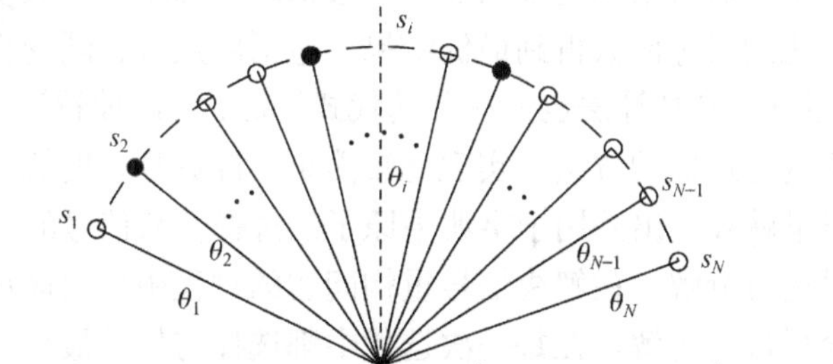

图 5.2.1　空间信号波达方向的稀疏化

图 5.2.1 中，● 表示空间中该方向真实存在的信号源，○ 表示空间中该方向不存在信号源。当不知道空间中哪个方向存在信号源，且只有阵列接收到的数据 $\boldsymbol{y}(t)$ 时，只能假设在每个方向都存在信号源，这样每一个角度都对应一个 DOA，即 θ_i 与 x_i 一一对应。由于 $K\ll N$，实际上构造的 $(N\times 1)$ 维信号 $\boldsymbol{x}$ 中只有 K 个非零元素，

其余的$(N-K)$个元素全为 0。显然信号$\boldsymbol{x}$具有稀疏性，故可以将 CS 理论用于 DOA 估计。根据稀疏信号向观测矩阵进行投影理论，得到基于 CS 理论的 DOA 估计模型：

$$\boldsymbol{y}=\boldsymbol{A}\boldsymbol{s}+\boldsymbol{n} \tag{5.2.2}$$

式中，$\boldsymbol{y}=[y_1,y_2,\cdots,y_M]^{\mathrm{T}}$，为某一时刻阵列接收到的信号；$\boldsymbol{A}$为$(M\times N)$维感知矩阵；$\boldsymbol{s}$为$(N\times 1)$维稀疏信号向量；$\boldsymbol{n}$为$(M\times 1)$维噪声向量。$\boldsymbol{s}$相当于稀疏信号，$\boldsymbol{y}$为观测值(受到了噪声污染)，可用 CS 理论对上述模型进行解释。稀疏信号$\boldsymbol{s}$向感知矩阵$\boldsymbol{A}$进行投影从而实现了降维，对信号$\boldsymbol{s}$进行重构，可以实现对 DOA 的估计。这样就可以利用重构算法对信号$\boldsymbol{s}$进行重构。最基本的信号的重构算法有基追踪(basis pursuit，BP)、匹配追踪(matching pursuit，MP)、正交匹配追踪(orthogonal matching pursuit，OMP)、正则化正交匹配追踪(regularized orthogonal matching pursuit，ROMP)、稀疏自适应匹配追踪(sparsity adaptive matching pursuit，SAMP)、l_1-SVD 等算法。

5.2.2 正交匹配追踪算法

在 CS 过程中，重构算法是重要环节，稀疏重构要求在观测数据较少的情况下实现原始信号重构，并保证其重构精度和成功概率。在 CS 算法进入人们视野后，重构算法一直是研究的重点，取得了非常多的研究成果。高效的重构算法主要分为凸优化和贪婪算法两类。

凸优化算法主要通过增加约束从而得到最稀疏的结果，一般使用范数约束条件，即利用最小化的目标函数得到最优结果，包括内点法、同伦算法、梯度投影法和 FOUSS 算法等。贪婪算法也是一种迭代式算法，可以被看作近似l_0范数优化算法，通过逐步构建最优的方法，实现比较简单，计算复杂度低且效率高。

MP 算法很早就被提出并用于字典中原子的选择，从信号的过完备原子库出发，逐步对信号进行分解，在解决信号重构问题的过程中采取逐步构建最优的方法，从而达到全局最优的解。在每一次迭代中都选择与信号最相关的原子来逼近原信号，并重新计算残余信号值，然后进入下一次迭代继续选择与残余信号值最相关的原子。当满足迭代终止条件时，就获得了原始信号最逼近的稀疏表示。对于 MP 算法，每次迭代得到的残余信号由前一次的残余信号减去新选出的原子所对应的分量得到。

设信号的稀疏度为K，测量矩阵为$\boldsymbol{\Phi}$，信号压缩测量矢量为$\boldsymbol{y}$，原始信号$\boldsymbol{x}$的重构结果为$\hat{\boldsymbol{x}}$，计算误差矢量为$\boldsymbol{\varepsilon}$。MP 算法的步骤如表 5.2.1 所示。

表 5.2.1　MP 算法的步骤

1：初始化，令余量 $\boldsymbol{\varepsilon}_0 = \boldsymbol{y}$，迭代次数为 $n=1$；

2：计算测量矩阵 $\boldsymbol{\Phi}$ 的每一列和余量的内积 $\boldsymbol{g}_n = \boldsymbol{\Phi}^{\mathrm{T}}\boldsymbol{\varepsilon}_{n-1}$；

3：找到内积 $\boldsymbol{g}_n$ 中绝对值最大元素的索引 $k = \arg\max|\boldsymbol{g}_n|$；

4：计算近似逼近结果 $\boldsymbol{x}_n(k) = \boldsymbol{x}_{n-1}(k) + \boldsymbol{g}_n(k)$；

5：更新余量 $\boldsymbol{\varepsilon}_n = \boldsymbol{\varepsilon}_{n-1} - \boldsymbol{g}_n(k)$；

6：判断迭代终止条件满足与否，若不满足，则转入步骤 1 进入下一次迭代；若满足，则得到重构结果 $\hat{\boldsymbol{x}} = \boldsymbol{x}_n$，误差矢量 $\boldsymbol{\varepsilon} = \boldsymbol{\varepsilon}_n$。

从 MP 算法的计算过程发现，余量的每一列在测量矩阵 $\boldsymbol{\Phi}$ 上的投影可能不是正交的，随意迭代的结果可能为次最优的，因此可能需要比较多的迭代次数才能得到收敛的结果。后来，基于 MP 算法，很多改进算法被提出，如 OMP 算法和阶梯式的正交匹配追踪(StOMP)算法等。下面主要介绍 OMP 算法。

OMP 算法克服了迭代结果次最优、需要比较多的迭代次数的问题，继承了 MP 算法中最优原子匹配的思想，并对 MP 算法的余量 $\boldsymbol{\varepsilon}_n$ 的更新过程进行了有效改进。它将当前次迭代新选出的原子与已选出的原子集合进行合并，然后将原始的观测信号 $\boldsymbol{y}$ 向由这些原子张成的子空间进行正交投影，即对所有原子进行施密特(Schimidt)正交化处理，从而使得残余信号值与其对应的匹配原子正交，因而在当前迭代中可获得比 MP 算法更小的近似误差，减少了达到收敛所需的迭代次数。

设信号的稀疏度为 K，测量矩阵为 $\boldsymbol{\Phi}$，信号压缩测量矢量为 $\boldsymbol{y}$，原始信号 $\boldsymbol{x}$ 的重构结果为 $\hat{\boldsymbol{x}}$，计算误差矢量为 $\boldsymbol{\varepsilon}$。OMP 算法的步骤如表 5.2.2 所示。

表 5.2.2　OMP 算法的步骤

1：初始化，令余量 $\boldsymbol{\varepsilon}_0 = \boldsymbol{y}$，迭代次数为 $n=1$，原始信号 $\boldsymbol{x}$ 的稀疏重构结果 $\boldsymbol{x}_0 = \boldsymbol{0}$，索引集合 $\boldsymbol{\Gamma}_0 = \varnothing$；

2：计算测量矩阵 $\boldsymbol{\Phi}$ 的每一列和余量的内积 $\boldsymbol{g}_n = \boldsymbol{\Phi}^{\mathrm{T}}\boldsymbol{\varepsilon}_{n-1}$；

3：找到内积 $\boldsymbol{g}_n$ 中绝对值最大元素的索引 $k = \arg\max|\boldsymbol{g}_n|$；

4：更新索引集合 $\boldsymbol{\Gamma}_n = \boldsymbol{\Gamma}_{n-1} \cup \{k\}$ 和原子集合 $\boldsymbol{\Phi}_{\Gamma_n} = \boldsymbol{\Phi}_{\Gamma_{n-1}} \cup \{\boldsymbol{\varphi}_k\}$；

5：利用最小二乘法计算近似逼近结果 $\boldsymbol{x}_n = \left(\boldsymbol{\Phi}_{\Gamma_n}^{\mathrm{T}}\boldsymbol{\Phi}_{\Gamma_n}\right)^{-1}\boldsymbol{\Phi}_{\Gamma_n}^{\mathrm{T}}\boldsymbol{y}$；

6：更新余量 $\boldsymbol{\varepsilon}_n = \boldsymbol{y} - \boldsymbol{\Phi}\boldsymbol{x}_n$；

7：判断迭代终止条件满足与否，若不满足，则转入步骤 1 进入下一次迭代；若满足，则得到重构结果 $\hat{\boldsymbol{x}} = \boldsymbol{x}_n$，误差矢量 $\boldsymbol{\varepsilon} = \boldsymbol{\varepsilon}_n$。

图 5.2.2 和图 5.2.3 分别为 MP 算法与 OMP 算法流程图。其中信号的稀疏度为 K，测量矩阵为 $\hat{\boldsymbol{A}}$，信号压缩测量矢量为 $\boldsymbol{y}$，原始信号 $\boldsymbol{x}$ 的重构结果为 $\hat{\boldsymbol{x}}$，计算误差矢量为 $\boldsymbol{\varepsilon}$。

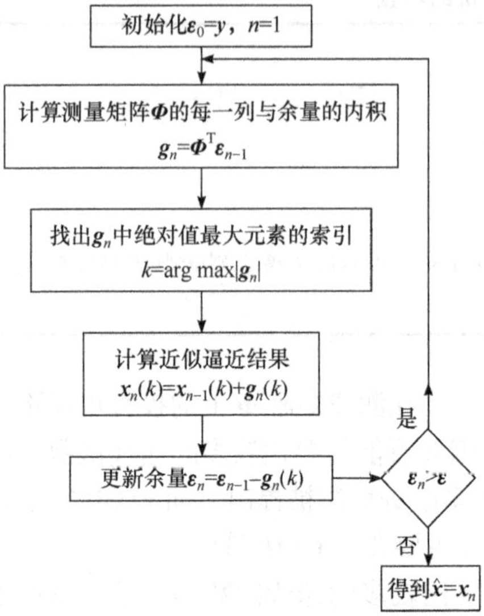

图 5.2.2　MP 算法流程图

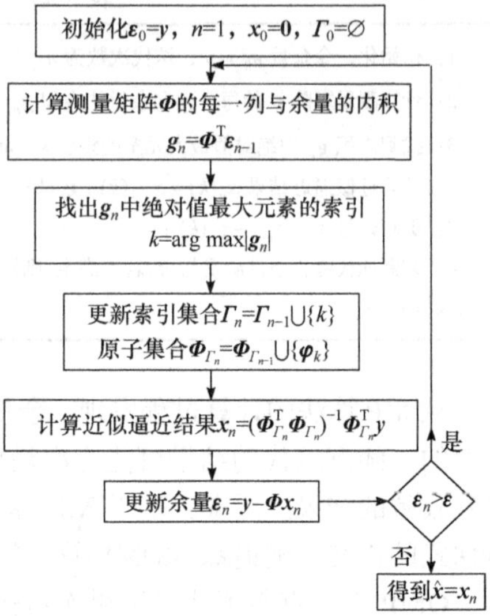

图 5.2.3　OMP 算法流程图

5.2.3　计算机仿真实验

通过前面的分析可知，CS 理论可用于 DOA 估计，下面通过 Matlab 验证算法的有效性，并与 MUSIC 算法比较，研究基于 CS 的 DOA 估计的性能。仿真实验采用改进的 OMP 算法稀疏重构信号，基于等正弦网格划分稀疏化方式得到空间角度冗余字典，所加噪声均为互相独立的零均值高斯白噪声。

仿真实验 1：设接收阵列为均匀线阵，其阵元数 $N=10$，相邻两个阵元的间距 $d=\lambda/2$，λ 为入射信号的最小半波长。假设有一个信源从空间入射，其 DOA 为 $50°$，SNR 为10dB。CS 算法采用单次快拍数据估计信号 DOA，仿真结果如图 5.2.4 所示，MUSIC 算法采用 100 次快拍数据估计信号 DOA，仿真结果如图 5.2.5 所示。

由图 5.2.4 和图 5.2.5 可以发现，CS 算法和 MUSIC 算法均能有效估计单信号的 DOA，且 CS 算法估计单信号 DOA 时的分辨率比 MUSIC 算法更好。MUSIC 算法采用 100 次快拍数据估计且需要进行特征分解，采样数据量多，计算速度较慢，而 CS 算法采用单次快拍数据估计信号 DOA，采样数据量少，效率更高。

仿真实验 2：接收阵列与仿真实验 1 相同，存在两个非相干信源入射到该阵列上，DOA 分别为 $-20°$ 和 $40°$，SNR 均取 10dB。CS 算法采用单次快拍数据估计信号 DOA，仿真结果见图 5.2.6；MUSIC 算法采用 100 次快拍数据估计信号 DOA，仿真结果见图 5.2.7。

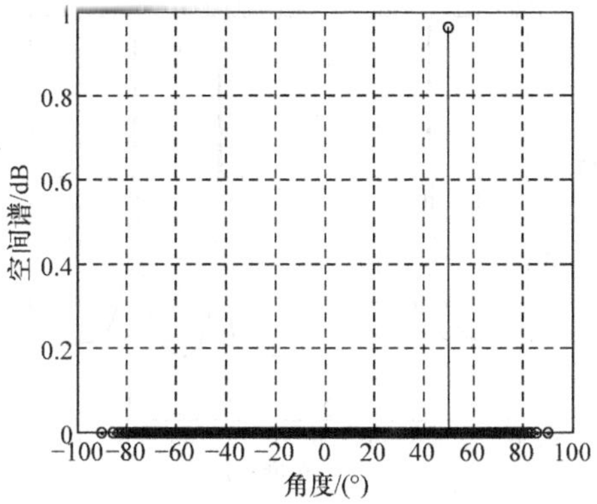

图 5.2.4　单信号 CS 算法 DOA 空间谱

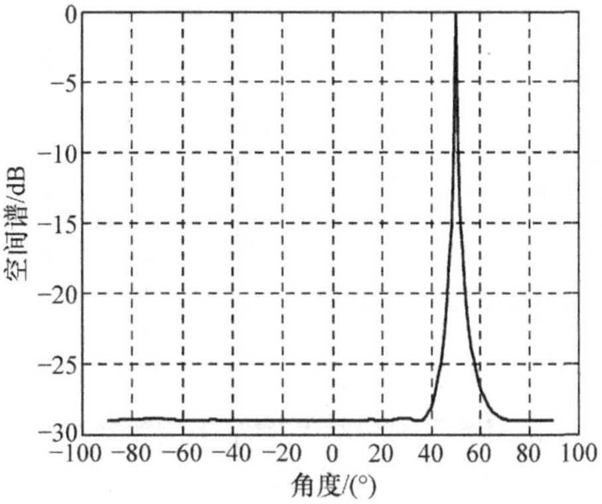

图 5.2.5　单信号 MUSIC 算法 DOA 空间谱

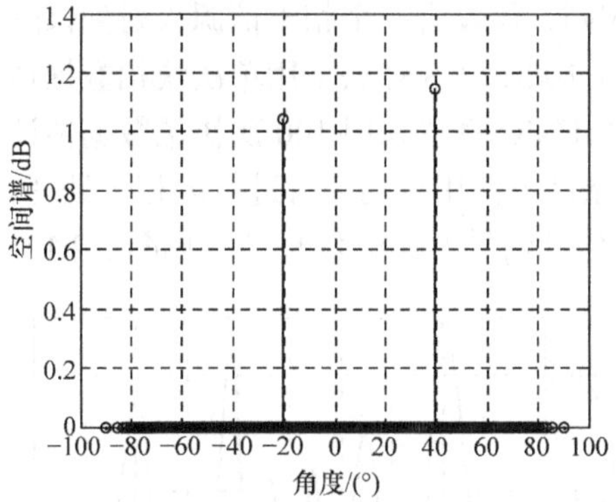

图 5.2.6　双非相干信号 CS 算法 DOA 空间谱

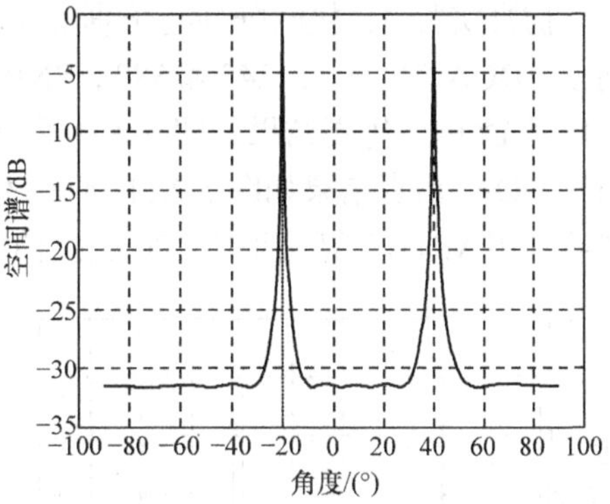

图 5.2.7　双非相干信号 MUSIC 算法 DOA 空间谱

由图 5.2.6 和图 5.2.7 可知，CS 算法和 MUSIC 算法均能有效估计双非相干信号的 DOA，CS 算法估计双非相干信号的 DOA 的分辨率比 MUSIC 算法好。

仿真实验 3：设接收阵列为 10 阵元的均匀线阵，即 $N=10$，阵元间距 $d=\lambda/2$，若有三个非相干信源入射到该阵列上，DOA 为 $-60°$、$24°$ 和 $58°$，信噪比均取 10dB。利用 CS 算法估计信号 DOA 时采用单次快拍，仿真结果如图 5.2.8 所示；利用 MUSIC 算法估计信号 DOA 时采用 100 次快拍，仿真结果如图 5.2.9 所示。

由图 5.2.8 和图 5.2.9 可知，CS 算法和 MUSIC 算法均能有效估计多信源的 DOA，类似于仿真实验 1 中的单信源情况和实验 2 中的双非相干信号情况，CS 算法采用单次快拍数据估计多个信源 DOA 的分辨率比 MUSIC 算法采用 100 次快拍数时好。

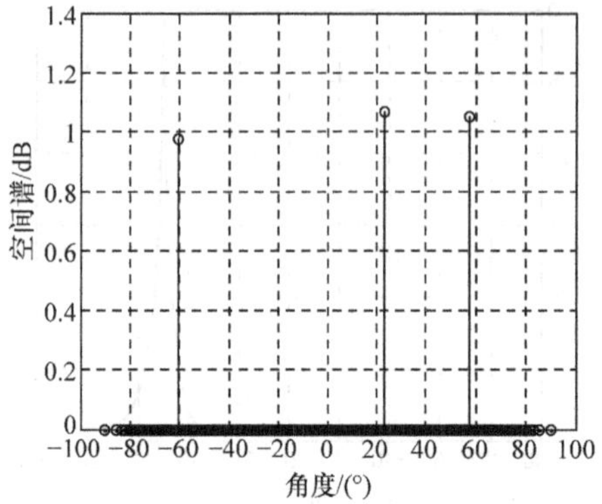

图 5.2.8　三非相干信号 CS 算法 DOA 空间谱

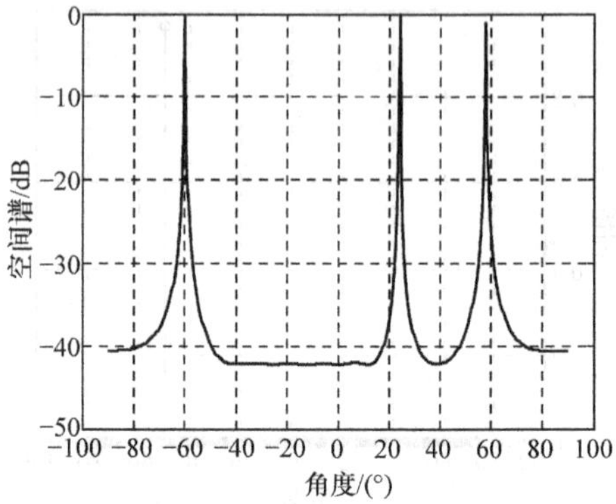

图 5.2.9　三非相干信号 MUSIC 算法 DOA 空间谱

仿真实验 4：接收阵列与仿真实验 3 相同，假设有三个相干信源入射到该阵列上，DOA 为−60°、24°和 58°，SNR 均取 10dB。CS 算法采用单次快拍数据估计信号 DOA，仿真结果如图 5.2.10 所示；MUSIC 算法采用 100 次快拍数据估计信号 DOA，仿真结果如图 5.2.11 所示。相同条件下使用空间平滑进行解相干处理，然后利用 MUSIC 算法采用 100 次快拍数据估计信号 DOA，仿真结果见图 5.2.12。

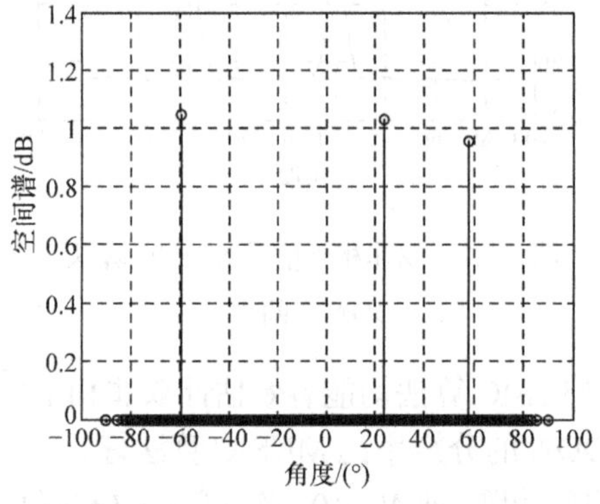

图 5.2.10　三相干信号 CS 算法 DOA 空间谱

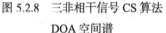

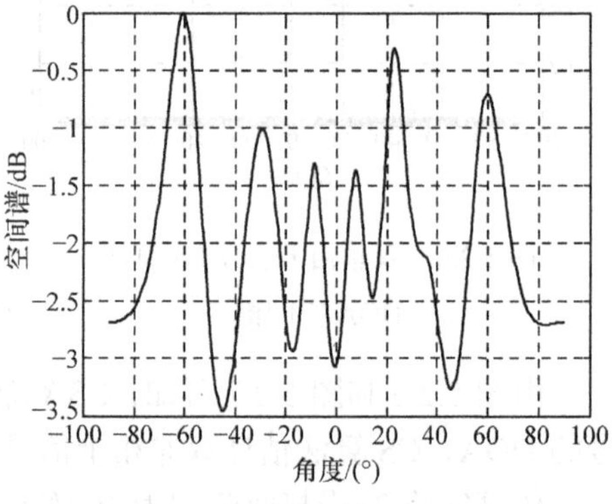

图 5.2.11　三相干信号 MUSIC 算法 DOA 空间谱

由图 5.2.10 可以观察到，CS 算法在估计相干信号 DOA 时仍然有效，并不需要解相干处理，且分辨率很好；由图 5.2.11 可以看出，MUSIC 算法估计三相干信号 DOA 时失败，从 MUSIC 空间谱无法准确估计出 DOA；从图 5.2.12 可以看出，使用空间平滑进行解相干处理后，MUSIC 算法可以有效估计信号 DOA，而空间平滑处理是以损失阵列有效孔径为代价，且只适用于等距均匀线阵。相比较而言，三相干信号 DOA 估计时使用 CS 算法，其分辨率仍然比空间平滑处理后使用 MUSIC

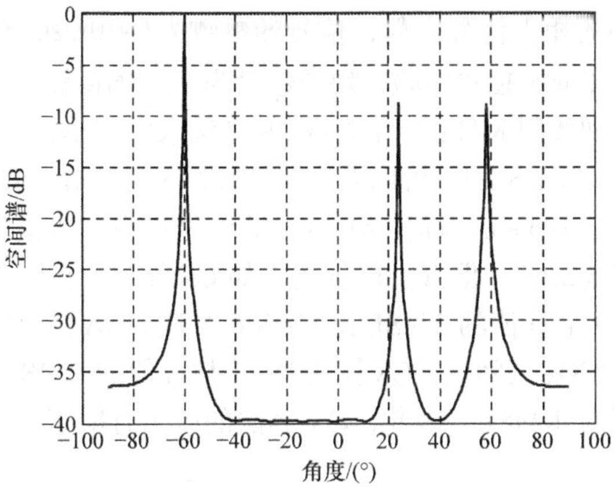

图 5.2.12　解相干后 MUSIC 算法 DOA 空间谱

算法好得多，且 CS 算法仅仅采用单次快拍数据估计信号 DOA，MUSIC 算法则采用 100 次快拍数据估计且需要进行特征分解。

仿真实验 5：接收阵列与仿真实验 4 相同，三临近相干信号入射到该阵列上，它们的 DOA 分别为 26°、30° 和 34°，十分相近，SNR 均取 10dB。进行 DOA 估计时，CS 算法采用单次快拍，MUSIC 算法采用 100 次快拍，仿真结果如图 5.2.13 和图 5.2.14 所示。

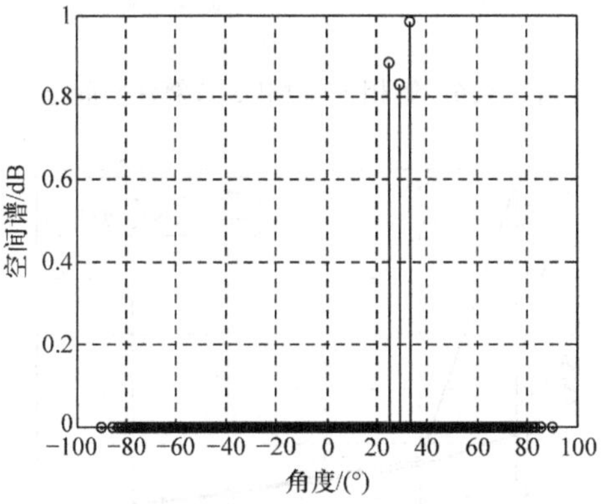

图 5.2.13　三临近相干信号 CS 算法 DOA 空间谱

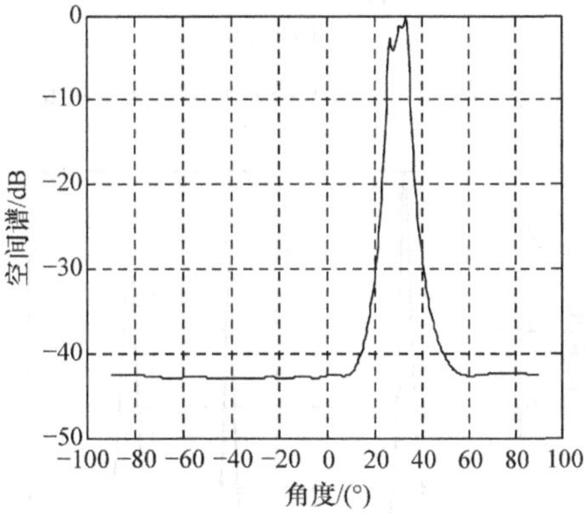

图 5.2.14　三临近相干信号 MUSIC 算法 DOA 空间谱

由图 5.2.13 可知，在信号源入射方向相近时，CS 算法仍然可以有效分辨并对信号 DOA 进行准确估计；由图 5.2.14 中的空间谱可以发现，当信号源 DOA 相近时，MUSIC 算法空间谱不能有效分辨。因此，CS 算法估计信号 DOA 时，分辨能力比 MUSIC 算法要好。

仿真实验 6：试验采用由 20 个间距均为 $d = 0.5\lambda$ 的阵元组成的均匀线阵，假设有三个参数不同的相干信源入射，信号的参数为$(-50°,20°,60°)$，试验条件均采取 500 次 Monte-Carlo 独立实验，快拍数设为 1，SNR 设置为 0～10dB，在同样的仿真参数下分别使用 MUSIC 算法与 CS 算法求解 DOA。

对比图 5.2.15 与图 5.2.16 可以看出，增加阵元数，MUSIC 算法失效而 CS 算法能得到正确的信号 DOA。即使 MUSIC 算法经过空间平滑解相干技术求得正确的 DOA 参数(图 5.2.17)，但其性能依然不如 CS 算法。在图 5.2.18 中，SNR 为 0dB 时 CS 算法 DOA 估计值的 RMSE 比 MUSIC 算法 DOA 估计值的 RMSE 小 2.4°左右，且在研究的 SNR 区间内，CS 算法 DOA 估计值的 RMSE 始终低于 MUSIC 算法 DOA 估计值的 RMSE。因此，CS 算法的应用有助于减小 DOA 估计值的 RMSE。

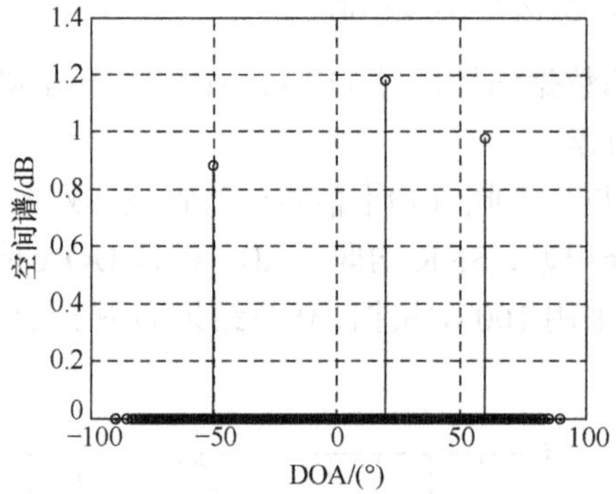

图 5.2.15　三个相干信号 CS 算法空间谱

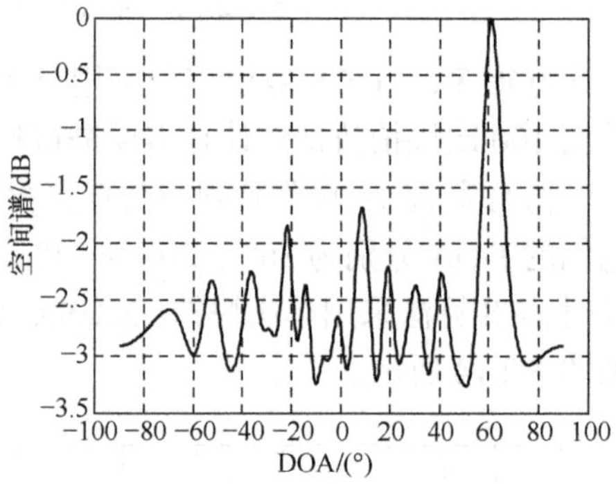

图 5.2.16　解相干前 MUSIC 算法空间谱

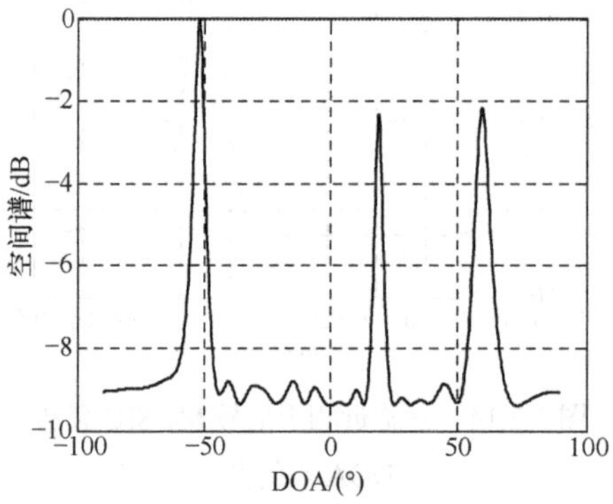

图 5.2.17　解相干后 MUSIC 算法空间谱

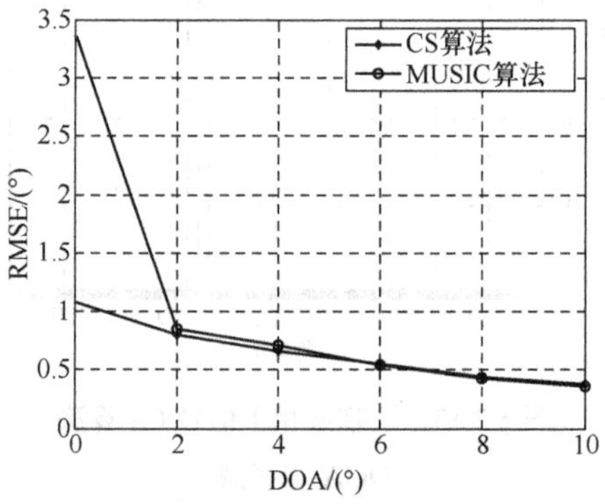

图 5.2.18　DOA 估计值的 RMSE

对比图 5.2.19 与图 5.2.20 可以看出，SNR 为 0dB 时，CS 算法的 DOA 估计值紧紧围绕在真值附近，估计误差较小。MUSIC 算法的 DOA 估计值偏离真值较多，估计误差较大。因此，CS 算法的使用能减小 DOA 估计值与真值的偏差。

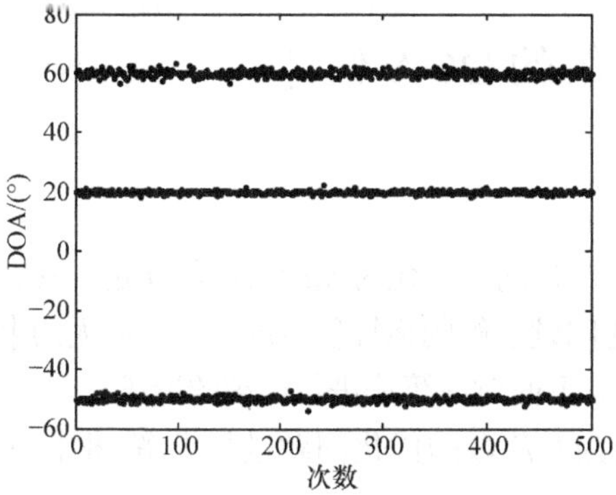

图 5.2.19　CS 算法 DOA 星座图

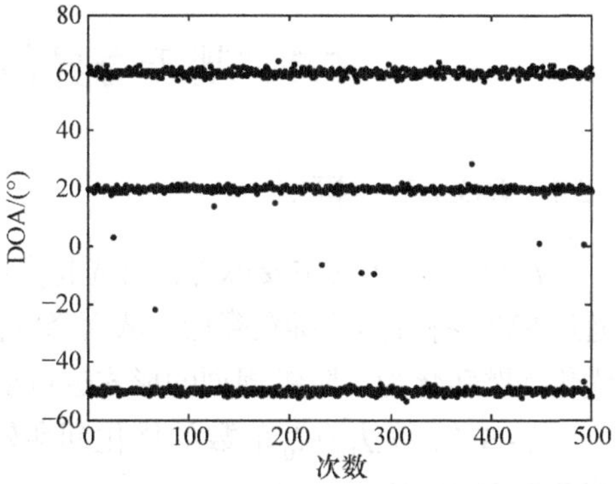

图 5.2.20　解相干后 MUSIC 算法 DOA 星座图

从图 5.2.21 可以更加直观地看出 CS 算法具有比解相干处理后的 MUSIC 算法更高的成功概率，且在研究区间内的任意 SNR 情况下估计的成功概率均大于经过空间平滑解相干处理的 MUSIC 算法。

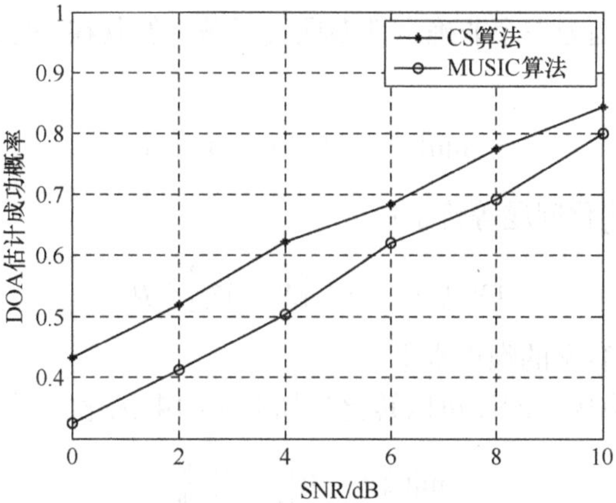

图 5.2.21　DOA 估计成功概率随信噪比的变化

从图 5.2.4～图 5.2.11 可以看出，MUSIC 算法在估计信号 DOA 时，对快拍数要求较高，计算过程中需要进行特征分解，且需进行谱峰搜索，才能估计出信号 DOA；当入射方向很近，经典 MUSIC 算法无法有效分辨；当入射信号是相干信号，不能得到正确的 DOA 参数，需经过空间平滑技术才能正确估计，而经过该技术求得的正确估计值的偏差依然较大，但是利用 CS 理论的算法仅需一次快拍数就能得到正确的信号 DOA，大大降低了必须处理的数据量，并且可以不加任何额外的技术就能处理相干信号。CS 算法在数据的采样、存储等方面具有更大的优势，是一种更加有效、实用的算法。

5.3　基于奇异值分解的 DOA 估计

5.3.1　DOA 估计模型

l_1-SVD 算法的主要思想：首先将有约束优化问题转化为无约束优化问题；其次通过 SVD 将数据的维数降低，从而降低优化问题求解的运算复杂度；最后将无约束优化问题转化为二阶锥规划的形式进行求解。下面对该算法进行详细的论述。

l_1-SVD 算法将 l_0 范数的优化问题转换为 l_1 范数的优化问题进行求解。根据压缩感知 DOA 估计模型：

$$\boldsymbol{y}=\boldsymbol{A}\boldsymbol{s}+\boldsymbol{n} \tag{5.3.1}$$

式中，$\boldsymbol{s}\in\mathbf{C}^N$，$\boldsymbol{y}\in\mathbf{C}^M$，$\boldsymbol{A}\in\mathbf{C}^{M\times N}$ 且 $M<N$。要求解信号 $\boldsymbol{s}$，可转化为求解下述优化问题：

$$\min\|\boldsymbol{s}\|_0 \quad \text{s.t.} \quad \boldsymbol{y}=\boldsymbol{A}\boldsymbol{s}+\boldsymbol{n} \tag{5.3.2}$$

上述的优化问题为一个非确定性多项式问题，但其在一定的条件下可以转化为如下优化问题：

$$\min\|\boldsymbol{s}\|_1 \quad \text{s.t.} \quad \boldsymbol{y}=\boldsymbol{A}\boldsymbol{s}+\boldsymbol{n} \tag{5.3.3}$$

式(5.3.3)的凸优化问题等价于：

$$\min\|\boldsymbol{s}\|_1 \quad \text{s.t.} \quad \|\boldsymbol{y}-\boldsymbol{A}\boldsymbol{s}\|_2^2\leqslant\beta^2 \tag{5.3.4}$$

式中，β 表示能够容忍的噪声水平。

式(5.3.4)的约束优化问题可以转化为如下无约束优化问题：

$$\min\|\boldsymbol{y}-\boldsymbol{A}\boldsymbol{s}\|_2^2+\lambda\|\boldsymbol{s}\|_1 \tag{5.3.5}$$

式中，λ 为一个均衡参数，起均衡信号稀疏度和噪声的作用，通过调节该参数，可以使该优化问题在不同的稀疏信号和噪声强度下都能得到正确的结果。这就实现了约束优化问题向无约束优化问题的转换。下面讨论运用 SVD 降低数据的维数。

假设有 K 个远场的窄带信号入射到均匀线阵上，其中阵列由 M 个阵元组成且 $K<M$，即信号源的数目小于阵元数。第 k 个窄带信号为 $u_k(t)$，$k\in\{1,2,\cdots,K\}$；第 m 个阵元接收到的信号为 $y_m(t)$，$m\in\{1,2,\cdots,M\}$；第 m 个阵元上的噪声为 $n_m(t)$，$m\in\{1,2,\cdots,M\}$。定义向量 $\boldsymbol{u}(t)=[u_1(t)\ u_2(t)\ \cdots\ u_M(t)]^{\mathrm{T}}$，$\boldsymbol{y}(t)=[y_1(t)\ y_2(t)\ \cdots\ y_M(t)]^{\mathrm{T}}$，噪声向量 $\boldsymbol{n}(t)=[n_1(t)\ n_2(t)\ \cdots\ n_M(t)]^{\mathrm{T}}$，那么根据阵列

信号的模型，接收到的信号 $\boldsymbol{y}(t)$ 为

$$\boldsymbol{y}(t)=\boldsymbol{A}(\theta)\boldsymbol{u}(t)+\boldsymbol{n}(t),\quad t\in\{t_1,t_2,\cdots,t_T\} \tag{5.3.6}$$

式中，T 为采样次数；$\boldsymbol{A}(\theta)$ 为信号导向矢量构成的空间方向矩阵，其每一列为 $\boldsymbol{a}(\theta_k)$，$k\in\{1,2,\cdots,K\}$，θ_k 为第 k 个窄带信号的 DOA。可见，空间方向矩阵 $\boldsymbol{A}(\theta)$ 与 $\boldsymbol{\theta}=\begin{bmatrix}\theta_1 & \theta_2 & \cdots & \theta_K\end{bmatrix}$ 一一对应。传统的 DOA 估计就是根据接收到的信号 $\boldsymbol{y}(t)$，只需估计 K 个信号的波达方向 $\boldsymbol{\theta}$。CS 算法的 DOA 估计与此不同，主要在于空间方向矩阵 $\boldsymbol{A}(\theta)$ 和信号源 $\boldsymbol{u}(t)$。

为了简化问题，讨论在单个快拍，即 $T=1$ 时的情况，CS 算法下的 DOA 估计模型为

$$\boldsymbol{y}=\boldsymbol{A}\boldsymbol{s}+\boldsymbol{n} \tag{5.3.7}$$

式中，$\boldsymbol{A}=\left[\boldsymbol{a}(\widetilde{\theta}_1)\ \boldsymbol{a}(\widetilde{\theta}_2)\ \cdots\ \boldsymbol{a}(\widetilde{\theta}_{N_\theta})\right]\in\boldsymbol{R}^{M\times N_\theta}$，为由导向矢量构成的过完备字典，$\left\{\widetilde{\theta}_1,\widetilde{\theta}_2,\cdots,\widetilde{\theta}_{N_\theta}\right\}$ 为所有可能的 DOA，包含了所有可能的 DOA，远远超过了实际的波达方向，$\boldsymbol{a}(\widetilde{\theta}_i)\in R^{M\times1}$ 为 $\widetilde{\theta}_i$ 方向的导向矢量。$\boldsymbol{A}$ 不再依赖于实际的波达方向 $\boldsymbol{\theta}$，而是一个具体的矩阵。$\boldsymbol{s}=\left[s_1,s_2,\cdots,s_{N_\theta}\right]^{\mathrm{T}}$，为 $(N_\theta\times1)$ 维矢量，如果 $\widetilde{\theta}_i$ 方向存在信号源 $u_k(t)$，那么 s_i 为 $u_k(t)$；反之，如果 $\widetilde{\theta}_i$ 方向不存在信号，那么 s_i 为 0。$\boldsymbol{n}=\begin{bmatrix}n_1 & n_2 & \cdots & n_M\end{bmatrix}^{\mathrm{T}}$，为噪声矢量，且参数 N_θ、M 和 K 满足关系 $N_\theta\gg M>K$，显然信号 $\boldsymbol{s}$ 是稀疏的。

可以看出，上述模型将对波达方向 $\boldsymbol{\theta}$ 的估计变为对稀疏信号 $\boldsymbol{s}$ 的估计，$\boldsymbol{s}$ 中的非零元素的位置对应信号源的 DOA。在单次快拍的情况下，对稀疏信号 $\boldsymbol{s}$ 进行重构，只需求解式(5.3.5)的优化问题，即

$$\min\|\boldsymbol{y}-\boldsymbol{A}\boldsymbol{s}\|_2^2+\lambda\|\boldsymbol{s}\|_1 \tag{5.3.8}$$

在多次快拍的情况下，阵列接收到的数据可以表示为

$$\boldsymbol{y}(t)=\boldsymbol{A}\boldsymbol{s}(t)+\boldsymbol{n}(t),\quad t\in\{t_1,t_2,\cdots,t_T\} \tag{5.3.9}$$

式中，T 为快拍数。

如果定义 T 次快拍接收到的数据为 $\boldsymbol{Y}$，稀疏信号源为 $\boldsymbol{S}=\left[\boldsymbol{s}(t_1),\boldsymbol{s}(t_2),\cdots,\boldsymbol{s}(t_T)\right]$，噪声为 $\boldsymbol{N}=\left[\boldsymbol{n}(t_1),\boldsymbol{n}(t_2),\cdots,\boldsymbol{n}(t_T)\right]$，则

$$\boldsymbol{Y}=\boldsymbol{A}\boldsymbol{S}+\boldsymbol{N} \tag{5.3.10}$$

式(5.3.8)的优化问题可以转化为

$$\min\|\boldsymbol{Y}-\boldsymbol{A}\boldsymbol{S}\|_F^2+\lambda\left\|\boldsymbol{s}^{(l_2)}\right\|_1 \tag{5.3.11}$$

式中，$\|\boldsymbol{Y}-\boldsymbol{AS}\|_F^2=\|\mathrm{vec}(\boldsymbol{Y}-\boldsymbol{AS})\|_2^2$；$\boldsymbol{s}^{(l_2)}=\left[\begin{matrix} s_1^{(l_2)} & s_2^{(l_2)} & \cdots & s_{N_\theta}^{(l_2)}\end{matrix}\right]$，其中$\boldsymbol{s}^{(l_2)}$的第$i$个元素$\boldsymbol{s}_i^{(l_2)}=\left\|\left[s_i(t_1),s_i(t_2),\cdots,s_i(t_T)\right]\right\|_2$，即求矩阵$\boldsymbol{S}$第$i$行的$l_2$范数。这里将$l_2$范数与多次快拍采样结合起来，且不会对稀疏性产生任何影响，如果$\boldsymbol{s}(t)$在不同快拍下的幅度不线性相关，显然，多次快拍下的估计效果比单快拍的估计效果好。

由于$\boldsymbol{Y}$和$\boldsymbol{N}$都是$(M\times T)$维，$\boldsymbol{A}$为$(M\times N_\theta)$维，$\boldsymbol{S}$为$(N_\theta\times T)$维，采样的时间如果很长，T将很大。直接对式(5.3.11)的优化问题进行求解，运算量将会很大，且不易进行求解，因此需要对数据进行降维处理。

SVD是一个很好的降维方法，阵列接收到的数据进行SVD后，可以得到数据的主要部分，舍弃次要部分，从而实现降维，这里的降维是指降低数据量。具体来说，是对接收到的数据$\boldsymbol{Y}=\left[y(t_1),y(t_2),\cdots,y(t_T)\right]$进行SVD，可用式(5.3.12)表示：

$$\boldsymbol{Y}=\boldsymbol{ULV}^{\mathrm{H}} \tag{5.3.12}$$

定义$(M\times K)$维矩阵$\boldsymbol{Y}_{\mathrm{SV}}=\boldsymbol{ULD}_K=\boldsymbol{YVD}_K$，同样定义$\boldsymbol{S}_{\mathrm{SV}}=\boldsymbol{SVD}_K$，$\boldsymbol{N}_{\mathrm{SV}}=\boldsymbol{NVD}_K$，其中$\boldsymbol{D}_K=\left[\boldsymbol{I}_K\ \ \boldsymbol{O}\right]^{\mathrm{H}}$，$\boldsymbol{I}_K$为$(K\times K)$维单位矩阵，$\boldsymbol{O}$为$\left[K\times(T-K)\right]$维零矩阵。根据以上的定义可知，$\boldsymbol{Y}_{\mathrm{SV}}$包含了信号的大部分能量。

式(5.3.12)的两端同时右乘$\boldsymbol{VD}_K$，可得

$$\boldsymbol{Y}_{\mathrm{SV}}=\boldsymbol{AS}_{\mathrm{SV}}+\boldsymbol{N}_{\mathrm{SV}} \tag{5.3.13}$$

与式(5.3.12)相比，式(5.3.13)将$(M\times T)$维矩阵$\boldsymbol{Y}$降低为$(M\times K)$维矩阵$\boldsymbol{Y}_{\mathrm{SV}}$，$(N_\theta\times T)$维矩阵$\boldsymbol{S}$降低为$(N_\theta\times K)$维矩阵$\boldsymbol{S}_{\mathrm{SV}}$，$(M\times T)$维矩阵$\boldsymbol{N}$降低为$(M\times K)$维矩阵$\boldsymbol{N}_{\mathrm{SV}}$，相当于将$T$次快拍数据降低为$K$(信号源数)次快拍数据。然而一般在仿真中，快拍数往往是成百上千，信号源数往往只有几个。可见，SVD在很大程度上降低了维数，从而降低了数据量，相应地降低了优化问题求解的计算复杂度。

式(5.3.13)是矩阵的表示形式，其表示的物理意义不太明显，分别考虑矩阵的每一列，可得

$$\boldsymbol{y}_{\mathrm{SV}}(k)=\boldsymbol{As}_{\mathrm{SV}}(k)+\boldsymbol{n}_{\mathrm{SV}}(k),\quad k=1,2,\cdots,K \tag{5.3.14}$$

式中，$\boldsymbol{y}_{\mathrm{SV}}(k)$、$\boldsymbol{s}_{\mathrm{SV}}(k)$和$\boldsymbol{n}_{\mathrm{SV}}(k)$分别为$\boldsymbol{Y}_{\mathrm{SV}}$、$\boldsymbol{S}_{\mathrm{SV}}$和$\boldsymbol{N}_{\mathrm{SV}}$的第$k$列。

有了上面的理论推导，式(5.3.11)的优化问题可以转化为下面的优化问题：

$$\min\|\boldsymbol{Y}_{\mathrm{SV}}-\boldsymbol{AS}_{\mathrm{SV}}\|_F^2+\lambda\left\|\tilde{\boldsymbol{s}}^{(l_2)}\right\|_1 \tag{5.3.15}$$

式中，$\left\|\tilde{\boldsymbol{s}}^{(l_2)}\right\|_1=\sum_{i=1}^{N_\theta}\sqrt{\sum_{k=1}^{K}\left(s_i^{\mathrm{SV}}(k)\right)^2}$，既非线性的也不是二次的，因此引入二阶锥(second order cone, SOC)规划模型。SOC规划模型中的SOC约束形式为

$s:\left\|s_1,s_2,\cdots,s_{n-1}\right\|_2 \leqslant s_n$，即 $\sqrt{\sum_{i=1}^{n-1}(s_i)^2} \leqslant s_n$。SOC 规划模型既适合 SOC 约束形式也适合二次凸面和线性约束形式。将式(5.3.15)的优化问题转化为如下 SOC 规划形式：

$$\min p+\lambda q \quad \text{s.t.}\left\|\boldsymbol{z}_1^{\mathrm{T}},\cdots,\boldsymbol{z}_K^{\mathrm{T}}\right\|_2^2 \leqslant p, \text{且} \mathbf{1}^{\mathrm{T}}\boldsymbol{r} \leqslant q \tag{5.3.16}$$

式中，$\sqrt{\sum_{k=1}^{K}\left(s_i^{\mathrm{SV}}(k)\right)^2} \leqslant r_i$，$i=1,2,\cdots,N_\theta$；$\boldsymbol{z}_k=\boldsymbol{y}_{\mathrm{SV}}(k)-\boldsymbol{A}\boldsymbol{s}_{\mathrm{SV}}(k)$，$k=1,2,\cdots,K$；$\mathbf{1}$ 为 $N_\theta\times 1$ 维全 1 矩阵；$\boldsymbol{r}=\left[r_1,r_2,\cdots,r_{N_\theta}\right]$ 为 $(N_\theta\times 1)$ 维矩阵。SOC 规划模型可以用 cvx 凸优化包进行求解，最优化解 s_{SVopt} 的峰值对应着信号源的 DOA。

5.3.2 CS 用于 DOA 估计的仿真

为了研究 l_1-SVD 算法的性能，对该算法进行仿真，并与 MUSIC 算法比较。下面的仿真实验均假设噪声为高斯白噪声，接收阵列为由 8 个阵元组成的均匀线阵，阵元间距为半个波长。

仿真实验 1：两个非相干、远场窄带信号源的 DOA 分别为 60° 和 55°，快拍次数为 101，SNR 均为 20dB，l_1-SVD 算法的均衡参数为 2，仿真结果如图 5.3.1 所示。由图中可看出，MUSIC 算法和 l_1-SVD 算法都可以对非相干信号源实现正确测向，但是 l_1-SVD 算法测向的谱峰更尖锐，且对非 DOA 处的强度具有更强的抑制能力。

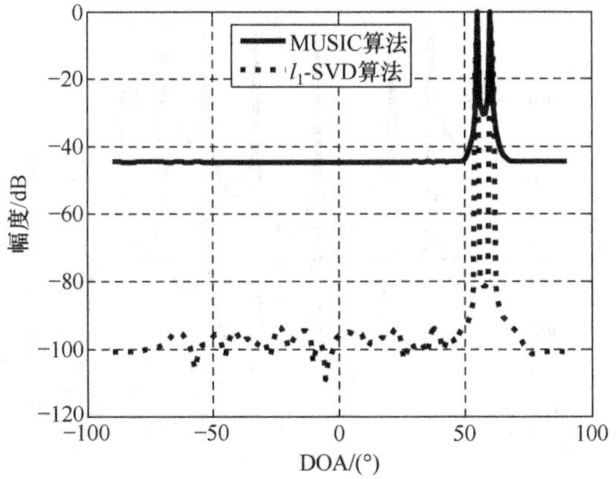

图 5.3.1 MUSIC 算法和 l_1-SVD 算法对双非相干、远场窄带信号源测向的比较

仿真实验 2：对相干信号的仿真，有三个远场窄带信号源 1、2 和 3，信号源 1 的 DOA 为 60°，信号源 2 的入射角为 55°，信号源 3 的入射角为 40°，其中信号源 1 和 3 相干，与信号源 2 不相干。快拍次数为 101，SNR 均为 20dB，l_1-SVD

算法的均衡参数为 1.55，仿真结果如图 5.3.2 所示。

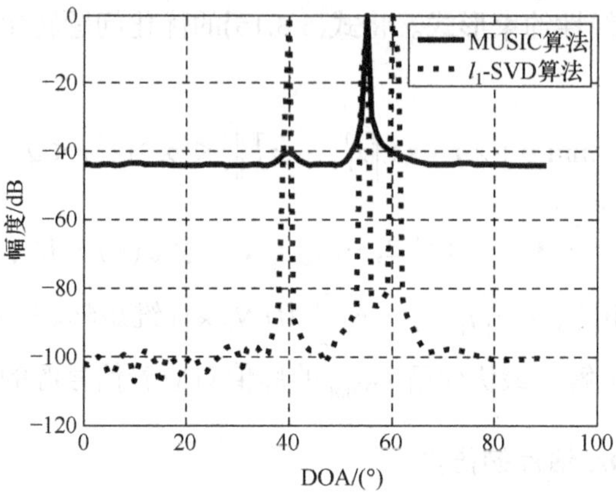

图 5.3.2　MUSIC 算法和 l_1-SVD 算法对相干信号、远场窄带信号源测向的比较

从图 5.3.2 中可以看出，l_1-SVD 算法能够分辨相干信号，并实现对相干信号源和非相干信号源 SNR 的精确估计，而 MUSIC 算法只能实现对非相干信号源 SNR 的精确估计。l_1-SVD 算法对非 SNR 处的强度具有更强的抑制能力。

仿真实验 3：对多目标的分辨，有 7 个非相干的远场窄带信号源 1、2、3、4、5、6 和 7，其 DOA 分别为 −60°、−45°、−15°、−10°、30°、45° 和 60°，快拍次数为 101，SNR 均为 20dB，l_1-SVD 算法的均衡参数为 1.08，仿真结果如图 5.3.3 所示。

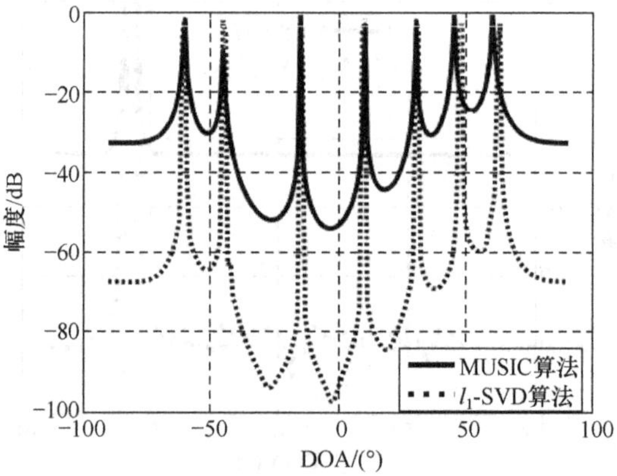

图 5.3.3　MUSIC 算法和 l_1-SVD 算法对最大可分辨、远场窄带信号源测向的比较

由图 5.3.3 可以看出，MUSIC 算法和 l_1-SVD 算法都可以实现对最多(个数少于阵元数)的信号源 DOA 估计，MUSIC 算法可以对每一个信号源的 DOA 实现精确估计，而 l_1-SVD 算法有两个信号源的 DOA 没能正确估计，误差为 2°。此外，

l_1-SVD 算法对非 DOA 处的强度具有更强的抑制能力。

仿真实验 4：研究单快拍下的分辨性能。设噪声为高斯白噪声，有两个非相干的远场窄带信号源，入射角分别为 60° 和 55°，快拍次数为 1，SNR 均为 20dB，l_1-SVD 算法的均衡参数为 1.65，仿真结果如图 5.3.4 所示。从图中可以看出，单快拍下 l_1-SVD 算法可精确估计出信号源的波达方向；MUSIC 算法不但不能估计出波达方向，而且少估计了一个信号源，对非 DOA 处的强度抑制作用也不强。

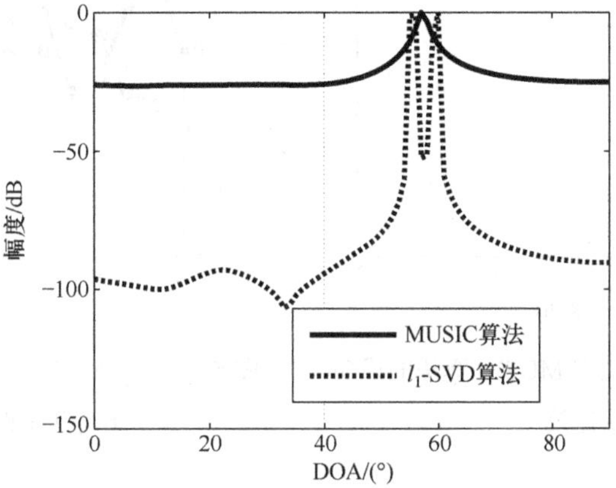

图 5.3.4　单快拍下 MUSIC 算法和 l_1-SVD 算法比较

仿真实验 5：研究快拍数对 l_1-SVD 算法的影响。两个非相干远场窄带信号源的入射角为 60° 和 55°，SNR 为 20dB，快拍次数分别取 101、1701 和 2501，l_1-SVD 算法的均衡参数为 1.65，仿真结果如图 5.3.5 所示。l_1-SVD 算法在不同快拍数下对非 DOA 的强度抑制相差较小，但 MUSIC 算法和 l_1-SVD 算法的 DOA 估计的准确度随快拍数增大而增强。

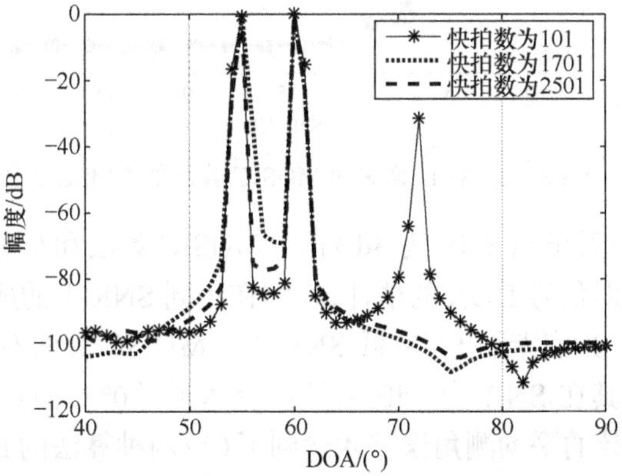

图 5.3.5　不同快拍数下 l_1-SVD 算法性能仿真

仿真实验 6：SNR 对算法的影响。第一种情况，为单一信号源信号，DOA 为 60°，快拍次数为 101。对 SNR 从−10～20dB，间隔为 1dB，分别进行 100 次 Monte-Carlo 实验，其中，SVD 算法的均衡参数为 2，可以得到在不同 SNR 下 DOA 估计的成功概率、平均测角误差和 RMSE，结果如图 5.3.6～图 5.3.8 所示。

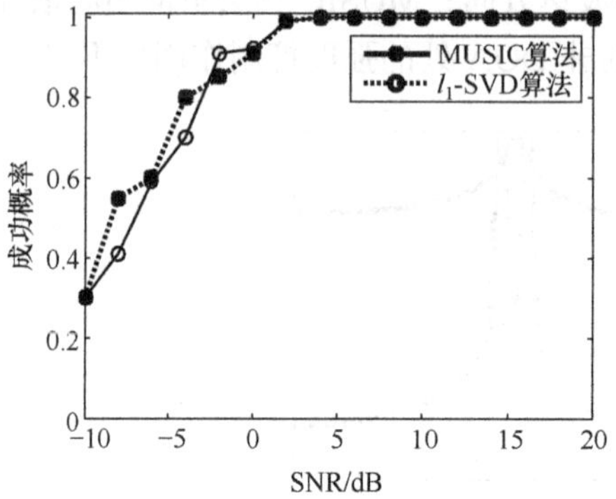

图 5.3.6　l_1-SVD 算法和 MUSIC 算法的成功概率比较

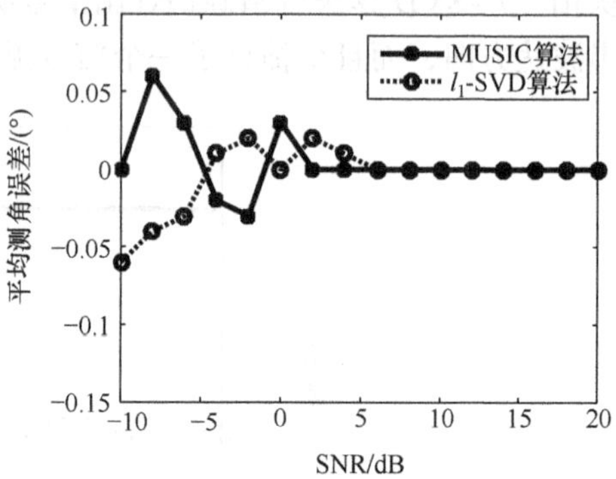

图 5.3.7　l_1-SVD 算法和 MUSIC 算法的平均测角误差比较

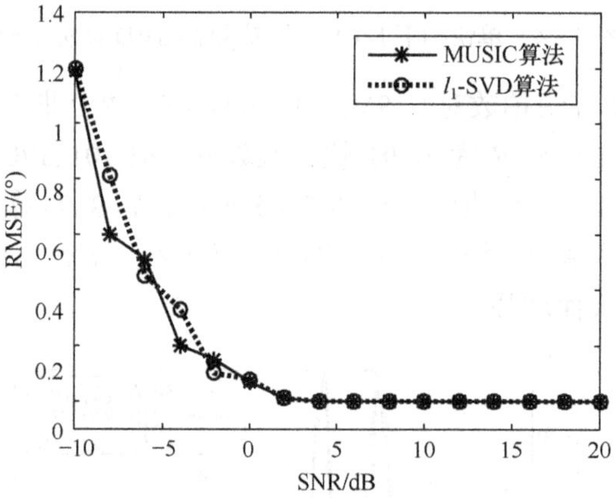

图 5.3.8　l_1-SVD 算法和 MUSIC 算法的 RMSE 比较

从图 5.3.6 可以看出当 SNR 为 3dB 时，MUSIC 算法和 l_1-SVD 算法都能以很高的成功概率实现对信号 DOA 的估计，它们在不同 SNR 下的成功概率大致一样。从图 5.3.7 和图 5.3.8 可以看出，在低 SNR 下，MUISC 算法对 DOA 估计的平均测角误差较大，但其在 SNR 为 2dB 时该误差达到了 0°；而 l_1-SVD 算法在 SNR 为 5dB 时，DOA 估计的平均测角误差才达到了 0°；两种算法的 DOA 估计的 RMSE 随 SNR 变化的趋势大致一样。综合上面的仿真结果可以看出，对单目标进行 DOA 估计时，MUISC 算法和 l_1-SVD 算法的 DOA 估计的平均测角误差和 RMSE 都不是很大，即使在低 SNR 下，平均测角误差也是很小的。

第二种情况，信号源为两个非相干、远场窄带信号，入射角分别为 60° 和 55°，快拍数为 101，SNR 取 5dB、20dB 和 25dB，仿真结果如图 5.3.9 所示。

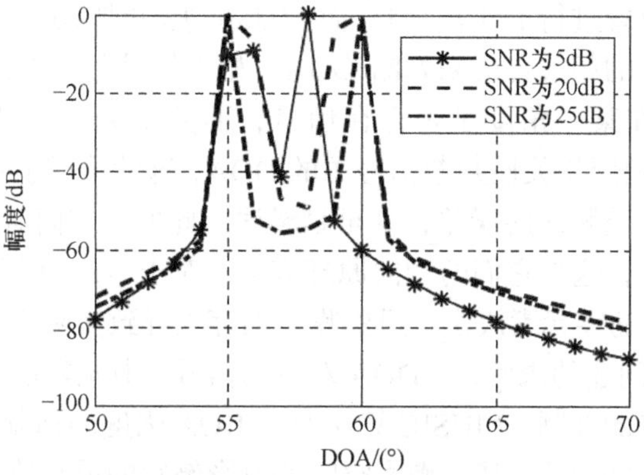

图 5.3.9　信噪比对 l_1-SVD 算法的影响

从图 5.3.9 可以看出，SNR 对 l_1-SVD 算法的影响主要表现在对 DOA 的精确估计方面，而对非波达方向的抑制没有明显的规律。

仿真实验 7：研究阵元数对算法的影响。两个非相干、远场窄带信号，入射角分别为 60° 和 55°，快拍次数为 101，信噪比取 1dB，阵元数分别取 10、30 和 40，仿真结果如图 5.3.10 所示。

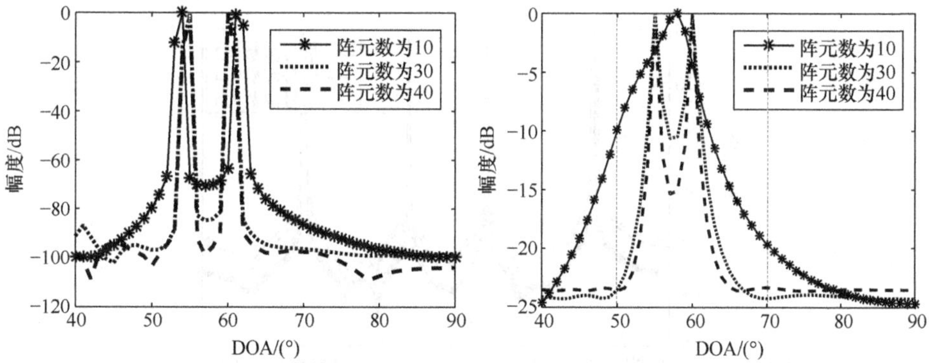

图 5.3.10　阵元数对算法性能的影响

从图 5.3.10 可以看出，阵元数对 l_1-SVD 算法的影响主要表现在对 DOA 估计的准确度方面。当 SNR 为 1dB，阵元数为 10 时，MUSIC 算法不能正确估计 DOA，阵元数增加时其能够正确估计 DOA，而阵元数的增加对非 DOA 强度的抑制没有明显的规律，几乎不变。对比 l_1-SVD 算法和 MUSIC 算法可知，l_1-SVD 算法对非 DOA 强度的抑制能力远强于 MUSIC 算法。

分析上述有关l_1-SVD 算法和 MUSIC 算法的仿真结果可知，l_1-SVD 算法和 MUSIC 算法最大的区别在于能否分辨出相干信号源。它们之所以具有如此大的差别，最根本的原因是二者的 DOA 估计原理不同。l_1-SVD 算法是根据估计信号 $\boldsymbol{s}$ 中具有非零元素的位置进行 DOA 估计，而 MUSIC 算法则是通过信号的统计特性，基于信号源与噪声的相关程度来判断 DOA。相干信号源对于l_1-SVD 算法没有影响，只需要判断在某一角度是否存在信号，而并不关心信号源是否相关；而 MUSIC 算法则是利用相关性判断信号源的 DOA，这就造成了相干信号源之间互相干扰，必然会造成测向的误差，甚至是错误。此外，它们对非 DOA 强度的抑制能力差别也很大，这与它们的测向原理有关。对于l_1-SVD 算法，非 DOA 的强度由估计信号 $\boldsymbol{s}$ 中的零元素决定，虽然噪声的存在导致实际中 $\boldsymbol{s}$ 可能不存在零元素，但是通过优化问题的求解，非 DOA 对应的信号 $\boldsymbol{s}$ 中元素很小，这就对非 DOA 的强度进行了很好的抑制；MUSIC 算法对非 DOA 强度的抑制依据是非 DOA 的导向矢量与噪声空间相关，其向噪声空间的投影倒数的最小值与阵元数、快拍数和 SNR 有关，导致当阵元数和快拍数不是很大时，对非 DOA 强度的抑制作用不够强。

仿真实验 8：研究l_1-SVD 算法对信号源数的敏感度，有 4 个非相干、远场窄带信号，入射角为分别为 −60°、−20°、10° 和 50°，快拍数取 101，SNR 为 20dB，l_1-SVD 算法的均衡参数为 1.5，分别在信号源数为 3、4 和 5 下进行 DOA 估计，仿真结果如图 5.3.11 所示。

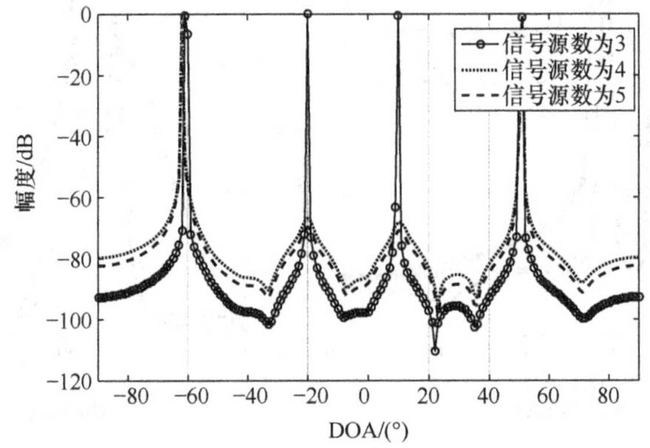

图 5.3.11　不同信号源数下 l_1-SVD 算法的性能

利用l_1-SVD 算法进行 DOA 估计时，需要预先知道信号源数。由图 5.3.11 可知，信号源数的真值为 4。l_1-SVD 算法的性能在假设的不同信号源数下没有很大的区别，都能够正确的估计出信号源数和其 DOA。因此，l_1-SVD 算法对信号源假设数目估计是否正确不是很敏感，信号源假设数目对l_1-SVD 算法无关紧要。

本节将 CS 理论与 DOA 估计结合，成功地将 CS 理论运用到 DOA 估计中。根据 CS 与 DOA 估计的联系，详细介绍了 l_1-SVD 算法，通过仿真对 MUSIC 算法和 l_1-SVD 算法的性能进行比较。可以看出，l_1-SVD 算法不仅可实现对相干信号 DOA 的估计，而且对信号源假设数目的估计不敏感，其整体性能完全优于 MUSIC 算法。

5.4　基于 CS 理论的双平行均匀线阵二维 DOA 估计

二维信号 DOA 估计具有更大的实际意义。传统的子空间类算法在估计二维 DOA 时大多存在计算量大、实时性差的缺点，如 ESPRIT 算法在估计 DOA 时需要通过特征分解求信号子空间和噪声子空间，需要大量的快拍数据，计算量大；MUSIC 算法不仅需要采样大量块拍数据进行特征分解，而且在估计二维 DOA 时需要二维空间谱搜索，计算量相当大。因此需要研究降低采样数据量的算法来提高效率，将 CS 理论用于 DOA 估计为该研究提供了思路。对于二维阵列，待估计参数包括方位角 ϕ 和俯仰角 θ，此时须将空间范围划分为由 N_θ 个俯仰角和 N_ϕ 个方位角组成的网格，再按传统方式构造如下冗余字典 A'：

$$\boldsymbol{A}'=[\boldsymbol{a}(\theta_1,\phi_1)\ \cdots\ \boldsymbol{a}(\theta_1,\phi_{N_\varphi})\ \cdots\ \boldsymbol{a}(\theta_{N_\theta},\phi_1)\ \cdots\ \boldsymbol{a}(\theta_{N_\theta},\phi_{N_\varphi})] \tag{5.4.1}$$

$\boldsymbol{A}'$ 中各列应由所有可能的俯仰角、方位角组合 (θ_i,ϕ_j) 对应的信号导向矢量构成，$i=1,2,\cdots,N_\theta, j=1,2,\cdots,N_\phi$，但此时导向矢量不满足 Vandermonde 结构，必须重新讨论字典 A' 是否满足重构条件，而且按这种方式构造的冗余字典列数为 $\left(N_\theta\times N_\phi\right)$，利用原有的模型进行稀疏重构运算量相当大。

本节给出一种基于 CS 理论的双平行均匀线阵二维 DOA 估计算法，该算法基于 CS 理论进行单次快拍数据采样，只需一次稀疏重构就能估计出二维 DOA，算法复杂度低且无须参数配对，具有良好的性能。

5.4.1　双平行均匀线阵阵列结构和信号模型

根据双平行均匀线阵的阵列结构特点，利用双平行线阵中两个均匀线阵的导向矢量实现二维 DOA 估计。该算法在估计二维 DOA 时无须进行信号参数配对，且无论信号是否相干，都能得到高精度的二维 DOA 估计。

双平行均匀线阵由两个互相平行的均匀线性子阵列 $\boldsymbol{L}_1$ 和 $\boldsymbol{L}_2$ 构成，$\boldsymbol{L}_1$ 和 $\boldsymbol{L}_2$ 由 M 个阵元组成且阵元间距为 d_x，$\boldsymbol{L}_1$ 和 $\boldsymbol{L}_2$ 的距离为 d_y，阵元间距 d_x 和 d_y 均小于

或等于半波长。子阵 $\boldsymbol{L}_1$ 的第 1 个阵元在坐标系原点位置，子阵 $\boldsymbol{L}_2$ 的第 1 个阵元在 y 轴上，阵列结构如图 5.4.1 所示。

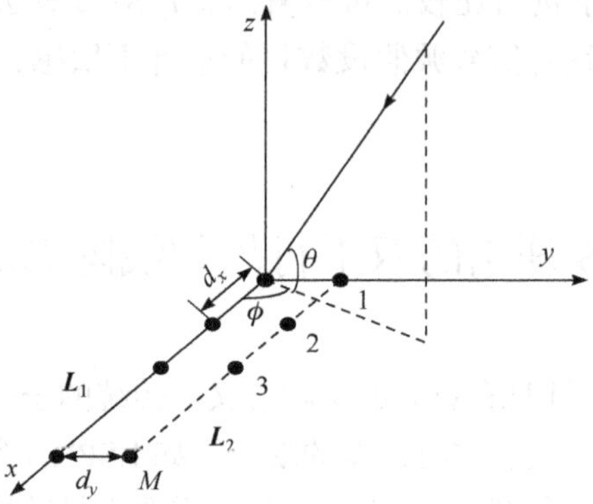

图 5.4.1　双平行均匀线阵结构

假设有 K 个频率不相同的远场窄带信号从空间中入射到阵列上，其中第 k 个信号的 DOA 分别为 (θ_k,ϕ_k)，θ_k 表示第 k 个信号的俯仰角，ϕ_k 表示第 k 个信号的方位角，二者满足 $\theta\in[0,\pi/2]$，$\phi\in[-\pi/2,\pi/2]$。子阵 $\boldsymbol{L}_1$ 和 $\boldsymbol{L}_2$ 的单快拍阵列接收数据分别为

$$\boldsymbol{x}=\boldsymbol{A}_1\boldsymbol{S}+\boldsymbol{n}_x \tag{5.4.2}$$

$$\boldsymbol{y}=\boldsymbol{A}_2\boldsymbol{S}+\boldsymbol{n}_y \tag{5.4.3}$$

式(5.4.2)和式(5.4.3)中的 $\boldsymbol{x}$ 和 $\boldsymbol{y}$ 均为 M 维接收数据矢量；$\boldsymbol{S}$ 为基带信号矢量；$\boldsymbol{n}_x$ 和 $\boldsymbol{n}_y$ 分别为加在子阵 $\boldsymbol{L}_1$ 和 $\boldsymbol{L}_2$ 上的 M 维噪声矢量，所加噪声均为统计独立的零均值加性高斯白噪声；$\boldsymbol{A}_1$ 和 $\boldsymbol{A}_2$ 分别为子阵 $\boldsymbol{L}_1$ 和 $\boldsymbol{L}_2$ 的阵列流型矩阵，$\boldsymbol{L}_1$ 的阵列流型矩阵可表示为

$$\boldsymbol{A}_1=\left[\boldsymbol{a}(\theta_1,\phi_1),\cdots,\boldsymbol{a}(\theta_k,\phi_k),\cdots,\boldsymbol{a}(\theta_K,\phi_K)\right] \tag{5.4.4}$$

式中，$\boldsymbol{a}(\theta_k,\phi_k)$ 表示导向矢量：

$$\boldsymbol{a}(\theta_k,\phi_k)=\begin{bmatrix}1\\ u^1(\theta_k,\phi_k)\\ u^2(\theta_k,\phi_k)\\ \vdots\\ u^{M-1}(\theta_k,\phi_k)\end{bmatrix}\quad(k=1,\cdots,K) \tag{5.4.5}$$

式中，$u(\theta_k,\phi_k)=\exp(-\mathrm{j}2\pi \mathrm{d}_x\cos\theta_k\cos\phi_k/\lambda)$。同理 $\boldsymbol{L}_2$ 的阵列流型矩阵 $\boldsymbol{A}_2$ 可表示为

$$\boldsymbol{A}_2=[\boldsymbol{b}(\theta_1,\phi_1),\boldsymbol{b}(\theta_2,\phi_2),\cdots,\boldsymbol{b}(\theta_K,\phi_K)] \tag{5.4.6}$$

$$\boldsymbol{b}(\theta_k,\phi_k)=\begin{bmatrix} v(\theta_k,\phi_k) \\ u^1(\theta_k,\phi_k)v(\theta_k,\phi_k) \\ u^2(\theta_k,\phi_k)v(\theta_k,\phi_k) \\ \vdots \\ u^{M-1}(\theta_k,\phi_k)v(\theta_k,\phi_k) \end{bmatrix}=v(\theta_k,\phi_k)\begin{bmatrix} 1 \\ u^1(\theta_k,\phi_k) \\ u^2(\theta_k,\phi_k) \\ \vdots \\ u^{M-1}(\theta_k,\phi_k) \end{bmatrix}=v(\theta_k,\phi_k)\boldsymbol{a}(\theta_k,\phi_k) \tag{5.4.7}$$

式中，$v(\theta_k,\phi_k)=\exp(-\mathrm{j}2\pi \mathrm{d}_y\cos\theta_k\sin\phi_k/\lambda)$。

由 $\boldsymbol{A}_1$ 和 $\boldsymbol{A}_2$ 的表达式易知它们存在如下关系：

$$\boldsymbol{A}_2=\boldsymbol{A}_1\boldsymbol{\Phi} \tag{5.4.8}$$

式中，$\boldsymbol{\Phi}$ 为对角矩阵，可表示为

$$\boldsymbol{\Phi}=\mathrm{diag}(v(\theta_1,\phi_1),v(\theta_2,\phi_2),\cdots,v(\theta_K,\phi_K)) \tag{5.4.9}$$

将式(5.4.8)代入式(5.4.3)子阵 $\boldsymbol{L}_2$ 的接收数据 $\boldsymbol{y}$ 中，可得

$$\boldsymbol{y}=\boldsymbol{A}_2\boldsymbol{S}+\boldsymbol{N}_2=\boldsymbol{A}_1\boldsymbol{\Phi}\boldsymbol{S}+n_y \tag{5.4.10}$$

因此，由式(5.4.10)可得对角矩阵 $\boldsymbol{\Phi}$ 为

$$\boldsymbol{\Phi}=\boldsymbol{A}_1^{\dagger}(y-n_y)\boldsymbol{S}^{\dagger} \tag{5.4.11}$$

式中，† 表示伪逆，如 $\boldsymbol{S}^{\dagger}$ 表示 $\boldsymbol{S}$ 的伪逆。

CS 以高概率、高精度重构信号时，要求信号为稀疏信号或者可压缩信号。在 DOA 估计中，常将阵列流型矩阵 $\boldsymbol{A}$ 向空间中所有可能的角度进行扩展，从而构建超完备冗余字典，使用等正弦网格划分稀疏化方式构建线阵 $\boldsymbol{L}_1$ 的超完备冗余字典为

$$\boldsymbol{F}=[\boldsymbol{a}(\hat{\theta}_1,\hat{\phi}_1),\boldsymbol{a}(\hat{\theta}_2,\hat{\phi}_2,),\cdots,\boldsymbol{a}(\hat{\theta}_N,\hat{\phi}_N)] \tag{5.4.12}$$

式中，$N\gg M$，然后从超完备冗余字典 $\boldsymbol{F}$ 中寻找由 K 个原子组成的最优线性组合逼近原始信号。从冗余字典 $\boldsymbol{F}$ 可以看出，冗余字典 $\boldsymbol{F}$ 仍然是二维角度 θ 和 ϕ 的函数。

根据子阵 $\boldsymbol{L}_1$ 的阵列流型矩阵 $\boldsymbol{A}_1$ 的构成可知，其每列都是 $\cos\theta\cos\phi$ 的函数。设 $\omega=\cos\theta\cos\phi$，易知 $\omega\in[-1,1]$，那么子阵 $\boldsymbol{L}_1$ 的导向矢量 $\boldsymbol{a}(\theta_k,\phi_k)$ 可表示为

$$\boldsymbol{a}(\omega_k)=\begin{bmatrix} 1 \\ \exp(-\mathrm{j}2\pi d_x\omega_k/\lambda) \\ \exp(-\mathrm{j}2\pi 2d_x\omega_k/\lambda) \\ \vdots \\ \exp(-\mathrm{j}2\pi(M-1)d_x\omega_k/\lambda) \end{bmatrix} \tag{5.4.13}$$

将$\omega\in[-1, 1]$分为N份得到$\boldsymbol{\Omega}_1$，即$\boldsymbol{\Omega}_1=[\omega_1,\omega_2,\cdots,\omega_N]$，其中$N\gg M$，构建线阵$\boldsymbol{L}_1$的一维超完备冗余字典为

$$\boldsymbol{F}=[\boldsymbol{a}(\hat{\theta}_1,\hat{\phi}_1),\boldsymbol{a}(\hat{\theta}_2,\hat{\phi}_2),\cdots,\boldsymbol{a}(\hat{\theta}_N,\hat{\phi}_N)]=[\boldsymbol{a}(\omega_1),\boldsymbol{a}(\omega_2),\cdots,\boldsymbol{a}(\omega_N)] \tag{5.4.14}$$

因此，子阵$\boldsymbol{L}_1$的阵列接收数据可以用$\boldsymbol{F}$稀疏表示为如下形式：

$$\boldsymbol{x}=\boldsymbol{F}\boldsymbol{h}+\boldsymbol{n}_x \tag{5.4.15}$$

式中，$\boldsymbol{h}$为稀疏表示系数，可令$\boldsymbol{h}=[h_1,h_2,\cdots,h_N]^{\mathrm{T}}$。

接下来，根据接收数据矢量$\boldsymbol{x}$和超完备冗余字典F，利用CS重构算法可以重构出$\boldsymbol{h}=[h_1,h_2,\cdots,h_N]^{\mathrm{T}}$，获得$K$个非零元素位置$\hat{\boldsymbol{h}}=[\hat{h}_1,\hat{h}_2,\cdots,\hat{h}_K]$。依据$K$个非零元素位置可以得到对应的$\boldsymbol{\Omega}_1$值，假设$\hat{\boldsymbol{\Omega}}_1=[\hat{\omega}_1,\hat{\omega}_2,\cdots,\hat{\omega}_K]$，然后可估计出子阵$\boldsymbol{L}_1$的阵列流型矩阵$\boldsymbol{A}_1=[\boldsymbol{a}(\hat{\omega}_1),\boldsymbol{a}(\hat{\omega}_2),\cdots,\boldsymbol{a}(\hat{\omega}_K)]$。

由式$\boldsymbol{x}=\boldsymbol{A}_1\boldsymbol{S}+\boldsymbol{n}_x$可以得到基带信号矢量为

$$\boldsymbol{S}=\boldsymbol{A}_1^{\dagger}(\boldsymbol{x}-\boldsymbol{n}_x) \tag{5.4.16}$$

将式(5.4.16)代入式(5.4.11)可得对角矩阵$\boldsymbol{\Phi}$为

$$\boldsymbol{\Phi}=\boldsymbol{A}_1^{\dagger}(\boldsymbol{y}-\boldsymbol{n}_y)\boldsymbol{S}^{\dagger}=\boldsymbol{A}_1^{\dagger}(\boldsymbol{y}-\boldsymbol{n}_y)[\boldsymbol{A}_1^{\dagger}(\boldsymbol{x}-\boldsymbol{n}_x)]^{\dagger} \tag{5.4.17}$$

由式(5.4.17)可知，对角矩阵$\boldsymbol{\Phi}$受噪声影响较大，因此需要对接收数据进行降噪处理。理想情况下，对角矩阵$\boldsymbol{\Phi}$可表示为$\hat{\boldsymbol{\Phi}}=\boldsymbol{A}_1^{\dagger}\boldsymbol{y}(\boldsymbol{A}_1^{\dagger}\boldsymbol{x})^{\dagger}$。

设$\varepsilon=\cos\theta\sin\phi$，$K$对DOA所对应的$\hat{\boldsymbol{\Omega}}_2$估计值为

$$\hat{\boldsymbol{\Omega}}_2=[\cos\hat{\theta}_1\sin\hat{\phi}_1,\cos\hat{\theta}_2\sin\hat{\phi}_2,\cdots,\cos\hat{\theta}_K\sin\hat{\phi}_K]=[\hat{\varepsilon}_1,\hat{\varepsilon}_2,\cdots,\hat{\varepsilon}_K] \tag{5.4.18}$$

由于$\boldsymbol{\Phi}$为对角矩阵，有

$$\hat{\boldsymbol{\Omega}}_2=[\varepsilon_1,\varepsilon_2,\cdots,\varepsilon_K]=-\mathrm{angle}[\mathrm{diag}(\hat{\boldsymbol{\Phi}})]\lambda/(2\pi d_y) \tag{5.4.19}$$

式中，angle(·)表示取相角。

因此，根据最小二乘法，由$\hat{\boldsymbol{\Omega}}_1=[\hat{\omega}_1,\hat{\omega}_2,\cdots,\hat{\omega}_K]$和$\hat{\boldsymbol{\Omega}}_2=[\hat{\varepsilon}_1,\hat{\varepsilon}_2,\cdots,\hat{\varepsilon}_K]$可得DOA为

$$\hat{\phi}_k=\arctan\left(\frac{\hat{\varepsilon}_k}{\hat{\omega}_k}\right) \tag{5.4.20}$$

$$\hat{\theta}_k=\arccos[(\hat{\omega}_k^2+\hat{\varepsilon}_k^2)^{1/2}] \tag{5.4.21}$$

5.4.2 计算机仿真实验

为验证本节提出的基于CS理论的双平行均匀线阵二维DOA估计算法的有效性，下面利用Matlab软件对其进行仿真验证，取双平行线阵中的两个均匀线阵阵

元数均为 $N=10$，阵元间距均为 $\lambda/2$，两个子线阵的距离也为 $\lambda/2$。

仿真实验 1：假设两个不相干信源入射，其二维 DOA 分别为 $(70°,-60°)$ 和 $(30°,56°)$，SNR 均取 10dB，进行 100 次 Monte-Carlo 独立实验。信号真实入射角度的星座图见图 5.4.2，利用本节算法得到的星座图见图 5.4.3。

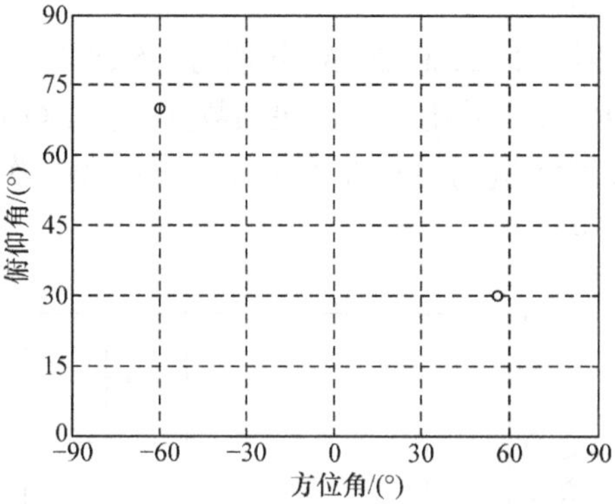

图 5.4.2　两非相干信号真实入射角度星座图

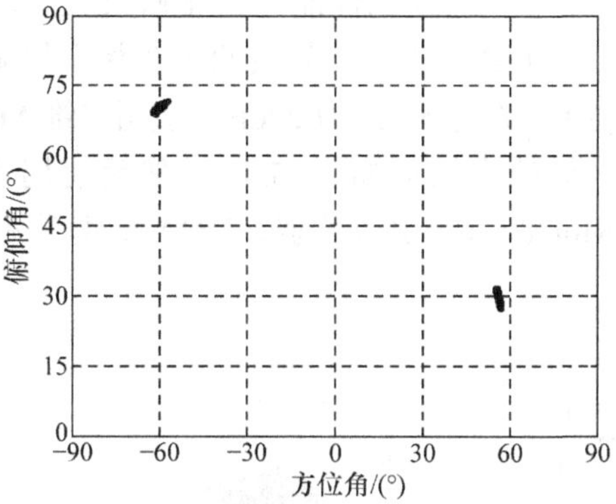

图 5.4.3　本节算法 DOA 星座图

由图 5.4.2 中的真实入射角度和图 5.4.3 中 DOA 估计值的位置可以看出，本节算法利用双平行线阵接收数据能有效估计两个信源的二维 DOA。

仿真实验 2：假设一个信源入射 DOA 为 $(40°,50°)$，采用单次快拍数据估计信号 DOA，分别用本节算法和二维 MUSIC 算法在相同条件下进行 100 次 Monte-Carlo 独立实验，DOA 估计成功概率和 RMSE 随信噪比的变化如图 5.4.4 和图 5.4.5 所示。

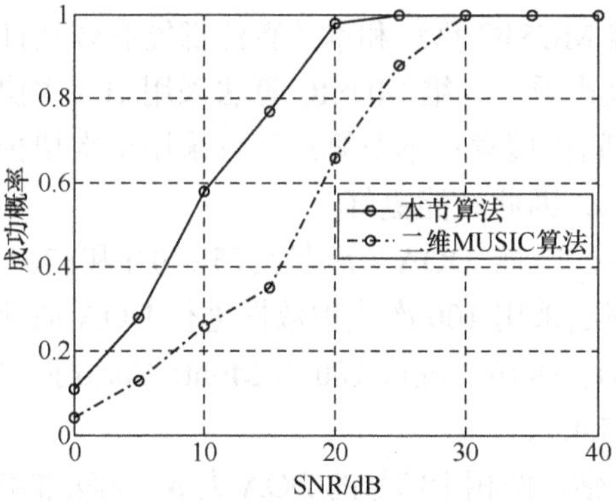

图 5.4.4　两种算法的 DOA 估计成功概率随信噪比的变化图

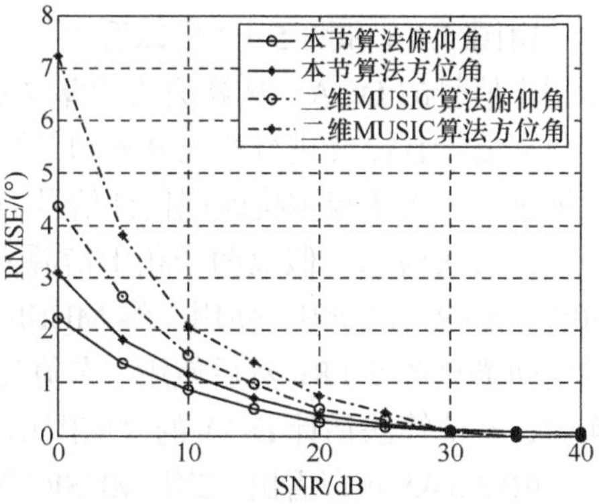

图 5.4.5　两种算法 DOA 估计值的 RMSE 随信噪比的变化图

由图 5.4.4 可知，当 SNR 增大时，两种算法的成功概率随之增大，SNR 较低时，本节算法的成功概率高于二维 MUSIC 算法。当 SNR 为 20dB 时，本节算法成功概率接近 100%；当 SNR 为 30dB 时，二维 MUSIC 算法的成功概率才接近

100%。由图 5.4.5 可知，当 SNR 增大时两种算法的 RMSE 减小，估计性能变好；和二维 MUSIC 算法相比，本节算法 DOA 估计的 RMSE 比较小。在 SNR 为 10dB 时，使用二维 MUSIC 算法得到的俯仰角和方位角的估计的 RMSE 分别为1.6° 和 2.1°，本节算法分别为0.9° 和1.2°。从仿真效果来看，在单快拍采样数据的情况下，本节算法的性能比二维 MUSIC 算法更好。

仿真实验 3：假设两个非相干信源入射，其二维 DOA 分别为(75°,50°) 和(20°,30°)，SNR 为 20dB，使用二维 MUSIC 算法采用 100 次快拍数据进行 DOA 估计的空间谱如图 5.4.6；然后使用本节算法进行 DOA 估计，进行 100 次 Monte-Carlo 独立实验，DOA 星座图见图 5.4.7。

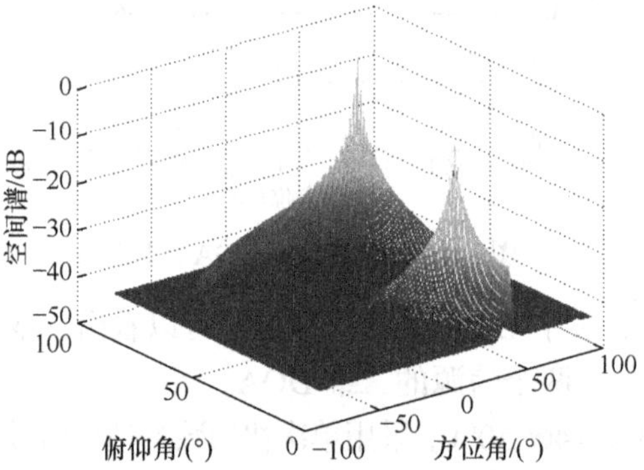

图 5.4.6 非相干信号二维 MUSIC 算法 DOA 估计空间谱

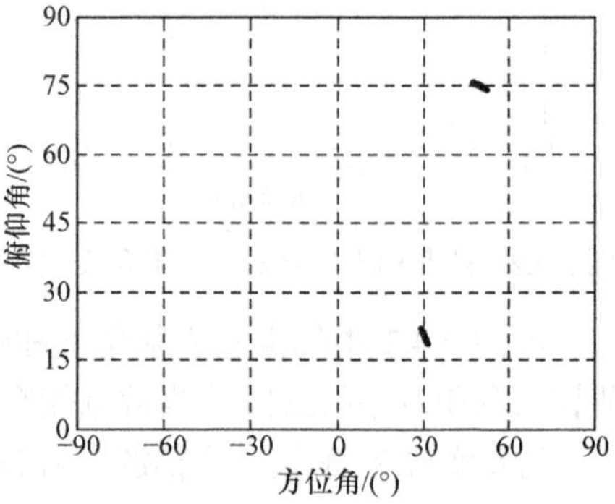

图 5.4.7 本节算法 DOA 星座图

由图 5.4.6 和图 5.4.7 可以看出，二维 MUSIC 算法和本节算法都能有效估计非相干信号的 DOA。从算法的计算复杂度来看，二维 MUSIC 算法采用 100 次快拍数据估计且需要进行特征分解和二维空间谱搜索；本节算法仅仅采用单次快拍数据进行一次稀疏重构就能估计信号 DOA，因此性能更好。

仿真实验 4：假设两个相干信源入射，二维 DOA 分别为(75°,50°) 和(20°,30°)，SNR 为 20dB，使用二维 MUSIC 算法采用 100 次快拍数据进行 DOA 估计的空间谱见图 5.4.8；然后使用本节算法估计 DOA，进行 100 次 Monte-Carlo 独立实验，本节算法估计 DOA 的星座图见图 5.4.9。

由图 5.4.8 可以看出，二维 MUSIC 算法估计两相干信号的 DOA 失败，无法准确估计出 DOA；由图 5.4.9 可以看出，本节算法采用单次快拍数据，进行一次稀疏重构就能有效估计两相干信号的二维 DOA，不需要进行解相干处理，也无须参数配对。

本节基于 CS 理论，利用双平行线阵接收数据，采用单次快拍数据进行一次稀疏重构就能有效估计信号源二维 DOA，且无论信号是否相干，均无须预先进行解相干处理；MUSIC 算法在估计信号 DOA 时，对快拍数要求较高，计算过程需

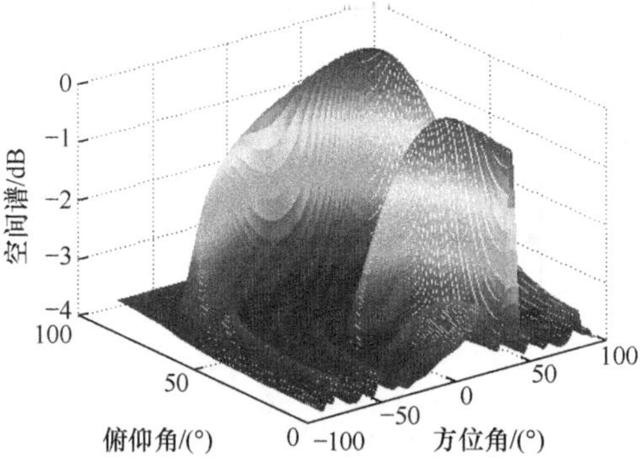

图 5.4.8　相干信号二维 MUSIC 算法 DOA 估计空间谱

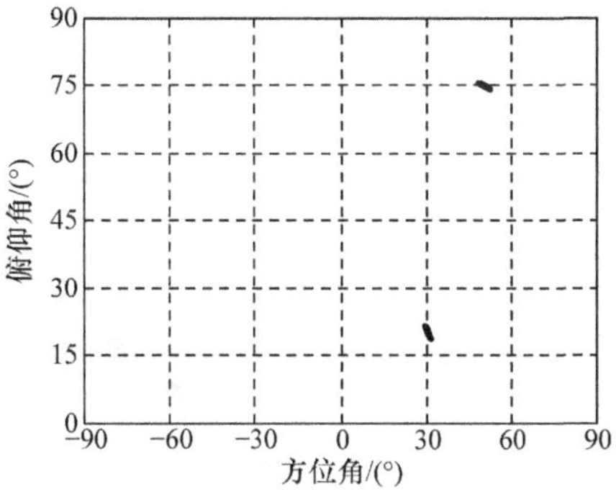

图 5.4.9　本节算法 DOA 星座图

要进行特征分解，而且需要进行谱峰搜索，才能估计出信号 DOA；传统的 ESPRIT 等信号参数估计算法在估计信号二维 DOA 时，通常需要对得到的结果进行参数配对，增加了计算的难度，而本节算法则不需要参数配对，只用一次稀疏重构就可准确估计出信号的二维 DOA。本节所提算法不但能估计相干信号 DOA，而且分辨率较高、计算复杂度低，是一种更加有效的实用的算法。

5.5　基于 CS 理论的 L 阵二维 DOA 估计

针对 MUSIC 算法估计阵列信号参数时需要较大的数据量且搜索过程耗时多的不足，本节采用 CS 理论估计阵列信号二维参数，将二维 CS 降维为两个一维压缩感知，在快拍数为 1 时依然能正确估计信号参数值且运算量大大减小。针对参数失配的情况，提出一种适用于任意情况的参数配对方案并进行一系列仿真，验证所提算法的正确性和压缩感知理论的优越性。

5.5.1　观测矩阵的设计

图 5.5.1 所示的均匀 L 型阵列由分别置于 x 轴与 y 轴的均匀线阵作为子阵构成，x 轴上 M 个互相挨着的阵元间距离均满足 $d_x \leqslant 0.5\lambda$，y 轴上 M 个互相挨着的阵元间距离均满足 $d_y \leqslant 0.5\lambda$，位于坐标轴外 xy 平面内的阵元将用于配对。

假设有 K 个远场窄带信号入射到图 5.5.1 所示阵列上，入射信号的参数不同，DOA 为 (θ_k,ϕ_k)，x 轴和 y 轴子阵接收数据分别为

$$\begin{aligned} \boldsymbol{X} &= \boldsymbol{A}_x\boldsymbol{S} + \boldsymbol{N}_x \\ \boldsymbol{Y} &= \boldsymbol{A}_y\boldsymbol{S} + \boldsymbol{N}_y \end{aligned} \tag{5.5.1}$$

式中，$\boldsymbol{S} = [S_1 \quad S_2 \quad \cdots \quad S_K]^{\mathrm{T}}$ 为入射信号数据矩阵；$\boldsymbol{A}_x = [\boldsymbol{a}(u_1), \boldsymbol{a}(u_2), \cdots, \boldsymbol{a}(u_K)]$ 为

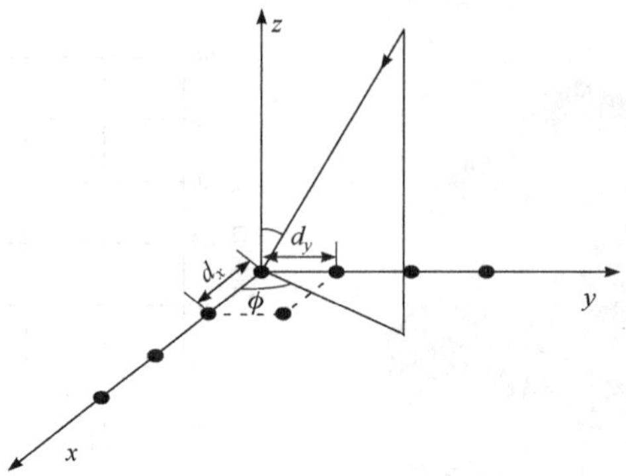

图 5.5.1 均匀 L 型阵列

x 轴方向上的阵列空域导向矢量；$\boldsymbol{A}_y=\left[\boldsymbol{a}(v_1),\boldsymbol{a}(v_2),\cdots,\boldsymbol{a}(v_K)\right]$ 为 y 轴方向上的阵列空域导向矢量，其中：

$$\begin{aligned}
\boldsymbol{a}(u_k)&=\begin{bmatrix}1 & \mathrm{e}^{\mathrm{j}\frac{2\pi}{\lambda}d_x u_k} & \cdots & \mathrm{e}^{\mathrm{j}\frac{2\pi}{\lambda}(M-1)d_x u_k}\end{bmatrix}^{\mathrm{T}}(k=1,2,\cdots,K)\\
\boldsymbol{a}(v_k)&=\begin{bmatrix}1 & \mathrm{e}^{\mathrm{j}\frac{2\pi}{\lambda}d_y v_k} & \cdots & \mathrm{e}^{\mathrm{j}\frac{2\pi}{\lambda}(M-1)d_y v_k}\end{bmatrix}^{\mathrm{T}}(k=1,2,\cdots,K)
\end{aligned}\tag{5.5.2}$$

式中，$u_k=\sin\theta_k\cos\phi_k$ 与 $v_k=\sin\theta_k\sin\phi_k$ 分别为 x 轴与 y 轴的方向余弦，对 x 轴方向的阵列和 y 轴方向的阵列分别进行 CS 处理，可将二维 DOA 估计变为两个一维 CS。根据三角函数关系可知，x 轴的方向余弦 $u\in[-1,\ 1]$ 总成立，因此可以将 u 均分为 N 份，其中 $N\gg K$，即 $\boldsymbol{u}=\left[u_1,u_2,\cdots,u_N\right]$。此时利用均分为 N 份的 x 轴方向的方向余弦 u 构建 x 轴方向的观测矩阵 $\boldsymbol{F}_x=\left[\boldsymbol{a}(u_1),\boldsymbol{a}(u_2),\cdots,\ \boldsymbol{a}(u_N)\right]$ 和对应的稀疏信号矢量 $\boldsymbol{h}_x=\left[h_{x1},h_{x2},\cdots,h_{xN}\right]^{\mathrm{T}}$，则

$$\boldsymbol{X}=\boldsymbol{F}_x\boldsymbol{h}_x\tag{5.5.3}$$

由式(5.5.3)根据 OMP 算法能够还原出真实信号，并得到 K 个非零数值的位置信息，即 $\hat{\boldsymbol{h}}_x=\left[\hat{h}_1,\hat{h}_2,\cdots,\hat{h}_K\right]$，然后根据非零元素的位置与观测矩阵 $\boldsymbol{F}_x$ 的对应关系得到 x 轴方向余弦矢量的估计 $\hat{\boldsymbol{u}}=\left[\hat{u}_1,\hat{u}_2,\cdots,\hat{u}_K\right]$。

同理，根据三角函数可知 y 轴的方向余弦 $\boldsymbol{v}\in[-1,1]$ 总成立，因此可以将 v 均分为 N 份，其中 $N\gg K$，即 $\boldsymbol{v}=\left[v_1,v_2,\cdots,v_N\right]$，此时利用均分为 N 份的 y 轴方向余弦 v 构建 y 轴方向的观测矩阵 $\boldsymbol{F}_y=\left[\boldsymbol{a}(v_1),\boldsymbol{a}(v_2),\cdots,\boldsymbol{a}(v_N)\right]$ 和对应的稀疏信号矢量 $\boldsymbol{h}_y=\left[h_{y1},h_{y2},\cdots,h_{yN}\right]^{\mathrm{T}}$，则

$$\boldsymbol{Y}=\boldsymbol{F}_y\boldsymbol{h}_y \tag{5.5.4}$$

由式(5.5.4)及 OMP 算法能够还原出真实信号，并得到 K 个非零数值的位置信息，即 $\hat{\boldsymbol{h}}_y=\left[\hat{h}_1,\hat{h}_2,\cdots,\hat{h}_K\right]$，然后根据非零元素的位置与观测矩阵 $\boldsymbol{F}_y$ 对应关系可求得 y 轴方向余弦矢量的估计 $\hat{\boldsymbol{v}}=\left[\hat{v}_1,\hat{v}_2,\cdots,\hat{v}_K\right]$。由于两次 CS 是独立实现的，必须实行配对运算才能得到正确的 DOA。

5.5.2　参数配对算法

针对参数失配的问题，文献[35]提出了一种非等功率信号的参数配对算法，当不同信号的功率不相等时，该算法利用同一信号的功率相等可以实现参数配对；当不同信号的功率都相等时，该算法不能实现参数正确配对，即不能正确估计信号 DOA。本小节针对该问题提出一种全新的参数配对算法，该算法利用一个额外的阵元作为参考阵元，用来实现参数配对，且不受信号功率限制，可以实现正确的参数配对，即使是相干信号也可获得高精度估计。

1. 非等功率信号的配对算法

假设入射的信号是非等功率信号，可以根据同一信号在 x 轴和 y 轴上的功率相等进行配对。首先同时对 $\hat{\boldsymbol{h}}_x=\left[\hat{h}_{x1}\ \hat{h}_{x2}\ \cdots\ \hat{h}_{xK}\right]$ 与 $\hat{\boldsymbol{h}}_y=\left[\hat{h}_{y1}\ \hat{h}_{y2}\ \cdots\ \hat{h}_{yK}\right]$ 进行降序排序，并得到相应的排序索引值 $\boldsymbol{I}_x$ 与 $\boldsymbol{I}_y$，其次根据 $\boldsymbol{I}_x$ 对 $\hat{\boldsymbol{u}}=\left[\hat{u}_1\ \hat{u}_2\ \cdots\ \hat{u}_K\right]$ 进行重新排序，根据 $\boldsymbol{I}_y$ 对 $\hat{\boldsymbol{v}}=\left[\hat{v}_1\ \hat{v}_2\ \cdots\ \hat{v}_K\right]$ 进行重新排序。根据正确排序后的 $\hat{u}$ 和 $\hat{v}$ 即可得到信号的正确 DOA 参数：

$$\begin{cases}\hat{\theta}_k=\arcsin(\sqrt{\hat{u}_k^2+\hat{v}_k^2})\\ \hat{\phi}_k=\arctan\dfrac{\hat{v}_k}{\hat{u}_k}\end{cases} \tag{5.5.5}$$

2. 任意功率信号的配对算法

对于等功率或者功率相差不大的信号，非等功率信号的配对算法失效，因此本小节利用参考阵元法进行配对。在不考虑噪声的理想环境下，式(5.5.1)可重新表示为

$$\begin{cases}\boldsymbol{X}=\boldsymbol{a}(u_1)S_1+\boldsymbol{a}(u_2)S_2+\cdots+\boldsymbol{a}(u_K)S_K\\ \boldsymbol{Y}=\boldsymbol{a}(v_1)S_1+\boldsymbol{a}(v_2)S_2+\cdots+\boldsymbol{a}(v_K)S_K\end{cases} \tag{5.5.6}$$

从式(5.5.6)可以看出，无论信号是否配对成功式(5.5.6)都没有变化，即交换任意两项接收数据无任何影响。为了解决这类问题，引入一个用于配对的传感器，

其接收数据为

$$z=\mathrm{e}^{\mathrm{j}\frac{2\pi}{\lambda}(\Delta xu_1+\Delta yv_1)}S_1+\mathrm{e}^{\mathrm{j}\frac{2\pi}{\lambda}(\Delta xu_2+\Delta yv_2)}S_2+\cdots+\mathrm{e}^{\mathrm{j}\frac{2\pi}{\lambda}(\Delta xu_K+\Delta yv_K)}S_K+n_z \tag{5.5.7}$$

式中，Δx 表示配对传感器与 y 轴的距离；Δy 表示配对传感器与 x 轴的距离。将估计得到的 $\hat{\boldsymbol{u}}=[\hat{u}_1,\hat{u}_2,\cdots,\hat{u}_K]$ 按顺序代入 $\min\left(\left|z-\mathrm{e}^{\mathrm{j}\frac{2\pi}{\lambda}(\Delta x\hat{u}+\Delta y\hat{v}_i)}\right|\right)$ 可求得相应的 $\hat{v}_i$，即达到参数正确的匹配。然后根据配对后的 $\hat{u}_k$ 与 $\hat{v}_k$ 按照式(5.5.5)求得 DOA 估计值。

5.5.3　计算机仿真实验

下面基于 Matlab 软件对本节算法进行仿真，以验证上述基于 L 阵的二维 CS 理论估计 DOA 的正确性和配对算法的有效性，并与 MUSIC 算法在同等条件下做对比。从仿真实验可以看出在同等参数设置下，本节基于 CS 理论提出的配对算法可以正确、高精度的估计出信号 DOA，而 MUSIC 算法不能得到正确的 DOA。

仿真实验：本次实验采用均匀 L 阵，x 轴上由 10 个间距为 $d_x=0.5\lambda$ 完全相同的传感器组成，y 轴上同样由 10 个间距为 $d_y=0.5\lambda$ 完全相同的传感器组成，xy 平面的传感器用于参数配对，其中 $\Delta x=0.5\lambda$ 、$\Delta y=0.5\lambda$ 。假设两个信号以不同的参数入射，参数分别为 $(\theta_1,\phi_1)=(56°,30°)$ 和 $(\theta_2,\phi_2)=(70°,60°)$ 。为了验证本节配对算法的正确性和有效性，实验分别对等功率与非等功率的入射信号进行仿真，仿真条件均采取 500 次 Monte-Carlo 独立实验，1 次快拍数，SNR 为 0～45dB。

图 5.5.2 验证了本节算法的正确性，当 SNR 从小变大时 DOA 估计值的 RMSE 随之降低。图 5.5.3 是本节算法在 6dB 时的星座图，可以看出 DOA 的估计值都紧紧地围绕在真值周围，从而验证了本节算法的正确性。

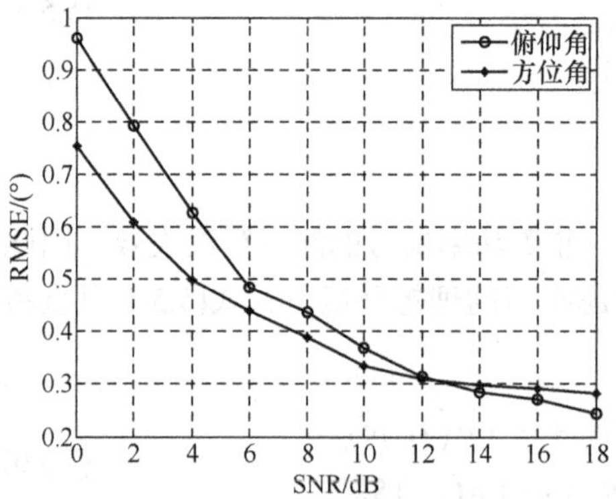

图 5.5.2　任意功率信号的配对算法 DOA 估计值的 RMSE

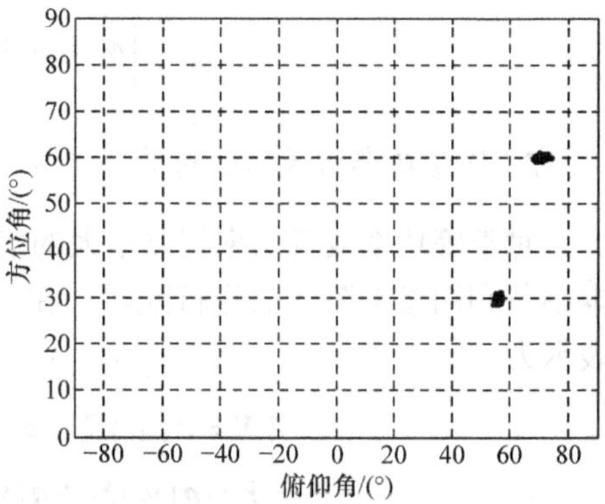

图 5.5.3　任意功率信号的配对算法 DOA 星座图

从图 5.5.4 可以看出，非等功率信号的配对算法不能得到正确的 DOA，因此本节算法适用范围更加广泛。图 5.5.5 表明在相同参数条件下，MUSIC 算法已经失效，不能得到正确的信号参数。

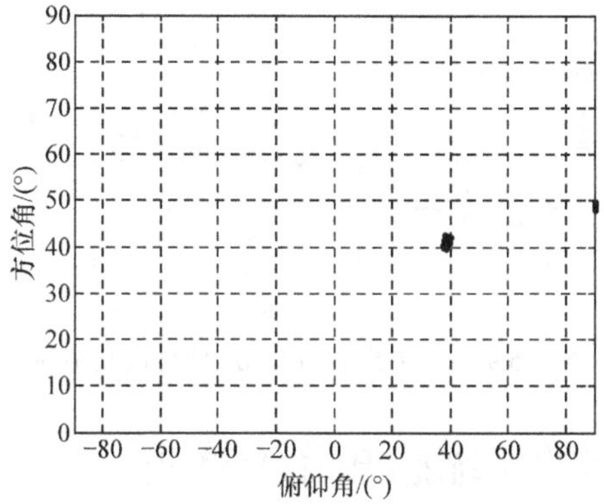

图 5.5.4　非等功率信号的配对算法 DOA 星座图

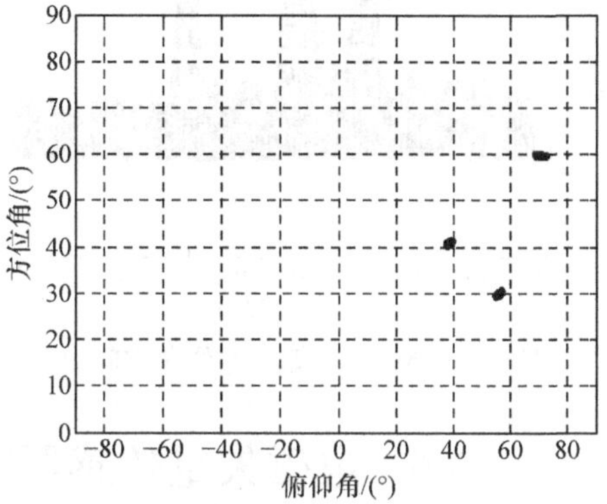

图 5.5.5　MUSIC 算法 DOA 星座图

图 5.5.6 中有三个明显的谱峰，不能确定信号参数，图 5.5.7 和图 5.5.8 也无法确定信号参数。由图 5.5.9 可以看出本节算法的优势，在 SNR 为 0dB 时本节算法的成功概率已达到了 0.5，且 SNR 增大时成功概率迅速增大，SNR 为 8dB 时成功概率已达 0.9 以上，SNR 为 16dB 时成功概率为 1。MUSIC 算法在 SNR 为 0dB 时成功概率小于 0.3，当 SNR 变大时成功概率缓慢增加，即使在 SNR 为 18dB 时的成功概率也依然不到 0.5。

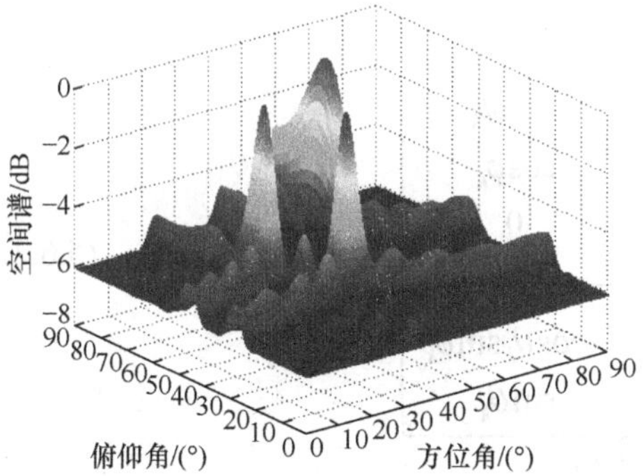

图 5.5.6　MUSIC 算法 DOA 空间谱

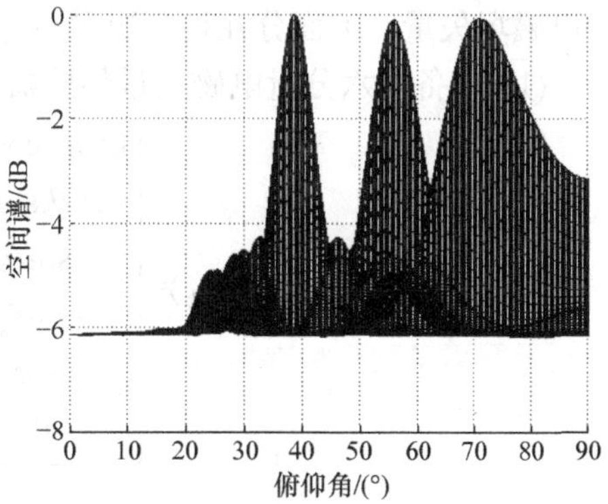

图 5.5.7　MUSIC 算法俯仰角空间谱

从整个仿真实验的结果可知，本节提出的 CS 配对算法能成功解决 CS 降维过程中产生的参数失配问题，且算法估计精度较高能适用于现实应用需求。

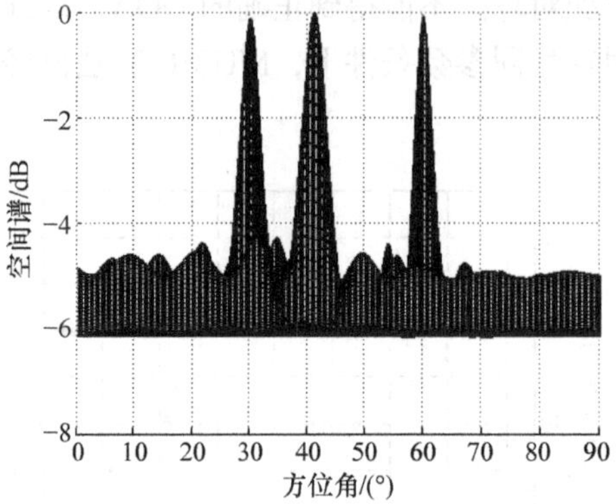

图 5.5.8　MUSIC 算法方位角空间谱

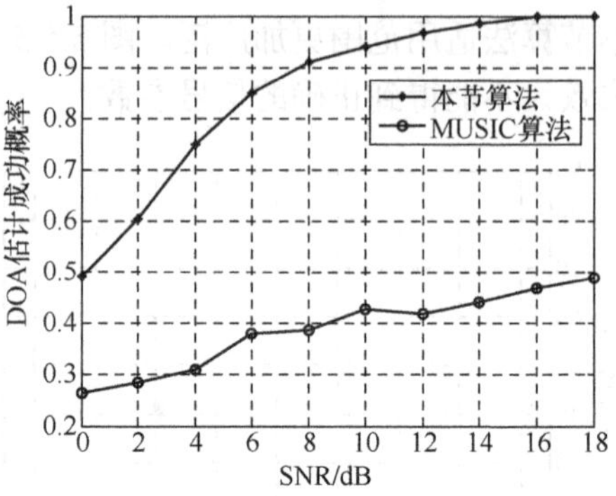

图 5.5.9　不同算法的 DOA 估计成功概率

5.6　电磁矢量传感器阵列的压缩感知降维算法

5.6.1　电磁矢量传感器阵列模型

假设有一个单位功率的远场窄带信号入射到 M 阵元电磁矢量传感器阵列上，信号的极化参数为 (γ_k,η_k)，入射角为 (θ_k,ϕ_k)，某时刻的阵列接收数据可以表示为

$$\boldsymbol{y}(t)=\boldsymbol{A}\cdot\boldsymbol{s}(t)+\boldsymbol{N}(t) \tag{5.6.1}$$

式中，$\boldsymbol{A}=\left[\boldsymbol{a}_{\mathrm{s,p}}(\theta_1,\phi_1,\gamma_1,\eta_1),\cdots,\ \boldsymbol{a}_{\mathrm{s,p}}(\theta_k,\phi_k,\gamma_k,\eta_k),\cdots,\ \boldsymbol{a}_{\mathrm{s,p}}(\theta_K,\phi_K,\gamma_K,\eta_K)\right]$，表示阵列导向矢量，$\boldsymbol{a}_{\mathrm{s,p}}(\theta_k,\phi_k,\gamma_k,\eta_k)=\boldsymbol{a}_{\mathrm{p}}(\theta_k,\phi_k,\gamma_k,\eta_k)\otimes\boldsymbol{a}_{\mathrm{s}}(\theta_k,\phi_k)$，表示第 k 个信号的空域-极化域导向矢量，$\boldsymbol{a}_{\mathrm{p}}(\theta_k,\phi_k,\gamma_k,\eta_k)$ 表示坐标原点阵元接收的单位功率电磁信号的电磁场矢量，下面分几种情况简单介绍。

(1) 完备的六分量电磁矢量传感器：

$$\boldsymbol{a}_{\mathrm{p}}(\theta_k,\phi_k,\gamma_k,\eta_k)=\underbrace{\begin{bmatrix}\cos\theta_k\cos\phi_k & -\sin\phi_k\\ \cos\theta_k\sin\phi_k & \cos\phi_k\\ -\sin\theta_k & 0\\ -\sin\phi_k & -\cos\theta_k\cos\phi_k\\ \cos\phi_k & -\cos\theta_k\sin\phi_k\\ 0 & \sin\theta_k\end{bmatrix}}_{\boldsymbol{B}(\theta_k,\phi_k)}\underbrace{\begin{bmatrix}\cos\gamma_k\\ \sin\gamma_k\mathrm{e}^{\mathrm{j}\eta_k}\end{bmatrix}}_{\boldsymbol{g}(\gamma_k,\eta_k)} \tag{5.6.2}$$

(2) x、y 方向的双正交电偶极子：

$$\boldsymbol{a}_{\mathrm{p}}(\theta_k,\phi_k,\gamma_k,\eta_k)=\underbrace{\begin{bmatrix}-\sin\phi_k & \cos\theta_k\cos\phi_k\\ \cos\phi_k & \cos\theta_k\sin\phi_k\end{bmatrix}}_{\boldsymbol{B}(\theta_k,\phi_k)}\underbrace{\begin{bmatrix}\cos\gamma_k\\ \sin\gamma_k\mathrm{e}^{\mathrm{j}\eta_k}\end{bmatrix}}_{\boldsymbol{g}(\gamma_k,\eta_k)} \tag{5.6.3}$$

(3) z 轴方向的电偶对.

$$\boldsymbol{a}_{\mathrm{p}}(\theta_k,\phi_k,\gamma_k,\eta_k)=\underbrace{\begin{bmatrix}-\sin\theta_k & 0\\ 0 & \sin\theta_k\end{bmatrix}}_{\boldsymbol{B}(\theta_k,\phi_k)}\underbrace{\begin{bmatrix}\cos\gamma_k\\ \sin\gamma_k \mathrm{e}^{\mathrm{j}\eta_k}\end{bmatrix}}_{\boldsymbol{g}(\gamma_k,\eta_k)} \tag{5.6.4}$$

(4) x、y 方向的双正交磁偶极子:

$$\boldsymbol{a}_{\mathrm{p}}(\theta_k,\phi_k,\gamma_k,\eta_k)=\underbrace{\begin{bmatrix}-\sin\phi_k & -\cos\theta_k\cos\phi_k\\ \cos\phi_k & -\cos\theta_k\sin\phi_k\end{bmatrix}}_{\boldsymbol{B}(\theta_k,\phi_k)}\underbrace{\begin{bmatrix}\cos\gamma_k\\ \sin\gamma_k \mathrm{e}^{\mathrm{j}\eta_k}\end{bmatrix}}_{\boldsymbol{g}(\gamma_k,\eta_k)} \tag{5.6.5}$$

(5) 三极子:

$$\boldsymbol{a}_{\mathrm{p}}(\theta_k,\phi_k,\gamma_k,\eta_k)=\underbrace{\begin{bmatrix}\cos\theta_k\cos\phi_k & -\sin\phi_k\\ \cos\theta_k\sin\phi_k & \cos\phi_k\\ -\sin\theta_k & 0\end{bmatrix}}_{\boldsymbol{B}(\theta_k,\phi_k)}\underbrace{\begin{bmatrix}\cos\gamma_k\\ \sin\gamma_k \mathrm{e}^{\mathrm{j}\eta_k}\end{bmatrix}}_{\boldsymbol{g}(\gamma_k,\eta_k)} \tag{5.6.6}$$

(6) 三磁环:

$$\boldsymbol{a}_{\mathrm{p}}(\theta_k,\phi_k,\gamma_k,\eta_k)=\underbrace{\begin{bmatrix}-\sin\phi_k & -\cos\theta_k\cos\phi_k\\ \cos\phi_k & -\cos\theta_k\sin\phi_k\\ 0 & \sin\theta_k\end{bmatrix}}_{\boldsymbol{B}(\theta_k,\phi_k)}\underbrace{\begin{bmatrix}\cos\gamma_k\\ \sin\gamma_k \mathrm{e}^{\mathrm{j}\eta_k}\end{bmatrix}}_{\boldsymbol{g}(\gamma_k,\eta_k)} \tag{5.6.7}$$

电磁矢量传感器除了正交电、正交磁、电磁对、三极子、三磁环外还有很多，在此不一一列出。从式 (5.6.2) ～ 式 (5.6.7) 可以看出，$\boldsymbol{a}_{\mathrm{p}}(\theta_k,\phi_k,\gamma_k,\eta_k)=\boldsymbol{B}(\theta_k,\phi_k)\boldsymbol{g}(\gamma_k,\eta_k)$，其中 $\boldsymbol{B}(\theta_k,\phi_k)$ 为空域函数，$\boldsymbol{g}(\gamma_k,\eta_k)$ 为极化域函数。$\boldsymbol{a}_{\mathrm{s}}(\theta_k,\phi_k)$ 为 $(M\times 1)$ 维的阵列空域导向矢量，即各个传感器的中心点与坐标原点的相位差构成的导向矢量，下面分几种情况简单介绍。

(1) x 轴方向的阵元间隔为 d 的 M 个阵元构成的均匀线阵:

$$\boldsymbol{a}_{\mathrm{s}}(\theta_k,\phi_k)=\left[1,\mathrm{e}^{\mathrm{j}\frac{2\pi}{\lambda_k}d\sin\theta_k\cos\phi_k},\cdots,\mathrm{e}^{\mathrm{j}\frac{2\pi}{\lambda_k}(M-1)d\sin\theta_k\cos\phi_k}\right]^{\mathrm{T}} \tag{5.6.8}$$

(2) y 轴方向的阵元间隔为 d 的 M 个阵元构成的均匀线阵:

$$\boldsymbol{a}_{\mathrm{s}}(\theta_k,\phi_k)=\left[1,\mathrm{e}^{\mathrm{j}\frac{2\pi}{\lambda_k}d\sin\theta_k\sin\phi_k},\cdots,\mathrm{e}^{\mathrm{j}\frac{2\pi}{\lambda_k}(M-1)d\sin\theta_k\sin\phi_k}\right]^{\mathrm{T}} \tag{5.6.9}$$

(3) M 个阵元构成的均匀圆阵:

$$\boldsymbol{a}_{\mathrm{s}}(\theta_k,\phi_k)=\left[\mathrm{e}^{\mathrm{j}\frac{2\pi}{\lambda_k}R\sin\theta_k\cos(\phi_k-\varphi_1)},\cdots,\mathrm{e}^{\mathrm{j}\frac{2\pi}{\lambda_k}(M-1)R\sin\theta_k\cos(\phi_k-\phi_{M-1})}\right]^{\mathrm{T}} \tag{5.6.10}$$

(4) M 个空间任意分布的阵元构成的阵列：

$$\boldsymbol{a}_{\mathrm{s}}(\theta_k,\phi_k)=\left[\mathrm{e}^{\mathrm{j}\frac{2\pi}{\lambda_k}(x_1\sin\theta_k\cos\phi_k+y_1\sin\theta_k\sin\phi_k+z_1\cos\theta_k)},\cdots,\mathrm{e}^{\mathrm{j}\frac{2\pi}{\lambda_k}(x_M\sin\theta_k\cos\phi_k+y_M\sin\theta_k\sin\phi_k+z_M\cos\theta_k)}\right]^{\mathrm{T}} \tag{5.6.11}$$

导向矢量 $\boldsymbol{a}_{\mathrm{s,p}}(\theta_k,\phi_k,\gamma_k,\eta_k)$ 包含方位角、俯仰角、极化角、极化相位差四个参数的四维字典，字典非常庞大，加重了后续的运算负担，需要进行降维处理。

对于水平极化信号，$\gamma_{\mathrm{h}}=0°$，由式(5.6.2)可知其极化矢量为

$$\boldsymbol{a}_{\mathrm{p,h}}(\theta_k,\phi_k)=[-\sin\phi_k\quad\cos\phi_k\quad 0\quad\cos\theta_k\cos\phi_k\quad\cos\theta_k\sin\phi_k\quad-\sin\theta_k]^{\mathrm{T}}=\boldsymbol{B}(:,1) \tag{5.6.12}$$

对于垂直极化信号，$\gamma_{\mathrm{v}}=90°$，假设 $\eta_{\mathrm{v}}=0°$，其极化矢量为

$$\boldsymbol{a}_{\mathrm{p,v}}(\theta_k,\phi_k)=[\cos\theta_k\cos\phi_k\quad\cos\theta_k\sin\phi_k\quad-\sin\theta_k\quad-\sin\phi_k\quad\cos\phi_k\quad 0]^{\mathrm{T}}=\boldsymbol{B}(:,2) \tag{5.6.13}$$

对于任意形式的电磁矢量传感器，水平极化信号即 $\gamma_{\mathrm{h}}=0°$ 时其极化矢量为

$$\boldsymbol{a}_{\mathrm{p,h}}(\theta_k,\phi_k)=\boldsymbol{B}(:,1) \tag{5.6.14}$$

垂直极化信号即 $\gamma_{\mathrm{v}}=90°$，假设 $\eta_{\mathrm{v}}=0°$，其极化矢量为

$$\boldsymbol{a}_{\mathrm{p,v}}(\theta_k,\phi_k)=\boldsymbol{B}(:,2) \tag{5.6.15}$$

式中，$\boldsymbol{B}$ 的定义如式(5.6.2)所示，$\boldsymbol{B}(:,1)$ 表示空域函数矩阵 $\boldsymbol{B}$ 的第一列，$\boldsymbol{B}(:,2)$ 表示空域函数矩阵 $\boldsymbol{B}$ 的第二列。

对于任意极化角为 γ_k，极化相位差为 η_k 的信号，结合式(5.6.1)、式(5.6.11)和式(5.6.12)，其极化矢量可表示为

$$\boldsymbol{a}_{\mathrm{p}}(\theta_k,\phi_k,\gamma_k,\eta_k)=\boldsymbol{a}_{\mathrm{p,h}}(\theta_k,\phi_k)\cos\gamma_k+\boldsymbol{a}_{\mathrm{p,v}}(\theta_k,\phi_k)\sin\gamma_k\mathrm{e}^{\mathrm{j}\eta_k} \tag{5.6.16}$$

综上，可将任意完全极化信号的空域-极化域导向矢量分解为垂直极化导向矢量与水平极化导向矢量的线性表示形式：

$$\begin{aligned}&\boldsymbol{m}_{\mathrm{s,p}}(\theta_k,\phi_k,\gamma_k,\eta_k)\\&=\boldsymbol{a}_{\mathrm{p,h}}(\theta_k,\phi_k)\otimes\boldsymbol{a}_{\mathrm{s}}(\theta_k,\phi_k)\cos\gamma_k+\boldsymbol{a}_{\mathrm{p,v}}(\theta_k,\phi_k)\otimes\boldsymbol{a}_{\mathrm{s}}(\theta_k,\phi_k)\sin\gamma_k\mathrm{e}^{\mathrm{j}\eta_k}\\&=\boldsymbol{a}_{\mathrm{s,p,h}}(\theta_k,\phi_k)\cos\gamma_k+\boldsymbol{a}_{\mathrm{s,p,v}}(\theta_k,\phi_k)\sin\gamma_k\mathrm{e}^{\mathrm{j}\eta_k}\\&=\underbrace{[\boldsymbol{a}_{\mathrm{s,p,h}}(\theta_k,\phi_k)\quad\boldsymbol{a}_{\mathrm{s,p,v}}(\theta_k,\phi_k)]}_{\boldsymbol{A}'(\theta_k,\phi_k)}\underbrace{\begin{bmatrix}\cos\gamma_k\\\sin\gamma_k\mathrm{e}^{\mathrm{j}\eta_k}\end{bmatrix}}_{\boldsymbol{g}(\gamma_k,\eta_k)}\end{aligned} \tag{5.6.17}$$

式中，$\boldsymbol{a}_{\mathrm{s,p}}(\theta_k,\phi_k,\gamma_k,\eta_k)=\boldsymbol{B}(\theta_k,\phi_k)\boldsymbol{g}(\gamma_k,\eta_k)$，解耦为空域函数矩阵 $\boldsymbol{B}(\theta_k,\phi_k)$ 和极化域函数矩阵 $\boldsymbol{g}(\gamma_k,\eta_k)$，将整个空间范围的俯仰角和方位角分别划分为 N_θ 份和 N_ϕ 份，对应的组合 (θ,ϕ) 可以有 $N_{\theta,\phi}=N_\theta\times N_\phi$ 种，从而式(5.6.1)可以重新表示为

$$\boldsymbol{y}(t)=\boldsymbol{A}\cdot\boldsymbol{s}(t)+\boldsymbol{N}(t)=\boldsymbol{A}'(\theta_k,\phi_k)\boldsymbol{\alpha}+\boldsymbol{N}(t), \tag{5.6.18}$$

式中，

$$\begin{aligned}\boldsymbol{\alpha}&=\left[\boldsymbol{\alpha}_1,\cdots,\boldsymbol{\alpha}_n,\cdots,\boldsymbol{\alpha}_{N_{\theta,\phi}}\right]\in\mathbf{C}^{2N_{\theta,\phi}\times 1}\\ \boldsymbol{\alpha}_n&=\left[\alpha_{\mathrm{h}n},\ \ \alpha_{\mathrm{v}n}\right]=\left[\cos\gamma_n\mathrm{s}_n,\sin\gamma_n\mathrm{e}^{\mathrm{j}\eta_k}\mathrm{s}_n\right]\end{aligned} \tag{5.6.19}$$

5.6.2　稀疏模型下的极化和 DOA 估计

稀疏冗余字典：

$$\boldsymbol{A}'=[\boldsymbol{A}_1',\boldsymbol{A}_n'\ \cdots\ \boldsymbol{A}_{N_{\theta,\phi}}']\in\mathbf{C}^{pM\times 2N_{\theta,\phi}} \tag{5.6.20}$$

式中，$\boldsymbol{A}_n'=[\boldsymbol{a}_{\mathrm{s,p,h}}(\theta,\phi)_n\ \ \boldsymbol{a}_{\mathrm{s,p,v}}(\theta,\phi)_n]\in\mathbf{C}^{p\times 2}$，称为字典的块，$n=1,2,\cdots,N_{\theta,\phi}$，$p$ 为电磁矢量传感器单个阵元的维数。也就是说，字典中的每一块包含 $(\theta,\phi)_n$ 对应的水平极化导向矢量和垂直极化导向矢量，根据式(5.6.16)，该角度对应的任意极化信号都可由该块线性表示。

在此模型下，$\boldsymbol{\alpha}$ 变为一个块稀疏信号，如果第 n 个俯仰角、方位角组合 $(\theta,\phi)_n$ 处确实存在信源，则稀疏信号 $\boldsymbol{\alpha}$ 在 $\boldsymbol{A}_n'$ 对应的位置上非零，即 $\boldsymbol{\alpha}_n$ 为非零块。根据 $\boldsymbol{\alpha}_n$ 的位置确定DOA，即实现信号DOA的估计。由式(5.6.19)非零块 $\boldsymbol{\alpha}_n$ 中两个分量 $\alpha_{\mathrm{h}n}$ 和 $\alpha_{\mathrm{v}n}$ 的比值 $\alpha_{\mathrm{v}n}/\alpha_{\mathrm{h}n}=\tan\gamma_n\mathrm{e}^{\mathrm{j}\eta_n}$ 可以得到极化参数的估计：

$$\begin{aligned}\gamma_n&=\tan^{-1}\left(\left|\frac{\alpha_{\mathrm{v}n}}{\alpha_{\mathrm{h}n}}\right|\right)\\ \eta_n&=\arg\left(\frac{\alpha_{\mathrm{h}n}}{\alpha_{\mathrm{v}n}}\right)\end{aligned} \tag{5.6.21}$$

从而完成了 DOA 和极化参数的估计。该方法利用非零块所在的位置得到 DOA 估计，根据非零块的比值关系得到极化参数的估计，这样只需要一个空域的二维字典就可以实现 DOA 和极化参数的四维参数的联合估计，且 DOA 和极化参数自动配对，不需要额外的配对运算，大大提高了计算速度。

针对多快拍情况，接收数据的稀疏表示模型为

$$\boldsymbol{X}=\boldsymbol{A}'\boldsymbol{S}'+\boldsymbol{N} \tag{5.6.22}$$

式中，字典 $\boldsymbol{A}'$ 同样按式(5.6.20)的方式构造，而待恢复信号可表示为 $\boldsymbol{S}'=\left[\boldsymbol{S}_1'\ \boldsymbol{S}_2'\ \cdots\ \boldsymbol{S}_{N_{\theta,\phi}}'\right]^{\mathrm{T}}\in\mathbf{C}^{2N_{\theta,\phi}\times L}$，$\boldsymbol{S}_n'=\left[S_{\mathrm{h}n}'\ S_{\mathrm{v}n}'\right]\in\mathbf{C}^{L\times 2}$，$n=1,2,\cdots,N_{\theta,\phi}$；$L$ 为快拍数。

与单快拍模型类似，$\boldsymbol{S}'$ 中的各列均是一个块稀疏信号，且非零块在各列中的位置相同，即各快拍数据之间具有联合块稀疏性。如果第 n 个俯仰角、方位角组合处 $(\theta,\phi)_n$ 确实存在信源，则在 $\boldsymbol{A}'_n$ 对应的位置上块稀疏矩阵 $\boldsymbol{S}'$ 的行块 $\boldsymbol{S}'_n$ 非零。利用这种联合块稀疏性，多快拍条件下可以使信源的 DOA 估计变得更加精确。

式(5.6.17)和式(5.6.22)的模型分别对应如下单测量矢量和多测量矢量块稀疏信号恢复问题：

$$\min_{\boldsymbol{\alpha}}\left\|\left[\|\boldsymbol{\alpha}_1\|_0\ \ \|\boldsymbol{\alpha}_2\|_0\ \ \cdots\ \ \|\boldsymbol{\alpha}_{N_{\theta,\phi}}\|_0\right]\right\|_0 \quad \text{s.t.}\boldsymbol{x}=\boldsymbol{A}'\boldsymbol{\alpha}+\boldsymbol{n} \tag{5.6.23}$$

$$\min_{\boldsymbol{S}'}\left\|\left[\|\boldsymbol{S}'_1\|_{\mathrm{F}}\ \ \|\boldsymbol{S}'_2\|_{\mathrm{F}}\ \ \cdots\ \ \|\boldsymbol{S}'_{N_{\theta,\phi}}\|_{\mathrm{F}}\right]\right\|_0 \quad \text{s.t.}\boldsymbol{X}=\boldsymbol{A}'\boldsymbol{S}'+\boldsymbol{N} \tag{5.6.24}$$

利用相应的恢复算法，即可实现信号的 DOA 估计。

5.6.3 电磁矢量传感器阵列的 CS-DOA 估计算法

1. BOMP 算法

文献[36]和[37]提出利用块正交匹配追踪(block orthogonal matching pursuit, BOMP)算法实现信号的 DOA 估计；在多快拍条件下，将 BOMP 算法推广到多测量矢量模型。

快拍条件下的 BOMP 算法，主要步骤如表 5.6.1 所示。

表 5.6.1 BOMP 算法步骤

输入：过完备原子库 $\boldsymbol{A}'$，观测数据 $\boldsymbol{X}$，块稀疏度 K。
输出：稀疏矩阵 $\boldsymbol{S}'$ 中非零块的估计值 $\tilde{\boldsymbol{S}}'$，残差 $\boldsymbol{R}^K$。
初始设置：残差 $\boldsymbol{R}^0=\boldsymbol{X}$，迭代次数 $k=0$，已选块集合 $\boldsymbol{A}^0$ 为空矩阵，已选块指针集 $\boldsymbol{\Gamma}^0=\varnothing$。
1：第 $k(k\geqslant 1)$ 次迭代，选择与残差 $\boldsymbol{R}^{k-1}$ 最匹配的块 $\boldsymbol{A}'_{i^k}$，记录该块的位置 i^k：$i^k=\arg\max\limits_{1\leqslant i\leqslant N_{\theta,\phi}}\sum\limits_{l=1}^{L}\left\|\boldsymbol{A}_i'^{\mathrm{H}}\boldsymbol{R}^{k-1}\boldsymbol{e}_l\right\|_2$；
2：更新原子块指针集 $\boldsymbol{\Gamma}^k=\boldsymbol{\Gamma}^{k-1}\cup\left\{i^k\right\}$ 和已选原子块集合 $\boldsymbol{A}^k=\left[\boldsymbol{A}^{k-1}\quad \boldsymbol{A}'_{i^k}\right]$；
3：求解最小二乘问题：$\tilde{\boldsymbol{S}}'^k=\arg\max\limits_{\boldsymbol{S}'}\left\|\boldsymbol{X}-\boldsymbol{A}^k\boldsymbol{S}'\right\|_2$，以获得该次迭代下对信号的估计值 $\tilde{\boldsymbol{S}}'^k$；
4：更新残差 $\boldsymbol{R}^k=\boldsymbol{X}-\boldsymbol{A}^k\tilde{\boldsymbol{S}}'^k$；
5：若 $k=K$，迭代完毕，估值 $\tilde{\boldsymbol{S}}'=\tilde{\boldsymbol{S}}'^k$；否则，$k=k+1$，并重复步骤 1～5。

其中，步骤 1 中 $\boldsymbol{e}_l$ 为单位矩阵 $\boldsymbol{I}_{L\times L}$ 的第 l 列，步骤 3 中最小二乘问题的解可表示为 $\tilde{\boldsymbol{S}}'^k=\left(\boldsymbol{A}^k\right)^{\dagger}\cdot\boldsymbol{X}$。显然，在子块大小为 1 时，BOMP 算法为 OMP 算法，而在式(5.6.2)所示的估计模型中，子块大小($\boldsymbol{A}'_i$ 的列数)为 2。

通过 $\boldsymbol{\Gamma}^K$ 中对应的位置索引和已知的字典构造方式，可确定真实信号对应的俯仰方位组合，实现 DOA 估计。从原理来看，该算法套用了 5.6.2 小节中的模型，利用了信号矩阵 $\boldsymbol{S}'$ 的块稀疏结构。

2. P-BSP 算法

基于极化的块子空间追踪(polarization-block subspace pursuit，P-BSP)算法，可以实现信号方位和极化信息的联合估计。在 BOMP 算法的原子选择准则中，并没有利用极化敏感阵列 DOA 估计模型的特殊性。实际上，某个角度组合 $(\theta,\phi)_n$ 上任意极化信号的导向矢量与残差的相关性最大值才是更为合理的相关性衡量尺度，而该最大值可以利用此模型的特殊性唯一确定。

对于此模型，其原子选择准则应为

$$i=\arg\max_{1<i<N_{\theta,\phi}}\sum_{l=1}^{L}\left|\left\langle a_i,\boldsymbol{R}\boldsymbol{e}_l\right\rangle\right|=\arg\max_{1\leqslant i\leqslant N_{\theta,\phi}}\sum_{l=1}^{L}\left|\left(a_{i,\mathrm{h}}\cos\gamma+a_{i,\mathrm{v}}\sin\gamma\mathrm{e}^{\mathrm{j}\eta}\right)^{\mathrm{H}}\boldsymbol{R}\boldsymbol{e}_l\right| \tag{5.6.25}$$

式中，$\boldsymbol{R}$ 为残差；$\boldsymbol{e}_l$ 为单位矩阵 $\boldsymbol{I}_{L\times L}$ 的第 l 列；记 $\boldsymbol{R}\boldsymbol{e}_l=r_l$。表 5.6.2 中，残差 $\mathrm{resid}(\boldsymbol{X},\boldsymbol{A})=\boldsymbol{X}-\boldsymbol{A}\boldsymbol{A}^{+}\cdot\boldsymbol{X}=\boldsymbol{X}-\boldsymbol{A}\left(\boldsymbol{A}^{\mathrm{H}}\boldsymbol{A}\right)^{-1}\boldsymbol{A}^{\mathrm{H}}\boldsymbol{X}$，可以取 $Z=(M-K)/2$ 以保证算法获得良好的性能。P-BSP 降维算法的具体步骤如表 5.6.2 所示。

表 5.6.2　P-BSP 降维算法步骤

1：第 $k(k\geqslant 1)$ 次迭代，根据式(5.6.25)选择与残差 $\boldsymbol{R}^{k-1}$ 最匹配的 Z 个块 A'_{i^k}，记录它们在字典中的位置 $\boldsymbol{I}^K=\{i_1^k\ \cdots\ i_Z^k\}$；
2：更新原子块指针集 $\boldsymbol{\Gamma}^k=\boldsymbol{\Gamma}^{k-1}\cup\{\boldsymbol{I}^k\}$ 和已选原子块集合 $\boldsymbol{A}^k=\left[\boldsymbol{A}^{k-1}\quad \boldsymbol{A}'_{i^k}\right]$；
3：计算投影系数向量 $\boldsymbol{\varDelta}=\left(\boldsymbol{A}^k\right)^{+}\cdot\boldsymbol{X}$，对各块对应的两行投影系数求 Frobenius 范数，记录其最大的 K 个值对应的块的位置 $\tilde{\boldsymbol{I}}^K=\{\tilde{i}_1^k\ \cdots\ \tilde{i}_Z^k\}$；
4：再次更新指针集 $\boldsymbol{\Gamma}^k=\boldsymbol{I}^k$ 和已选块集合 $\boldsymbol{A}^k=\boldsymbol{A}'_{i^k}$，更新残差 $\boldsymbol{R}^k=\mathrm{resid}\left(\boldsymbol{X},\boldsymbol{A}^k\right)$；
5：若 $\left\Vert\boldsymbol{R}^k\right\Vert_{\mathrm{F}}>\left\Vert\boldsymbol{R}^{k-1}\right\Vert_{\mathrm{F}}$，则退出迭代，并令块指针集 $\boldsymbol{\Gamma}=\boldsymbol{\Gamma}^{k-1}$，最终已选块集合 $\boldsymbol{A}=\boldsymbol{A}_{\Gamma}$，估值 $\tilde{\boldsymbol{S}}'=\boldsymbol{A}^{+}\cdot\boldsymbol{X}$；否则，$k=k+1$，并重复步骤 1～5。

信号的极化信息可以在算法结束后由 $\tilde{\boldsymbol{S}}'$ 通过式(5.6.21)估计得到，但噪声的存在可能会影响极化信息的估计精度，低 SNR 条件下可能会导致一定的偏差。不过如果已知信号的频率范围，在多快拍情况下可以先对 $\tilde{\boldsymbol{S}}'$ 中的各行信号进行滤波以削弱噪声。为避免滤波过程对极化相位差的影响，应设计相应的零相移滤波器。由于 P-BSP 算法在每步迭代中都重新验证了已选块的可靠性，相对于 BOMP 算法，在性能上必然有所提升，从式(5.6.25)的原子选择准则可见 P-BSP 降维算法的运算量大于 BOMP 算法，但同样易于工程实现。

5.6.4 算法的性能对比

通过仿真验证 P-BSP 降维算法与 BOMP 算法性能，仿真采用L型极化敏感阵列，各阵元为单电偶极子，沿 x 、y 方向交替摆放，见图 5.6.1。

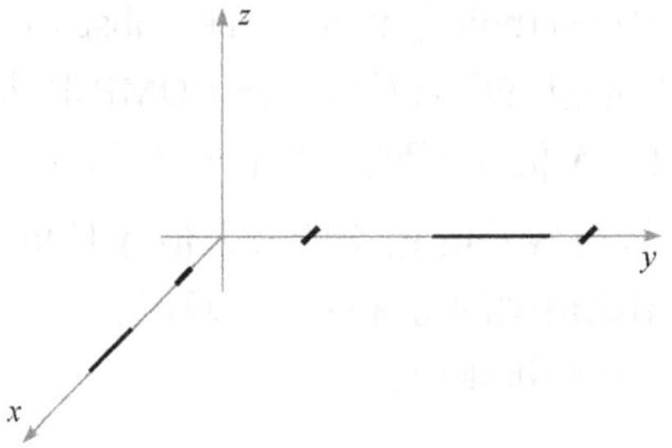

图 5.6.1 L 型极化敏感阵列

仿真实验 1：对于 16 阵元的均匀 L 型阵列，两个相干信源的俯仰角、方位角分别为 $(60°,40°)$ 和 $(80°,60°)$，极化角和极化相位差分别为 $(40°,268°)$ 和 $(50°,100°)$。对俯仰角和方位角划分网格构成字典，网格间隔为 1 对，SNR 为 10dB，快拍数为 50。P-BSP 降维算法得到的方位角、俯仰角、极化角、极化相位差的估计值与真值的对比见表 5.6.3，可以看出，P-BSP 降维算法可实现较为精确的信号恢复和参数估计。

表 5.6.3 P-BSP 降维算法真值与估计值对比

信号	真值 $(\theta,\phi,\gamma,\eta)$	估计值 $(\tilde{\theta},\tilde{\phi},\tilde{\gamma},\tilde{\eta})$
信号 1	$(60°,40°,40°,268°)$	$(60°,40°,39.6°,266.9°)$
信号 2	$(80°,60°,50°,100°)$	$(80°,60°,50.5°,100.6°)$

仅通过一种特殊情况无法说明算法的性能，下面验证 P-BSP 降维算法在不同条件下的成功概率和 DOA 估计的 RMSE 与 BOMP 算法的对比结果，从而验证 P-BSP 降维算法的优越性。

仿真实验 2：阵列和两个信源同仿真实验 1，选取快拍数为 1，在 SNR 为 −10～30dB 时分别进行 500 次实验统计算法的成功概率和 RMSE，仿真结果如图 5.6.2 和图 5.6.3 所示。

从图 5.6.2 和图 5.6.3 可以看出，在 SNR 较低时，两种算法的成功概率都不高，随着 SNR 的提高，P-BSP 降维算法在成功概率和估计精度方面都明显超过 BOMP 算法。

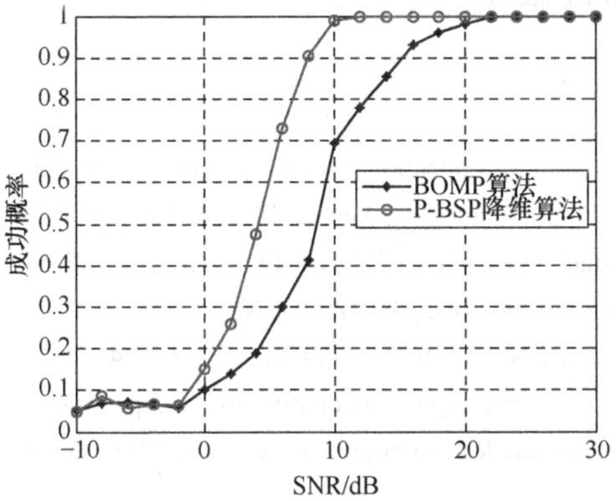

图 5.6.2　成功概率随 SNR 的变化关系

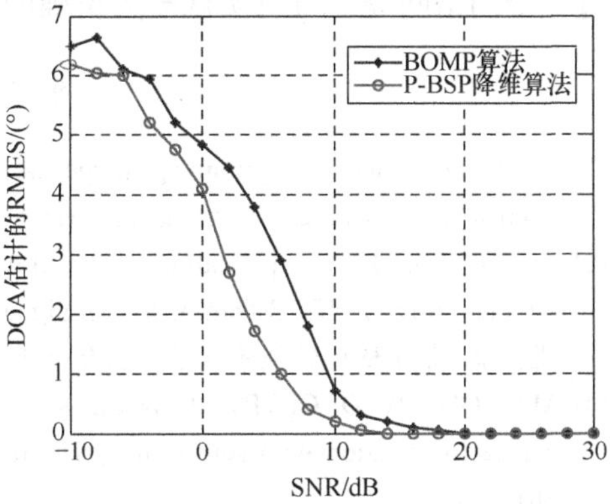

图 5.6.3　DOA 估计的 RMSE 随 SNR 的变化关系

最后，为验证算法的有效性，表 5.6.4 展示了利用 P-BSP 降维算法对实测数据进行 DOA 估计的部分结果，选取的快拍数为 100。

表 5.6.4　部分实测数据处理结果

信号极化状态	组别	真值/(°)		P-BSP 算法估计值/(°)	
		方位角	俯仰角	方位角	俯仰角
水平极化	1	−3	−3	−2.5	−3
	2	−3	3	−2.5	2.5
	3	7	−7	7	−8
	4	7	7	7.5	7
垂直极化	1	−3	−3	−2.5	−3
	2	3	−3	3.5	−3
	3	3	3	3.5	3.5
	4	7	−7	7	−6.5
斜极化	1	3	−3	2	−3
	2	−5	5	−4.5	5
	3	−7	−7	−6.5	−7
	4	−7	7	−7.5	7

实验在微波暗室环境下进行，由双极化天线发射不同极化状态的信号，接收阵列为 8 阵元均匀圆形极化敏感阵列，阵元间距为半波长，通过测得±8°方位角和俯仰角范围内每间隔 0.5°的阵列导向矢量构造字典，用于对其他批次接收数据的 DOA 估计。由于实验条件限制，未对更精细的网格设置进行验证，且由于实验中阵元数只有 8 个，而此类算法通常要求较多的阵元数，误差不可避免。但从表 5.6.4 中的数据处理结果可知，大部分情况下，P-BSP 降维算法的估计误差不超

过 2 个网格间隔，可以实现较为精确的 DOA 估计。

参 考 文 献

[1] FUCHS J J. Linear programming in spectral estimation: Application to array processing[C]. IEEE International on Conference Acoustics, Speech, and Signal Processing, Atlanta, 1996, 6: 3161-3164.

[2] FUCHS J J. On the application of the global matched filter to DOA estimation with uniform circular arrays[J]. IEEE Transaction on Signal Processing, 2001, 49(4): 702-709.

[3] 王桂宝. 基于稀疏处理的信号波达方向估计方法: CN201510397160.9[P]. 2017-08-04.

[4] MALIOUTOV D, CETIN M, WILLSKY A S. A sparse signal reconstruction perspective for source localization with sensor arrays[J]. IEEE Transaction on Signal Processing, 2005, 53(8): 3010-3022.

[5] DONOHO D L. Compressed sensing[J]. IEEE Transaction on Information Theory, 2006, 52(4): 1289-1306.

[6] 王桂宝, 傅明星. 基于压缩感知理论的二维到达角估计方法: CN201510396930.8[P]. 2015-11-11.

[7] CANDÈS E J, ROMBERG J, TAO T. Robust uncertainty principles: Exact signal reconstruction from highly incomplete frequency information[J]. IEEE Transaction on Information Theory, 2006, 52(2): 489-509.

[8] 林吉平. 阵列信号波达方向估计算法研究[D]. 西安: 西安电子科技大学, 2014.

[9] HAUPT J, NOWAK R. Compressive sampling vs. conventional imaging[C]. Proceeding of IEEE International Conference on Image Processing, Washington D C, 2006: 1269-1272.

[10] HYDER M M, MAHATA K. Direction-of-arrival estimation using a mixed $L_{2,0}$ norm approximation[J]. IEEE Trans action on Signal Processing, 2010, 58(9): 4646-4655.

[11] STOICA P, BABU P, LI J. SPICE: A sparse covariance-based estimation method for array processing[J]. IEEE Transaction on Signal Processing, 2010, 59(2): 629-638.

[12] YIN J H, CHEN T Q. Direction-of-arrival estimation using a sparse representation of array covariance vectors[J]. IEEE Transaction on Signal Processing, 2011, 59(9): 4489-4493.

[13] 赵春雷. 基于压缩感知的 DOA 估计算法研究[D]. 哈尔滨: 哈尔滨工业大学, 2015.

[14] GOYAL V K, FLETCHER A K, RANGAN S. Compressive sampling and lossy compression[J]. IEEE Signal Processing Magazine, 2008, 25(2): 48-56.

[15] SHEIKH M A, MILENKOVIC O, BARANIUK R G. Designing compressive sensing DNA microarrays[C]. Processing IEEE International Workshop Computational Advances in Multi-Sensor Adaptive Processing, Washington D C, 2007: 141-144.

[16] 陈玉龙, 黄登山. 基于压缩感知的二维 DOA 估计[J]. 计算机工程与应用, 2012, 48(28): 159-163.

[17] 林波. 基于压缩感知的辐射源 DOA 估计[D]. 长沙: 国防科技大学, 2010.

[18] DUARTE M F, DAVENPORT M A, TAKHAR D, et al. Single-pixel imaging via compressive sampling[J]. IEEE Signal Processing Magazine, 2008, 25(2): 83-91.

[19] MALLAT S G, ZHANG Z. Matching pursuits with time-frequency dictionaries[J]. IEEE Transaction on Signal Processing, 1993, 41(12): 3397-3415.

[20] TAOPP J A, GILBERT A C. Signal recovery from random measurements via orthogonal

matching pursuit[J]. IEEE Transaction on Information Theory, 2007, 53(12): 4655-4666.

[21] TAOPP J A, GILBERT A C, STRAUSS M J. Algorithms for simultaneous sparse approximation. Part Ⅰ: Greedy pursuit[J]. Signal Processing, 2006, 86(3): 572-588.

[22] NEEDELL D, VERSHYNIN R. Uniform uncertainty principle and signal recovery via regularized orthogonal matching pursuit[J]. Foundation Computational Mathematics, 2009, 9(3): 317-334.

[23] DAI W, MILENKOVIC O. Subspace pursuit for compressive sensing signal reconstruction[J]. IEEE Transactions on Information Theory, 2009, 55(5): 2230-2249.

[24] DONOHO D L, TSAIG Y, DRORI I, et al. Sparse solution of underdetermined systems of linear equations by stagewise orthogonal matching pursuit[J]. IEEE Transactions on Information Theory, 2012, 58(2): 1094-1121.

[25] DONOHO D L, HUO X M. Uncertainty principles and ideal atomic decompositions[J]. IEEE Transactions on Information Theory, 2001, 47: 2845-2862.

[26] ELAD M, BRUCKSTEIN A M. A generalized uncertainty principle and sparse representations in pairs of bases[J]. IEEE Transactions on Information Theory, 2002, 48: 2558-2567.

[27] TROPP J A. Just relax: Convex programming methods for identifying sparse signals in noise[J]. IEEE Transactions on Information Theory, 2006, 52(3): 1030-1051.

[28] TROPP J A. Algorithms for simultaneous sparse approximation. Part Ⅱ: Convex relaxation[J]. Signal Processing, 2006, 86(3): 589-602.

[29] FIGUEIREDO M A T, NOWAK R D, WRIGHT S J. Gradient projection for sparse reconstruction: Application to compressed sensing and other inverse problems[J]. IEEE Journal of Selected Topics in Signal Processing, 2007, 1(4): 586-597.

[30] CANDÈS E J, WAKIN M B, BOYD S P. Enhancing sparsity by reweighted L_1 minimization[J]. Journal of Fourier Analysis and Application, 2008, 14(5-6): 877-905.

[31] 陈智海. 阵列信号多参数联合估计算法研究[D]. 西安: 西安电子科技大学, 2014.

[32] TAKHAR D, LASKA J, WAKIN M, et al. A new compressive imaging camera architecture using optical domain compression [C]. Proceedings of the SPIE-The International Society for Optimic Engineering, Washington D C, 2006, 6065:1-10.

[33] TAKHAR D, BANSAL V, WAKIN M, et al. A compressed sensing camera: new theory and an implementation using digital micromirrors[C]. SPIE Electronic Imaging: Computational Imaging, San Jose, 2006.

[34] CANDÈS E J, ELDAR Y C, NEEDELL D, et al. Compressed sensing with coherent and redundant dictionaries[J]. Applied Computational Harmonic Analysis, 2010, 31(1): 59-73.

[35] 张春梅, 尹忠科, 肖明霞. 基于冗余字典的信号超完备表示与稀疏分解[J]. 科学通报, 2006, 51(6): 628-633.

[36] CHEN H, WAN Q, LIU Y P, et al. A sparse signal reconstruction perspective for direction-of-arrive estimation with a distributed polarization sensitive array[C]. IEEE International Conference on Wireless Communications & Signal Processing, Nanjing, 2009: 1-5.

[37] ROEMER F, IBRAHIM M, ALIEIEV R, et al. Polarimetric compressive sensing based DOA estimation[C]. 18th International ITG Workshop on Smart Antennas, Erlangen, 2014: 1-8.

第6章　电磁矢量传感器阵列的解相干算法

雷达阵列在接收信号时，由于环境的复杂性，不同信号之间往往是相干的，相干信源的方向矢量不正交于噪声子空间，从而空间谱估计漏报。本章主要探讨矢量阵列解相干的相关算法，包括空间平滑算法、矢量阵列极化解相干算法、非均匀阵列解相干算法和互质阵列解相干算法等内容，并对不同算法进行仿真，根据仿真结果对其性能进行分析。

6.1　引　　言

实际的传播环境十分复杂，导致相干信源入射至接收阵列，这些相干信源总体上分为同频干扰信源和背景反射产生的多径干扰信源。与非相干信源不同，相干信源可能会导致雷达产生虚警甚至待探测目标数量与定位发生错误。经典DOA估计算法对相干信源已经失效，因此有必要进一步研究有效的解相干算法。

由于多个相干信号入射至天线阵列，阵列数据协方差矩阵会在相干信号的作用下出现秩缺失现象，也称为亏秩现象。该现象将使信号子空间的特征矢量发散到噪声子空间，进而导致子空间类算法的估计结果无效。为了解决相干信号的上述难题，许多种解相干算法及其改进算法被提出，核心是对协方差矩阵秩的恢复。已提出的解相干类算法分为降维和非降维两类，常见的空间平滑算法[1,2]及其改进算法和矩阵重构法是降维类算法，Toeplitz 算法[3]和虚拟变换方法是非降维类算法。这些算法虽然解决了信号的相干问题，但仍存在一些不足，以聚焦处理为代表的非降维算法的计算复杂度大大增加；以空间平滑为代表的降维算法使阵列孔径增加，波束宽度增大，分辨率降低，且空间平滑算法一般只适用于均匀线阵，严重限制了其应用范围。后来又有学者提出了空间平滑算法的各种改进算法，如Du 等[4]提出的引入子阵间自相关信息的改进空间平滑算法，在低 SNR 下依然有较好的性能；Wax 等[5]提出了将模式空间转换应用于空间平滑算法，使其适用于均匀圆阵；Dai 等[6]基于耦合矩阵的特殊结构，对空间平滑算法进行改进，消除了耦合的影响，且不需要参考信源。

在解相干算法中，除了空间平滑算法外，还可以利用电磁矢量传感器的旋转不变特性及其矢量结构进行解相干。电磁矢量传感器阵列可以分为6个子阵，分

别为 x 轴、y 轴、z 轴的电场子阵和磁场子阵。该阵列的数据协方差矩阵的秩可以通过对 6 个子阵的数据协方差矩阵进行算术平均得到，进而利用 MUSIC 算法进行参数估计，实现解相干的目的。除了常见的均匀阵列外，互质阵能够在阵元数一定的前提下增加 DOA 估计的自由度，是使用频率较高的一种非均匀阵列。本章介绍一种由电磁矢量传感器组成的互质阵解相干的 DOA 估计算法，该算法通过填充阵元减免信息损失，利用电磁矢量传感器子阵空间旋转不变特性实现相干信号的 DOA 估计，完善现有方法中互质阵的虚拟阵列存在孔洞导致的信息损失问题。可提高 DOA 估计的自由度和分辨率，并在此基础上实现相干信号的估计。

6.2　空间平滑算法

为了解决一般的超分辨率算法无法处理相干信号的问题，空间平滑算法应运而生，该算法可以简单有效地处理相干信号，但只适用于均匀线阵。空间平滑算法是一种常见的解相干算法，基本思想是将原本均匀的线阵适当地划分为多个子阵，且被划分的各子阵间相互重叠，在信号处理过程中具有平移不变性。对于所研究的均匀线阵，各子阵的信号阵列流型一致，因此，可以计算出各个子阵的数据协方差矩阵，再将其加权取平均来代替原有的数据协方差矩阵，从而完成将协方差矩阵恢复到满秩的任务，实现解相干的目的。图 6.2.1 为解相干算法基本框图。

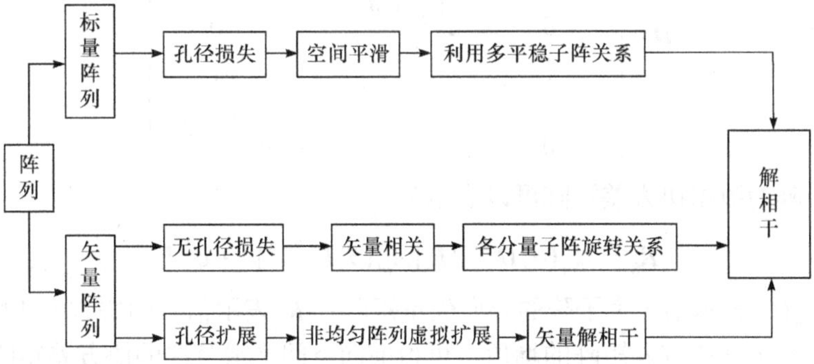

图 6.2.1　解相干算法基本框图

6.2.1　前向空间平滑算法

若一个均匀线阵中存在 M 个阵元，将该线阵分成重叠交错的 p 个子阵，每个子阵中存在 m 个阵元，满足 $M=p+m-1$。有 N 个相干信号入射到阵列中，将最左边的子阵作为参考子阵，那么各个子阵的输出矢量分别为

$$\begin{cases} \boldsymbol{X}_1^{\mathrm{f}} = [x_1, x_2, \cdots, x_m] \\ \boldsymbol{X}_2^{\mathrm{f}} = [x_2, x_3, \cdots, x_{m+1}] \\ \vdots \\ \boldsymbol{X}_p^{\mathrm{f}} = [x_p, x_{p+1}, \cdots, x_M] \end{cases} \tag{6.2.1}$$

图 6.2.2 为前向平滑结构示意图。

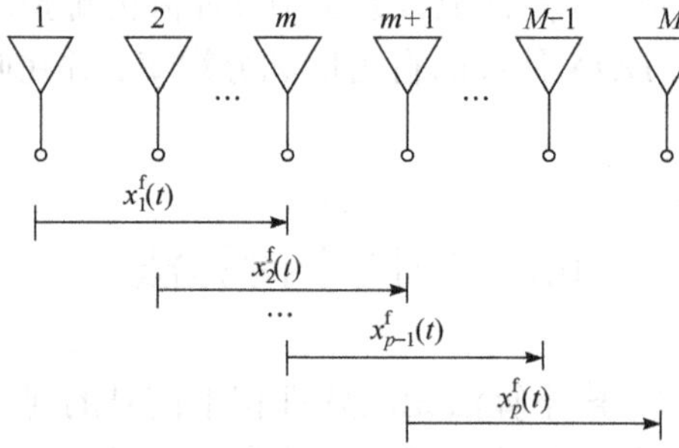

图 6.2.2　前向平滑结构示意图

在第 k 个子阵中：

$$\boldsymbol{X}_k^{\mathrm{f}}(t) = [x_k, x_{k+1}, \cdots, x_{k+m-1}] = \boldsymbol{A}_m(\theta)\boldsymbol{D}^{(k-1)}\boldsymbol{s}(t) + \boldsymbol{n}_k(t) \tag{6.2.2}$$

式中，

$$\boldsymbol{D} = \begin{bmatrix} \mathrm{e}^{\mathrm{j}\frac{2\mu}{\lambda}+\sin(\beta_1)} & 0 & \cdots & 0 \\ 0 & \mathrm{e}^{\mathrm{j}\frac{2\pi}{A}\sin(\beta_2)} & \cdots & 0 \\ \vdots & \vdots & & \vdots \\ 0 & 0 & \cdots & \mathrm{e}^{\mathrm{j}\frac{2\mu}{4}\sin(\beta_k)} \end{bmatrix} \tag{6.2.3}$$

该子阵的数据协方差矩阵可以表示为

$$\boldsymbol{R}_k = \boldsymbol{A}_m(\theta)\boldsymbol{D}^{(k-1)}\boldsymbol{R}_{\mathrm{s}}[\boldsymbol{A}_m(\theta)\boldsymbol{D}^{(k-1)}]^{\mathrm{H}} + \sigma^2\boldsymbol{I} \tag{6.2.4}$$

式中，$\boldsymbol{A}_m(\theta)$ 表示第 1 个子阵的导向矢量矩阵；$\boldsymbol{R}_{\mathrm{s}}$ 表示信号的协方差矩阵。

求解各子阵协方差矩阵的均值，可得前向空间平滑算法的协方差矩阵，即

$$\boldsymbol{R}^{\mathrm{f}} = \frac{1}{p}\sum_{k=1}^{p}\boldsymbol{R}_k \tag{6.2.5}$$

当 $m > N, p > N$ 时，前向空间平滑数据协方差矩阵满秩，经过特征分解后，可得相应的噪声子空间和信号子空间。

6.2.2　后向空间平滑算法

本小节介绍后向空间平滑算法的一般过程，后向平滑结构示意图如图 6.2.3 所示。该阵列下各个子阵的输出矢量为

$$\begin{cases} \boldsymbol{X}_1^{\mathrm{b}} = \left[x_M, x_{M-1}, \cdots, x_{M-m+1}\right] \\ \boldsymbol{X}_2^{\mathrm{b}} = \left[x_{M-1}, x_{M-2}, \cdots, x_{M-m}\right] \\ \quad\vdots \\ \boldsymbol{X}_p^{\mathrm{b}} = \left[x_m, x_{m-1}, \cdots, x_1\right] \end{cases} \tag{6.2.6}$$

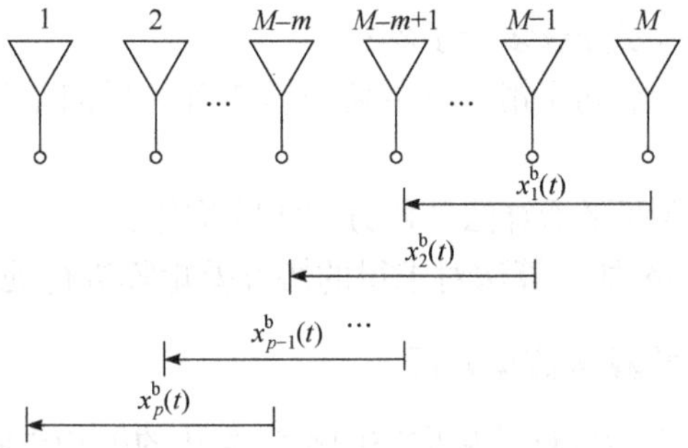

图 6.2.3　后向平滑结构示意图

第 k 个子阵的数据矢量为

$$\boldsymbol{X}_k^{\mathrm{b}}(t) = \left[x_{M-k+1}, x_{M-k}, \cdots, x_{M-m-k+2}\right] \tag{6.2.7}$$

对比前向空间平滑算法与后向空间平滑算法的数据矢量，可以发现前向空间平滑中的第 k 个子阵与后向平滑中的第$(p-k+1)$个阵之间有如下关系：

$$\boldsymbol{X}_{p-k+1}^{\mathrm{b}}(t) = \boldsymbol{J}\left(\boldsymbol{X}_k^{\mathrm{f}}(t)\right)^* = \boldsymbol{J}\boldsymbol{A}_m^* \boldsymbol{D}^{-(k-1)} \boldsymbol{s}^*(t) + \boldsymbol{J}\boldsymbol{n}_k^*(t) \tag{6.2.8}$$

式中，$\boldsymbol{J} = \begin{bmatrix} 0 & 0 & \cdots & 1 \\ 0 & \cdots & 1 & 0 \\ \vdots & \vdots & & \vdots \\ 1 & 0 & 0 & 0 \end{bmatrix}_{m\times m}$，则后向空间平滑第$(p-k+1)$个子阵的数据协方差矩阵为

$$\boldsymbol{R}_{p-k+1}^{\mathrm{b}} = \boldsymbol{J}\boldsymbol{A}_m^* \left(\boldsymbol{D}^{-(k-1)} \boldsymbol{R}_{\mathrm{s}}^{-(k-1)}\right)^{\mathrm{H}} \left(\boldsymbol{A}_m^{\mathrm{H}} \boldsymbol{J}\right)^* + \sigma^2 \boldsymbol{I} \tag{6.2.9}$$

修正后的数据矩阵为

$$\boldsymbol{R}^{\mathrm{b}} = \frac{1}{p} \sum_{k=1}^{p} \boldsymbol{R}_{p-k+1}^{\mathrm{b}} \tag{6.2.10}$$

6.2.3　前后向空间平滑算法

前后向空间平滑算法的原理是分别求解接收数据的协方差矩阵，对二者取均值便可得前后向空间平滑算法的协方差矩阵，即

$$\boldsymbol{R}^{\text{fo}} = \frac{\boldsymbol{R}^{\text{f}} + \boldsymbol{R}^{\text{b}}}{2} \tag{6.2.11}$$

与前向空间平滑算法相同，当 $m > N, p > N$ 时，数据协方差矩阵满秩。

再利用解非相干信号的 DOA 估计算法，可估计出相关信号的 DOA。

空间平滑算法步骤如下：

(1) 将原阵列合理划分成多个子阵；

(2) 分别求出前向空间平滑算法的协方差矩阵和后向空间平滑算法的协方差矩阵；

(3) 求出前后向空间平滑算法的协方差矩阵均值；

(4) 根据一般 DOA 估计算法对求得的协方差矩阵进行处理。

6.2.4　前后向空间平滑算法仿真分析

本小节进行仿真实验验证前后向空间平滑算法的解相干能力。不失一般性，设接收阵列阵元数 $N = 8$ ， $\text{SNR} = 10\text{dB}$ ，快拍数为 1024。

仿真实验 1：入射信号参数为 $(\theta_1, \theta_2) = (-10°, 50°)$ ，图 6.2.4 是信号源数 K=2 时前后向空间平滑算法的仿真结果图。

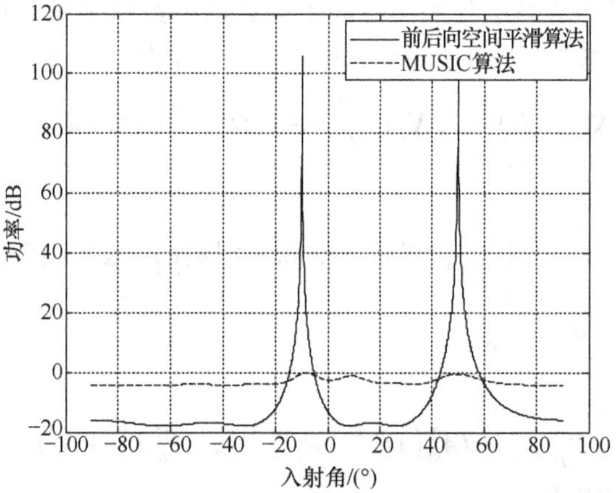

图 6.2.4　K=2 时前后向空间平滑算法的仿真结果图

由图 6.2.4 可知，当入射信源相干时，MUSIC 算法并没有在预估的角度出现谱峰，无法对信号的入射角度进行有效估计，而前后向空间平滑算法在 −10° 和 50°

出现明显的谱峰，能够有效地分辨出信号的入射角度。

仿真实验 2: 4 个入射信号的角度分别为 $\theta_1=-30°$, $\theta_2=-10°$, $\theta_3=10°$, $\theta_4=50°$。图 6.2.5 是信号源数 K=4 时的前后向空间平滑算法的仿真结果图。

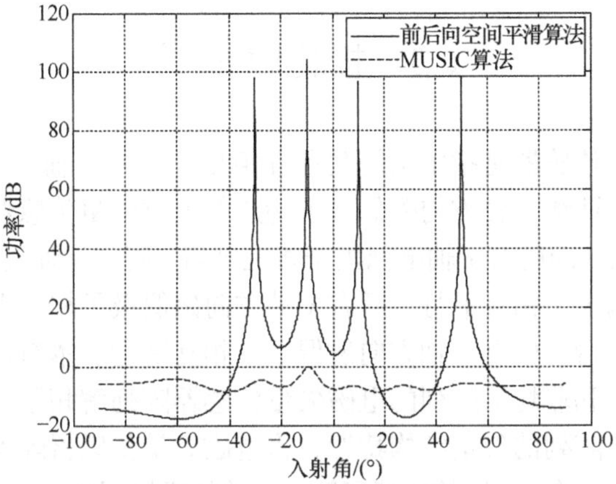

图 6.2.5　K=4 时前后向空间平滑算法的仿真结果图

由图 6.2.5 可以看出当信号源数增加到 4 时，前后向空间平滑算法仍具有良好的分辨性能，在预估角度都出现了较为明显的谱峰。

仿真实验 3：6 个入射角度分别为 $\theta_1=-50°$, $\theta_2=-30°$, $\theta_3=-10°$, $\theta_4=10°$, $\theta_5=30°$, $\theta_6=50°$。图 6.2.6 是信号源数 K=6 时前后向空间平滑算法的仿真结果图。

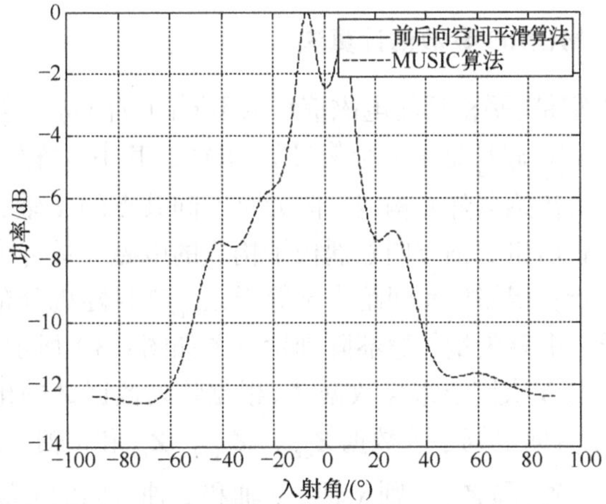

图 6.2.6　K=6 时空间平滑算法的仿真结果图

前后向空间平滑算法失效，曲线消失

由图 6.2.6 可知当信号源数进一步增加时，MUSIC 算法在−40°和10°处出现了谱峰，但明显与设定的入射角度不符，因此对于多相干信号源 MUSIC 算法也没有分辨能力。前后向空间平滑算法没有出现预想的谱峰，并没有估计出正确的DOA，原因在于空间平滑算法牺牲了有效阵元数量，故有效估计的信号源数量存在上限。

6.3 极化解相干

理想电磁矢量传感器是指由空间共点且相互正交的 x 轴、y 轴和 z 轴方向电偶极子和 x 轴、y 轴和 z 轴方向磁偶极子构成的电磁矢量传感器，所有传感器的对应通道相互平行，即所有 x 轴电偶极子相互平行，所有 y 轴电偶极子相互平行，所有 z 轴方向电偶极子相互平行，所有 x 轴方向磁偶极子相互平行，所有 y 轴方向磁偶极子相互平行，所有 z 轴方向磁偶极子相互平行。本节针对现有方法的不足提出适用于均匀和非均匀阵列的电磁矢量传感器阵列解相干 MUSIC 算法，利用电磁矢量传感器阵列的矢量结构特性，将电磁矢量传感器阵列分成 x 轴的电场子阵、y 轴的电场子阵、z 轴的电场子阵、x 轴的磁场子阵、y 轴的磁场子阵和 z 轴的磁场子阵 6 个子阵，同时利用子阵的旋转不变特性解相干，并称其为空间旋转解相干算法。为了进一步提高参数的估计精度，本节解相干算法联合前后向平滑和旋转解相干的思想提出线阵解相干 MUSIC 参数估计算法[7]和改进的空间旋转解相干算法[8]，这两种算法可在不损失阵列孔径的前提下大大提高参数估计的精度。

6.3.1 极化解相干 MUSIC 参数估计算法

设有 K 个相干窄带、平稳远场电磁信号从不同的方向 θ_k 入射到电磁矢量传感器接收阵列上，$\theta_k \in [0,\pi/2]$ 是第 k 个信号的 DOA，其中该阵列由 M 个在 y 轴上任意分布的电磁矢量传感器阵元构成，阵元是空间共点的 x 轴、y 轴和 z 轴方向电偶极子和 x 轴、y 轴和 z 轴方向磁偶极子构成的电磁矢量传感器，所有传感器的对应通道相互平行；相邻阵元间距小于等于 $\lambda_{\min}/2$ 且随机分布，$\lambda_{\min}$ 为入射声波信号的最小波长。电磁矢量传感器阵列示意图如图 6.3.1 所示。

若接收阵列输出 N 次同步采样数据 $\boldsymbol{Z}$，根据阵列数据 $\boldsymbol{Z}$ 的排布规律将数据分成 x 轴、y 轴和 z 轴方向电场子阵数据 $\boldsymbol{Z}_{\mathrm{ex}}$、$\boldsymbol{Z}_{\mathrm{ey}}$、$\boldsymbol{Z}_{\mathrm{ez}}$ 和 x 轴、y 轴和 z 轴方向的磁场子阵数据 $\boldsymbol{Z}_{\mathrm{hx}}$、$\boldsymbol{Z}_{\mathrm{hy}}$ 和 $\boldsymbol{Z}_{\mathrm{hz}}$，则 x 轴、y 轴和 z 轴方向的电场数据协方差矩阵分别为

$$\tilde{\boldsymbol{R}}_{\mathrm{ex}} = \boldsymbol{Z}_{\mathrm{ex}}\boldsymbol{Z}_{\mathrm{ex}}^{\mathrm{H}}/N \tag{6.3.1}$$

$$\tilde{\boldsymbol{R}}_{\mathrm{ey}} = \boldsymbol{Z}_{\mathrm{ey}}\boldsymbol{Z}_{\mathrm{ey}}^{\mathrm{H}}/N \tag{6.3.2}$$

$$\tilde{\boldsymbol{R}}_{\text{ez}} = \boldsymbol{Z}_{\text{ez}}\boldsymbol{Z}_{\text{ez}}^{\text{H}}/N \tag{6.3.3}$$

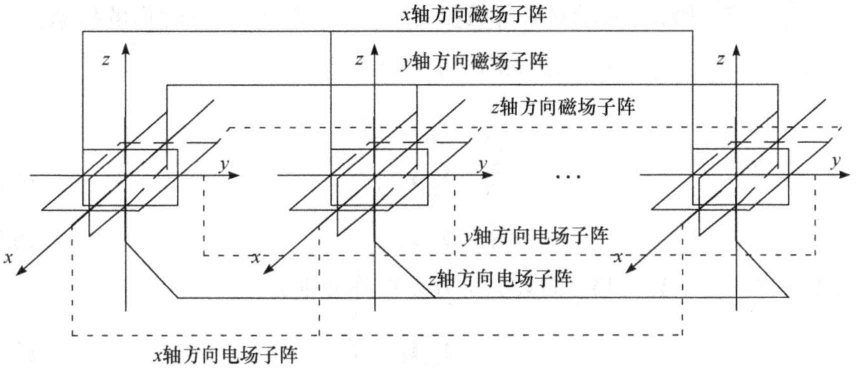

图 6.3.1　电磁矢量传感器阵列示意图

同样，x 轴、y 轴和 z 轴方向的磁场数据协方差矩阵分别为

$$\tilde{\boldsymbol{R}}_{\text{hx}} = \boldsymbol{Z}_{\text{hx}}\boldsymbol{Z}_{\text{hx}}^{\text{H}}/N \tag{6.3.4}$$

$$\tilde{\boldsymbol{R}}_{\text{hy}} = \boldsymbol{Z}_{\text{hy}}\boldsymbol{Z}_{\text{hy}}^{\text{H}}/N \tag{6.3.5}$$

$$\tilde{\boldsymbol{R}}_{\text{hz}} = \boldsymbol{Z}_{\text{hz}}\boldsymbol{Z}_{\text{hz}}^{\text{H}}/N \tag{6.3.6}$$

通过对上述 6 个子阵数据协方差矩阵进行算术平均得到解相干后的矩阵 $\boldsymbol{R}_{\text{Z}}$：

$$\boldsymbol{R}_{\text{Z}} = \left(\tilde{\boldsymbol{R}}_{\text{ex}} + \tilde{\boldsymbol{R}}_{\text{ey}} + \tilde{\boldsymbol{R}}_{\text{ez}} + \tilde{\boldsymbol{R}}_{\text{hx}} + \tilde{\boldsymbol{R}}_{\text{hy}} + \tilde{\boldsymbol{R}}_{\text{hz}}\right)/6 \tag{6.3.7}$$

解相干后的数据协方差矩阵 $\boldsymbol{R}_{\text{Z}}$ 是满秩矩阵。

令 $\boldsymbol{J}_M$ 是($M \times M$)维的反对角变换矩阵，即 $J_{i,M-i+1} = 1(i = 1,2,\cdots,M)$ 是 $\boldsymbol{J}_M$ 的第 i 行第($M-i+1$)列的元素，$\boldsymbol{J}_M$ 的其他元素全部为零。对子阵数据 $\boldsymbol{Z}_{\text{ex}}$、$\boldsymbol{Z}_{\text{ey}}$ 和 $\boldsymbol{Z}_{\text{ez}}$ 进行如下变换：

$$\boldsymbol{Y}_{\text{ex}} = \boldsymbol{J}_M\boldsymbol{Z}_{\text{ex}}^* \tag{6.3.8}$$

$$\boldsymbol{Y}_{\text{ey}} = \boldsymbol{J}_M\boldsymbol{Z}_{\text{ey}}^* \tag{6.3.9}$$

$$\boldsymbol{Y}_{\text{ez}} = \boldsymbol{J}_M\boldsymbol{Z}_{\text{ez}}^* \tag{6.3.10}$$

式中，$\boldsymbol{Z}_{\text{ex}}^*$、$\boldsymbol{Z}_{\text{ey}}^*$ 和 $\boldsymbol{Z}_{\text{ez}}^*$ 表示对子阵数据 $\boldsymbol{Z}_{\text{ex}}$、$\boldsymbol{Z}_{\text{ey}}$ 和 $\boldsymbol{Z}_{\text{ez}}$ 取共轭后的数据。

同样，对子阵数据 $\boldsymbol{Z}_{\text{hx}}$、$\boldsymbol{Z}_{\text{hy}}$ 和 $\boldsymbol{Z}_{\text{hz}}$ 进行如下变换：

$$\boldsymbol{Y}_{\text{hx}} = \boldsymbol{J}_M\boldsymbol{Z}_{\text{hx}}^* \tag{6.3.11}$$

$$\boldsymbol{Y}_{\text{hy}} = \boldsymbol{J}_M\boldsymbol{Z}_{\text{hy}}^* \tag{6.3.12}$$

$$\boldsymbol{Y}_{\mathrm{hz}}=\boldsymbol{J}_M\boldsymbol{Z}_{\mathrm{hz}}^{*} \tag{6.3.13}$$

式中，$\boldsymbol{Z}_{\mathrm{hx}}^{*}$、$\boldsymbol{Z}_{\mathrm{hy}}^{*}$和$\boldsymbol{Z}_{\mathrm{hz}}^{*}$表示对子阵数据$\boldsymbol{Z}_{\mathrm{hx}}$、$\boldsymbol{Z}_{\mathrm{hy}}$和$\boldsymbol{Z}_{\mathrm{hz}}$取共轭后的数据。

子阵数据$\boldsymbol{Y}_{\mathrm{ex}}$、$\boldsymbol{Y}_{\mathrm{ey}}$和$\boldsymbol{Y}_{\mathrm{ez}}$的数据协方差矩阵分别为

$$\bar{\boldsymbol{R}}_{\mathrm{ex}}=\boldsymbol{Y}_{\mathrm{ex}}\boldsymbol{Y}_{\mathrm{ex}}^{\mathrm{H}}/N \tag{6.3.14}$$

$$\bar{\boldsymbol{R}}_{\mathrm{ey}}=\boldsymbol{Y}_{\mathrm{ey}}\boldsymbol{Y}_{\mathrm{ey}}^{\mathrm{H}}/N \tag{6.3.15}$$

$$\bar{\boldsymbol{R}}_{\mathrm{ez}}=\boldsymbol{Y}_{\mathrm{ez}}\boldsymbol{Y}_{\mathrm{ez}}^{\mathrm{H}}/N \tag{6.3.16}$$

子阵数据$\boldsymbol{Y}_{\mathrm{hx}}$、$\boldsymbol{Y}_{\mathrm{hy}}$和$\boldsymbol{Y}_{\mathrm{hz}}$的数据协方差矩阵分别为

$$\bar{\boldsymbol{R}}_{\mathrm{hx}}=\boldsymbol{Y}_{\mathrm{hx}}\boldsymbol{Y}_{\mathrm{hx}}^{\mathrm{H}}/N \tag{6.3.17}$$

$$\bar{\boldsymbol{R}}_{\mathrm{hy}}=\boldsymbol{Y}_{\mathrm{hy}}\boldsymbol{Y}_{\mathrm{hy}}^{\mathrm{H}}/N \tag{6.3.18}$$

$$\bar{\boldsymbol{R}}_{\mathrm{hz}}=\boldsymbol{Y}_{\mathrm{hz}}\boldsymbol{Y}_{\mathrm{hz}}^{\mathrm{H}}/N \tag{6.3.19}$$

变换前后电场子阵数据的互协方差矩阵分别为

$$\boldsymbol{Q}_{\mathrm{ex}}=\boldsymbol{Z}_{\mathrm{ex}}\boldsymbol{Y}_{\mathrm{ex}}^{\mathrm{H}}/N \tag{6.3.20}$$

$$\boldsymbol{Q}_{\mathrm{ey}}=\boldsymbol{Z}_{\mathrm{ey}}\boldsymbol{Y}_{\mathrm{ey}}^{\mathrm{H}}/N \tag{6.3.21}$$

$$\boldsymbol{Q}_{\mathrm{ez}}=\boldsymbol{Z}_{\mathrm{ez}}\boldsymbol{Y}_{\mathrm{ez}}^{\mathrm{H}}/N \tag{6.3.22}$$

变换前后磁场子阵数据的互协方差矩阵分别为

$$\boldsymbol{Q}_{\mathrm{hx}}=\boldsymbol{Z}_{\mathrm{hx}}\boldsymbol{Y}_{\mathrm{hx}}^{\mathrm{H}}/N \tag{6.3.23}$$

$$\boldsymbol{Q}_{\mathrm{hy}}=\boldsymbol{Z}_{\mathrm{hy}}\boldsymbol{Y}_{\mathrm{hy}}^{\mathrm{H}}/N \tag{6.3.24}$$

$$\boldsymbol{Q}_{\mathrm{hz}}=\boldsymbol{Z}_{\mathrm{hz}}\boldsymbol{Y}_{\mathrm{hz}}^{\mathrm{H}}/N \tag{6.3.25}$$

对变换后协方差矩阵求算术平均，得到变换后阵列协方差矩阵$\boldsymbol{R}_{\mathrm{Y}}$，即

$$\boldsymbol{R}_{\mathrm{Y}}=\left(\bar{\boldsymbol{R}}_{\mathrm{ex}}+\bar{\boldsymbol{R}}_{\mathrm{ey}}+\bar{\boldsymbol{R}}_{\mathrm{ez}}+\bar{\boldsymbol{R}}_{\mathrm{hx}}+\bar{\boldsymbol{R}}_{\mathrm{hy}}+\bar{\boldsymbol{R}}_{\mathrm{hz}}\right)/6 \tag{6.3.26}$$

对变换前后数据的互协方差矩阵求算术平均，得到变换后阵列互协方差矩阵$\boldsymbol{R}_{\mathrm{ZY}}$，即

$$\boldsymbol{R}_{\mathrm{ZY}}=\left(\boldsymbol{Q}_{\mathrm{ex}}+\boldsymbol{Q}_{\mathrm{ey}}+\boldsymbol{Q}_{\mathrm{ez}}+\boldsymbol{Q}_{\mathrm{hx}}+\boldsymbol{Q}_{\mathrm{hy}}+\boldsymbol{Q}_{\mathrm{hz}}\right)/6 \tag{6.3.27}$$

构造解相干数据协方差矩阵$\boldsymbol{R}=[\boldsymbol{R}_{\mathrm{ZY}}\ \boldsymbol{R}_{\mathrm{Z}}\ \boldsymbol{R}_{\mathrm{Y}}]$；对数据协方差矩阵进行解相干后，再对得到的结果进行 SVD，求得信号子空间$\boldsymbol{U}_{\mathrm{s}}$和噪声子空间$\boldsymbol{U}_{\mathrm{n}}$，根据噪声子空间$\boldsymbol{U}_{\mathrm{n}}$可以得到 MUSIC 空间谱：

$$P(\theta)=\left|\frac{1}{\boldsymbol{A}(\theta)\boldsymbol{U}_{\mathrm{n}}^{\mathrm{H}}\boldsymbol{U}_{\mathrm{n}}\boldsymbol{A}(\theta)^{\mathrm{H}}}\right| \tag{6.3.28}$$

通过角度域的一维 MUSIC 谱峰搜索得到 DOA 的估计值：

$$\hat{\theta}_{\mathrm{opt}}=\arg\max_{\theta}\left|\frac{1}{\boldsymbol{A}(\theta)\boldsymbol{U}_{\mathrm{n}}^{\mathrm{H}}\boldsymbol{U}_{\mathrm{n}}\boldsymbol{A}(\theta)^{\mathrm{H}}}\right| \tag{6.3.29}$$

式中，$\boldsymbol{A}(\theta)$是搜索阵列导向矢量；$\theta\in[0,\pi/2]$是搜索角度。

6.3.2　计算机仿真实验

仿真条件：两个相干远场窄带电磁波信号入射到由 8 个在 y 轴上任意分布的电磁矢量传感器阵元构成的线性阵列，如图 6.3.1 所示，阵元间隔小于等于 $0.5\lambda_{\min}$ 且随机分布，快拍数为 512 次。

仿真实验 1：用电磁矢量传感器线阵解相干 MUSIC 算法(简称本节算法)进行仿真[7]，入射信号角度为$(\theta_1,\theta_2)=(30°,50°)$，SNR 取–4dB、–2dB、2dB、10dB 时的仿真结果分别如图 6.3.2～图 6.3.5 所示。

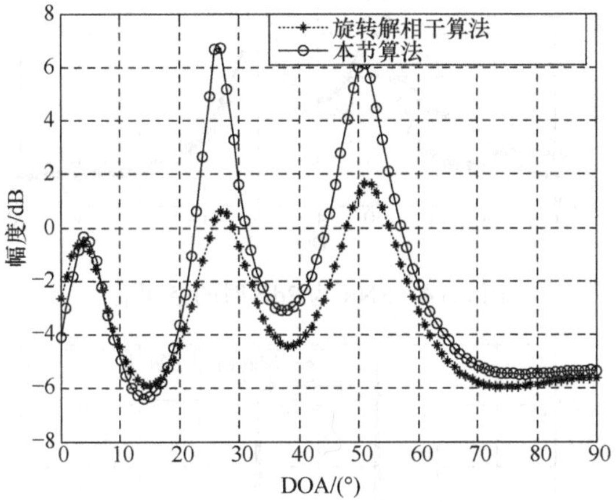

图 6.3.2　SNR 为–4dB 时的空间谱

从图 6.3.2～图 6.3.5 可以看出，在同 SNR 条件下，相比于旋转解相干算法，本节算法的空间谱更尖锐，有更高的 DOA 参数估计精度，具有更优的旁瓣抑制效果和高的分辨率。由仿真结果可知，改进的空间旋转解相干算法在不损失阵列孔径的前提下，大大提高了参数估计的精度且对均匀和非均匀线阵均适用，弥补了现有空间平滑解相干算法的不足。

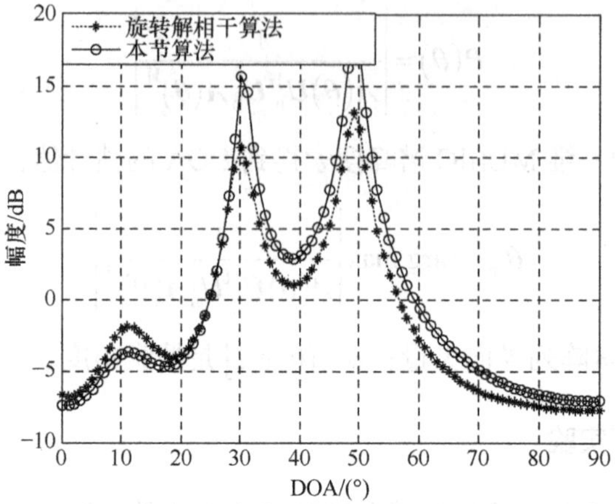

图 6.3.3　SNR 为−2dB 时的空间谱

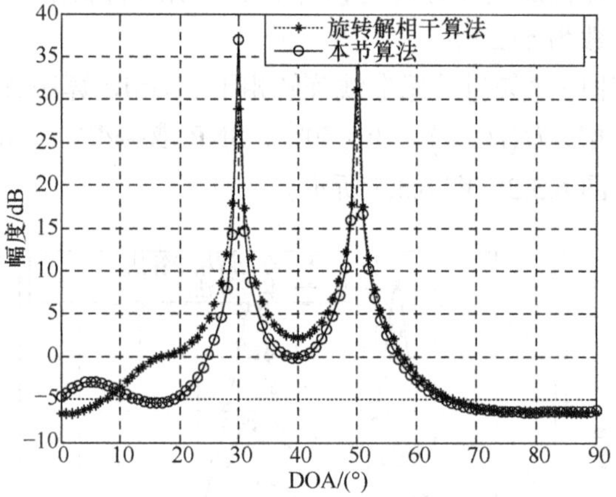

图 6.3.4　SNR 为 2dB 时的空间谱

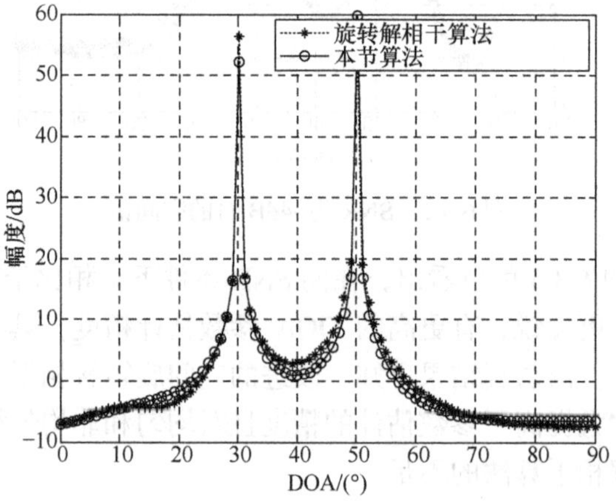

图 6.3.5　SNR 为 10dB 时的空间谱

仿真实验 2：用电磁矢量传感器阵列空间旋转解相干测向算法(简称本节算法)进行仿真[8]，采用 x 轴上任意分布的非均匀线阵，阵列的阵元是由空间共点的 x 轴、y 轴和 z 轴方向电偶极子和磁偶极子构成的电磁矢量传感器，信号入射角度为 $(\theta_1,\theta_2)=(30°,70°)$，SNR 取−4dB、−2dB、2dB、10dB 时的仿真结果分别见图 6.3.6～图 6.3.9。

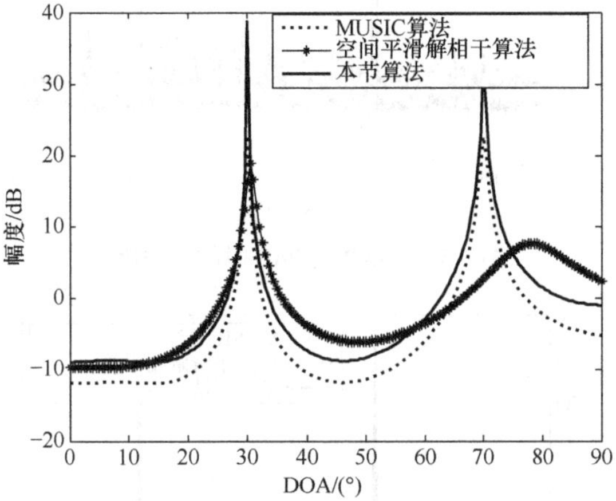

图 6.3.6　SNR 为−4dB 时的空间谱

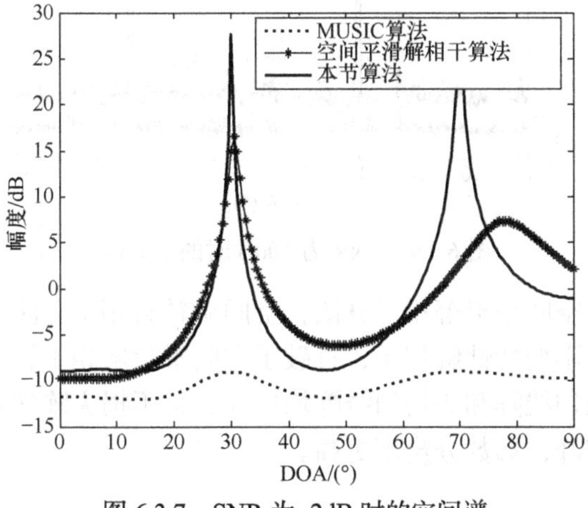

图 6.3.7　SNR 为−2dB 时的空间谱

从图 6.3.6 和图 6.3.7 可以看出，在同 SNR 条件下，本节算法和空间平滑解相干算法都能够成功检测到两个 DOA，但本节算法的空间谱很尖锐，有更高的 DOA 参数估计精度。

从图 6.3.8 和图 6.3.9 可以看出，MUSIC 算法无法处理相干信号，空间平滑解相干算法可以处理相干信号，但本节算法的空间谱更尖锐，具有更高的 DOA 参数估计精度，以及更优的旁瓣抑制效果和高的分辨率。

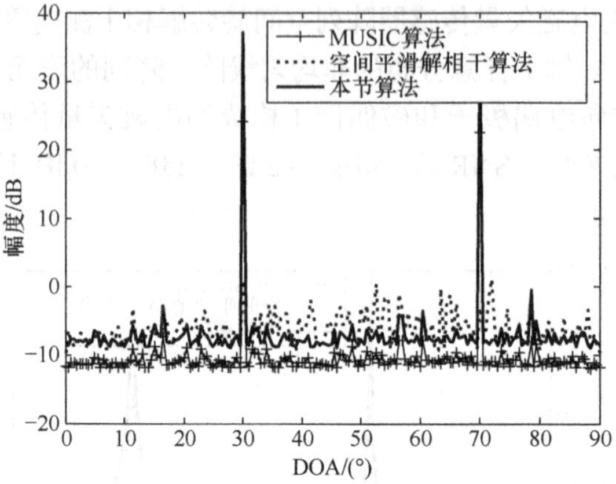

图 6.3.8　SNR 为 2dB 时的空间谱

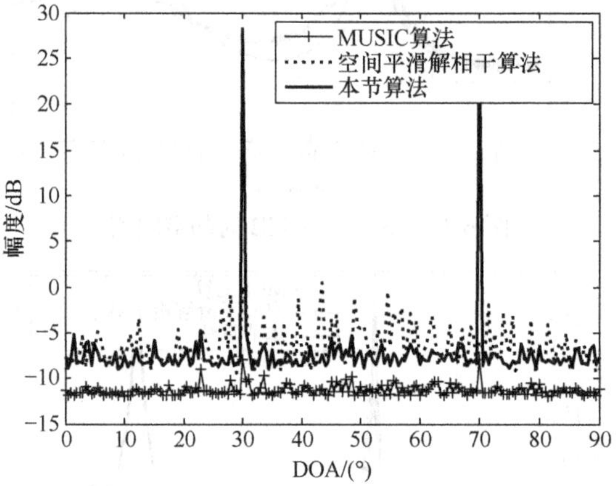

图 6.3.9　SNR 为 10dB 时的空间谱

不同于传统的空间平滑解相干算法，空间旋转解相干算法根据电磁矢量传感器子阵的空间旋转不变特性解相干，打破了空间平滑解相干算法只适用于均匀线阵的局限性，对均匀线阵和非均匀线阵均成立，且不损失阵列孔径，具有更低的副瓣和更尖锐的谱峰，参数分辨率更高。

6.4　非均匀阵列及其高精度 DOA 估计

DOA 估计有着非常重要的地位，传统方法是将接收阵列配置为均匀线阵(uniform linear array，ULA)，然后利用 MUSIC 算法[9]、ESPRIT 算法[10,11]及其衍生方法[12-14]等具有高分辨率的方法进行 DOA 估计。对于一个总阵元数为 N 的均匀线性阵列，采用传统 DOA 估计方法所能识别的最大目标源为$(N-1)$个，要估计更多的目标数，必须增加阵元数，但阵元数的加大将会提高硬件成本。由文献[15]可知，ULA 的有效口径为$(N-1)d$，N为阵元数，当N一定时，分辨率大小与孔径大小有关，增加阵元间距可以扩大天线孔径进而提高算法的分辨率。文献[16]～[18]提出一种嵌套阵列结构；文献[19]通过 Toeplitz 矩阵重构并使用 MUSIC 算法进行 DOA 估计，但需要对整个空域角度进行谱峰搜索，而且随着快拍数的增加，运算量增大；文献[20]通过构造线性算子既不需要对数据协方差矩阵进行特征分解，也不需要谱峰搜索便可得到对目标源的精确估计，但损失了阵列孔径。二阶嵌套阵及其连续虚拟阵元排布图如图 6.4.1 所示，通过对阵元位置的合理排布，使要估计的目标数大于物理阵元数的欠定问题得到解决。

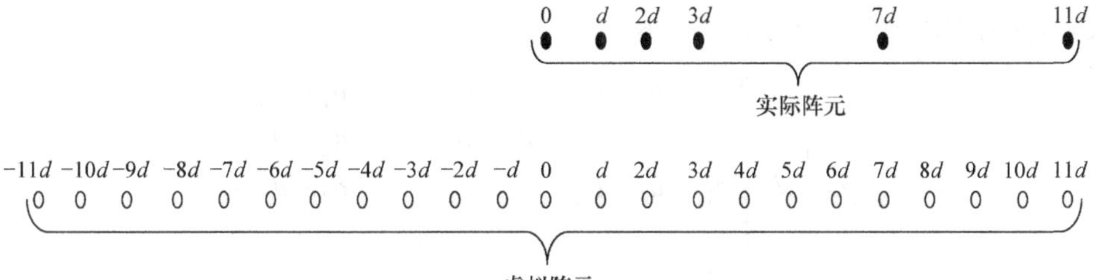

图 6.4.1　二阶嵌套阵及其连续虚拟阵元排布图

本节提出一种新的非均匀阵列天线结构，根据嵌套阵列经过最优布阵获取阵列最大自由度(最多虚拟阵元数)的思想，确定非均匀阵列第一个阵元和最后一个阵元位置系数。通过计算非均匀阵列其余阵元位置系数，获得非均匀阵列排布方式，在满足与嵌套阵性能相同的前提下(与嵌套阵列产生相同连续的虚拟阵元数)，做到灵活布阵，更易于工程实现；同时使用稀疏重构方法去重，通过空间平滑对虚拟阵列接收数据恢复秩操作，在不损失阵列孔径的前提下估计目标的 DOA[21]。仿真结果表明，本节方法在低 SNR 和低快拍数下能实现较为精确的 DOA 估计。

6.4.1　非均匀阵列组构建

为了使构造的非均匀阵列具有布阵灵活、阵元间互耦低，以及形成的虚拟阵列是一个完全填充的均匀线性阵列的优点，确定阵元位置系数成为关键。为便于叙述，令嵌套阵列为二阶嵌套阵列，总阵元数均为N，N为偶数和N为奇数的情况可类比得到，其具体步骤如下：

(1) 根据嵌套阵列最大自由度确定非均匀阵列位置系数x_1和x_N。

假定非均匀阵列阵元位置矢量$\boldsymbol{D}=[d_1,d_2,\cdots,d_n,\cdots,d_N]=d\times[x_1,x_2,\cdots,x_n,\cdots,x_N]$。其中，$d$为阵元间隔，取值为入射信号最小半波长；$x_n$为非均匀阵列第$n$个

阵元的位置系数，$n=1,2,\cdots,N$，N为总阵元数。根据嵌套阵列构造的虚拟阵列 $D_{\text{ULA}}=\{-[N_2x(N_1+1)-1]d,\cdots,0,\cdots,[N_2(N_1+1)-1]d\}$，$N_2=N_2=N/2$，$N_1$和$N_2$为嵌套阵列子阵阵元数，获取最大自由度为$2N_2(N_1+1)-1$，得到非均匀阵列位置系数$x_1=0$，$x_N=\tilde{N}$，$\tilde{N}=(\text{DOF}-1)/2$，则阵列阵元位置为$D=d\times[0,\tilde{x},\tilde{N}]$，其中$\tilde{x}=[x_2,\cdots,x_{N-1}]$，$\tilde{x}$为$1\sim(x_N-1)$的随机递增互异整数。

(2) 计算满足非均匀阵列差合矩阵$\overline{\boldsymbol{P}}$中包含所有虚拟阵元位置的位置系数$\tilde{x}$。

为保证本节所示的阵列在差合处理之后包含所有的虚拟阵元位置，且与嵌套阵列自由度一致，构造一向量$\boldsymbol{P}\in\mathbf{C}^{1\times N^2}$，$\boldsymbol{P}=[\boldsymbol{D},\boldsymbol{D},\cdots,\boldsymbol{D}]$，向量$\boldsymbol{P}$由$N$个$\boldsymbol{D}$按行排列组成，再构造一矩阵$\overline{\boldsymbol{p}}\in\mathbf{C}^{N\times N}$，$\overline{\boldsymbol{p}}=[(\boldsymbol{D}-d_1)^{\mathrm{T}},(\boldsymbol{D}-d_2)^{\mathrm{T}},\cdots,(\boldsymbol{D}-d_N)^{\mathrm{T}}]$，即矩阵$\overline{\boldsymbol{p}}$为非均匀阵列产生的差合矩阵：

$$\overline{\boldsymbol{p}}=\begin{bmatrix}0 & d_1-d_2 & d_1-d_3 & \cdots & d_1-d_N\\ d_2-d_1 & 0 & d_2-d_3 & \cdots & d_2-d_N\\ d_3-d_1 & d_3-d_2 & 0 & \cdots & d_3-d_N\\ \vdots & \vdots & \vdots & & \vdots\\ d_N-d_1 & d_N-d_2 & d_N-d_3 & \cdots & 0\end{bmatrix}$$

$$=d\times\begin{bmatrix}0 & -x_2 & -x_3 & \cdots & -x_N\\ x_2 & 0 & x_2-x_3 & \cdots & x_2-x_N\\ x_3 & x_3-x_2 & 0 & \cdots & x_3-x_N\\ \vdots & \vdots & \vdots & & \vdots\\ x_N & x_N-x_2 & x_N-x_3 & \cdots & 0\end{bmatrix} \tag{6.4.1}$$

由于矩阵$\overline{\boldsymbol{p}}$为反对称矩阵，故只需研究其上三角形元素。将其按行排布得到一个行向量$\overline{\boldsymbol{p}}_{\perp}$，$\overline{\boldsymbol{p}}_{\perp}=[-x_2,\cdots,-x_N,x_2-x_3,\cdots,x_2-x_N,x_3-x_4,\cdots,x_3-x_N,\cdots,x_{N-1}-x_N]$。为使非均匀阵列位置矢量$\boldsymbol{D}=d\times[0,\tilde{x},\tilde{N}]$产生的虚拟差合阵列是完备的，即包含所有虚拟阵元位置，构造的差合矩阵$\overline{\boldsymbol{p}}$对应的$\overline{\boldsymbol{p}}_{\perp}$中应包含$\tilde{N}$个不同元素。

(3) 根据位置系数$\tilde{x}$，获取非均匀阵列阵元位置。

在步骤(1)中，随机从$1\sim(x_N-1)$中选取($N-2$)个递增互异整数构成$\tilde{x}$，得到一组均匀阵列阵元位置矢量$\boldsymbol{D}$，进行迭代。当$\boldsymbol{D}$中阵元位置满足步骤(2)中的差合矩阵$\overline{\boldsymbol{p}}$对应的$\overline{\boldsymbol{p}}_{\perp}$包含$\tilde{N}$个不同值即可停止迭代，否则继续从步骤(1)选取一组阵元位置，进行迭代，直至满足迭代停止条件；退出迭代，最终得到非均匀阵列组，其组内阵元位置矢量$\boldsymbol{D}=d\times[0,\tilde{x},\tilde{N}]$，非均匀阵列组阵元位置及产生的虚拟阵元如图 6.4.2 所示。

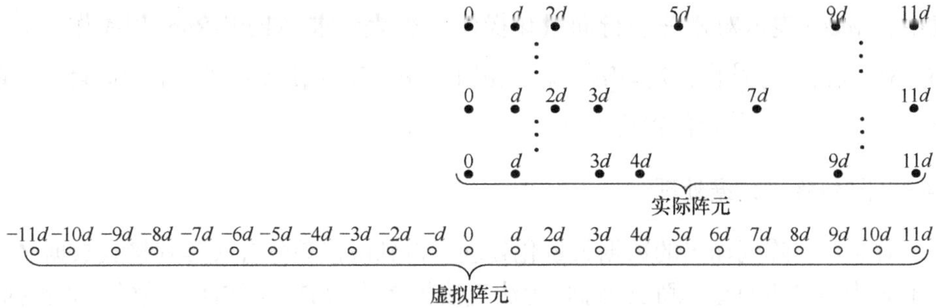

图 6.4.2　非均匀阵列组阵元位置及产生的虚拟阵元

6.4.2　信号模型

假设K个不相关的远场窄带信号入射到N个阵元的线阵上，$\theta_k\in\left[-\frac{\pi}{2},\frac{\pi}{2}\right]$是第$k$个入射信号的俯仰角，$k=1,2,\cdots,K$，$K$表示入射目标的总个数，则第$k$个入射信号的导向矢量为$\boldsymbol{a}(\theta_k)=[1,\ \mathrm{e}^{-\mathrm{j}\frac{2\pi d_2}{\lambda}\sin\theta_k},\cdots,\mathrm{e}^{-\mathrm{j}\frac{2\pi d_i}{\lambda}\sin\theta_k},\cdots,\mathrm{e}^{-\mathrm{j}\frac{2\pi d_N}{\lambda}\sin\theta_k}]^{\mathrm{T}}$，$\lambda$为入射信号波长，$d_i$为非均匀阵列第$i$个阵元位置，从而整个阵列的导向矢量矩阵为$\boldsymbol{A}=[a(\theta_1),a(\theta_2),\cdots,a(\theta_k),\cdots,a(\theta_K)]$。

用$x_i(t)$表示第i个阵元接收到的信号，$s_k(t)$表示第k个入射信号，则接收信号模型为

$$\boldsymbol{X}(t)=\boldsymbol{AS}(t)+\boldsymbol{N}(t) \tag{6.4.2}$$

式中，$\boldsymbol{X}(t)=[x_1(t),x_2(t),\cdots,x_N(t)]$，表示$t$时刻阵列接收数据矢量；$\boldsymbol{S}(t)=[s_1(t),\cdots,s_k(t),\cdots,s_K(t)]^{\mathrm{T}}$，表示入射信号矢量；$(\cdot)^{\mathrm{T}}$表示向量的转置；$\boldsymbol{N}(t)$表示均值为 0，方差为$\sigma_n^2$的复高斯白噪声，且与入射信号不相关；$t=\{1,2,\cdots,L\}$，$L$表示快拍数。

阵列的接收数据协方差矩阵为

$$\boldsymbol{R}=E[\boldsymbol{X}(t)\boldsymbol{X}(t)^{\mathrm{H}}] \tag{6.4.3}$$

式中，$\boldsymbol{R}\in\mathbf{C}^{N\times N}$。将式(6.4.3)化简为

$$\boldsymbol{R}=\boldsymbol{AR}_{\mathrm{ss}}\boldsymbol{A}^{\mathrm{H}}+\boldsymbol{R}_N \tag{6.4.4}$$

式中，$\boldsymbol{R}_{\mathrm{ss}}=\mathrm{diag}(\delta_1^2,\delta_2^2,\cdots,\delta_k^2,\cdots,\delta_K^2)$，表示信号的协方差矩阵，$\delta_k^2$表示第$k$个入射信号的功率，$k=1,2,\cdots,K$；$\boldsymbol{R}_N=\sigma_n^2\boldsymbol{I}$，表示噪声的协方差矩阵。

对$\boldsymbol{R}$进行矢量化操作，得到虚拟差分合成阵列(包含重复阵元)接收数据矩阵为

$$\boldsymbol{Z}=\mathrm{vec}(\boldsymbol{R})=(\boldsymbol{A}^*\odot\boldsymbol{A})\,\boldsymbol{p}+\sigma_n^2\boldsymbol{I}_n \tag{6.4.5}$$

式中，vec(·)表示对矩阵进行向量化操作；⊙表示求 Khatri-Rao 积操作；$\boldsymbol{p}=[\delta_1^2,\delta_2^2,\cdots,\delta_k^2,\cdots,\delta_K^2]^{\mathrm{T}}$；$\boldsymbol{I}_n=[\mathrm{e}_1^{\mathrm{T}},\mathrm{e}_2^{\mathrm{T}},\cdots,\boldsymbol{e}_N^{\mathrm{T}}]^{\mathrm{T}}$，$\boldsymbol{e}_i=[0,\cdots,1,0,,\cdots,0]^{\mathrm{T}}$是列向量，只有第$i$个位置为1，其余位置均为0；$\boldsymbol{Z}\in\mathbf{C}^{N^2\times1}$。

6.4.3 阵列接收数据处理

对非均匀阵列输出的数据矢量化处理后得到虚拟差分合成阵列接收数据$\boldsymbol{Z}$，由于$\boldsymbol{Z}$中包含重复虚拟阵元数据，无法直接将$\boldsymbol{Z}$作为 DOA 估计算法的输入数据，需要先对$\boldsymbol{Z}$进行去冗余、排序等数据处理操作，得到虚拟阵列接收数据$\hat{\boldsymbol{Z}}$。接收数据$\boldsymbol{Z}$中包含噪声，无法直接对$\boldsymbol{Z}$进行去冗余、排序操作，因此本节提出一种对虚拟差分合成阵列接收数据的处理方法，可得到虚拟阵列接收数据$\hat{\boldsymbol{Z}}$。其原理是$\boldsymbol{Z}$接收数据矩阵元素位置与本节非均匀阵列产生的差合阵元位置一一对应，通过对差合阵元位置进行处理得到索引集，由索引集对$\boldsymbol{Z}$内部元素进行选取，可达到对$\boldsymbol{Z}$去冗余、排序目的，进而得到$\hat{\boldsymbol{Z}}$，具体步骤如下。

(1) 根据本节得到的非均匀阵列，构造一列向量$\tilde{\boldsymbol{P}}$。

$$\tilde{\boldsymbol{P}}=[(\boldsymbol{D}-d_1),(\boldsymbol{D}-d_2),\cdots,(\boldsymbol{D}-d_N)]^{\mathrm{T}}=\left[\tilde{P}_1,\tilde{P}_2,\cdots,\tilde{P}_i,\cdots,\tilde{P}_{N^2}\right] \tag{6.4.6}$$

再构造一向量$\boldsymbol{U}$，其内部$2\tilde{N}+1$个元素均匀连续变化，与非均匀阵列产生的虚拟阵元排布相同：

$$\boldsymbol{U}=[-\tilde{N}d,\cdots,0,\cdots,\tilde{N}d]=[u_1,u_2,\cdots,u_j,\cdots,u_{2\tilde{N}+1}] \tag{6.4.7}$$

对列向量$\tilde{\boldsymbol{P}}$中的$\tilde{P}_i$与向量$\boldsymbol{U}$的u_j进行比较，在$\tilde{P}_i=u_j$时，记录$\tilde{P}_i$在$\tilde{\boldsymbol{P}}$中的索引值i，并令$u_j=N^2$。要说明的是，进行比较时，只要满足$\tilde{P}_i=u_j$，则更新索引集$\boldsymbol{\Gamma}=\boldsymbol{\Gamma}\cup\{i\}$，最终得到索引集$\boldsymbol{\Gamma}$。其内部包含$\tilde{\boldsymbol{P}}$中$(2\tilde{N}+1)$个虚拟阵元的索引值，所对应的元素构成一个新的向量$\hat{\boldsymbol{P}}$，其中，$i=1,2,\cdots,N^2$，$j=1,2,\cdots,2\tilde{N}+1$，$\tilde{\boldsymbol{P}}\in\mathbf{C}^{N^2\times1}$，$\boldsymbol{U}\in\mathbf{C}^{(2\tilde{N}+1)\times1}$，$\hat{\boldsymbol{P}}\in\mathbf{C}^{(2\tilde{N}+1)\times1}$，$N$为总阵元数，$\tilde{N}=(\mathrm{DOF}-1)/2=N^2/4+N/2$。

(2) 根据对$\hat{\boldsymbol{P}}$排序得到新的索引集$\bar{\boldsymbol{\Gamma}}$，获取虚拟阵列接收数据$\bar{r}$。

由于索引集$\boldsymbol{\Gamma}$对应$\hat{\boldsymbol{P}}$中元素不是按从小到大顺序排列的，通过对$\hat{\boldsymbol{P}}$排序即$[\boldsymbol{F},\bar{\boldsymbol{\Gamma}}]=\mathrm{sort}(\hat{\boldsymbol{P}})$，向量$\boldsymbol{U}=[-\tilde{N}d,\cdots,0,\cdots,\tilde{N}d]$与$\bar{\boldsymbol{\Gamma}}$对应$\boldsymbol{F}$中的$2\tilde{N}+1$个元素一一对应。

至此，得到排序后的索引值$\bar{\boldsymbol{\Gamma}}$，通过接收数据$\boldsymbol{Z}$元素位置与阵列产生的差协同阵元位置一一对应关系，用索引值$\bar{\boldsymbol{\Gamma}}$选取接收数据$\boldsymbol{Z}$即可达到去冗余、排序目的，最终得到虚拟阵列接收数据$\hat{\boldsymbol{Z}}$。经过去冗余、排序后得到的单次快拍虚拟阵

列接收数据为

$$\hat{\boldsymbol{Z}}=\boldsymbol{A}_{\text{virtual}}\ \boldsymbol{P}+\sigma_n^2\boldsymbol{I}_l=[\boldsymbol{a}(\theta_1),\boldsymbol{a}(\theta_2),\cdots,\boldsymbol{a}(\theta_K)]\times[\delta_1^2,\delta_2^2,\cdots,\delta_K^2]^{\mathrm{T}}+\sigma_n^2\boldsymbol{I}_l \tag{6.4.8}$$

式中，$\boldsymbol{a}(\theta_k)=[\mathrm{e}^{-\mathrm{j}\frac{2\pi d}{\lambda}\sin\theta_k(-\tilde{N})},\cdots,\mathrm{e}^{-\mathrm{j}\frac{2\pi d}{\lambda}\sin\theta_k(\tilde{N}-i)},\cdots,\mathrm{e}^{-\mathrm{j}\frac{2\pi d}{\lambda}\sin\theta_k(\tilde{N})}]^{\mathrm{T}}$，$k=1,2,\cdots,K$, $i=1,2,\cdots,\tilde{N}$；$\boldsymbol{I}_l$ 表示位置 $\tilde{N}$ 为 1，其余位置均为 0 的列矢量，$\tilde{N}=(\mathrm{DOF}-1)/2=N^2/4+N/2$。由式(6.4.7)可知，经过 Khatri-Rao 积虚拟阵元数变为 $2\tilde{N}+1$ 个[22]，即 $(N^2-2)/2+N$ 个阵元，其证明过程见文献[19]。

6.4.4　基于稀疏重构的 DOA 估计

由于目标源相对于整个空域是稀疏的，将 CS 理论[23-25]引入 DOA 估计中，由式(6.4.8)得虚拟阵列接收数据变为单快拍问题。本节采用稀疏重构算法，无须使用以损失阵列孔径为代价的空间平滑算法对式(6.4.8)中 $\hat{\boldsymbol{Z}}$ 进行秩恢复操作，也不需要特征分解构造信号子空间，即可在低 SNR 和低快拍下实现较为精确地 DOA 估计。

由式(6.4.8)可得其稀疏表示模型为

$$\hat{\boldsymbol{Z}}(t)=\boldsymbol{A}_{\text{sparse}}\ \boldsymbol{\alpha}+\boldsymbol{N}(t) \tag{6.4.9}$$

式中，$\hat{\boldsymbol{Z}}(t)=[\hat{z}_{-\tilde{N}}(t),\cdots,x_0(t),\cdots,x_{\tilde{N}}(t)]$；$\boldsymbol{A}_{\text{sparse}}=[\boldsymbol{a}(\theta_1),\boldsymbol{a}(\theta_2),\cdots,\boldsymbol{a}(\theta_{N_\theta})]$，为$[(2\tilde{N}+1)\times N_\theta]$维矩阵，各列分别为从 θ_n 处入射的潜在信号源对应的$[(2\tilde{N}+1)\times 1]$维导向矢量 $\boldsymbol{a}(\theta_n)$，$n=1,2,\cdots,N_\theta$；$\boldsymbol{N}(t)$ 表示均值为 0，方差为 σ_n^2 的复高斯白噪声，且与入射信号不相关；$\boldsymbol{\alpha}=[\alpha_1,\alpha_2,\cdots,\alpha_{N_\theta}]^{\mathrm{T}}$ 表示 $N_\theta\times 1$ 维信号向量。

假设存在 K 个信源分别从 θ_{I_k} 入射，其中 θ_{I_k} 为划分的网格中第 I_k 个角度，$k=1,2,\cdots,K$，$I_k\in\{1,2,\cdots,N_\theta\}$，那么，向量 $\boldsymbol{\alpha}$ 中的元素满足：

$$a_n=\begin{cases}\delta_k^2, & n=I_k, k=1,2,\cdots,K\\ 0, & 其他\end{cases} \tag{6.4.10}$$

图 6.4.3 揭示了式(6.4.9)稀疏表示模型和式(6.4.8)数据模型的关系，向量 $\boldsymbol{\alpha}$ 中仅有 K 个元素非零，由于 $K\ll N_\theta$，$\boldsymbol{\alpha}$ 是一个稀疏信号。至此，将阵列接收数据中噪声以外的部分表示为矩阵 $\boldsymbol{A}_{\text{sparse}}$ 与稀疏信号 $\boldsymbol{\alpha}$ 的乘积，式(6.4.9)是虚拟阵列接收数据的稀疏表示形式。$\boldsymbol{\alpha}$ 中的元素与 $\boldsymbol{A}_{\text{sparse}}$ 的各列一一对应，即与信号的 DOA 一一对应，由其中非零元素位置可唯一确定源信号的入射角度。因此，只要利用稀疏重构算法精确恢复信号 $\boldsymbol{\alpha}$，即可得到目标源的 DOA 估计。

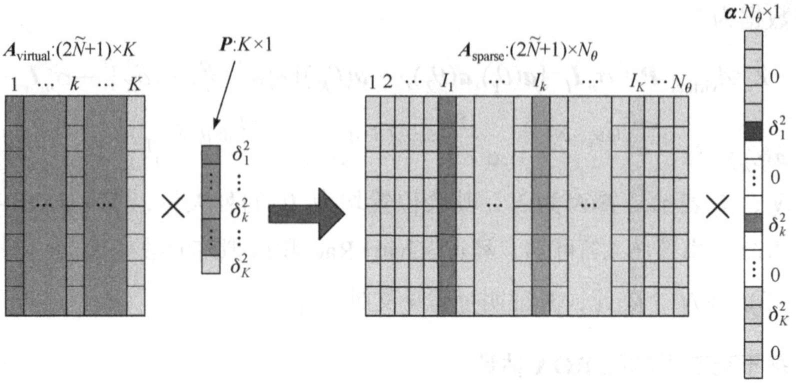

图 6.4.3　两种模型的关系

6.4.5　计算机仿真实验

在上述理论基础上，利用 Matlab 进行仿真。

仿真实验 1：从提出的非均匀阵列组中取一种非均匀阵列配置为接收阵列。其阵元位置矢量为 $\boldsymbol{D}=d\times[0,1,3,4,9,11]$，阵元数为 $N=6$，$d=\lambda/2$，对空间 $K=11$ 个远场窄带目标进行方向识别，这 11 个目标的入射角分别从($-50°$，$-40°$，$-30°$，$-20°$，$-10°$，$0°$，$10°$，$20°$，$30°$，$40°$，$50°$)方向入射到接收阵列上，入射信号波长为 λ，SNR$=-10$dB，快拍数为 L=100，进行 50 次 Monte-Carlo 独立实验，空域目标 DOA 估计散点图见图 6.4.4。

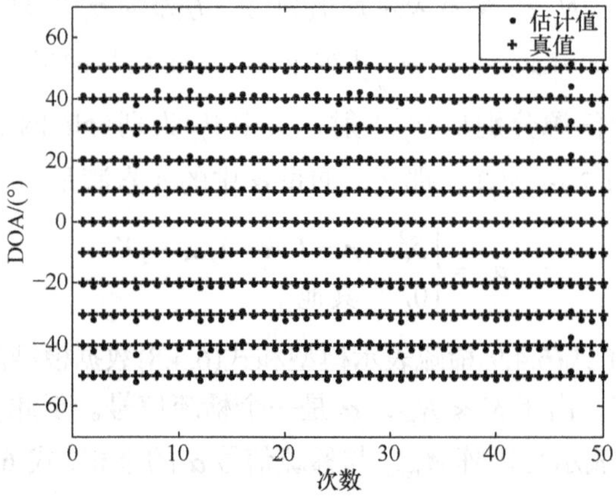

图 6.4.4　空域目标 DOA 估计散点图

从图 6.4.4 中可以看到，在 SNR 为−10dB，阵元数为 6 时，真实信源角度值与非均匀阵列的信源角度估计值拟合程度高，能正确识别出 11 个空域目标源，而传统 6 阵元均匀线阵在此情况下不能进行目标方向识别。可见本节非均匀阵列估计的目标数大于阵元数。

仿真实验 2：将接收阵列分别配置为仿真实验 1 所述的 6 阵元非均匀阵、6 阵元二阶嵌套阵及 6 阵元均匀线阵，给出三种阵列功率方向图，当最大指向角 $\theta=0°$ 时，其阵列功率方向图如图 6.4.5 所示；同时对 3 种阵列接收数据均使用稀疏恢复算法进行 DOA 估计，其中二阶嵌套阵总阵元数为 $N_1+N_2=6$，$N_1=N_2=3$，其阵元位置矢量为 $\boldsymbol{D}=d\times[0,1,2,3,7,11]$；对空间 $K=2$ 个远场窄带目标进行方向识别，两个目标信源的入射角为 $(\theta_1,\theta_2)=(20°,40°)$，实验 SNR 为 0～40dB，快拍数为 $L=1000$，进行 500 次 Monte-Carlo 独立实验。6 阵元非均匀阵、6 阵元二阶嵌套阵和 6 阵元均匀线阵功率方向图见图 6.4.5，不同 SNR 下 DOA 估计值的 RMSE 比较如图 6.4.6 所示。

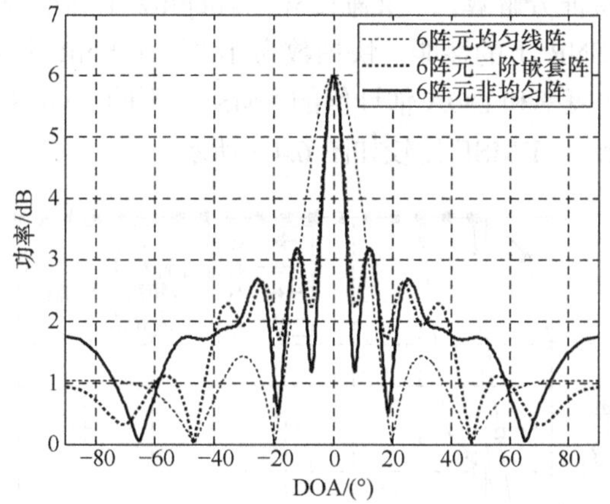

图 6.4.5　不同阵列功率方向图

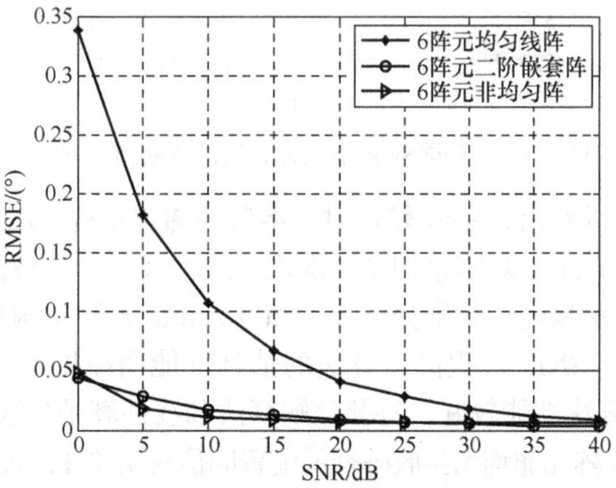

图 6.4.6　不同阵列 DOA 估计值的 RMSE 比较

从图 6.4.5 中看到 6 阵元均匀线阵波束宽度最宽，6 阵元非均匀阵、6 阵元二阶嵌套阵波束宽度几乎相同，说明本节提出的 6 阵元非均匀阵与 6 阵元均匀线阵拥有更窄的波束宽度，更好的阵列指向能力及 DOA 估计能力。

从图 6.4.6 中看到当 SNR 为 0dB 时，本节非均匀阵和二阶嵌套阵 DOA 估计的 RMSE 在 0.05° 附近，均匀线阵的 RMSE 在 0.34° 附近，可以得到本节阵列优于均匀线阵。随着 SNR 的增大，均匀线阵估计性能上升，曲线下降趋势加快，在 40dB 时三者性能趋近相同。可见，在相同处理算法下，本节非均匀阵扩大了阵列孔径，提高了测角分辨率，整体优于均匀阵，估计精度接近嵌套阵，同时在布阵方面比嵌套阵更灵活。

仿真实验 3：两个角度为 $(\theta_1,\theta_2)=(-40°,-15°)$ 的远场窄带信号入射到 6 阵元非均匀接收阵列，其阵元位置矢量 $\boldsymbol{D}=d\times[0,1,3,4,9,11]$，$d=\lambda/2$，使用文献[20]的线性算子算法、特征分解算法、文献[26]的 Toeplitz 矩阵重构算法及本节的稀疏重构算法对比不同 SNR 下的性能，快拍数为 100，在 SNR 为−5～30dB 分别进行 500 次实验统计成功概率和 DOA 估计值的 RMSE。不同 SNR 下几种算法的成功概率比较如图 6.4.7 所示，RMSE 比较如图 6.4.8 所示。

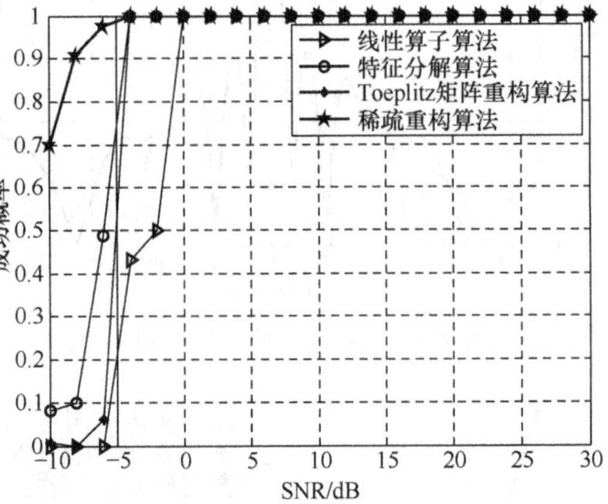

图 6.4.7　不同 SNR 下几种算法的成功概率比较

从仿真结果可以看出，SNR 较低时，本节的稀疏重构算法的成功概率最高，特征分解算法和 Toeplitz 矩阵重构算法次之，线性算子算法最低；在精度方面，本节的稀疏重构算法最高，特征分解算法和 Toeplitz 矩阵重构算法次之，线性算子算法最差；随着 SNR 的提高，算法的估计性能明显提升。稀疏重构算法和 Toeplitz 矩阵重构算法性能较好，特征分解算法和线性算子算法性能一般。

仿真实验 4：6 阵元非均匀接收阵列的配置同仿真实验 1，入射角度为 $(\theta_1,\theta_2)=(-40°,-15°)$ 的两个远场窄带信号入射到接收阵列，使用线性算子算法[20]、特征分

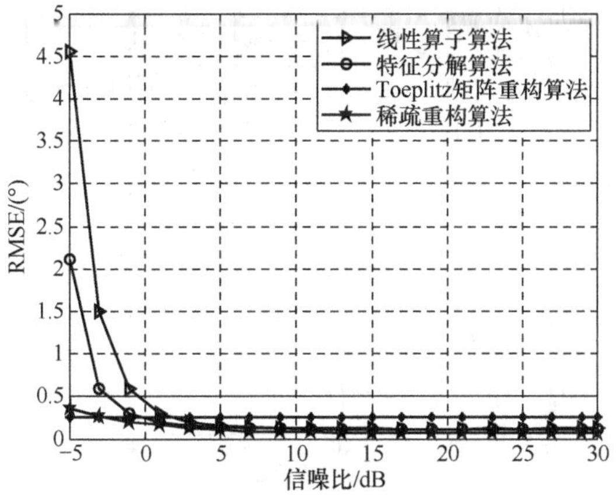

图 6.4.8　不同信噪比下几种算法的 RMSE 比较

解算法、Toeplitz 矩阵重构算法[26]以及本节的稀疏重构算法在不同快拍数下进行性能对比。SNR 设为 0dB，在快拍数为 1～300 分别进行 500 次实验统计成功概率，在快拍数为 1～100 分别进行 500 次实验估计 DOA 估计值的 RMSE。不同快拍数下几种算法的 RMSE 比较如图 6.4.9 所示，成功概率比较如图 6.4.10 所示。

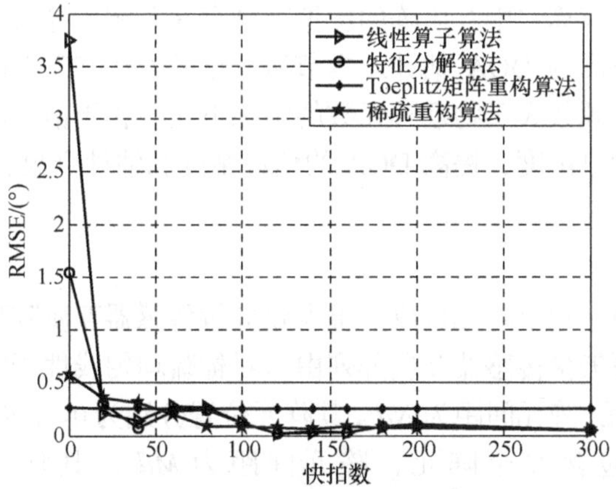

图 6.4.9　不同快拍数下几种算法的 RMSE 比较

由仿真结果可知，当 SNR 较低时，本节介绍的稀疏重构算法在较低快拍数下甚至单次快拍下具有很好的估计性能。虽然低快拍数下 Toeplitz 矩阵重构算法性能较好，但随着快拍数的增加几乎不发生变化。当快拍数为 100 时，其他三种算法性能均好于 Toeplitz 矩阵重构算法。低快拍下的线性算子和特征分解算法分辨性能较差，增加快拍数，可以提高两种算法的性能。当快拍数为 40 时，两种算法的 DOA 估计结果比较准确。因此当快拍数较低时，本节稀疏重构算法性能较好。

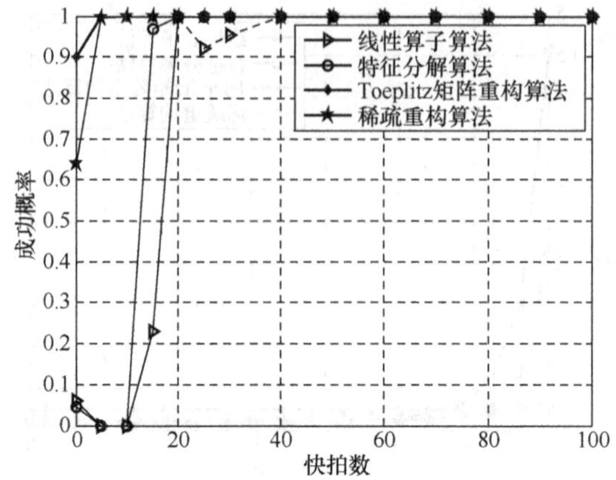

图 6.4.10　不同快拍数下几种算法的成功概率比较

6.5　互质阵列解相干算法

本节提出一种基于电磁矢量传感器互质阵列的相干信号的 DOA 估计算法，该算法主要解决现有算法中互质阵的虚拟阵列存在孔洞所导致的信息损失问题，还可以实现相干信源的 DOA 估计。本节所介绍的方法基于电磁矢量传感器互质阵列，能够在信号源数大于物理阵元数的情况下实现相干信号的 DOA 估计，扩大阵列孔径和阵列自由度，提高 DOA 的估计精度和估计个数。

6.5.1　阵列流型

首先由$(M+N-1)$个阵元构成一维电磁矢量传感器互质阵列，其中M与N为互质整数，该电磁矢量传感器互质阵列由一对稀疏均匀线性子阵列构成，第 1 个子阵包含M个阵元，阵元间距为Nd，其阵元位置分别为 0、Nd、L和$(M-1)Nd$，第 2 个子阵列包含N个阵元，阵元间距为Md，其阵元位置分别为 0、Md、L和$(N-1)Md$，d为入射信号最小半波长。互质阵列阵元位置可以表示为

$$S=\{Mnd,0\leqslant n\leqslant N-1\}\cup\{Nmd,0\leqslant m\leqslant M-1\} \tag{6.5.1}$$

图 6.5.1 为互质阵列的一对均匀稀疏子阵列结构示意图，从图中可以看出每个子阵的阵元间隔大于半个波长，且阵列的间隔与阵元数有一定关系，从而可以保证构造的互质阵列具有更大的阵列孔径和自由度。图 6.5.2 为构造的互质阵列结构示意图，从图中可以看出阵元是非均匀排布的，这种排布方式具有很多优点。

图 6.5.1　互质阵列的一对稀疏均匀子阵列结构示意图

图 6.5.2　构造的互质阵列的结构示意图

6.5.2　算法原理

利用图 6.5.2 的互质阵列作为接收阵列，接收来自不同方向的K个远场窄带信号源$\theta_1,\theta_2,\cdots,\theta_K$，则$t$时刻的互质阵列接收信号为

$$\boldsymbol{X}(t)=\boldsymbol{A}\boldsymbol{s}(t)+\boldsymbol{n}(t) \tag{6.5.2}$$

将接收数据分成x、y、z轴方向电场和磁场共 6 个子阵数据，T次快拍获得的接收信号分别为$\boldsymbol{X}_1$、$\boldsymbol{X}_2$、$\boldsymbol{X}_3$、$\boldsymbol{X}_4$、$\boldsymbol{X}_5$、$\boldsymbol{X}_6$，由此可以得到互质阵列的协方差矩阵$\boldsymbol{R}_{x1}$、$\boldsymbol{R}_{x2}$、$\boldsymbol{R}_{x3}$、$\boldsymbol{R}_{x4}$、$\boldsymbol{R}_{x5}$、$\boldsymbol{R}_{x6}$。对其矢量化处理，即

$$\begin{aligned}&\boldsymbol{Z}_1\triangleq\mathrm{vec}(\boldsymbol{R}_{x_1});\boldsymbol{Z}_2\triangleq\mathrm{vec}(\boldsymbol{R}_{x_2});\boldsymbol{Z}_3\triangleq\mathrm{vec}(\boldsymbol{R}_{x_3})\\&\boldsymbol{Z}_4\triangleq\mathrm{vec}(\boldsymbol{R}_{x_4});\boldsymbol{Z}_5\triangleq\mathrm{vec}(\boldsymbol{R}_{x_5});\boldsymbol{Z}_6\triangleq\mathrm{vec}(\boldsymbol{R}_{x_6})\end{aligned} \tag{6.5.3}$$

计算子阵阵元的位置差集$D_s=\{u_{si}-u_{sj}\}$，其中u_{si}和u_{sj}分别表示第s个子阵列的第i个和第j个阵元的位置坐标，D_sd表示第s个子阵的阵元位置差集，由D_sd的阵元位置坐标得到 6 个冗余虚拟阵列，其对应等价虚拟接收信号$\boldsymbol{Z}_1$、$\boldsymbol{Z}_2$、$\boldsymbol{Z}_3$、$\boldsymbol{Z}_4$、$\boldsymbol{Z}_5$、$\boldsymbol{Z}_6$并去除冗余虚拟阵列中的重复阵元得到的无冗余非均匀虚拟阵列；在非均匀虚拟阵列的缺失阵元部分补充接收信号为 0 的阵元数据，得到对应于 6 个均匀虚拟阵列的等效单快拍接收数据$\boldsymbol{Y}_1$、$\boldsymbol{Y}_2$、$\boldsymbol{Y}_3$、$\boldsymbol{Y}_4$、$\boldsymbol{Y}_5$、$\boldsymbol{Y}_6$，非均匀虚拟阵列的结构示意图如图 6.5.3 所示，插入阵元后得到的均匀虚拟阵列的示意图如图 6.5.4 所示。

图 6.5.3　非均匀虚拟阵列的结构示意图

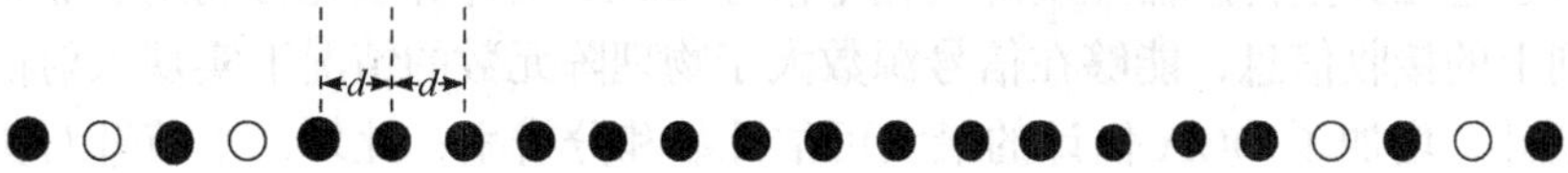

图 6.5.4　插入阵元后得到的均匀虚拟阵列的示意图

利用构造的 6 个均匀虚拟阵列的等效单快拍接收数据构造 Toeplitz 协方差矩阵 $\boldsymbol{R}_{z1}$、$\boldsymbol{R}_{z2}$、$\boldsymbol{R}_{z3}$、$\boldsymbol{R}_{z4}$、$\boldsymbol{R}_{z5}$、$\boldsymbol{R}_{z6}$；若以子阵 1 为例，记均匀虚拟阵列的阵元数为 L_1，由于该阵列是零位置阵元的对称分布结构，中心阵元为第$(L_1+1)/2$个阵元，子阵 1 的 Toeplitz 矩阵可构造为

$$R_{z1}=\begin{bmatrix}\langle \boldsymbol{Y}_1\rangle_L & \langle \boldsymbol{Y}_1\rangle_{L-1} & \cdots & \langle \boldsymbol{Y}_1\rangle_1\\ \langle \boldsymbol{Y}_1\rangle_{L+1} & \langle \boldsymbol{Y}_1\rangle_L & \cdots & \langle \boldsymbol{Y}_1\rangle_2\\ \vdots & \vdots & & \vdots\\ \langle \boldsymbol{Y}_1\rangle_{2L-1} & \langle \boldsymbol{Y}_1\rangle_{2L-2} & \cdots & \langle \boldsymbol{Y}_1\rangle_L\end{bmatrix} \tag{6.5.4}$$

式中，$\langle \boldsymbol{Y}_1\rangle_l$ 表示第 1 个虚拟子阵列的第 l 个阵元所对应的等价接收信号，同理可得到 $\boldsymbol{R}_{z2}$、$\boldsymbol{R}_{z3}$、$\boldsymbol{R}_{z4}$、$\boldsymbol{R}_{z5}$、$\boldsymbol{R}_{z6}$。

求解与 Toeplitz 协方差矩阵 $\boldsymbol{R}_{z1}$、$\boldsymbol{R}_{z2}$、$\boldsymbol{R}_{z3}$、$\boldsymbol{R}_{z4}$、$\boldsymbol{R}_{z5}$、$\boldsymbol{R}_{z6}$ 差异最小的低秩 Toeplitz 矩阵 $\boldsymbol{R}_{\mathrm{T1}}$、$\boldsymbol{R}_{\mathrm{T2}}$、$\boldsymbol{R}_{\mathrm{T3}}$、$\boldsymbol{R}_{\mathrm{T4}}$、$\boldsymbol{R}_{\mathrm{T5}}$、$\boldsymbol{R}_{\mathrm{T6}}$ 并作为均匀虚拟阵列接收信号的协方差矩阵。对求解得到的 6 个低秩 Toeplitz 矩阵进行算数平均可实现相干信号的估计，需要计算 6 个低秩 Toeplitz 矩阵的算数平均值：

$$\tilde{\boldsymbol{R}}_{\mathrm{T}}=\frac{1}{6}\left(\boldsymbol{R}_{\mathrm{T1}}+\boldsymbol{R}_{\mathrm{T2}}+\boldsymbol{R}_{\mathrm{T3}}+\boldsymbol{R}_{\mathrm{T4}}+\boldsymbol{R}_{\mathrm{T5}}+\boldsymbol{R}_{\mathrm{T6}}\right) \tag{6.5.5}$$

对上述得到的协方差矩阵 $\tilde{\boldsymbol{R}}_T$ 进行特征分解，利用 MUSIC 算法得到 DOA 估计 $\hat{\theta}_1,\hat{\theta}_2,\cdots,\hat{\theta}_k,\cdots,\hat{\theta}_K$。

6.5.3 计算机仿真实验

互质阵列参数选取为 $M=3$，$N=5$，即互质阵列共有 $(M+N-1)=6$ 个物理阵元；假定入射窄带信号个数为 10，其中相干信号有 3 个，非相干信号有 7 个，且入射方向为$(-50°,-40°,-30°,-20°,-10°,0°,10°,20°,30°,40°)$，SNR 为 10dB，快拍数 T=1024，正则化参数 μ 为 $2.5\times10^{-3}/[(\ln T)^2\ln(M+N-1)]$。

图 6.5.5 是本节算法的空间谱示意图，其中垂直虚线代表入射信号源的实际方向，从图中可以看出 10 个谱峰准确出现在信号方向上，说明本节算法可以有效分辨出 10 个入射信号，分辨的信号源数 10 大于阵元数 6，且相干信号也能够准确估计 DOA。传统均匀线阵利用 6 个物理阵元最多只能分辨 5 个信号源，本节算法提升了自由度方面的性能，可实现在增加自由度的基础上解相干。

基于电磁矢量传感器互质阵列相干信号 DOA 估计算法充分利用了非均匀虚拟阵列上的接收信息，能够在信号源数大于物理阵元数的情况下实现入射信号的有效估计，增加了 DOA 估计的最大可估计数和分辨率；此外，本节针对实际环境中存在相干信号的情况给出了有效的相干信号估计算法，通过本节算法可以有

效估计相干信号的 DOA。

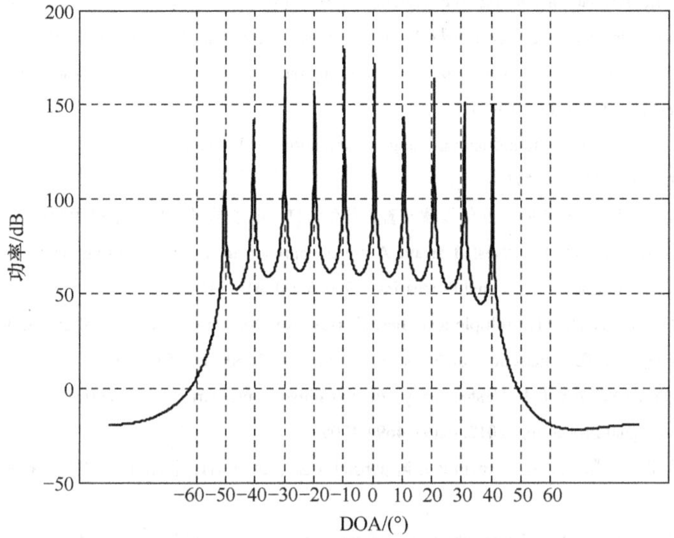

图 6.5.5 本节算法空间谱示意图

参 考 文 献

[1] SHAN T J, WAX M. Adaptive beamforming for coherent signals and interference[J]. IEEE Transaction on Acoustics, Speech, and Signal Processing, 1985, 33(3): 527-536.

[2] PILLAI S U, KWON B H. Forward/backward spatial smoothing techniques for coherent signal identification[J]. IEEE Transaction on Acoustics, Speech, and Signal Processing, 1989, 37(1): 8-15.

[3] KUNG S, LO C, FOKA R. A Toeplitz approximation approach to coherent source direction finding[C]. IEEE International Conference on Acoustics, Speech, and Signal Processing, Tokyo, 1986: 193- 196.

[4] DU W X, KIRLIN R L. Improved spatial smoothing techniques for DOA estimation of coherent signals[J]. IEEE Transactions on Signal Processing, 1991, 39(5): 1208-1210.

[5] WAX M, SHEINVALD J. Direction finding of coherent signals via spatial smoothing for uniform circular arrays[J]. IEEE Transactions on Signal Processing, 1994, 42(5): 613-620.

[6] DAI J S, YE Z. Spatial smoothing for direction of arrival estimation of coherent signals in the presence of unknown mutual coupling[J]. IET Signal Processing, 2011, 5(4): 418-425.

[7] 王兰美，徐晓健，王瑶，等. 电磁矢量传感器线阵解相干 MUSIC 参数估计方法：CN 201710098050.1[P]. 2017-08-17.

[8] 王兰美，杨乐，邵晓鹏，等. 电磁矢量传感器阵列空间旋转解相干测向方法：CN 201710098109.7[P]. 2017-07-25.

[9] STOICA P, ARYE N. MUSIC, maximum likelihood, and Cramer-Rao bound[J]. IEEE Transactions on Acoustics Speech, and Signal Processing, 1989, 37(5): 720-741.

[10] ROY R, KAILATH T. ESPRIT-estimation of signal parameters via rotational invariance techniques[J]. IEEE Transactions on Acoustics Speech, and Signal Processing, 1989, 37(7): 984-995.

[11] LEMMA A N, VAN DER VEEN A J, DEPRETTERE E F. Analysis of joint angle-frequency estimation using ESPRIT[J]. IEEE Transactions on Signal Processing, 2003, 51(5): 1264-1283.

[12] 王桂宝. 圆形极化阵列到达角和极化参数估计[J]. 北京邮电大学学报, 2016, 39(2): 72-75.

[13] GAO F, GERSHMAN A B. A generalized ESPRIT approach to direction-of-arrival estimation[J]. IEEE Signal Processing Letters, 2005, 12(3):254-257.

[14] LI J, JIANG D. Joint elevation and azimuth angles estimation for L-shaped array[J]. IEEE Antennas and Wireless Propagation Letters, 2017, 16: 453-456.

[15] 陈辉, 王永良, 万山虎. 利用阵列几何设置改善方位估计[J]. 电子学报, 1999, 27(9): 97-99.

[16] PAL P, VAIDYANATHAN P P. Nested array: A novel approach to array processing with enhanced degrees of freedom[J]. IEEE Transaction on Signal Processing, 2010, 58(8): 4167-4181.

[17] PAL P, VAIDYANATHAN P P. Multiple level nested array: An efficient geometry for $2q$th order cumulant based array processing[J]. IEEE Transactions on Signal Processing, 2012, 60(3): 1253-1269.

[18] PAL P, VAIDYANATHAN P P. Nested arrays in two dimensions, part Ⅰ: Geometrical considerations[J]. IEEE Transaction on Signal Processing, 2012, 60(9): 4694-4705.

[19] 韩佳辉, 毕大平, 陈璐, 等. 基于Toeplitz矩阵重构的嵌套阵DOA估计算法[J]. 火力与指挥控制, 2018, 43(10): 105-108.

[20] HAN X, SHU T, HE J. et al. Polarization-angle-frequency estimation with linear nested vector sensors[J]. IEEE Access, 2018, 6: 36916-36926.

[21] MA W, HSIEH T, CHI C. DOA estimation of quasi-stationary signals with less sensors than sources and unknown spatial noise covariance: A Khatri-Rao subspace approach[J]. IEEE Transaction on Signal Processing, 2010, 58(4): 2168-2180.

[22] WANG L M, HUI Z, WANG S Z, et al. Underdetermined DOA estimation algorithm based on an improved nested array[J]. Wireless Personal Communications, 2020, 112(4): 2423-2437.

[23] DONOHO D L. Compressed sensing[J]. IEEE Transactions on Information Theory, 2006, 52(4): 1289-1306.

[24] CANDES E J. Compressive sampling[C]. Proceedings of the International Congress of Mathematicians, Madrid, 2006: 1433-1452.

[25] SIDIROPOULOS N D, KYRILLIDS A. Multi-way compressed sensing for sparse low-rank tensors[J]. IEEE Signal Processing Letters, 2012, 19(11): 757-760.

[26] LI J, LI Y, ZHANG X. Direction of arrival estimation using combined coprime and nested array[J]. Electronics Letters, 2019, 55(8): 487-489.

第三篇　滤 波 算 法

第 7 章　电磁矢量传感器阵列滤波算法

由于滤波和参数估计之间存在密切联系，在电磁信号参数估计的基础上，进一步研究极化域滤波问题具有重要意义。本章简单介绍空域滤波、极化域滤波、空域-极化域联合滤波，重点研究电磁矢量传感器阵列的空-频-极化域联合滤波以及完全极化波和部分极化波的稳健波束形成算法。采用空-频-极化域联合滤波算法可以将两个域中不能分离的信号和干扰进行有效分离。

7.1　引　　言

在无线传输过程中，往往掺杂着各类干扰信号，它们被天线接收进入接收机，导致接收系统的信干噪比(SINR)降低，严重影响天线对期望信号的接收质量。尤其在军事方面，雷达处在日益恶劣的电磁环境中，电台的射频干扰、各类自然散射体的杂乱回波和敌方精心设计的电子干扰等，都会影响雷达的正常工作。因此，如何有效地通过抑制干扰提高信号接收质量，是雷达、通信等领域的重要问题。

一般情况下，信号和干扰不可能完全相同，它们之间必然存在某一方面的差别，如信号 DOA、极化状态等[1-9]。信号和干扰之间的区别可以用来抑制干扰并增强信号，这是信号滤波的主要目的[10-19]。电子信息的抗干扰系统可以根据信号和干扰在特征差异方面的不同分为两类，一类是在信号进入接收机之前抑制干扰并增强信号，利用的是期望信号和干扰之间的 DOA 差异和极化状态，可以分为极化域滤波和空域滤波。另一类是在信号进入接收机后抑制干扰并增强信号，利用的是期望信号和干扰在时域、频域或编码等方面的差异，分为频域滤波和时域滤波。

目前雷达抗干扰对时域、频域和空域信息的应用已经非常成熟，而极化在抗干扰方面的潜力还没有被充分挖掘出来，极化域抗干扰技术相对比较薄弱。电磁波经过目标散射后，其极化状态将发生改变，照射到目标上的极化波不相同，回波的极化状态也有所不同，入射波的极化状态和目标会影响回波的极化状态。利用欺骗式干扰实现目标回波极化特性的完全模拟非常困难，因此，目标回波和干扰的极化特征差异是普遍存在的。根据干扰的极化状态设计合适的发射极化、接收极化和相应的信号处理方法，有可能将目标和干扰从极化域中区分开。极化信息应用研究已成为国际雷达系统与技术发展的前沿。

当信号和干扰入射方向相同且处于相同频段时，现有的频域滤波、空域滤波等滤波算法皆失效，而极化域滤波能够利用信号和干扰在极化状态的差异，抑制空域和频域都无法抑制的干扰。例如，主要干扰是天波电台信号的高频地波雷达，工作于短波波段，其间电台干扰极为密集，如果干扰和目标信号的入射方向相同，那么空域和频域滤波皆难以奏效，雷达将无法正常运作。极化域滤波可以解决该问题，不受同频率或同方向干扰的限制。地波雷达通常应用水平和垂直极化天线进行接收，采取二维极化域滤波，但是由于入射方向的随机性，有些干扰不能被二维极化域滤波完全滤除。张国毅等[1,2]提出了三维极化域滤波的方法，使用三个共点线极化天线作为接收天线，即三个共点偶极子组天线，该天线接收电场的三个分量，当信号和干扰位于同一频段且入射方向相同时，可以通过改变三维极化接收天线的极化状态将干扰最大限度的滤除。文献[2]提出了接收天线的极化状态采用与干扰极化矢量垂直的极化矢量，可将干扰全部滤除，但信号可能也有损失。并且，极化损失的程度取决于目标信号和干扰之间的极化差别，极化差别越大极化损失越大，当信号的极化矢量与干扰极化矢量垂直时，极化差别最大，目标信号无极化损失；当信号的极化矢量与干扰极化矢量不垂直时，目标信号将存在极化损失。实际的滤波算法都要考虑信号的极化状态，在信号处理中通常坚持的原则是在不损失信号的情况下最大限度地滤除干扰。

通常情况下，所有类型的极化天线都只能接收非极化波功率的一半[3]。在干扰是部分极化波的情况下，可以不考虑干扰的非极化分量，极化域滤波只能滤除其完全极化分量。当干扰极化度较低时，为了将其滤除需要利用空域信息和频域信息。1975 年，Nathanson[4]设计了结构简单的自适应对消器(adaptive canceller, APC)实现框图，该方法虽然存在部分对消剩余误差，但是能对通道间的不均衡幅相自动补偿，并且可以抑制固定或缓变的杂波干扰，因此应用广泛。文献[5]和[6]提出了在辅助天线进行自适应极化域滤波以抑制目标信号的方法。

当高逼真转发式假目标在空-时-频域与真目标十分相似，且极化状态与真目标的差别不大时，单一的极化域滤波算法性能不佳。信息化是现代战争大势所趋，因此对于战场传感系统在获取并处理信息方面的要求越来越高，使得人们投入了大量的时间和精力研究不同的信息处理技术与感知能力更高的传感器系统。电磁矢量传感器阵列是一种输出信号为矢量的新型阵列，能够从电磁信号中获取极化信息，完备的电磁信息是阵列性能和抗干扰能力提高的前提。与普通阵列天线不同的是，由电磁矢量传感器组成的阵列天线可以利用信号的极化信息，并将极化信息和空-时-频域等信息相结合，提高电子信息系统的综合抗干扰性能。基于电磁矢量传感器阵列的多维域联合自适应滤波算法，能更充分的利用信号和干扰多方面的特征差异，抑制干扰的能力更强，输出 SINR 更高，并且可以通过联合利用多维信息分离任意两域中无法分离的信号和干扰。在应用电磁矢量传感器处理问题时，Nehorai 等[7]利用最小均方根误差(minimum mean square error, MMSE)准则提出了空域-极化域联合滤波算法，可以在避免信号损失的情况下最大限度地抑制干扰，同时处理信号的空域-极化域信息，滤波效果好，优于文献[1]和[2]提出的方法。

本章介绍空域滤波和极化域滤波，研究空域-极化域联合对消方法。采用基于正交偶极子组或者电磁矢量传感器的空域-极化域联合抗干扰系统，不仅在辅助天线上应用多维矢量天线接收实现极化对消，在主天线上也采用偶极子组和电磁矢量传感器，提高对干扰和信号的区分程度和滤波性能。现有的一些滤波算法对于空域、频域和极化域的信息不能充分利用，存在诸多不足，这些算法包括空域滤波、频域滤波、空域-极化域联合滤波[7]、频域-极化域联合滤波[1]以及空-频-极化域联合滤波[8]等，都有需要改进的地方。为了改善这些不足，本章基于空域-极化域联合滤波提出一种新的算法[9]，可以充分利用三域中信号和干扰的信息，提高抑制干扰的性能和输出 SINR，仿真结果也证明该算法优于空域-极化域联合滤波，并且可以分离任意两个域中的信号和干扰。该算法不仅具有理论意义，而且具有重要应用价值，图 7.1.1 为本章结构图。

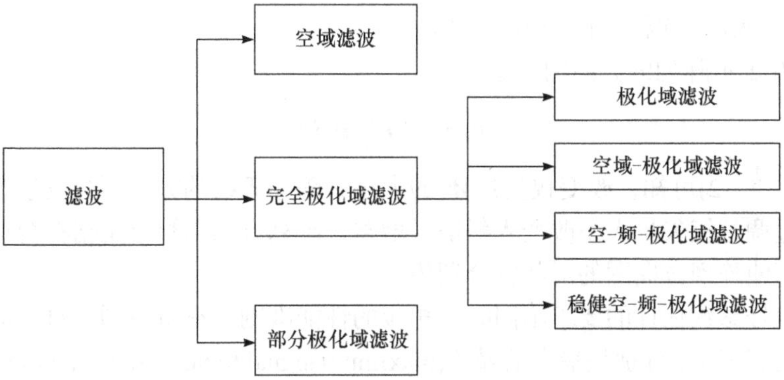

图 7.1.1　本章结构图

7.2　空域滤波算法

空域滤波是对天线的方向图进行自适应调整，使主瓣和旁瓣分别与期望信号和干扰对应，从而使接收干扰和滤除干扰的效果最好。其基本原理：对各阵元的输出进行加权求和处理并同时将天线阵列波束进行导向，使其位于同一方向[10,11]。对期望信号有最大功率输出的方向为 DOA 估计。空域滤波技术是通信、声呐和雷达领域处理问题的重要手段，图 7.2.1 为空域滤波算法模型。

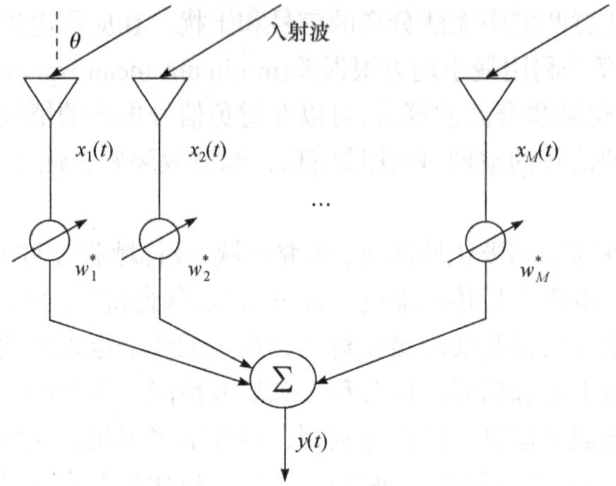

图 7.2.1　空域滤波算法模型

若阵列中有 M 个通道接收信号，对接收到的信号进行加权处理后，输出信号可以表示为

$$y(t) = \sum_{i=1}^{M} w_i^* x_i(t) = \boldsymbol{W}^{\mathrm{H}} \boldsymbol{X}(t) \tag{7.2.1}$$

式中，$(\cdot)^*$ 表示共轭；$(\cdot)^{\mathrm{H}}$ 表示共轭转置。

$p(\theta)$ 表示阵列的方向图，定义为

$$p(\theta) = \left|\boldsymbol{W}^{\mathrm{H}} \boldsymbol{\alpha}(\theta)\right| \tag{7.2.2}$$

由式(7.2.2)可知，改变权矢量 $\boldsymbol{W}$ 的大小，阵列天线的方向图会发生改变，即可以通过调整权矢量大小改变入射信号增益。阵列方向图综合是指在合适的权因子作用下使阵列方向图的形状符合期望。

对信号参数估计的要求不同时，相应的性能准则也有所不同。自适应波束形成的准则有三个，分别是最大信噪比(maximum signal to noise ration, MSNR)准则、最小均方根误差(minimum mean square error，MMSE)准则和线性约束最小方差(linear constrained minimum variance，LCMV)准则。不同准则对应的已知条件有所不同，理论上这三个准则等效。

1) MSNR 准则

接收阵列数据可以表示为

$$\boldsymbol{x}(t) = \boldsymbol{x}_{\mathrm{s}}(t) + \boldsymbol{x}_{\mathrm{n}}(t) \tag{7.2.3}$$

式中，$\boldsymbol{x}_{\mathrm{s}}(t)$ 表示接收到的信号；$\boldsymbol{x}_{\mathrm{n}}(t)$ 表示噪声和干扰。波束形成后，阵列输出可表示为

$$\begin{aligned} \boldsymbol{y}(t) &= \boldsymbol{w}^{\mathrm{H}}\boldsymbol{x}(t) \\ &= \boldsymbol{w}^{\mathrm{H}}\boldsymbol{x}_{\mathrm{s}}(t) + \boldsymbol{w}^{\mathrm{H}}\boldsymbol{x}_{\mathrm{n}}(t) \end{aligned} \tag{7.2.4}$$

式中，$\boldsymbol{w}$ 为自适应加权向量。波束形成后，信号输出功率大小为

$$\boldsymbol{S} = E\left[\boldsymbol{w}^{\mathrm{H}}\boldsymbol{x}_{\mathrm{s}}(t)\boldsymbol{x}_{\mathrm{s}}^{\mathrm{H}}(t)\boldsymbol{w}\right] = \boldsymbol{w}^{\mathrm{H}}\boldsymbol{R}_{\mathrm{s}}\boldsymbol{w} \tag{7.2.5}$$

式中，$\boldsymbol{R}_{\mathrm{s}} = E\left[\boldsymbol{x}_{\mathrm{s}}(t)\boldsymbol{x}_{\mathrm{s}}^{\mathrm{H}}(t)\right]$。

噪声功率：

$$\boldsymbol{N} = E\left[\boldsymbol{w}^{\mathrm{H}}\boldsymbol{x}_{\mathrm{n}}(t)\boldsymbol{x}_{\mathrm{n}}^{\mathrm{H}}(t)\boldsymbol{w}\right] = \boldsymbol{w}^{\mathrm{H}}\boldsymbol{R}_{\mathrm{n}}\boldsymbol{w} \tag{7.2.6}$$

式中，$\boldsymbol{R}_{\mathrm{n}} = E\left[\boldsymbol{x}_{\mathrm{n}}(t)\boldsymbol{x}_{\mathrm{n}}^{\mathrm{H}}(t)\right]$。

当信号与噪声互不相关时，阵列的输出功率为$(\boldsymbol{S}+\boldsymbol{N})$。信号功率与噪声功率的比值为

$$\frac{\boldsymbol{S}}{\boldsymbol{N}} = \frac{\boldsymbol{w}^{\mathrm{H}}\boldsymbol{R}_{\mathrm{s}}\boldsymbol{w}}{\boldsymbol{w}^{\mathrm{H}}\boldsymbol{R}_{\mathrm{n}}\boldsymbol{w}} \tag{7.2.7}$$

矩阵对$(\boldsymbol{R}_{\mathrm{s}},\boldsymbol{R}_{\mathrm{n}})$的最大广义特征值对应的特征向量为 MSNR 对应的最优权w_{opt}。

2) MMSE 准则

阵列输出表示为$\boldsymbol{y}(t)$，期望输出表示为$\boldsymbol{d}(t)$，二者的 RMSE 可以表示为

$$\begin{aligned} E\left[\left|\boldsymbol{e}(t)\right|^2\right] &= E\left\{\left[\boldsymbol{d}(t) - \boldsymbol{w}^{\mathrm{H}}\boldsymbol{x}(t)\right]\left[\boldsymbol{d}^*(t) - \boldsymbol{x}^{\mathrm{H}}(t)\boldsymbol{w}\right]\right\} \\ &= E\left[\left|\boldsymbol{d}(t)\right|^2\right] - 2\mathrm{Re}[\boldsymbol{w}^{\mathrm{H}}\boldsymbol{r}_{xd}] + \boldsymbol{w}^{\mathrm{H}}\boldsymbol{R}_x\boldsymbol{w} \end{aligned} \tag{7.2.8}$$

式中，最小权向量的值为

$$\boldsymbol{w}_{\mathrm{opt}} = \boldsymbol{R}_x^{-1}r_{xd} \tag{7.2.9}$$

式中，$\boldsymbol{R}_x = E\left[\boldsymbol{x}(t)\boldsymbol{x}^{\mathrm{H}}(t)\right]$，表示数据相关矩阵；$\boldsymbol{r}_{xd} = E\left[\boldsymbol{x}(t)\boldsymbol{d}^*(t)\right]$，表示接收信号和期望的互相关。

3) LCMV 准则

LCMV 准则可以表示为

$$\begin{cases} \boldsymbol{w}_{\mathrm{opt}} = \arg\min \boldsymbol{w}^{\mathrm{H}}\boldsymbol{R}_x\boldsymbol{w} \\ \text{s.t. } \boldsymbol{C}^{\mathrm{H}}\boldsymbol{w} = \boldsymbol{f} \end{cases} \tag{7.2.10}$$

式中，$\boldsymbol{C}$为约束矩阵；$\boldsymbol{f}$为约束矢量。其最优权值表达式为

$$\boldsymbol{w}_{\mathrm{opt}} = \boldsymbol{R}_x^{-1}\boldsymbol{C}(\boldsymbol{C}^{\mathrm{H}}\boldsymbol{R}_x^{-1}\boldsymbol{C})^{-1}\boldsymbol{f} \tag{7.2.11}$$

图 7.2.2 和图 7.2.3 分别为 8 阵元均匀线阵在 LCMV 准则下的静态阵列归一化方向图和静态阵列方向图。

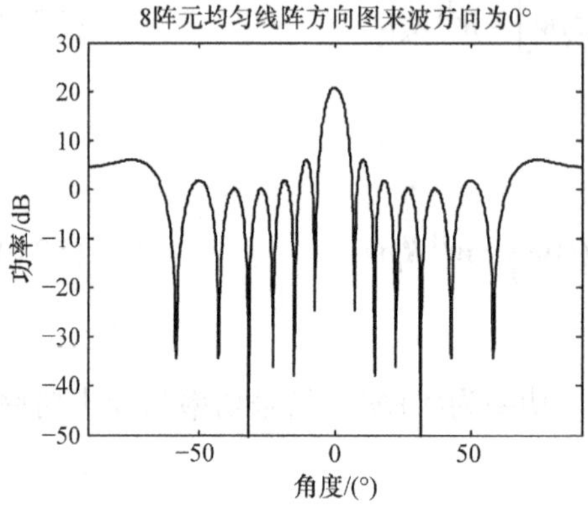

图 7.2.2 静态阵列归一化方向图

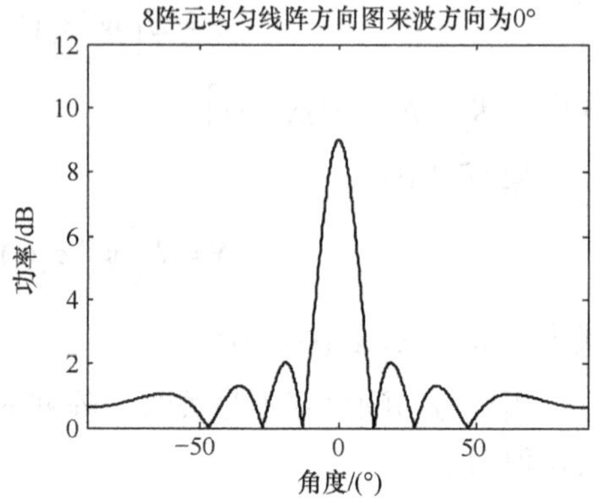

图 7.2.3 静态阵列方向图

7.3 极化域滤波算法

在极化域滤波中，当频域和空域中的干扰无法抑制时，可以利用信号和干扰的极化特征滤除，从而有效提高现代雷达系统的抗干扰能力[17, 18]。岸基高频地波雷达面临的主要干扰来自天波电台，当雷达入射信号和干扰的方向一致且干扰频率位于工作频带之间时，空域和频域滤波将失效，极化域滤波发挥作用。通常雷达采用垂直极化天线和水平极化天线接收高频地波，然而入射方向是随机的，二维极化域滤波算法无法滤除某些方向的干扰。在空间直角坐标系 $oxyz$ 中，三维极化天线示意图如图 7.3.1 所示。

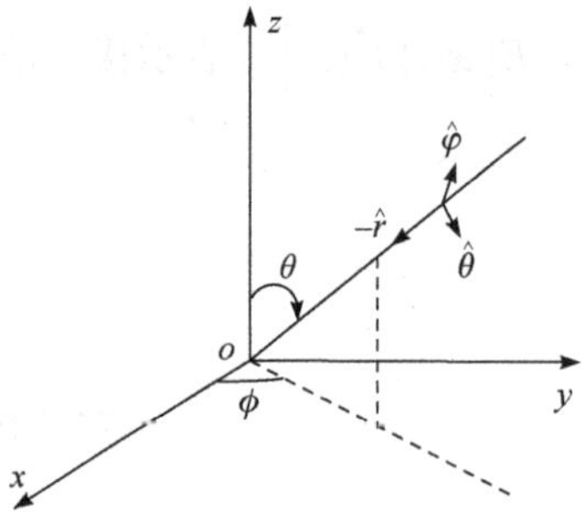

图 7.3.1 三维极化天线阵列示意图

图 7.3.1 表示三维极化天线阵列示意图，z 轴表示垂直极化天线轴向，x 轴表示水平极化天线轴向。当电磁矢量的干扰与 yoz 平面平行时，x 轴接收到的场分量为零，干扰的 z 轴向分量将被由 x 轴与 z 轴构成的二维极化接收，这与 z 轴向垂直极化的高频地波雷达目标信号极化方向相同，即无法用极化的方法滤除这种类型的干扰。此外，也无法滤除场分量在 x 轴向比较小的从其他方向入射的干扰，是由于该情况下阵列接收到的干扰信号和目标信号的极化状态非常

接近，将存在极化损失。为了避免丢失来自空间电磁矢量各个方向的信息，可以将另一个水平极化天线加到 y 轴，将极化域滤波扩展到三维空间，用 x、y、z 三个轴向分量表示入射的极化矢量信号。为了对极化域和空域的干扰进行综合滤波，还需构造一个滤波极化矢量，该矢量正交于干扰。

7.3.1　三维矢量极化域滤波

若天线接收到的入射电磁波为平面波，θ 表示入射仰角(俯仰角)，ϕ 表示方位角，具有任意极化状态的入射波电场矢量都可以分解为 x、y、z 向分量：

$$\boldsymbol{E}=\begin{bmatrix} E_x \\ E_y \\ E_z \end{bmatrix}=\begin{bmatrix} \sin\gamma\cos\theta\cos\phi \mathrm{e}^{\mathrm{j}\eta}-\cos\gamma\sin\phi \\ \sin\gamma\cos\theta\sin\phi \mathrm{e}^{\mathrm{j}\eta}+\cos\gamma\cos\phi \\ -\sin\gamma\sin\theta \mathrm{e}^{\mathrm{j}\eta} \end{bmatrix}=A\mathrm{e}^{\mathrm{j}\delta_0}\begin{bmatrix} \cos\alpha\sin\beta \\ \sin\alpha\sin\beta \mathrm{e}^{\mathrm{j}\delta_1} \\ \cos\beta \mathrm{e}^{\mathrm{j}\delta_2} \end{bmatrix} \tag{7.3.1}$$

式中，A 为电场矢量幅值；γ 为幅度极化参数；η 为相位极化参数。入射波的极化状态由 γ 和 η 决定；α 和 β 分别为合成电场矢量的方位角和仰角；δ_0、δ_1 和 δ_2 分别为各向分量的相对相位角。上述参数与极化参数和空间参数都有关系，因此将 α、β 、δ_0、δ_1、δ_2 称为极化空间参数。为简化分析过程，极化矢量的相对相位可以忽略不计，那么干扰极化矢量可以表示为

$$\boldsymbol{E}_{\mathrm{i}}=A\begin{bmatrix} \cos\alpha_{\mathrm{i}}\sin\beta_{\mathrm{i}} \\ \sin\alpha_{\mathrm{i}}\sin\beta_{\mathrm{i}}\mathrm{e}^{\mathrm{j}\delta_{\mathrm{i}1}} \\ \cos\beta_{\mathrm{i}}\mathrm{e}^{\mathrm{j}\delta_{\mathrm{i}2}} \end{bmatrix} \tag{7.3.2}$$

构造一个正交滤波极化矢量，使其与 $\boldsymbol{E}_{\mathrm{i}}$ 具有相同形式：

$$\boldsymbol{H}=B\begin{bmatrix} \cos\alpha_{\mathrm{r}}\sin\beta_{\mathrm{r}} \\ \sin\alpha_{\mathrm{r}}\sin\beta_{\mathrm{r}}\mathrm{e}^{\mathrm{j}\delta_{\mathrm{r}1}} \\ \cos\beta_{\mathrm{r}}\mathrm{e}^{\mathrm{j}\delta_{\mathrm{r}2}} \end{bmatrix} \tag{7.3.3}$$

设置正交条件：

$$\begin{cases} \delta_{\mathrm{i}1}=\delta_{\mathrm{r}1} \\ \delta_{\mathrm{i}2}=\delta_{\mathrm{r}2} \\ \alpha_{\mathrm{i}}=\alpha_{\mathrm{r}} \\ \beta_{\mathrm{i}}=\beta_{\mathrm{r}}+\dfrac{\pi}{2} \end{cases} \tag{7.3.4}$$

当滤波极化矢量满足式(7.3.4)的正交条件时，可以将干扰完全滤除。

7.3.2　极化损失

由于干扰的极化矢量与有用信号的极化矢量总是存在不正交的失配情形，使得

极化域滤波过程中干扰和部分有用信号都被滤除，产生极化损失。设归一化信号极化矢量为 $\boldsymbol{E}_{\mathrm{e}}$，归一化滤波极化矢量为 $\boldsymbol{H}_{\mathrm{r}}$，那么归一化信号输出功率(也称极化损失)可以表示为

$$m_1 = \left|\boldsymbol{E}_{\mathrm{e}}^{\mathrm{T}} \boldsymbol{H}_{\mathrm{r}}^{*}\right|^2 \tag{7.3.5}$$

在岸基高频地波雷达中，由于远距离目标回波信号为水平方向入射的垂直极化波，即 $\gamma_{\mathrm{e}} = \pi/2, \theta_{\mathrm{e}} = \pi/2$。根据正交条件式(7.3.4)和式(7.3.1)中参数间的对应关系，得

$$m_1 = \sin^2 \beta_{\mathrm{i}} = 1 - \sin^2 \gamma_{\mathrm{i}} \sin^2 \theta_{\mathrm{i}} \tag{7.3.6}$$

由式(7.3.6)可知，极化损失 m_1 只与干扰的幅度极化参数 γ_{i} 和入射仰角 θ_{i} 有关，与信号极化参数及干扰入射方位角和相对相位角 $\delta_{\mathrm{i}1}$、$\delta_{\mathrm{i}2}$ 无关。具体分析如下：

(1) 当 $\theta_{\mathrm{i}}=0$，即干扰垂直入射时，无论干扰极化状态如何，都不会对目标信号造成损失；

(2) 当 $\theta_{\mathrm{i}}=\pi/2$ 时，若要 $|m_1| \leqslant 3\mathrm{dB}$，由式(7.3.6)求得 $\gamma_{\mathrm{i}}=45°$；当 $\theta_{\mathrm{i}} < \pi/2$ 时，$\gamma_{\mathrm{i}} > 45°$。

(3) 当 $\gamma_{\mathrm{i}}=90°$ 时，若要 $|m_1| \leqslant 3\mathrm{dB}$，入射仰角应满足 $\theta_{\mathrm{i}} \leqslant 45°$；当 $\gamma_{\mathrm{i}} < 90°$ 时，若要 $|m_1| \leqslant 3\mathrm{dB}$，入射仰角应满足 $\theta_{\mathrm{i}} > 45°$。

对 x、y 分量加权可以改变干扰在空间中的极化状态。目标信号与干扰不同的是，目标信号只在 z 轴有分量而在 x、y 轴无分量，干扰在 x、y、z 轴都存在分量。因此，为了改变空间中干扰的极化状态，减少极化损失，对 x、y 分量加权。k 为加权系数，加权后的极化损失为

$$m_1' = \frac{k^2 \sin^2 \beta_{\mathrm{i}}}{1 + \left(k^2 - 1\right)\sin^2 \beta_{\mathrm{i}}} \tag{7.3.7}$$

7.3.3 SINR 处理增益

噪声不可避免，加权虽然可以减小极化损失，但同时也使加权通道的噪声功率增加。这里的噪声包括大气噪声、热噪声和干扰的非极化部分，都是非极化波，不能通过极化域滤波滤除。若信号和干扰的输入功率分别为 p_{s} 和 p_{i}，以滤波器输出干扰最小为原则，即滤波极化矢量与干扰正交，则不加权时输出的信号功率为 $p_{\mathrm{so}} = p_{\mathrm{s}} \cdot m_1$，干扰功率 $p_{\mathrm{io}} = 0$ 输出的 SINR 为

$$\mathrm{SINR} = \frac{P_{\mathrm{so}}}{p_{\mathrm{io}} + p_{\mathrm{n}}} = \mathrm{SNR} \cdot m_1 \tag{7.3.8}$$

式中，m_1 为极化损失；SNR 为输入信噪比；p_{n} 为输入噪声功率 $3\sigma^2$。因所分析的

目标信号为垂直极化信号，加权在 x、y 极化通道，加权后滤波器输出的信号功率 $P_{\mathrm{o}}'=p_{\mathrm{s}}\cdot m_1'$，噪声功率变为 $p_{\mathrm{n}}'\left(2k^2+1\right)\sigma$，$m_1'$ 为加权后的极化损失，加权后滤波器输出的 SINR 为

$$(\mathrm{SINR})'=\frac{P_{\mathrm{o}}'}{p_{\mathrm{n}}'}=\frac{3}{2k^2+1}\mathrm{SNR}\cdot m_1' \tag{7.3.9}$$

由式(7.3.8)和式(7.3.9)得 SINR 处理增益表达式为

$$G=\frac{(\mathrm{SINR})'}{\mathrm{SINR}}=\frac{P_{\mathrm{o}}'}{p_{\mathrm{n}}'}=\frac{3}{2k^2+1}\cdot\frac{m_1'}{m_1}=\frac{3k^2}{\left(2k^2+1\right)\left[1+\left(k^2-1\right)\sin^2\beta_{\mathrm{i}}\right]} \tag{7.3.10}$$

SINR 处理增益总的变化趋势如图 7.3.2 所示，SINR 处理增益与干扰极化和空间参数的关系如图 7.3.3 所示。

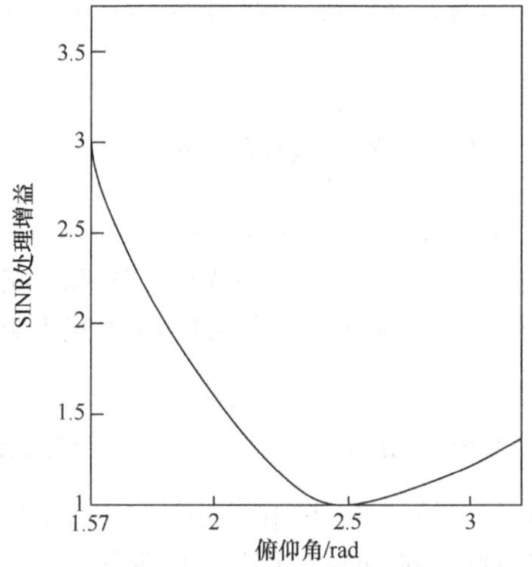

图 7.3.2　SINR 处理增益总的变化趋势

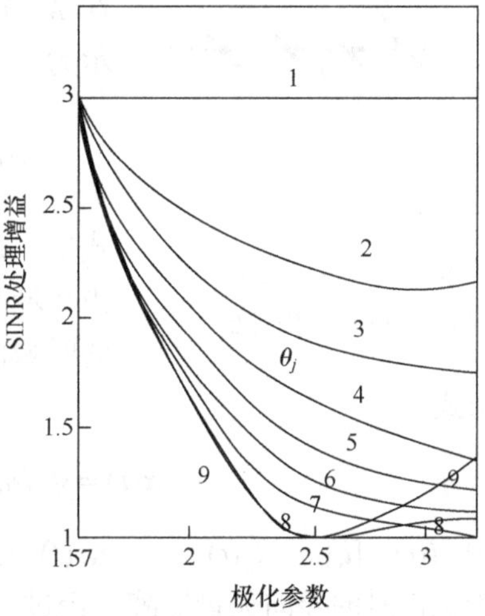

图 7.3.3　SINR 处理增益与干扰极化和空间参数的关系

由图 7.3.2 可以看出 SINR 处理增益总的变化趋势，其平均增益等于 1.35。图 7.3.3 给出 SINR 处理增益与干扰极化参数和空间参数之间的关系，曲线 1、2、3、4、5、6、7、8、9 分别对应于干扰入射仰角 θ_j 为 0、π/30、π/20、π/10、π/8、π/6、π/4、π/2.5、π/2 。

7.4　空域-极化域自适应对消方法

本节简要介绍旁瓣对消系统的模型和滤波原理，详细研究当主天线和辅助天

线采用三正交偶极子组/电磁矢量传感器、联合利用电磁波的空域–极化域信息时，旁瓣对消系统的自适应滤波性能。发现采用矢量天线时的对消效果优于普通标量天线，而采用电磁矢量传感器时的对消效果最佳。

7.4.1 对消系统模型

1. 电磁矢量传感器阵列的空域–极化域信号模型

电磁矢量传感器阵列中有 N 个阵元，相邻两个阵元间的间距为 d，其结构模型如图 7.4.1 所示。信号满足一系列如远场假设、短振子假设、传播介质假设、通道一致假设和噪声假设等理想化条件。电磁矢量传感器阵列结构模型如图 7.4.1 所示。

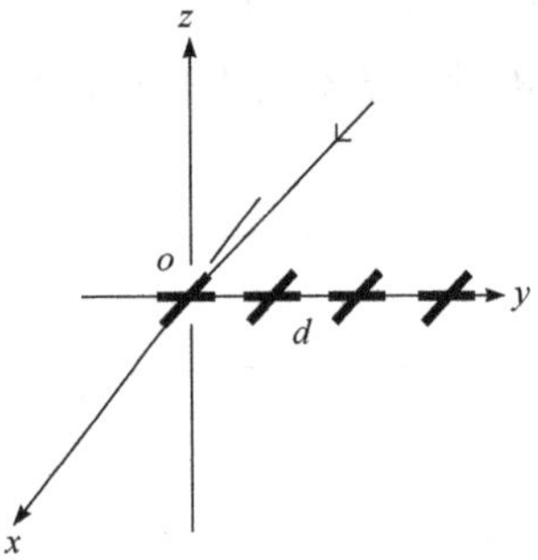

图 7.4.1　电磁矢量传感器阵列结构模型

根据图 7.4.1 所示的阵列结构，当传播空间中存在 M 个干扰信号时，阵列接收到的矢量信号可以表示为

$$\boldsymbol{x}(t)=\sqrt{N}\boldsymbol{a}_{\mathrm{s}}s(t)+\sqrt{N}\sum_{m=1}^{M}\boldsymbol{a}_{\mathrm{i}m}i_m(t)+\boldsymbol{n}(t) \tag{7.4.1}$$

式中，$\boldsymbol{a}_{\mathrm{s}}$ 为期望信号；$\boldsymbol{a}_{\mathrm{i}m}$ 为第 m 个干扰信号的空域–极化域联合导向矢量；$s(t)$和$i_m(t)$ 分别为信号和干扰的时域波形；$\boldsymbol{n}(t)$ 为系统噪声。式(7.4.1)又可写为矩阵形式：

$$\boldsymbol{x}(t)=\sqrt{N}\boldsymbol{a}_{\mathrm{s}}s(t)+\sqrt{N}\boldsymbol{I}\boldsymbol{i}(t)+\boldsymbol{n}(t) \tag{7.4.2}$$

式中，$\boldsymbol{i}(t)=[i_1(t)\quad i_2(t)\quad\cdots\quad i_M(t)]$ 是干扰信号时域波形；$\boldsymbol{I}=[\boldsymbol{a}_{\mathrm{i}1}\quad\boldsymbol{a}_{\mathrm{i}2}\quad\cdots\quad\boldsymbol{a}_{\mathrm{i}M}]^{\mathrm{T}}$ 是干扰信号的导向矢量矩阵。经过自适应处理后的阵列输出信号为阵列接收信号的线性加权求和：

$$\boldsymbol{y}(t)=\boldsymbol{w}^{\mathrm{H}}\boldsymbol{x}(t) \tag{7.4.3}$$

式中，$\boldsymbol{w}$ 为权矢量。

2. 应用 MMSE 准则求权矢量

自适应对消通常采用的滤波准则为 MMSE 准则，该准则使阵列输出与期望响应间的 RMSE 最小。假定期望信号 $\boldsymbol{d}(t)$ 已知，则 $\boldsymbol{\varepsilon}(t)=\boldsymbol{d}(t)-\boldsymbol{w}^{\mathrm{H}}\boldsymbol{x}(t)$ 为误差信号，阵列的 RMSE 为

$$
\begin{aligned}
E\left[|\varepsilon(t)|^2\right] &= E\left\{[\boldsymbol{d}(t)-\boldsymbol{w}^{\mathrm{H}}\boldsymbol{x}(t)][\boldsymbol{d}(t)-\boldsymbol{w}^{\mathrm{H}}\boldsymbol{x}(t)]^{\mathrm{H}}\right\} \\
&= \boldsymbol{P}_{\mathrm{s}} - \boldsymbol{w}^{\mathrm{H}}\boldsymbol{r}_{x\mathrm{s}}^{\mathrm{H}} - \boldsymbol{r}_{x\mathrm{s}}^{\mathrm{H}}\boldsymbol{w} + \boldsymbol{w}^{\mathrm{H}}\boldsymbol{R}_x\boldsymbol{w}
\end{aligned}
\tag{7.4.4}
$$

式中，$\boldsymbol{P}_{\mathrm{s}} = E\left[|\boldsymbol{d}(t)|^2\right]$，为期望信号功率；$\boldsymbol{R}_x = E\left[\boldsymbol{x}(t)\boldsymbol{x}(t)^{\mathrm{H}}\right]$，为阵列协方差矩阵；$\boldsymbol{r}_{x\mathrm{s}} = E\left(\boldsymbol{x}(t)\boldsymbol{d}^*(t)\right)$，为期望信号和阵列信号间的互相关矢量。因为该函数存在唯一极小点，所以对权矢量直接求梯度得

$$
\frac{\partial E\left[|\varepsilon(t)|^2\right]}{\partial \boldsymbol{w}} = -2\boldsymbol{r}_{x\mathrm{s}} + 2\boldsymbol{R}_x\boldsymbol{w} = \boldsymbol{0} \tag{7.4.5}
$$

可得 MMSE 准则下的最优权矢量为

$$
\boldsymbol{w}_{\mathrm{opt}} = \boldsymbol{R}_x^{-1}\boldsymbol{r}_{x\mathrm{s}} \tag{7.4.6}
$$

3. 目标的极化增强和杂波的极化抑制

电磁波的电场可以用极化比表示为

$$
\rho_1 = \tan\gamma_1 \exp(\mathrm{j}\eta_1) \tag{7.4.7}
$$

称极化比为 $\rho_2 = \rho_1^*$ 的电磁波为该极化波的共轭极化波。如果令 $\rho_2 = \tan\gamma_2 \exp(\mathrm{j}\eta_2)$，则存在如下关系：

$$
\begin{cases}
\gamma_1 = \gamma_2 \\
\eta_1 = -\eta_2
\end{cases}
\tag{7.4.8}
$$

根据极化理论，在同一个坐标系下，接收天线与所接收的电磁波极化相匹配，则必须处在与该波极化互相“共轭”的极化状态，此时相对接收功率达到最大。例如，来波信号为左旋圆极化，即极化参数为 $(45^\circ, 90^\circ)$，则天线极化参数为 $(45^\circ, 270^\circ)$ 时达到极化匹配，接收功率最大。

若要求接收天线欲与所接收的电波极化相正交，使得相对接收功率最小，则天线必须置于与电波极化相交叉的极化状态，此时两极化比之间存在关系：$\rho_2 = -1/\rho_1$，极化参数关系为

$$
\begin{cases}
\gamma_2 = \pi/2 - \gamma_1 \\
\eta_2 = \pi - \eta_1
\end{cases}
\tag{7.4.9}
$$

例如，来波极化参数为 $(45^\circ, 90^\circ)$，则天线的极化参数为 $(45^\circ, 90^\circ)$ 时，接收功率最小。

利用极化理论，可以对接收天线的极化状态进行调整，达到对目标信号进行

极化增强接收、对干扰进行抑制的目的。

7.4.2 旁瓣对消系统的简易模型

旁瓣对消是一种基于空域的抗干扰方法，图 7.4.2 为旁瓣对消系统的简易模型，其抗干扰原理如下：如果主通道和辅通道中干扰同时存在，为了抵消干扰，可以调整主天线的方向图函数，使目标信号主要存在于主天线主瓣内，选择最佳权调整辅助天线输出，使其尽可能接近主天线内的干扰。

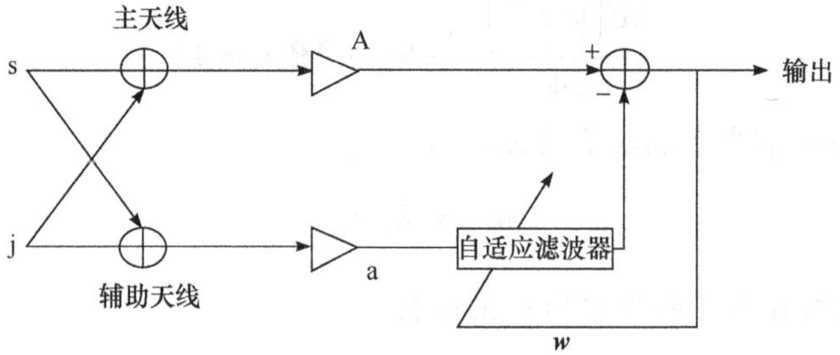

图 7.4.2 旁瓣对消系统的简易模型

旁瓣对消的主天线一般为常规的高增益定向天线，使用单极化接收。辅助天线近似为低增益全向天线，可进行多极化接收。主天线接收数据模型见式(7.4.10)，参考端即辅助天线接收数据模型见式(7.4.11)。

$$\boldsymbol{A}(t)=\boldsymbol{s}(t)+\boldsymbol{j}(t)+\boldsymbol{n}_{\mathrm{A}}(t) \tag{7.4.10}$$

$$\boldsymbol{\alpha}(t)=\boldsymbol{G}_{\mathrm{s}}\boldsymbol{s}(t)+\boldsymbol{G}_{\mathrm{j}}\boldsymbol{j}(t)+\boldsymbol{n}_{\alpha}(t) \tag{7.4.11}$$

式中，$\boldsymbol{s}(t)$ 为目标信号；$\boldsymbol{j}(t)$ 为干扰；$\boldsymbol{G}_{\mathrm{s}}$和$\boldsymbol{G}_{\mathrm{j}}$分别为辅助天线中目标信号和干扰的天线增益；$\boldsymbol{n}_{\mathrm{A}}(t)$和$\boldsymbol{n}_{\alpha}(t)$分别为主和辅天线内的高斯白噪声。

由 MMSE 准则，可以求得权矢量的最优值为

$$\boldsymbol{w}_{\mathrm{opt}}=\boldsymbol{R}_{\alpha\alpha}^{-1}\boldsymbol{r}_{\mathrm{A}\alpha} \tag{7.4.12}$$

式中，$\boldsymbol{R}_{\alpha\alpha}=E\left[\left|\boldsymbol{\alpha}(t)\right|^{2}\right]$，为阵列协方差矩阵；$\boldsymbol{r}_{\mathrm{A}\alpha}=E\left[\boldsymbol{A}(t)\boldsymbol{\alpha}^{*}(t)\right]$，为期望信号与阵列信号的互相关矢量。将加权的辅助通道信号与主通道信号相减得到对消后的输出信号为

$$\boldsymbol{y}(t)=\boldsymbol{A}(t)-\boldsymbol{w}\boldsymbol{\alpha}(t) \tag{7.4.13}$$

旁瓣对消系统的性能可以由对消比衡量。对消比的定义为主天线输入干扰分量的功率与旁瓣对消输出后剩余干扰分量的功率之比，即

$$\mathrm{CA}=\frac{\boldsymbol{R}_{\mathrm{jj}}}{\left|1-\boldsymbol{G}_{\mathrm{j}}\boldsymbol{w}\right|^{2}\boldsymbol{R}_{\mathrm{jj}}}=\frac{1}{\left|1-\boldsymbol{G}_{\mathrm{j}}\boldsymbol{w}\right|^{2}} \tag{7.4.14}$$

式中，$\boldsymbol{R}_{\mathrm{jj}}=E\left[\left|\boldsymbol{j}(t)\right|^{2}\right]$。

对自适应旁瓣对消进行研究时，大多数情况下会直接忽略辅助天线中的目标信号。然而在实际中，当目标信号强度较大时，不能将其忽略不计，普通的旁瓣对消系统会将干扰和部分目标信号都对消掉，从而降低系统的对消性能。若用这种旁瓣对消系统处理没有外来干扰的情况，会降低整个雷达系统的 SNR，即产生目标效应。为了抑制这种效应，提高系统的对消性能，可以应用共轭极化和正交极化的原理，尽量增强干扰信号和主天线中的目标信号，弱化辅助天线中的目标信号。

7.4.3　空域-极化域联合对消方法

当空域、频域和极化域中干扰和信号的状态特征相近时，普通标量天线的效果性能不好[6]。旁瓣对消是空域滤波算法，但本节利用空域-极化域联合差别进行干扰对消，采用矢量天线阵列，多数情况下为偶极子组和电磁矢量传感器等类型，联合极化域和空域信息，更容易对信号和干扰进行区分，有很好的滤波性能。

1. 辅助天线为三正交偶极子组(或磁环组)的极化对消

双正交偶极子阵元接收到的电场矢量来自两个方向，其他方向入射的电磁波将无法被该阵列接收。若阵列采用三正交偶极子组(或磁环组)的三维极化阵列接收信号，则不会丢失来自任意方向的电场矢量信息。

为了简化信号接收模型，可以对信号、天线工作环境和噪声等参数进行合理的假设。例如，假设入射信号来自远场区，入射电磁波为平面波，阵列的几何孔径远小于信号源到阵列的距离等。辅助天线由三正交极化接收，数据可以分解为三个正交分量，极化通道为复基带信号且阵元间极化隔离度是理想状态，没有电磁耦合现象。相对目标而言，雷达系统可以看作是窄带系统，目标与干扰独立且位于同一个分辨单元内。此时辅助天线为三正交偶极子时的旁瓣对消系统模型见图 7.4.3。

在三正交偶极子组天线中，阵元可以接收到来自 x、y 和 z 三个方向的电场矢量。假设偶极子组位于坐标原点，波达方向为 (θ,ϕ)，来波极化参数为 (γ,η)，根据第 2 章，其极化矢量为

$$\boldsymbol{a}_{\mathrm{p}}(\theta,\phi,\gamma,\eta)=\begin{bmatrix}E_x\\E_y\\E_z\end{bmatrix}=\begin{bmatrix}-\sin\phi & \cos\theta\cos\phi\\ \cos\phi & \cos\theta\sin\phi\\ 0 & -\sin\theta\end{bmatrix}\begin{bmatrix}\cos\gamma\\ \sin\gamma\mathrm{e}^{\mathrm{j}\eta}\end{bmatrix} \tag{7.4.15}$$

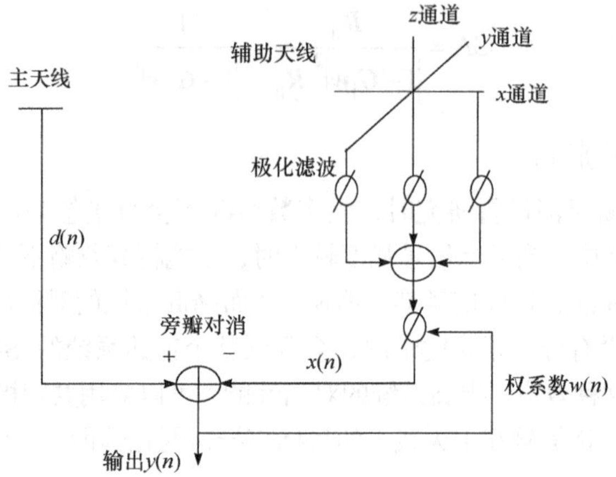

图 7.4.3 辅助天线为三正交偶极子时的旁瓣对消系统模型

接收信号表达式为 $\boldsymbol{s}_{\mathrm{p}}(t)=\boldsymbol{a}_{\mathrm{p}}\boldsymbol{s}(t)$。

在辅助天线内采用极化滤波技术，为了减弱旁瓣对消的目标效应，应尽可能地消除目标信号，增强干扰信号。通常情况下，辅助天线采用低增益全向天线，接收到的数据由目标信号和干扰信号合成，大多数情况下干扰信号的强度比目标信号高 20dB 左右，是合成矢量中的主要成分。根据天线极化匹配接收理论，当辅助天线接收矢量与来波合成矢量互为共轭极化时，能够接收到最大的干扰功率。

此时主天线接收信号可以表示为

$$\boldsymbol{A}(t)=\boldsymbol{G}_{\mathrm{As}}\boldsymbol{s}(t)+\boldsymbol{G}_{\mathrm{Aj}}\boldsymbol{j}(t)+\boldsymbol{n}_{\mathrm{A}}(t) \tag{7.4.16}$$

低增益全向辅助天线接收信号为

$$\boldsymbol{\alpha}(t)=\boldsymbol{G}_{\alpha}\boldsymbol{q}(\theta_{\mathrm{s}})\cdot\boldsymbol{h}_{\alpha}^{\mathrm{T}}\boldsymbol{a}_{\mathrm{s}}\cdot\boldsymbol{s}(t)+\boldsymbol{G}_{\alpha}\boldsymbol{q}(\theta_{\mathrm{j}})\cdot\boldsymbol{h}_{\alpha}^{\mathrm{T}}\boldsymbol{a}_{\mathrm{j}}\cdot\boldsymbol{j}(t)+\boldsymbol{h}_{\alpha}^{\mathrm{T}}\boldsymbol{n}_{\alpha}(t) \tag{7.4.17}$$

而

$$\boldsymbol{a}_{\mathrm{s}}(\theta_{\mathrm{s}},\phi_{\mathrm{s}},\gamma_{\mathrm{s}},\eta_{\mathrm{s}})=\begin{bmatrix}E_{\mathrm{s}x}\\E_{\mathrm{s}y}\\E_{\mathrm{s}z}\end{bmatrix}=\begin{bmatrix}-\sin\phi_{\mathrm{s}} & \cos\theta_{\mathrm{s}}\cos\phi_{\mathrm{s}}\\ \cos\phi_{\mathrm{s}} & \cos\theta_{\mathrm{s}}\sin\phi_{\mathrm{s}}\\ 0 & -\sin\theta_{\mathrm{s}}\end{bmatrix}\begin{bmatrix}\cos\gamma_{\mathrm{s}}\\ \sin\gamma_{\mathrm{s}}\mathrm{e}^{\mathrm{j}\eta_{\mathrm{s}}}\end{bmatrix} \tag{7.4.18}$$

$$\boldsymbol{a}_{\mathrm{j}}(\theta_{\mathrm{j}},\phi_{\mathrm{j}},\gamma_{\mathrm{j}},\eta_{\mathrm{j}})=\begin{bmatrix}E_{\mathrm{j}x}\\E_{\mathrm{j}y}\\E_{\mathrm{j}z}\end{bmatrix}=\begin{bmatrix}-\sin\phi_{\mathrm{j}} & \cos\theta_{\mathrm{j}}\cos\phi_{\mathrm{j}}\\ \cos\phi_{\mathrm{j}} & \cos\theta_{\mathrm{j}}\sin\phi_{\mathrm{j}}\\ 0 & -\sin\theta_{\mathrm{j}}\end{bmatrix}\begin{bmatrix}\cos\gamma_{\mathrm{j}}\\ \sin\gamma_{\mathrm{j}}\mathrm{e}^{\mathrm{j}\eta_{\mathrm{j}}}\end{bmatrix} \tag{7.4.19}$$

式中，$\boldsymbol{a}_{\mathrm{s}}(\theta_{\mathrm{s}},\phi_{\mathrm{s}},\gamma_{\mathrm{s}},\eta_{\mathrm{s}})$ 为目标信号的三维电磁极化矢量；$\boldsymbol{a}_{\mathrm{j}}(\theta_{\mathrm{j}},\phi_{\mathrm{j}},\gamma_{\mathrm{j}},\eta_{\mathrm{j}})$ 为干扰的三维电磁极化矢量；$\boldsymbol{s}(t)$ 为目标信号；$\boldsymbol{j}(t)$ 为干扰；$\boldsymbol{G}_{\mathrm{As}}$ 和 $\boldsymbol{G}_{\mathrm{Aj}}$ 分别为主天线中目标信号和干扰的天线增益；$\boldsymbol{G}_{\alpha}$ 为全向辅助天线接收信号增益；$\boldsymbol{h}_{\alpha}$ 为辅助天线接收

极化矢量；$\boldsymbol{q}(\theta_\mathrm{s})$、$\boldsymbol{q}(\theta_\mathrm{j})$ 为完全极化且满足单位增益约束；$\boldsymbol{n}_\mathrm{A}(t)$、$\boldsymbol{n}_\alpha(t)$ 分别为主、辅天线内的高斯白噪声。

$$\boldsymbol{q}(\theta_\mathrm{s})=\exp\left(\mathrm{j}\frac{2\pi d}{\lambda}\sin(\theta_\mathrm{s})\right) \tag{7.4.20}$$

$$\boldsymbol{q}(\theta_\mathrm{j})=\exp\left(\mathrm{j}\frac{2\pi d}{\lambda}\sin(\theta_\mathrm{j})\right) \tag{7.4.21}$$

式中，$\boldsymbol{q}(\theta_\mathrm{s})$ 和 $\boldsymbol{q}(\theta_\mathrm{j})$ 是目标和干扰信号因到达角 θ_s 和 θ_j 不同而产生的相位延迟。

如果令

$$\begin{cases}\boldsymbol{G}_\mathrm{As}\boldsymbol{s}(t)=\boldsymbol{s}'(t), & \boldsymbol{G}_\mathrm{Aj}\boldsymbol{j}(t)=\boldsymbol{j}'(t)\\ \boldsymbol{G}=\dfrac{\boldsymbol{G}_\alpha\boldsymbol{q}(\theta_\mathrm{s})(\boldsymbol{h}_\alpha^\mathrm{T}\boldsymbol{a}_\mathrm{s})}{\boldsymbol{G}_\mathrm{As}}, & \boldsymbol{H}=\dfrac{\boldsymbol{G}_\alpha\boldsymbol{q}(\theta_\mathrm{j})(\boldsymbol{h}_\alpha^\mathrm{T}\boldsymbol{a}_\mathrm{j})}{\boldsymbol{G}_\mathrm{Aj}}\end{cases} \tag{7.4.22}$$

则主辅天线接收数据变为

$$\begin{cases}\boldsymbol{A}(t)=\boldsymbol{s}'(t)+\boldsymbol{j}'(t)+\boldsymbol{n}_\mathrm{A}(t)\\ \boldsymbol{\alpha}(t)=\boldsymbol{G}\boldsymbol{s}'(t)+\boldsymbol{H}\boldsymbol{j}'(t)+\boldsymbol{h}_\alpha^\mathrm{T}\boldsymbol{n}_\alpha(t)\end{cases} \tag{7.4.23}$$

将式(7.4.23)代入式(7.2.9)，根据式(7.4.13)可得

$$\boldsymbol{w}_\mathrm{opt}=\frac{\boldsymbol{G}^*\boldsymbol{R}_{\mathrm{s's'}}+\boldsymbol{H}^*\boldsymbol{R}_{\mathrm{j'j'}}}{|\boldsymbol{G}|^2\boldsymbol{R}_{\mathrm{s's'}}+|\boldsymbol{H}|^2\boldsymbol{R}_{\mathrm{j'j'}}+\sigma^2} \tag{7.4.24}$$

式中，$\boldsymbol{R}_{\mathrm{s's'}}=E\left[|\boldsymbol{s}'(t)|^2\right]$；$\boldsymbol{R}_{\mathrm{j'j'}}=E\left[|\boldsymbol{j}'(t)|^2\right]$；$\sigma^2=E\left[|\boldsymbol{n}_\mathrm{A}(t)|^2\right]=E\left[\left|\boldsymbol{h}_\alpha^\mathrm{T}\boldsymbol{n}_\alpha(t)\right|^2\right]$。

(7.4.25)

对消后输出信号为

$$\boldsymbol{y}(t)=\boldsymbol{A}(t)-\boldsymbol{w}\boldsymbol{\alpha}(t) \tag{7.4.26}$$

此时对消比为

$$\mathrm{CA}=\frac{\boldsymbol{R}_{\mathrm{j'j'}}}{|1-\boldsymbol{H}\boldsymbol{w}|^2\boldsymbol{R}_{\mathrm{j'j'}}}=\frac{1}{|1-\boldsymbol{H}\boldsymbol{w}|^2} \tag{7.4.27}$$

仿真所用主天线最大波束指向增益为 0dB，第一旁瓣增益为−21dB，辅助天线增益为−20dB。目标信号 DOA 和极化参数为 $(30°, 45°, 45°, -90°)$，干扰为 $(85°, 90°, 45°, 90°)$，SNR 为 10dB。自适应步长参数 $\mu=0.0002$，采样点数 $N=10000$。干信比 ISR 为 22dB 时，得到的天线实际输出信号如图 7.4.4 所示。图 7.4.5 比较了两种情形下最终对消比随输入 ISR 的变化曲线。

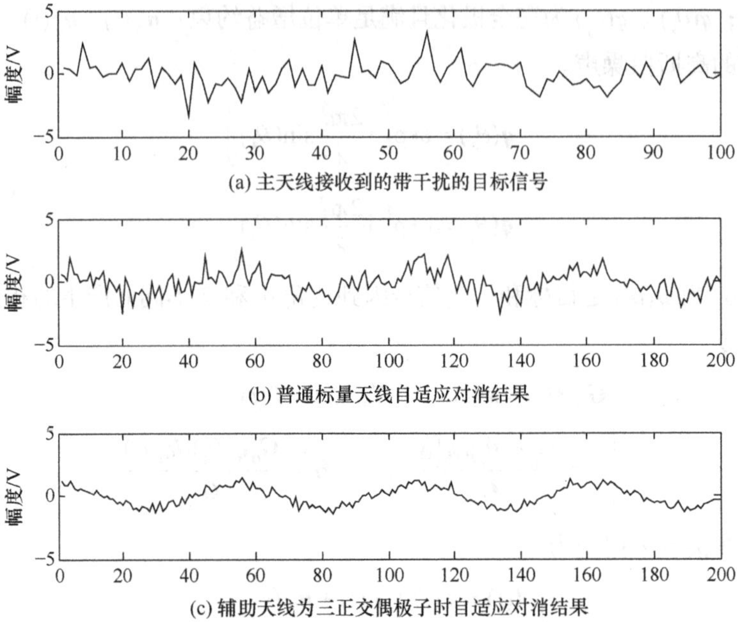

(a) 主天线接收到的带干扰的目标信号

(b) 普通标量天线自适应对消结果

(c) 辅助天线为三正交偶极子时自适应对消结果

图 7.4.4　普通对消和采用矢量辅助天线对消的时域波形比较

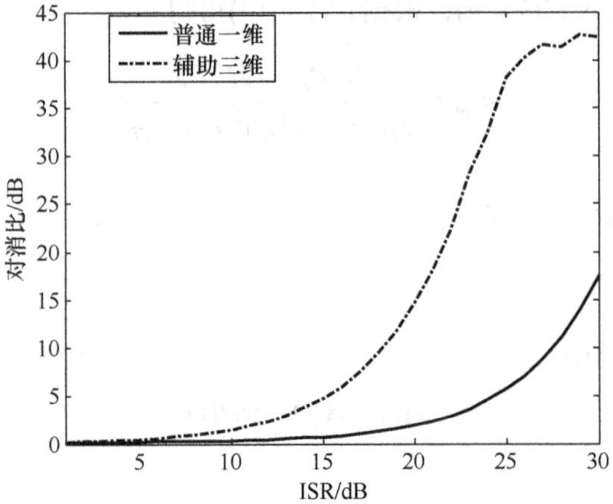

图 7.4.5　两种情形下最终对消比随输入 ISR 的变化曲线

从图 7.4.4 中可以看出，对于与目标信号极化状态相近的干扰，采用普通标量天线的旁瓣对消系统性能不佳，而辅助天线采用三正交偶极子组进行极化域滤波的算法可以更有效地抑制干扰。这是由于该算法滤除了辅助通道中相当一部分的目标信号，从而减弱了辅助天线目标信号对主天线目标信号的削弱。

由图 7.4.5 可以看出，ISR 越大，对消效果越明显，越接近无目标效应时的理想值。可见要减小目标效应的影响，应先尽可能减小辅助天线内的目标信号分量，以提高 ISR。图 7.4.5 进一步证实了辅助天线采用三正交偶极子时对消效果明显好于普通标量天线。

2. 主、辅天线均为三正交偶极子(或磁环组)的极化对消

当主天线也采用三正交偶极子组(或磁环组)时，主辅天线接收信号为

$$\begin{cases}\boldsymbol{A}(t)=\boldsymbol{G}_{\mathrm{As}}\boldsymbol{h}_{\mathrm{A}}^{\mathrm{T}}\boldsymbol{a}_{\mathrm{s}}\boldsymbol{s}(t)+\boldsymbol{G}_{\mathrm{Aj}}\boldsymbol{h}_{\mathrm{A}}^{\mathrm{T}}\boldsymbol{a}_{\mathrm{j}}\boldsymbol{j}(t)+\boldsymbol{h}_{\mathrm{A}}^{\mathrm{T}}\boldsymbol{n}_{\mathrm{A}}(t)\\ \boldsymbol{\alpha}(t)=\boldsymbol{G}_{\alpha}\boldsymbol{q}(\theta_{\mathrm{s}})\cdot\boldsymbol{h}_{\alpha}^{\mathrm{T}}\boldsymbol{a}_{\mathrm{s}}\cdot\boldsymbol{s}(t)+\boldsymbol{G}_{\alpha}\boldsymbol{q}(\theta_{\mathrm{j}})\cdot\boldsymbol{h}_{\alpha}^{\mathrm{T}}\boldsymbol{a}_{\mathrm{j}}\cdot\boldsymbol{j}(t)+\boldsymbol{h}_{\alpha}^{\mathrm{T}}\boldsymbol{n}_{\alpha}(t)\end{cases}\tag{7.4.28}$$

式中，$\boldsymbol{a}_{\mathrm{s}}$和$\boldsymbol{a}_{\mathrm{j}}$分别为主辅天线接收到的信号和干扰的空域-极化域联合电磁矢量；$\boldsymbol{q}(\theta_{\mathrm{s}})$和$\boldsymbol{q}(\theta_{\mathrm{j}})$为信号和干扰因 DOA 不同而产生的相位延迟；$\boldsymbol{h}_{\mathrm{A}}$、$\boldsymbol{h}_{\alpha}$ 为主、辅天线接收极化矢量，根据极化匹配接收理论可得到它们的最优值。

如果令

$$\begin{cases}\boldsymbol{G}_{\mathrm{As}}\boldsymbol{h}_{\mathrm{A}}^{\mathrm{T}}\boldsymbol{a}_{\mathrm{s}}\boldsymbol{s}(t)=\boldsymbol{s}'(t)\\ \boldsymbol{G}_{\mathrm{Aj}}\boldsymbol{h}_{\mathrm{A}}^{\mathrm{T}}\boldsymbol{a}_{\mathrm{j}}\boldsymbol{j}(t)=\boldsymbol{j}'(t)\end{cases}\tag{7.4.29}$$

$$\begin{cases}\boldsymbol{G}'=\dfrac{\boldsymbol{G}_{\alpha}\boldsymbol{q}(\theta_{\mathrm{s}})(\boldsymbol{h}_{\alpha}^{\mathrm{T}}\boldsymbol{a}_{\mathrm{s}})}{\boldsymbol{G}_{\mathrm{As}}\boldsymbol{h}_{\mathrm{A}}^{\mathrm{T}}\boldsymbol{a}_{\mathrm{s}}}\\ \boldsymbol{H}'=\dfrac{\boldsymbol{G}_{\alpha}\boldsymbol{q}(\theta_{\mathrm{j}})(\boldsymbol{h}_{\alpha}^{\mathrm{T}}\boldsymbol{a}_{\mathrm{j}})}{\boldsymbol{G}_{\mathrm{Aj}}\boldsymbol{h}_{\mathrm{A}}^{\mathrm{T}}\boldsymbol{a}_{\mathrm{j}}}\end{cases}\tag{7.4.30}$$

则主辅天线接收数据变为

$$\begin{cases}\boldsymbol{A}(t)=\boldsymbol{s}'(t)+\boldsymbol{j}'(t)+\boldsymbol{h}_{\mathrm{A}}^{\mathrm{T}}\boldsymbol{n}_{\mathrm{A}}(t)\\ \boldsymbol{\alpha}(t)=\boldsymbol{G}'\boldsymbol{s}'(t)+\boldsymbol{H}'\boldsymbol{j}'(t)+\boldsymbol{h}_{\alpha}^{\mathrm{T}}\boldsymbol{n}_{\alpha}(t)\end{cases}\tag{7.4.31}$$

最优权为

$$\boldsymbol{w}_{\mathrm{opt}}=\frac{\boldsymbol{G}'^{*}\boldsymbol{R}_{\mathrm{s's'}}+\boldsymbol{H}'^{*}\boldsymbol{R}_{\mathrm{j'j'}}}{\left|\boldsymbol{G}'\right|^{2}\boldsymbol{R}_{\mathrm{s's'}}+\left|\boldsymbol{H}'\right|^{2}\boldsymbol{R}_{\mathrm{j'j'}}+\sigma^{2}}\tag{7.4.32}$$

对消后输出仍为式(7.4.13)，对消比为

$$\mathrm{CA}=\frac{1}{\left|1-\boldsymbol{H}'\boldsymbol{w}\right|^{2}}\tag{7.4.33}$$

类似 7.4.3 小节的仿真，天线增益、信号和干扰等条件不变，得到对消比随 ISR 的变化曲线，如图 7.4.6 所示。

从图 7.4.6 中可看出，当主天线也采用多维极化接收数据时，由于利用了信号和干扰间的空域-极化域的联合信息，充分挖掘了它们之间的特征差异，对消效果更为明显。

图 7.4.7 给出了三种情形下对消结果波形图。从所示波形可以看出，主、辅天

线皆采用三正交偶极子组时，对消性能高于只在辅助天线采用矢量天线进行接收。这也进一步证实了主、辅天线皆使用多维矢量天线时对消效果优于只在辅助天线采用矢量接收。

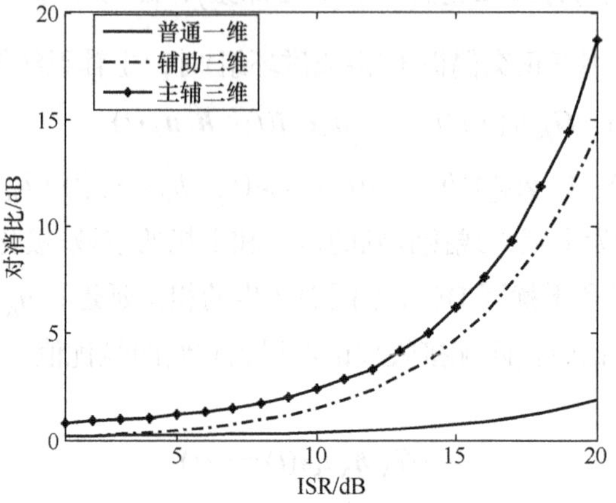

图 7.4.6　三种情况下对消比随 ISR 的变化曲线

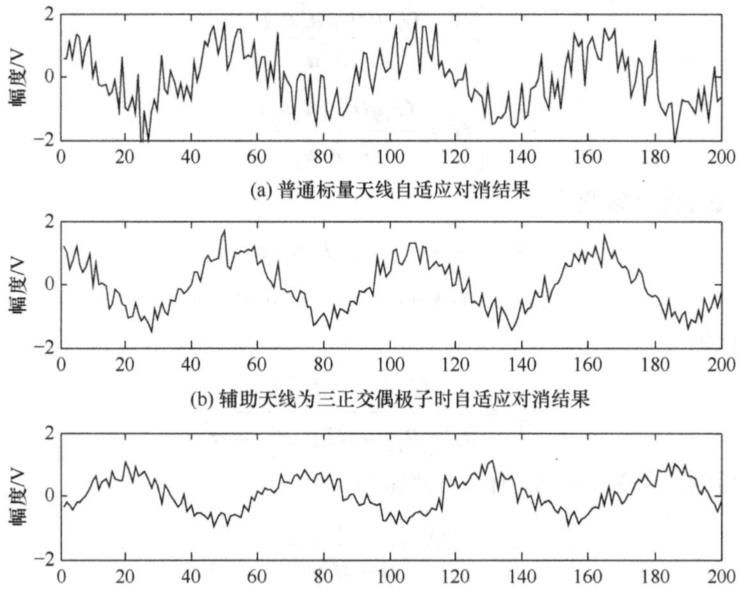

(a) 普通标量天线自适应对消结果

(b) 辅助天线为三正交偶极子时自适应对消结果

(c) 主辅天线皆为三正交偶极子时自适应对消结果

图 7.4.7　三种情形下对消结果波形图

3. 电磁矢量传感器的极化对消

假设电磁矢量传感器位于原点，入射波为单位功率的完全极化横电磁波，通过各向同性均匀介质入射到电磁矢量传感器上，$\theta(0°\leqslant\theta\leqslant90°)$、$\phi(0°\leqslant\phi\leqslant360°)$

是入射波的俯仰角和方位角，$\gamma(0°\leqslant\gamma\leqslant 90°)$、$\eta(-180°\leqslant\eta\leqslant 180°)$ 是电磁信号的两个极化参数，则传感器输出的电磁矢量为

$$\boldsymbol{a}(\theta,\phi,\gamma,\eta)=\begin{bmatrix} e_x \\ e_y \\ e_z \\ h_x \\ h_y \\ h_z \end{bmatrix}=\begin{bmatrix} \cos\theta\cos\phi & -\sin\phi \\ \cos\theta\sin\phi & \cos\phi \\ -\sin\theta & 0 \\ -\sin\phi & -\cos\theta\cos\phi \\ \cos\phi & -\cos\theta\sin\phi \\ 0 & \sin\theta \end{bmatrix}\begin{bmatrix} \sin\gamma e^{j\eta} \\ \cos\gamma \end{bmatrix} \tag{7.4.34}$$

式中，e_x、e_y 和 e_z 为电场矢量在直角坐标系 x、y 和 z 轴方向的分量；h_x、h_y、h_z 为磁场矢量在 x、y 和 z 轴方向的分量。可见，这是一个既包含空域信息又包含极化域信息的矢量。

此时多维天线接收信号仍为

$$\boldsymbol{x}(t)=G_{\mathrm{s}}\boldsymbol{q}(\theta_{\mathrm{s}})\cdot\boldsymbol{h}^{\mathrm{T}}\boldsymbol{a}_{\mathrm{s}}\cdot\boldsymbol{s}(t)+G_{\mathrm{j}}\boldsymbol{q}(\theta_{\mathrm{j}})\cdot\boldsymbol{h}^{\mathrm{T}}\boldsymbol{a}_{\mathrm{j}}\cdot\boldsymbol{j}(t)+\boldsymbol{h}^{\mathrm{T}}\boldsymbol{n}(t) \tag{7.4.35}$$

式中，G_{s}和G_{j}为目标信号和干扰的增益；$\boldsymbol{a}_{\mathrm{s}}$和$\boldsymbol{a}_{\mathrm{j}}$分别为目标和干扰的六维电磁矢量；$\boldsymbol{n}(t)$ 为高斯白噪声；$\boldsymbol{q}(\theta_{\mathrm{s}})=\exp(\mathrm{j}2\pi d\sin\theta_{\mathrm{s}}/\lambda)$ 和 $\boldsymbol{q}(\theta_{\mathrm{j}})=\exp(\mathrm{j}2\pi d\sin\theta_{\mathrm{j}}/\lambda)$ 分别为目标和干扰信号因到达角 θ_{s} 和 θ_{j} 不同而产生的相位延迟；$\boldsymbol{h}$ 为天线的接收极化矢量。

关于采用电磁矢量传感器时的对消过程，可见三正交偶极子组情形。

仿真中主天线最大波束指向增益为 0dB，第一旁瓣增益为–21dB，辅助天线增益为–20dB。信号 DOA 和极化参数为 $(30°, 45°, 45°, -90°)$，干扰为 $(85°, 90°, 45°, 90°)$，SNR 为 10dB。自适应步长参数 $\mu=0.0002$，采样点数 $N=10000$。三种不同组合下的对消结果如图 7.4.8 和图 7.4.9 所示。

图 7.4.8 为采用电磁矢量传感器时得到的波形比较。从图中可以看出，采用电磁矢量传感器进行对消可以抑制掉大部分干扰，而主天线也采用电磁矢量传感器时效果更佳。这是由于此时接收到信号电磁场的完备信息，能更清楚地将信号和干扰区分，对消效果得到大幅提升。

图 7.4.9 比较了普通对消和采用电磁矢量传感器进行对消的对消比随 ISR 的变化情况。从图中看出，采用矢量天线(主辅三维)的对消效果好于普通标量天线(普通一维)，而主、辅天线(普通六维)皆采用矢量天线时的对消效果最佳。

4. 多种不同天线组合下对消结果比较

将以上情形下的旁瓣对消结果进行比较，得到如图 7.4.10 所示的结果。图中主要比较了主天线采用普通天线(也称一维)和偶极子组/电磁矢量传感器(也称多维)时的对消比改善情况。从图中可以看出，空域–极化域对消效果远好于普通对消，

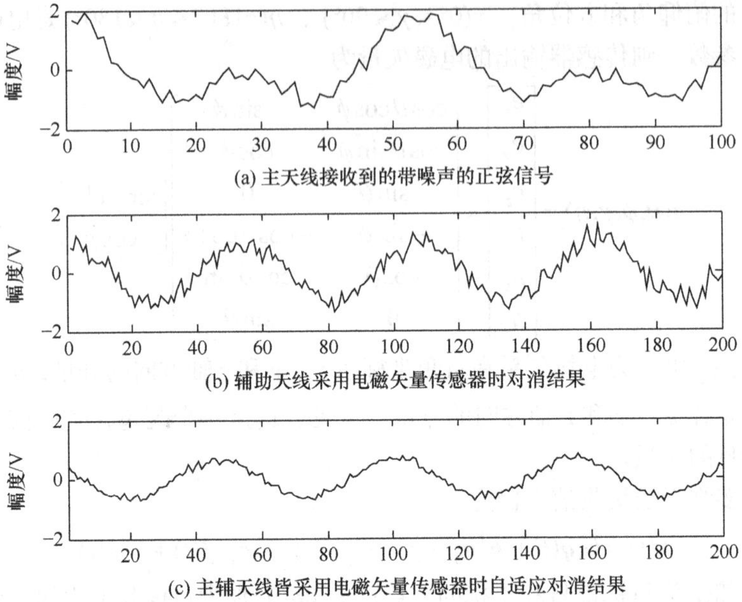

(a) 主天线接收到的带噪声的正弦信号

(b) 辅助天线采用电磁矢量传感器时对消结果

(c) 主辅天线皆采用电磁矢量传感器时自适应对消结果

图 7.4.8　采用电磁矢量传感器时的波形比较

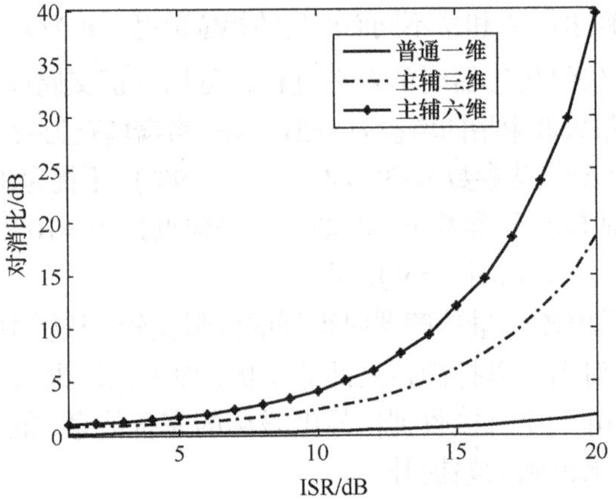

图 7.4.9　普通对消和采用电磁矢量传感器时对消比比较

主、辅天线皆采用矢量接收天线时对消效果好于只在辅助天线实行矢量接收，而采用电磁矢量传感器进行接收时的性能优于采用偶极子组和普通天线的对消性能。这是由于采用极化域滤波算法可以滤除辅助通道中相当一部分的目标信号，从而降低了辅助天线目标信号对主天线目标信号的削弱，减轻了对消系统的目标效应，可以对消掉大部分干扰；当主天线也采用矢量天线进行接收时，由于利用了信号和干扰间的空域-极化域的联合信息，充分挖掘了它们的特征差异，对消效果更为明显；采用电磁矢量传感器则能接收到信号完备的空域-极化域信息，更好地对信号和干扰进行区分，因此对消效果最为明显。

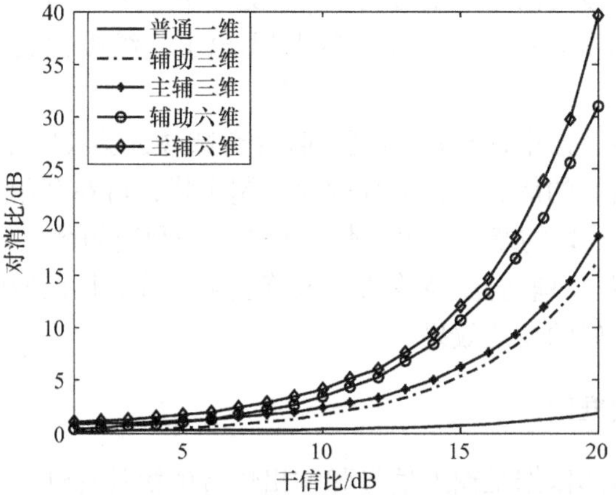

图 7.4.10　不同情形下对消比比较

本节采用矢量天线对自适应旁瓣对消系统进行改进，证明了空域-极化域联合对消性能的优越性。首先，给出了信号的空域-极化域联合表征方式，介绍了自适应旁瓣对消系统的简易模型，并对滤波的基本原理进行了简要说明；其次，辅助天线使用三正交偶极子组(或小磁环组)/电磁矢量传感器，给出了极化对消的系统模型和信号模型，证明了其性能优于只用标量天线进行对消；再次，主天线和辅助天线皆采用三正交偶极子组(或小磁环组)/电磁矢量传感器，联合利用空域-极化域信息进行系统对消，发现对消效果好于只在辅助天线采用矢量接收；最后，通过仿真将各种情况进行综合比较，验证了本节所提算法的有效性。

7.5　自适应波束形成滤波算法

自适应波束形成是在各种最优准则(如 MSNR、MMSE 等准则)下，进行最优波束形成的计算。自适应滤波算法如 LCMV 准则和 MSNR 准则等，都是在保证信号不损失的前提下，最大程度地滤除干扰。已知的信号参数为滤波带来了极大方便，即参数估计精度直接关系着滤波的性能，因此参数估计是滤波的前提。当信号参数存在偏差时，现行的滤波算法会损失目标信号，即滤波算法严重依赖信号参数的估计精度。由此，Li 等[10,11]提出一种稳健的滤波算法：构造信号导向矢量，并将它向信号子空间投影，信号导向矢量将在信号子空间存在最大投影值，这样在现有信号参数值附近可以搜索到信号的真正导向矢量。该算法降低了信号参数估计偏差带来的损失，提高了滤波的稳健性。

信号的极化损失是由极化状态决定的。当信号极化矢量与干扰极化矢量垂直时极化差别最小，此时无极化损失存在，不满足该条件时将会存在极化损失，因此在现实中进行滤波时需考虑信号的极化状态。在进行二维极化滤波时，干扰不能全部清除。为解决该问题，张国毅等[1,2]提出了三维极化域滤波算法滤除干扰矢量。

在电磁矢量传感器中，Nehorai 等[7]联合空域-极化域进行滤波。利用 MMSE 准则，在不损失信号的前提下最大程度地抑制干扰，可在利用空域信息的同时利用极化域信息，有较好的滤波效果。本章为了充分利用频域、空域和极化域信息，提出空-频-极化域三域联合滤波算法，该算法可以分离任两域中无法分离的信号和干扰，具有非常好的滤波效果。

7.5.1　自适应滤波准则

自适应滤波器的依据是输入信号和输出信号的统计特性，滤波器系数在特定算法下会自动调整，直到滤波特性达到最佳。利用自适应波束形成技术是为了让所需方向正好对应阵列方向图的主瓣且零陷与干扰对应，强化信号、弱化干扰，以此提高阵列输出 SINR。自适应波束形成器是一种空域类型的滤波器，其性能准则根据要求变化有所不同。由前文可知，自适应波束形成准则有三个，三者对应的已知条件不同，但理论上是等效的。

自适应阵列的模型如图 7.5.1 所示。阵列一共有 M 个通道，接收信号加权处理后，输出结果可以表示为

$$\boldsymbol{y}(t)=\sum_{i=1}^{M} w_i^* x_i(t)=\boldsymbol{w}^{\mathrm{H}}\boldsymbol{x}(t) \tag{7.5.1}$$

式中，$(\cdot)^*$ 表示共轭；$(\cdot)^{\mathrm{H}}$ 表示共轭转置。

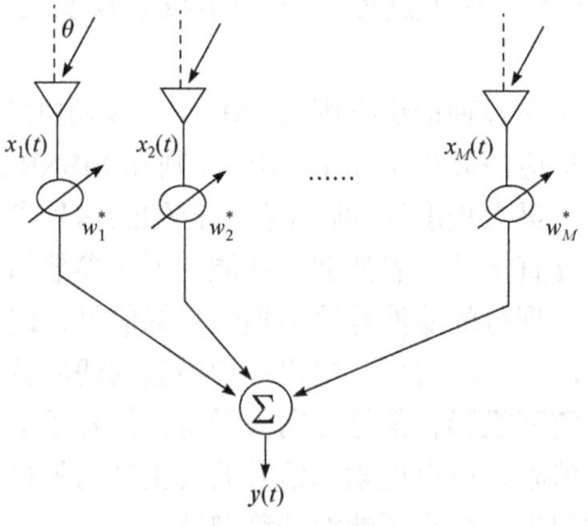

图 7.5.1　自适应阵列的模型

将阵列方向图 $p(\theta)$ 定义为 $p(\theta)=\left|\boldsymbol{w}^{\mathrm{H}}\boldsymbol{a}(\theta)\right|$，$\boldsymbol{a}(\theta)$ 为信号的导向矢量。调整权矢量 $\boldsymbol{w}$ 就可以改变阵列的方向图，改变各个方向上入射信号的增益。常见的滤波准则有 MSNR 准则、MMSE 准则和 LCMV 准则。

使用自适应波束形成准则时，LCMV 准则是最常用的准则，当 SNR 超过所设门限时，阵列天线的幅相误差对于线性波束形成器来说极易被识别，即使误差非常小，期望信号也会被抑制。如果假定的导向矢量无法匹配实际导向矢量时，会造成输出的 SNR 存在损失，若要提高算法的稳健性，需要得到实际的导向矢量。

7.5.2　Capon 波束形成

权向量 $\boldsymbol{w}_{\mathrm{opt}}$ 是$(M\times 1)$维的，是下列线性二次约束问题的最优解：

$$\begin{cases}\min\limits_{\boldsymbol{w}} \boldsymbol{w}^{\mathrm{H}}\boldsymbol{R}\boldsymbol{w} \\ \text{s.t.}\quad \boldsymbol{w}^{\mathrm{H}}\boldsymbol{a}(\theta_0)=1\end{cases} \tag{7.5.2}$$

式中，$\boldsymbol{a}(\theta_0)$ 表示假定的期望信号的导向矢量。可得

$$\boldsymbol{w}_{\mathrm{opt}}=\frac{\boldsymbol{R}^{-1}\boldsymbol{a}(\theta_0)}{\boldsymbol{a}^{\mathrm{H}}(\theta_0)\boldsymbol{R}^{-1}\boldsymbol{a}(\theta_0)} \tag{7.5.3}$$

式中，$\boldsymbol{R}=E\left[\boldsymbol{x}(t)\boldsymbol{x}^{\mathrm{H}}(t)\right]$，为输入数据的相关矩阵，同前面所提的 $\boldsymbol{R}_x$。

利用 Capon 波束形成法进行参数估计时，权向量的选择是自适应的，并且可以在不损失期望信号的同时使输出信号最小。在信号参数估计不存在误差时，该算法的分辨率和抗干扰能力较好。然而在实际应用 Capon 波束形成法时，无法精确得到期望信号的导向矢量，使实际信号无法匹配假定期望信号，造成算法的性能下降，出现信号相消现象。因此，有部分学者研究更加稳健的算法以克服误差带来的影响。

7.5.3　空-频-极化域联合滤波算法

本小节介绍一种联合空-频-极化域(space-frequency-polarization, SFP)和滤波的基于电磁矢量传感器的算法。该算法通过处理信号和空域、频域以及极化域的信息来更好地抑制干扰，提高性能。当信号和干扰在任一域存在差别时，利用本小节算法进行滤波可以提高性能。通过对比可知，本小节的空-频-极化域联合滤波算法明显优于空域-极化域滤波算法[7]。

1. 数学模型

假设信号、干扰和噪声三者之间两两不相关，噪声各分量之间也不相关，且信号和干扰都是完全极化的 TEM 复谐波信号。第 k $(1\leqslant k\leqslant K)$ 个复谐波电磁信号

表示为$s_k(t)=E_k e^{j(2\pi f_k t+\phi_k)}$，其中$f_k$ ($f_{\min}\leqslant f_k\leqslant f_{\max}$)为频率，$E_k$为幅度，$\phi_k$为信号初相。第$k$个单位功率完全极化TEM波的电磁场分量可以表示为

$$\boldsymbol{a}(\theta_k,\phi_k,\gamma_k,\eta_k)=\begin{bmatrix}\alpha(1,k)\\ \alpha(2,k)\\ \alpha(3,k)\\ \alpha(4,k)\\ \alpha(5,k)\\ \alpha(6,k)\end{bmatrix}=\underbrace{\begin{bmatrix}\cos\phi_k\cos\theta_k & -\sin\phi_k\\ \sin\phi_k\cos\theta_k & \cos\phi_k\\ -\sin\theta_k & 0\\ -\sin\phi_k & -\cos\phi_k\cos\theta_k\\ \cos\phi_k & -\sin\phi_k\cos\theta_k\\ 0 & \sin\theta_k\end{bmatrix}}_{\boldsymbol{\Omega}_k(\theta_k,\phi_k)}\underbrace{\begin{bmatrix}\sin\gamma_k e^{j\eta_k}\\ \cos\gamma_k\end{bmatrix}}_{\boldsymbol{g}_k(\gamma_k,\eta_k)} \tag{7.5.4}$$

式中，$\phi_k\in[-\pi,\pi]$，为方位角；$\theta_k\in[-\pi/2,\pi/2]$，为俯仰角；$\gamma_k\subset[0,\pi/2]$，为幅度极化参数；$\eta_k\in[-\pi,\pi]$，为相位极化参数。$\gamma_k$和$\eta_k$可以完全确定入射波的极化状态。用$x(m,t)$表示第$m$个通道感应的信号，并将该通道$P(P>K)$次连续快拍排成一列矢量：

$$\begin{aligned}\boldsymbol{X}(m,t)&=\left[x(m,t)\quad x(m,t-T_s)\cdots\quad x(m,t-(P-1)T_s)\right]^{\mathrm{T}}\\ &=\sum_{k=1}^{K}\alpha(m,k)\boldsymbol{d}(f_k)s_k(t)+\boldsymbol{n}(m,t)\end{aligned} \tag{7.5.5}$$

式中，$\boldsymbol{d}(f_k)=\left[1,e^{-j2\pi f_k T_s},\cdots,e^{-j2\pi f_k(P-1)T_s}\right]^{\mathrm{T}}$，为频域导向矢量；$\boldsymbol{n}(m,t)$为矢量传感器第$m$个通道输出的($P\times1$)维非极化的零均值高斯白噪声矢量，与信号不相关。

顺序排列6个通道的输出，有

$$\begin{aligned}\boldsymbol{Y}(t)=[\boldsymbol{X}^{\mathrm{T}}(1,t),\cdots,\boldsymbol{X}^{\mathrm{T}}(6,t)]^{\mathrm{T}}&=\sum_{k=1}^{K}\boldsymbol{\alpha}(\theta_k,\phi_k,\gamma_k,\eta_k)\otimes\boldsymbol{d}(f_k)s_k(t)+\boldsymbol{n}(t)\\ &=\boldsymbol{bs}(t)+\boldsymbol{n}(t)\end{aligned} \tag{7.5.6}$$

式中，$\boldsymbol{s}(t)=[s_1(t),\ s_2(t),\cdots,s_K(t)]^{\mathrm{T}}$，为信号矢量；$\boldsymbol{n}(t)=\left[\boldsymbol{n}^{\mathrm{T}}(1,t),\boldsymbol{n}^{\mathrm{T}}(2,t)\cdots,\boldsymbol{n}^{\mathrm{T}}(6,t)\right]^{\mathrm{T}}$，为噪声矢量；$\boldsymbol{b}=[\boldsymbol{b}_1,\boldsymbol{b}_2,\cdots,\boldsymbol{b}_K]$，为空-频-极化域的联合导向矢量，$\boldsymbol{b}_1$是信号导向矢量，$[\boldsymbol{b}_2,\boldsymbol{b}_3,\cdots,\boldsymbol{b}_K]$，为干扰导向矢量。

设$s_1(t)$为期望信号，其他为干扰信号，则经过加权滤波后的输出信号为

$$\boldsymbol{Z}(t)=\boldsymbol{w}^{\mathrm{H}}\boldsymbol{Y}(t) \tag{7.5.7}$$

式中，$\boldsymbol{w}\in\mathrm{C}^{6P\times1}$，为权矢量。实际应用中，总可以认为期望信号的DOA、极化状态和频率都已知，那么LCMV准则下的最优滤波器权矢量可以表示为

$$\boldsymbol{w}=\arg\min_{\boldsymbol{w}\in\mathrm{C}^{6P\times1}}\boldsymbol{w}^{\mathrm{H}}\boldsymbol{R}\boldsymbol{w},\quad \boldsymbol{w}^{\mathrm{H}}\boldsymbol{b}_1=1 \tag{7.5.8}$$

式中，$\boldsymbol{R}=E\left(\boldsymbol{Y}(t)\boldsymbol{Y}^{\mathrm{H}}(t)\right)$，为输入数据的相关矩阵，实际中只能用多次快拍的时间平均代替统计平均。由式(7.5.8)可得到信号输出功率保持不变的前提下，使干扰和噪声输出功率最小的权矢量，而导向矢量 $\boldsymbol{b}_1$ 包含期望信号的空-频-极化域的信息，只要干扰在这三个域中的特性与期望信号不同，那么干扰经过滤波器后能够最大程度地衰减，使输出 SINR 最大。解式(7.5.8)，可得

$$\boldsymbol{w}=\frac{\boldsymbol{R}^{-1}\boldsymbol{b}_1}{\boldsymbol{b}_1^{\mathrm{H}}\boldsymbol{R}^{-1}\boldsymbol{b}_1} \tag{7.5.9}$$

2. 性能分析

为便于分析，假定接收信号中仅存在一个干扰，输出 SINR 可以表示为

$$\mathrm{SINR}=\frac{\sigma_{\mathrm{s}}^2\boldsymbol{w}^{\mathrm{H}}\boldsymbol{b}_1\boldsymbol{b}_1^{\mathrm{H}}\boldsymbol{w}}{\boldsymbol{w}^{\mathrm{H}}\left(\boldsymbol{R}-\sigma_{\mathrm{s}}^2\boldsymbol{b}_1\boldsymbol{b}_1^{\mathrm{H}}\right)\boldsymbol{w}} \tag{7.5.10}$$

根据文献[12]，当 $\boldsymbol{R}=\sigma_{\mathrm{s}}^2\boldsymbol{b}_1\boldsymbol{b}_1^{\mathrm{H}}+\boldsymbol{G}\in\mathbf{C}^{6P\times 6P}$ 且权矢量 $\boldsymbol{w}$ 满足式(7.5.8)时，如果 $\boldsymbol{G}$ 非奇异，则式(7.5.10)可化简为

$$\frac{\sigma_{\mathrm{s}}^2\boldsymbol{w}^{\mathrm{H}}\boldsymbol{b}_1\boldsymbol{b}_1^{\mathrm{H}}\boldsymbol{w}}{\boldsymbol{w}^{\mathrm{H}}\boldsymbol{G}\,\boldsymbol{w}}=\sigma_{\mathrm{s}}^2\boldsymbol{b}_1^{\mathrm{H}}\boldsymbol{G}^{-1}\boldsymbol{b}_1=\sigma_{\mathrm{s}}^2\boldsymbol{b}_1^{\mathrm{H}}\left(\sigma_{\mathrm{i}}^2\boldsymbol{b}_{\mathrm{i}}\boldsymbol{b}_{\mathrm{i}}^{\mathrm{H}}+\sigma_{\mathrm{n}}^2\boldsymbol{I}_{6P}\right)^{-1}\boldsymbol{b}_1 \tag{7.5.11}$$

根据文献[13]，式(7.5.11)可进一步化简为

$$\sigma_{\mathrm{s}}^2\boldsymbol{b}_1^{\mathrm{H}}\left(\sigma_{\mathrm{i}}^2\boldsymbol{b}_{\mathrm{i}}\boldsymbol{b}_{\mathrm{i}}^{\mathrm{H}}+\sigma_{\mathrm{n}}^2\boldsymbol{I}_{6P}\right)^{-1}\boldsymbol{b}=\sigma_{\mathrm{s}}^2\left(\frac{2}{\sigma_{\mathrm{n}}^2}-\frac{\sigma_{\mathrm{i}}^2\left|\boldsymbol{b}_1^{\mathrm{H}}\boldsymbol{b}_{\mathrm{i}}\right|^2}{\sigma_{\mathrm{n}}^2\left(2\sigma_{\mathrm{i}}^2+\sigma_{\mathrm{n}}^2\right)}\right) \tag{7.5.12}$$

于是，SINR 可以表示为

$$\mathrm{SINR}=\frac{\sigma_{\mathrm{s}}^2\boldsymbol{w}^{\mathrm{H}}\boldsymbol{b}_1\boldsymbol{b}_1^{\mathrm{H}}\boldsymbol{w}}{\boldsymbol{w}^{\mathrm{H}}\left(\boldsymbol{R}-\sigma_{\mathrm{s}}^2\boldsymbol{b}_1\boldsymbol{b}_1^{\mathrm{H}}\right)\boldsymbol{w}}=\sigma_{\mathrm{s}}^2\left[\frac{2}{\sigma_{\mathrm{n}}^2}-\frac{\sigma_{\mathrm{i}}^2\left|\boldsymbol{b}_1^{\mathrm{H}}\boldsymbol{b}_{\mathrm{i}}\right|^2}{\sigma_{\mathrm{n}}^2\left(2\sigma_{\mathrm{i}}^2+\sigma_{\mathrm{n}}^2\right)}\right] \tag{7.5.13}$$

式中，σ_{s}^2 、σ_{i}^2 和 σ_{n}^2 分别表示信号功率、干扰功率和噪声功率；$\boldsymbol{b}_{\mathrm{i}}$ 表示干扰导向矢量。为了与文献[7]中 SINR 的表达式比较，也做类似的坐标旋转，并且根据文献[3]、[14]和式(7.5.6)中 $\boldsymbol{b}_1$ 、$\boldsymbol{b}_{\mathrm{i}}$ 的表达式化简式(7.5.13)，得

$$\mathrm{SINR}=\sigma_{\mathrm{s}}^2\left[\frac{2}{\sigma_{\mathrm{n}}^2}-\frac{\left(1+\cos\psi\right)^2\sigma_{\mathrm{i}}^2\cos^2\frac{\varDelta_{\mathrm{i}}^{\mathrm{s}}}{2}}{\sigma_{\mathrm{n}}^2\left(2\sigma_{\mathrm{i}}^2+\sigma_{\mathrm{n}}^2\right)}\frac{\left(1-\mathrm{e}^{-\mathrm{j}2\pi\Delta fp}\right)^2}{p^2\left(1-\mathrm{e}^{-\mathrm{j}2\pi\Delta f}\right)^2}\right] \tag{7.5.14}$$

式中，$\Delta_{i}^{s}\in[0,\pi]$，为信号和干扰的极化角度差，即连接信号和干扰对应于 Poincare 极化球上点的大圆圆弧中较短的圆弧；$\psi\in[0,2\pi]$，为信号和干扰的空间角度差；Δf 为信号和干扰的频率差。从式(7.5.14)看出，SINR 随空间角度差、极化角度差和频率差的增大而增大。与文献[7]的结果比较可以看出，式(7.5.14)的第 2 项乘了 $\dfrac{\left(1-e^{-j2\pi\Delta fp}\right)^2}{p^2\left(1-e^{-j2\pi\Delta f}\right)^2}\leqslant 1$ (频率因子)，当 $\Delta f\to 0$ 时，该频率因子等于 1。这是 SFP 滤波算法比 SP 滤波算法优越的体现，SFP 滤波算法充分利用信号和干扰的空域、频域和极化域信息提高了性能。

3. 计算机仿真

仿真中，$(\gamma_s,\eta_s,\theta_s,\phi_s)=(45°,90°,0°,40°)$，取 6 个延迟单元，即 $p=6$，快拍数取 200。采样频率 $F=300\text{MHz}$，$\text{SNR}=0\text{dB}$，信干比(signal to interference ratio, SIR) = –40dB，其他参数随例给出。

仿真实验 1：本例验证当期望信号与干扰信号的频率相差较小时，SFP 滤波算法的性能。信号频率和干扰频率分别取 $f_s=100\text{MHz}$ 和 $f_i=100.5\text{MHz}$，即信号和干扰的频率差 $\Delta f=0.5\text{MHz}$，无法用 DFT 进行分辨。

图 7.5.2 给出了当信号和干扰的 DOA 相同，即 $\psi=0$，干扰参数 $(\gamma_i,\eta_i,\theta_i,\phi_i)=(45°,90°,0°,40°\sim 21°)$ 时，SINR 与极化角度差的关系。图 7.5.3 给出了信号和干扰的极化相同，即 $\Delta_i^s=0$，干扰参数 $(\gamma_i,\eta_i,\theta_i,\phi_i)=(45°,90°\sim 71°,0°,40°)$ 时，SINR 与空间角度差的关系。从图中可知，SFP 滤波算法的效果明显优于 SP 滤波算法。

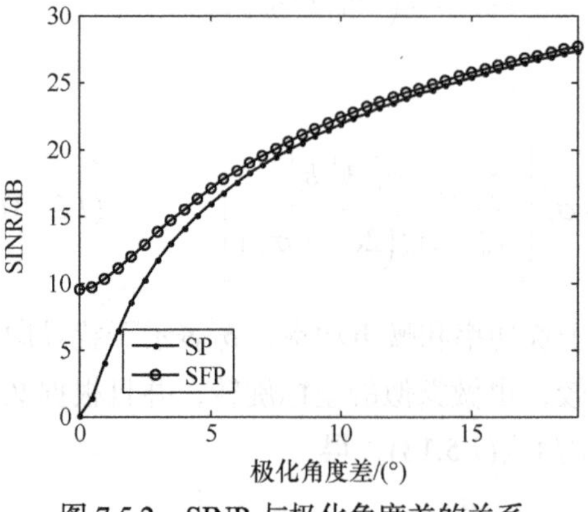

图 7.5.2 SINR 与极化角度差的关系
(仿真实验 1)

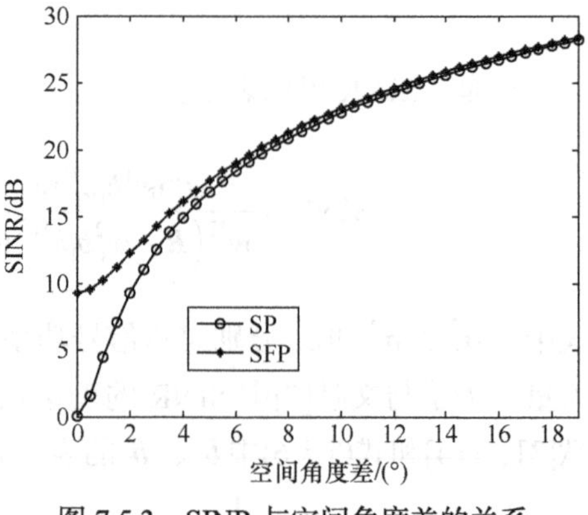

图 7.5.3 SINR 与空间角度差的关系
(仿真实验 1)

仿真实验 2：本例验证信号和干扰的 DOA、频率及极化状态三个参数中两个相同，一个变化的情况。

从图 7.5.4 和图 7.5.5 可以看出，只利用空间信息或极化信息，即信号和干扰的频率相同，$f_s = f_i = 100\text{MHz}$，$\Delta f = 0$ 时，两种算法基本相同。SFP 滤波算法优于 SP 滤波算法的原因在于 SFP 滤波算法利用了信号和干扰的频率信息，而当频率相同时 SFP 滤波算法则退化为 SP 滤波算法。

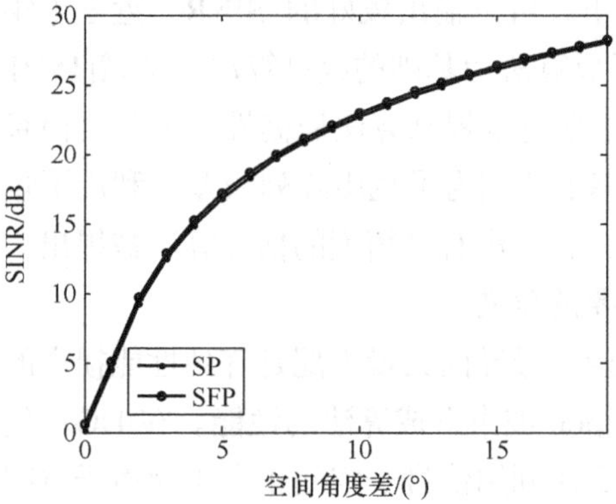

图 7.5.4 SINR 与空间角度差的关系（仿真实验 2）

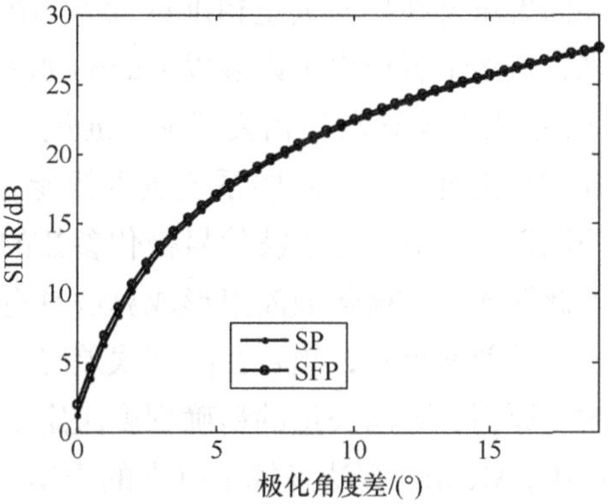

图 7.5.5 SINR 与极化角度差的关系（仿真实验 2）

图 7.5.6 中干扰的参数$(\gamma_i,\eta_i,\theta_i,\phi_i)=(45°,90°,0°,40°)$保持不变，干扰的频率为 100～119MHz。从图 7.5.6 可以看出，SFP 滤波算法利用频率信息提高了 SINR。仿真结果表明，利用空域信息的效果基本等同于极化域信息的效果，而利用频域信息时，SFP 滤波算法优于 SP 滤波算法。综合来看，充分利用信号和干扰在空域、频域以及极化域的信息处理问题效果较好的是 SFP 滤波算法。

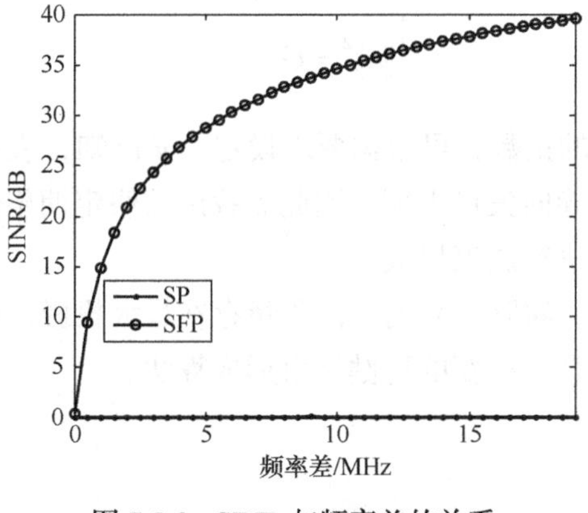

图 7.5.6 SINR 与频率差的关系

7.5.4 基于空-频-极化域联合滤波的稳健波束形成算法

1. 稳健波束形成算法

稳健波束形成算法是指寻找一种对阵列误差和信号参数估计值影响不敏感的算法，从而降低误差对波束形成性能的负面作用。该算法在只能利用期望信号的导向矢量且在导向矢量精准性较差的情况下，可以输出较好的 SINR。近三十年来，众多学者提出了许多以 Capon 波束形成算法为基础的改进算法。文献[15]和[16]引入方向导数的相关理论，通过增大主瓣宽度提高算法稳健性，但是会使系统的自由度受损并减弱系统抗干扰能力；文献[17]为了克服阵列误差，利用了矩阵锥消法。对于电磁波信号极化参数的研究，还没有高精度的估计算法被提出，因此深入研究极化域波束形成算法具有重要的意义。

从前文可知，当存在阵列误差时，期望信号导向矢量失配是阵列性能损失的主要原因，导向矢量的精确程度决定了 Capon 波束形成算法的性能。在 DOA 估计中，MUSIC 算法发挥了巨大的作用。该算法利用信号子空间正交于噪声子空间的特性对信号入射角进行超分辨估计。其谱函数为

$$\boldsymbol{P} = 1/(\boldsymbol{a}^{\mathrm{H}}\boldsymbol{U}_{\mathrm{n}}\boldsymbol{U}_{\mathrm{n}}^{\mathrm{H}}\boldsymbol{a}) \tag{7.5.15}$$

式中，$\boldsymbol{a}$ 表示信号导向矢量；$\boldsymbol{U}_{\mathrm{n}}$ 表示噪声子空间。为了得到稳健的波束形成解，可用如下方程求解：

$$\begin{cases} \min\limits_{\boldsymbol{a}} \boldsymbol{a}^{\mathrm{H}}\boldsymbol{U}_{\mathrm{n}}\boldsymbol{U}_{\mathrm{n}}^{\mathrm{H}}\boldsymbol{a} \\ \text{s.t. } \|\boldsymbol{a}-\bar{\boldsymbol{a}}\|^2 \leqslant \varepsilon \\ \|\boldsymbol{a}\|^2 = G \end{cases} \tag{7.5.16}$$

式中，ε 是一个很小的正数，可根据要求设定。$\bar{\boldsymbol{a}}$ 已知，表示假定期望信号的导向矢量，但是与实际导向矢量失配，因此需找出与假定期望信号的导向矢量相匹配的最优估计值，再进行波束形成。

在信号子空间中，实际信号的导向矢量存在最大投影，据此可以进行空-频-极化域联合滤波，这是一种新的稳健波束形成算法。

2. 数学模型

假定干扰、信号和噪声分量之间两两不相关，有 K 个远场窄带、完全极化的 TEM 复谐波从 K 个不同方向入射到一个电磁矢量传感器上。第 $k(1 \leqslant k \leqslant K)$ 个单

位功率的完全极化 TEM 波的电磁场分量为

$$\boldsymbol{a}(\theta_k,\phi_k,\gamma_k,\eta_k)=\begin{bmatrix}\alpha(1,k)\\ \alpha(2,k)\\ \alpha(3,k)\\ \alpha(4,k)\\ \alpha(5,k)\\ \alpha(6,k)\end{bmatrix}=\begin{bmatrix}\cos\theta_k\cos\phi_k & -\sin\phi_k\\ \cos\theta_k\sin\phi_k & \cos\phi_k\\ -\sin\theta_k & 0\\ -\sin\phi_k & -\cos\theta_k\cos\phi_k\\ \cos\phi_k & -\cos\theta_k\sin\phi_k\\ 0 & \sin\theta_k\end{bmatrix}\begin{bmatrix}\sin\gamma_k \mathrm{e}^{\mathrm{j}\eta_k}\\ \cos\gamma_k\end{bmatrix} \tag{7.5.17}$$

式中，$\theta_k\in[-\pi/2,\pi/2]$，$\phi_k\in[-\pi,\pi]$，分别为入射波的俯仰角和方位角；$\eta_k\in[-\pi,\pi]$，$\gamma_k\in[0,\pi/2]$，分别为相位极化参数和幅度极化参数，它们确定了入射电磁波极化状态。其复谐波电磁信号为

$$s_k(t)=E_k\exp[\mathrm{j}(2\pi f_k t+\varphi_k)] \tag{7.5.18}$$

式中，E_k 为幅度；φ_k 为信号初相；$f_k(f_{\min}\leqslant f_k\leqslant f_{\max})$ 为频率。

假设 $x(m,t)$ 为电磁矢量传感器第 m 个通道的感应信号，将该通道的 $P(P>K)$ 次连续快拍排列如下：

$$\begin{aligned}\boldsymbol{X}(m,t)&=[x(m,t),x(m,t-T_\mathrm{s}),\cdots,x(m,t-(P-1)T_\mathrm{s})]^\mathrm{T}\\ &=\sum_{k=1}^{K}\alpha(m,k)\boldsymbol{d}(f_k)s_k(t)+\boldsymbol{n}(m,t)\end{aligned} \tag{7.5.19}$$

式中，T_s 是采样周期。

$$\boldsymbol{d}(f_k)=[1,\mathrm{e}^{-\mathrm{j}2\pi f_k T_\mathrm{s}},\cdots,\mathrm{e}^{-\mathrm{j}2\pi f_k(P-1)T_\mathrm{s}}] \tag{7.5.20}$$

按顺序排列电磁矢量传感器 6 个通道的输出，得

$$\begin{aligned}\boldsymbol{Y}(t)&=[\boldsymbol{X}^\mathrm{T}(1,t),\cdots,\boldsymbol{X}^\mathrm{T}(6,t)]^\mathrm{T}\\ &=\sum_{k=1}^{K}\boldsymbol{\alpha}(\theta_k,\varphi_k,\gamma_k,\eta_k)\otimes\boldsymbol{d}(f_k)s_k(t)+\boldsymbol{n}(t)\\ &=\boldsymbol{b}\boldsymbol{s}(t)+\boldsymbol{n}(t)\end{aligned} \tag{7.5.21}$$

式中，$\boldsymbol{s}(t)=[s_1(t),s_2(t),\cdots,s_K(t)]^\mathrm{T}$，为信号矢量；$\boldsymbol{n}(t)=[\boldsymbol{n}^\mathrm{T}(1,t),\boldsymbol{n}^\mathrm{T}(2,t),\cdots,\boldsymbol{n}^\mathrm{T}(6,t)]^\mathrm{T}$，为噪声矢量。

$$\begin{aligned}\boldsymbol{b}=[&\boldsymbol{a}(\theta_1,\phi_1,\gamma_1,\eta_1)\otimes\boldsymbol{d}(f_1),\quad \boldsymbol{a}(\theta_2,\phi_2,\gamma_2,\eta_2)\otimes\boldsymbol{d}(f_2),\quad\cdots,\\ &\boldsymbol{a}(\theta_K,\phi_K,\gamma_K,\eta_K)\otimes\boldsymbol{d}(f_K)]=[\boldsymbol{b}_1,\boldsymbol{b}_2,\cdots,\boldsymbol{b}_K]\end{aligned} \tag{7.5.22}$$

式中，$\boldsymbol{b}$ 为包含了空域、频域、极化域信息的空-频-极化域联合导向矢量，其中 $\boldsymbol{b}_1$ 为信号的导向矢量，$[\boldsymbol{b}_2,\boldsymbol{b}_3,\cdots,\boldsymbol{b}_K]$ 为干扰的导向矢量。

构造四阶累积量矩阵如下：

$$\boldsymbol{C} = \text{cum}(y_{1x}(t), y_{1x}^*(t), \boldsymbol{Y}(t), \boldsymbol{Y}(t)^{\text{H}}) \tag{7.5.23}$$

对其进行特征分解，其特征向量构成矩阵：

$$\boldsymbol{U}_{\text{s}} = [\boldsymbol{U}_1,\ \boldsymbol{U}_2, \cdots,\ \boldsymbol{U}_K] \tag{7.5.24}$$

该矩阵的列向量张成信号子空间。根据前面所述稳健波束形成算法，滤波规则如下：

$$\begin{cases} \hat{\boldsymbol{a}} \overset{\text{def}}{=} \max\limits_{\boldsymbol{a}} \boldsymbol{a}^{\text{H}} \boldsymbol{U}_{\text{s}} \boldsymbol{U}_{\text{s}}^{\text{H}} \boldsymbol{a} \\ \text{s.t. } \|\boldsymbol{a} - \bar{\boldsymbol{a}}\| \leqslant \varepsilon \\ \|\boldsymbol{a}\|^2 = M \end{cases} \tag{7.5.25}$$

式中，$\bar{\boldsymbol{a}}$ 为已知的期望信号导向矢量的粗略估计值。由于实际信号的导向矢量在信号子空间有最大投影，利用式(7.5.25)可以在初始值 $\bar{\boldsymbol{a}}$ 附近搜索更为准确的信号导向矢量估计值 $\hat{\boldsymbol{a}}$ 。

再由 Capon 法求解最优权为

$$\boldsymbol{w} = \frac{\boldsymbol{R}^{-1}\hat{\boldsymbol{a}}}{\hat{\boldsymbol{a}}^{\text{H}}\boldsymbol{R}^{-1}\hat{\boldsymbol{a}}} \tag{7.5.26}$$

式中，$\boldsymbol{R} = E\left[\boldsymbol{Y}(t)\boldsymbol{Y}(t)^{\text{H}}\right]$ 是输出功率。

3. 计算机仿真与分析

用计算机仿真验证本节提出的稳健 Capon 波束形成算法。电磁信号参数 $(\theta,\phi,\gamma,\eta)$ 进行四维搜索过于复杂，很难实现，且 DOA 的估计精度一般较高，故只对极化角进行搜索。令信号和干扰参数分别为 $(\theta_{\text{s}},\phi_{\text{s}},\gamma_{\text{s}},\eta_{\text{s}})$=(20°, – 20°, 20°, 30°)，$(\theta_{\text{i}},\phi_{\text{i}},\gamma_{\text{i}},\eta_{\text{i}})$=(10°,50°,40°,60°)。频率 $f_{\text{s}} = 100\text{Hz}$，$f_{\text{i}} = 140\text{Hz}$，采样频率 $f = 300\text{Hz}$。极化角度的粗略估计为 $(\bar{\gamma}_{\text{s}},\bar{\eta}_{\text{s}})$=(24°,23°)，搜索区域 $\gamma_{\text{s}} \in 14° \sim 29°$ 、$\eta_{\text{s}} \in 13° \sim 28°$，6 个延时抽头数，仿真结果如图 7.5.7 所示。

由图 7.5.7 可以看出，当信号参数存在偏差时，稳健波束形成算法比基于空-频-极化域联合的普通 Capon 波束形成算法的性能有显著改善。这是由于本节采用 MUSIC 算法得到了更为准确的信号导向矢量估计值，从而提高了波束形成的稳健性。

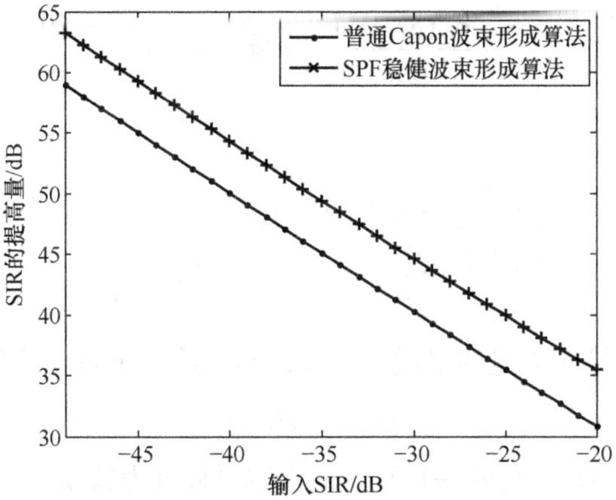

图 7.5.7　完全极化下普通 Capon 波束形成算法和 SPF 稳健波束形成算法的仿真结果

7.5.5　一种改进的稳健波束形成算法

1. 对角加载方法

当信号参数估计不够准确时，为了求得最优导向矢量，进行有效的滤波，在稳健波束形成的研究中，有一类基于对角加载的稳健波束形成算法[18-20]。该算法的步骤如下：根据稳健波束形成的约束条件(7.5.16)求解最优导向矢量 $\hat{\boldsymbol{a}}$ 时，$\hat{\boldsymbol{a}}$ 可以由拉格朗日乘子法得，即

$$L(\boldsymbol{a},\lambda,\mu)=\boldsymbol{a}^{\mathrm{H}}\boldsymbol{U}_{\mathrm{n}}\boldsymbol{U}_{\mathrm{n}}^{\mathrm{H}}\boldsymbol{a}+\mu(2G-\varepsilon-\overline{\boldsymbol{a}}^{\mathrm{H}}\boldsymbol{a}-\boldsymbol{a}^{\mathrm{H}}\overline{\boldsymbol{a}})+\lambda(\boldsymbol{a}^{\mathrm{H}}\boldsymbol{a}-G) \tag{7.5.27}$$

式中，μ和λ 为待定的固定值。由求极值的微分式：

$$\frac{\partial L(\boldsymbol{a},\mu,\lambda)}{\partial \boldsymbol{a}}=2\boldsymbol{U}_{\mathrm{n}}\boldsymbol{U}_{\mathrm{n}}^{\mathrm{H}}\boldsymbol{a}-2\mu\overline{\boldsymbol{a}}+2\lambda\boldsymbol{a}=0 \tag{7.5.28}$$

可得期望信号导向矢量的最优估计 $\hat{\boldsymbol{a}}$：

$$\hat{\boldsymbol{a}}=\mu(\boldsymbol{U}_{\mathrm{n}}\boldsymbol{U}_{\mathrm{n}}^{\mathrm{H}}+\lambda\boldsymbol{I})^{-1}\overline{\boldsymbol{a}} \tag{7.5.29}$$

将式(7.5.29)代入式(7.5.30)：

$$\frac{\partial L(\boldsymbol{a},\mu,\lambda)}{\partial \mu}=2G-\varepsilon-\overline{\boldsymbol{a}}^{\mathrm{H}}\hat{\boldsymbol{a}}-\hat{\boldsymbol{a}}^{\mathrm{H}}\overline{\boldsymbol{a}}=0 \tag{7.5.30}$$

可得 μ 的最优估计：

$$\hat{\mu}=\frac{2G-\varepsilon}{2\overline{\boldsymbol{a}}^{\mathrm{H}}(\boldsymbol{U}_{\mathrm{n}}\boldsymbol{U}_{\mathrm{n}}^{\mathrm{H}}+\lambda\boldsymbol{I})^{-1}\overline{\boldsymbol{a}}} \tag{7.5.31}$$

然后将最优 μ 值代入式(7.5.27)：

$$\frac{\partial L(\boldsymbol{a},\mu,\lambda)}{\partial \lambda}=\hat{\boldsymbol{a}}^{\mathrm{H}}\hat{\boldsymbol{a}}-G=0 \tag{7.5.32}$$

求得λ的最优估计$\hat{\lambda}$：

$$\frac{\overline{\boldsymbol{a}}^{\mathrm{H}}(\boldsymbol{U}_{\mathrm{n}}\boldsymbol{U}_{\mathrm{n}}^{\mathrm{H}}+\hat{\lambda}\boldsymbol{I})^{-2}\overline{\boldsymbol{a}}}{\left[\overline{\boldsymbol{a}}^{\mathrm{H}}(\boldsymbol{U}_{\mathrm{n}}\boldsymbol{U}_{\mathrm{n}}^{\mathrm{H}}+\hat{\lambda}\boldsymbol{I})^{-1}\overline{\boldsymbol{a}}\right]^2}=\frac{G}{\left(G-\dfrac{\varepsilon}{2}\right)^2} \tag{7.5.33}$$

由此得到实际导向矢量的最优估计$\hat{\boldsymbol{a}}$，然后用 Capon 法求得最优权：

$$\boldsymbol{w}_{\mathrm{opt}}=\mu\boldsymbol{R}^{-1}\hat{\boldsymbol{a}} \tag{7.5.34}$$

利用该算法虽然可以得到最优权，但求解过程极为繁琐，加载量很难确定。为了使问题简化，本节仿照该对角加载方法，提出另一种改进的稳健波束形成算法。

2. 数学模型

本小节仍采用空-频-极化域联合滤波算法进行滤波，相关符号和信号模型同 7.5.4 小节，最终得到电磁矢量传感器 6 个通道的输出如下：

$$\boldsymbol{Y}(t)=[\boldsymbol{X}^{\mathrm{T}}(1,t),\boldsymbol{X}^{\mathrm{T}}(2,t),\cdots,\boldsymbol{X}^{\mathrm{T}}(6,t)]^{\mathrm{T}}=\boldsymbol{b}\boldsymbol{s}(t)+\boldsymbol{n}(t) \tag{7.5.35}$$

由采样数据估计相关矩阵：

$$\boldsymbol{R}_n=\frac{1}{l}\sum_{n=1}^{l}\boldsymbol{x}_n\boldsymbol{x}_n^{\mathrm{H}} \tag{7.5.36}$$

式中，$\boldsymbol{x}_n$为电磁矢量传感器所接收的噪声和干扰；l为采样数。对$\boldsymbol{R}_n$进行特征分解，得到向量组$\boldsymbol{U}_n$，并构造噪声子空间$\boldsymbol{U}_n\boldsymbol{U}_n^{\mathrm{H}}$。

本小节算法与前面的不同之处主要在于稳健波束形成解约束的变化。现将约束函数变为

$$\begin{cases}\min\limits_{\boldsymbol{a}}\boldsymbol{a}^{\mathrm{H}}\boldsymbol{U}_n\boldsymbol{U}_n^{\mathrm{H}}\boldsymbol{a}\\[2ex] \text{s.t.}\ \left\|\left(\boldsymbol{I}-\dfrac{\overline{\boldsymbol{a}}\,\overline{\boldsymbol{a}}^{\mathrm{H}}}{\overline{\boldsymbol{a}}^{\mathrm{H}}\overline{\boldsymbol{a}}}\right)\boldsymbol{a}\right\|^2\leqslant\varepsilon\end{cases} \tag{7.5.37}$$

式中，$\overline{\boldsymbol{a}}$为已知的假定期望信号，但并不匹配实际的导向矢量，二者存在误差。从上述优化方程求解最优估计$\hat{\boldsymbol{a}}$，可以得到最接近实际期望信号的导向矢量，然后再用该最优估计导向矢量做波束形成。

首先，设

$$\boldsymbol{Q}=\boldsymbol{I}-\frac{\overline{\boldsymbol{a}}\,\overline{\boldsymbol{a}}^{\mathrm{H}}}{\overline{\boldsymbol{a}}^{\mathrm{H}}\overline{\boldsymbol{a}}} \tag{7.5.38}$$

其次，由式(7.5.37)和拉格朗日乘子法，得

$$L(\boldsymbol{a},\lambda)=\boldsymbol{a}^{\mathrm{H}}\boldsymbol{U}_n\boldsymbol{U}_n^{\mathrm{H}}\boldsymbol{a}+\lambda(\boldsymbol{a}^{\mathrm{H}}\boldsymbol{Q}\boldsymbol{a}-\varepsilon) \tag{7.5.39}$$

利用微分求极值

$$\frac{\mathrm{d}L(\boldsymbol{a},\lambda)}{\mathrm{d}\boldsymbol{a}}=2\boldsymbol{U}_n\boldsymbol{U}_n^{\mathrm{H}}\boldsymbol{a}+2\lambda\boldsymbol{Q}\boldsymbol{a}=0 \tag{7.5.40}$$

可以得到,期望信号导向矢量的最优估计 $\hat{\boldsymbol{a}}$ 是矩阵束 $\{\boldsymbol{U}_n\boldsymbol{U}_n^{\mathrm{H}},\boldsymbol{Q}\}$ 的主特征矢量。

最后，由 Capon 波束形成算法得到的最优权为

$$\boldsymbol{w}_0=\mu\boldsymbol{R}^{-1}\hat{\boldsymbol{a}} \tag{7.5.41}$$

式中，

$$\begin{cases}\boldsymbol{R}=E\left[\boldsymbol{Y}(t)\boldsymbol{Y}^{\mathrm{H}}(t)\right]\\ \mu=\dfrac{1}{\hat{\boldsymbol{a}}^{\mathrm{H}}\boldsymbol{R}^{-1}\hat{\boldsymbol{a}}}\end{cases} \tag{7.5.42}$$

综上可以看出，本节虽采用了拉格朗日乘子法，但并不属于对角加载方法的范畴，不需要再选取并求解加载量，因此更易实现。

3. 计算机仿真与分析

仿真实验 1:实验中的信号频率 $f_{\mathrm{s}}=100\mathrm{Hz}$, $f_{\mathrm{i}}=137\mathrm{Hz}$,采样频率 $f=300\mathrm{Hz}$ 。信号参数和干扰参数分别为 $(\theta_{\mathrm{s}},\phi_{\mathrm{s}},\gamma_{\mathrm{s}},\eta_{\mathrm{s}})$=(20°, − 20°, 20°, 30°) 和 $(\theta_{\mathrm{i}},\phi_{\mathrm{i}},\gamma_{\mathrm{i}},\eta_{\mathrm{i}})$ = (10°,50°,40°,60°) 。极化角度估计值为 $(\overline{\gamma}_{\mathrm{s}},\overline{\eta}_{\mathrm{s}})$=(22°, 22°) ，4 个延时抽头数。仿真结果如图 7.5.8 所示。

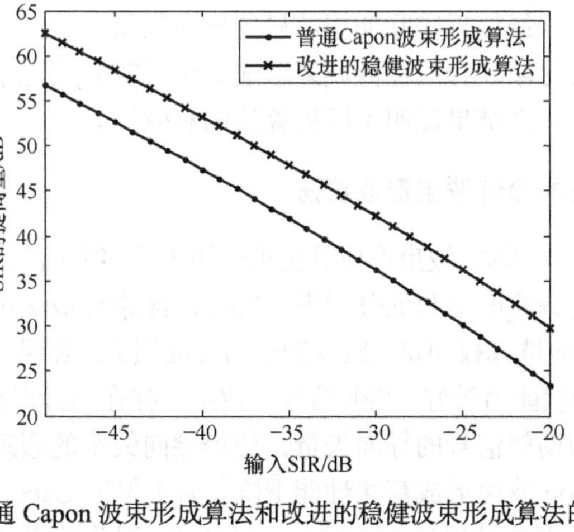

图 7.5.8　普通 Capon 波束形成算法和改进的稳健波束形成算法的仿真结果

由图 7.5.8 中可以看出，改进的稳健波束形成算法的性能优于普通 Capon 波束形成算法，相比于后者，采用本小节算法得到的 SIR 得到了较大提高。本小节算法所得的信号导向矢量正交于噪声子空间，并通过正交投影找到最接近实际期望信号的导向矢量，使得波束形成稳健性得到提高。

仿真实验 2：在相同的仿真参数下，将稳健波束形成算法与本小节算法进行对比，仿真结果如图 7.5.9 所示。

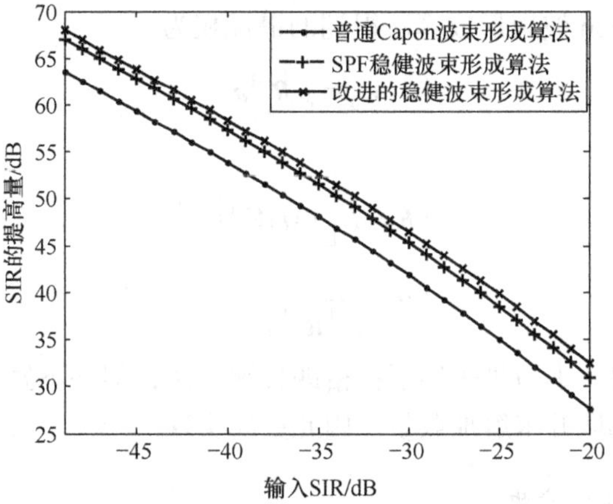

图 7.5.9　三种算法的仿真结果比较

由图 7.5.9 可以看出，稳健波束形成算法比普通 Capon 波束形成算法性能更高。这是由于稳健波束形成利用信号子空间规律在信号参数值附近搜索到信号的最优导向矢量，从而提高了滤波性能。本节基于空-频-极化域联合并利用拉格朗日乘子法提出的改进的稳健波束形成算法效果最佳，这是由于应用该算法得到的导向矢量更为精确，最接近实际期望信号的导向矢量。

两种空-频-极化域联合的稳健波束形成算法同时利用三个域的信息区分信号和干扰进行滤波，仿真结果证明了所提算法的有效性。

7.5.6　部分极化波的稳健波束形成算法

在阵列信号处理领域，波束形成算法被应用于许多方面。延时相加波束形成算法的缺点是较高的旁瓣电平和低分辨率，Capon 波束形成法可以使阵列输出最小化，同时通过自适应选择权向量，减少期望信号的损失。要保证 Capon 波束形成法的分辨率和抑制干扰能力较好，须使信号参数中不存在估计误差。然而在实际应用中，无法精确得知期望信号的导向矢量，使得导向矢量的假定值和实际值无法完全匹配，造成 Capon 波束形成算法性能下降。为了保证 Capon 波束形成算法的稳健性，许多改进的算法被提出[1-3,11-22]。文献[13]利用范数得到对角加载方法，难点在于确定最优加载量。文献[14]中为了减小阵列误差，利用矩阵锥消法。当导向矢量的假定值和实际值无法匹配，在阵列输出时 SINR 会产生损失。因此，估计导向矢量的实际值能保证算法的稳健性。当仅能利用精度较低期望信号的导向矢量时，稳健的波束形成算法仍可以在信号不相消的同时得到较好的输出信干噪比。

本节提出一种基于信号子空间的稳健的极化域波束形成算法，先利用子空间算法得到期望电磁信号导向矢量的粗略估计，将 MUSIC 算法应用于 LCMV 准则的极化域波束形成算法中，得到更准确的导向矢量估计参数。该滤波算法的性能与空频极化波束形成算法的性能相比有明显的改善[21]。

1. 数学模型

用一个理想的电磁矢量传感器作为接收天线，第 k 个单位功率部分极化和 TEM 入射到上述矢量传感器上，其阵列流型可以表示为

$$\boldsymbol{b}_k=\begin{bmatrix} b_{k1}\\ b_{k2}\\ b_{k3}\\ b_{k4}\\ b_{k5}\\ b_{k6}\end{bmatrix}=\begin{bmatrix}\cos\phi_k\cos\theta_k & -\sin\phi_k\\ \sin\phi_k\cos\theta_k & \cos\phi_k\\ -\sin\theta_k & 0\\ -\sin\phi_k & -\cos\phi_k\cos\theta_k\\ \cos\phi_k & -\sin\phi_k\cos\theta_k\\ 0 & \sin\theta_k\end{bmatrix} \tag{7.5.43}$$

式中，$\phi_k\in[-\pi,\pi]$，为信号的方位角；$\theta_k\in[0,\pi]$，为信号的俯仰角。第 k 个部分极化波信号的复包络可以表示为

$$\boldsymbol{x}_k(t)=\tilde{\boldsymbol{g}}_k s_k(t)=\left\{\sqrt{d}\boldsymbol{g}_k+\sqrt{\frac{1-d}{2}}\begin{bmatrix}\alpha_1\\ \alpha_2\end{bmatrix}\right\}s_k(t)=\left\{\sqrt{d}\begin{bmatrix}\sin(\gamma_k)\mathrm{e}^{\mathrm{j}\eta_k}\\ \cos(\gamma_k)\end{bmatrix}+\sqrt{\frac{1-d}{2}}\begin{bmatrix}\alpha_1\\ \alpha_2\end{bmatrix}\right\}s_k(t) \tag{7.5.44}$$

式中，$\boldsymbol{x}_k(t)$ 为一个(2×1)维的矩阵；$\sqrt{d}\boldsymbol{g}_k s_k(t)$ 为部分极化波的完全极化分量，$s_k(t)=E_k\mathrm{e}^{\mathrm{j}(\omega_k t+\phi_k)}$，$\omega_k$ 为信号频率，ϕ_k 为信号初相；$\gamma_k\in[0,\pi/2]$，$\eta_k\in[-\pi,\pi]$，为信号的极化参数，可以确定完全极化波的极化状态；d 为部分极化波的极化度；$\sqrt{\frac{1-d}{2}}\begin{bmatrix}\alpha_1\\ \alpha_2\end{bmatrix}s_k(t)$ 为部分极化波的非极化分量；α_1、α_2 为均值为零的高斯随机变量。

2. 滤波算法描述

入射到电磁矢量传感器的第 k 个单位功率部分极化电磁波表示为

$$c_k(t)=b_kx_k(t)=\begin{bmatrix}\cos\phi_k\cos\theta_k & -\sin\phi_k\\ \sin\phi_k\cos\theta_k & \cos\phi_k\\ -\sin\theta_k & 0\\ -\sin\phi_k & -\cos\phi_k\cos\theta_k\\ \cos\phi_k & -\sin\phi_k\cos\theta_k\\ 0 & \sin\theta_k\end{bmatrix}\left\{\sqrt{d}\begin{bmatrix}\sin\gamma_k e^{j\eta_k}\\ \cos(\gamma_k)\end{bmatrix}+\sqrt{\frac{1-d}{2}}\begin{bmatrix}\alpha_1\\ \alpha_2\end{bmatrix}\right\}$$
$$=\sqrt{d}\,b_kg_k+\sqrt{\frac{1-d}{2}}b_k\begin{bmatrix}\alpha_1\\ \alpha_2\end{bmatrix}=\sqrt{d}\,a_k+\sqrt{\frac{1-d}{2}}b_k\begin{bmatrix}\alpha_1\\ \alpha_2\end{bmatrix} \tag{7.5.45}$$

因为非极化波无论采用何种极化天线都只能接收到其总功率的一半，所以对于部分极化波信号主要考虑保证其完全极化分量不受损失。这种情况下的滤波需要先估计完全极化波分量对应的信号子空间，但是从式(7.5.45)可以看出，必须将完全极化分量与非极化分量分离才能解决该问题。在非极化分量服从高斯分布，完全极化分量服从非高斯分布的情况下，可以利用高阶累积量的盲高斯性解决上述难题。

假设有 K 个远场窄带、部分极化、TEM 波信号从 K 个不同的方向 (θ_k,ϕ_k) 入射到一个理想电磁矢量传感器上。

用 $x(m,t)$ 表示第 m 个通道感应的信号，并将该通道 $P(P>K)$ 次连续快拍排成一列矢量：

$$\begin{aligned}X(m,t)&=[x(m,t)\quad x(m,t-T_s)\ \cdots\ x(m,t-(P-1)T_s)]^T\\&=\sum_{k=1}^{K}c(m,k)d(f_k)s_k(t)+n(m,t)\end{aligned} \tag{7.5.46}$$

顺序排列 6 个通道的输出，有

$$\begin{aligned}Y(t)&=[X^T(1,t),X^T(2,t),\cdots,X^T(6,t)]^T=\sum_{k=1}^{K}c(\theta_k,\phi_k,\gamma_k,\eta_k)\otimes d(f_k)s_k(t)+n(t)\\&=Cs(t)+n(t)\end{aligned} \tag{7.5.47}$$

式中，$s(t)=[s_1(t),\ s_2(t),\cdots,s_K(t)]^T$；$n(t)=\left[n^T(1,t),n^T(2,t),\cdots,n^T(6,t)\right]^T$；$C=[c_1\otimes d(f_1),\ c_2\otimes d(f_2),\cdots,c_K\otimes d(f_K)]$。

构造四阶累计量矩阵：

$$C_0=\mathrm{cum}\left(y_{1x}(t),y_{1x}^*(t),Y(t),Y(t)^H\right)=ADA^H \tag{7.5.48}$$

式中，$A=[a_1,a_2,\cdots,a_P]$；D 为对角矩阵：

$$D=\mathrm{diag}[a(1,1)a^*(1,1)\Gamma_1,\ a(1,2)a^*(1,2)\Gamma_2,\ \cdots\ ,a(1,P)a^*(1,P)\Gamma_P] \tag{7.5.49}$$

对矩阵 C_0 进行特征分解，其特征向量构成矩阵 $U_s=[U_1,\ U_2,\cdots,\ U_K]$，$U_s$ 的

列矢量张成信号子空间。

$$\begin{cases}\hat{\boldsymbol{a}} \overset{\text{def}}{=} \max\limits_{\boldsymbol{a}} \boldsymbol{a}^{\mathrm{H}}\boldsymbol{U}_{\mathrm{s}}\boldsymbol{U}_{\mathrm{s}}^{\mathrm{H}}\boldsymbol{a} \\ \text{s.t. } \left\|\boldsymbol{a}-\overline{\boldsymbol{a}}\right\| \leqslant \varepsilon \\ \left\|\boldsymbol{a}\right\|^2 = M\end{cases} \tag{7.5.50}$$

式中，ε 为一个很小的正数，可根据要求设定。

由 Capon 法计算最优权，即

$$\boldsymbol{w} = \frac{\boldsymbol{R}^{-1}\hat{\boldsymbol{a}}}{\hat{\boldsymbol{a}}^{\mathrm{H}}\boldsymbol{R}^{-1}\hat{\boldsymbol{a}}} \tag{7.5.51}$$

式中，$\boldsymbol{R} = E\left[\boldsymbol{Y}(t)\boldsymbol{Y}^{\mathrm{H}}(t)\right]$。

稳健波束形成算法是一种基于子空间的极化域波束形成算法，需要估计信号子空间，对于完全极化波通过数据相关矩阵特征分解可以得到信号子空间，然后利用式(7.5.50)搜索信号更为准确的导向矢量的估计值 $\hat{\boldsymbol{a}}$。

3. 计算机仿真

为了验证本节提出的稳健 Capon 波束形成算法的性能，用计算机仿真本节算法和其他算法并进行对比。如果对电磁信号的参数$(\theta,\phi,\gamma,\eta)$都进行估计，将演变为难以实现的四维搜索问题。由于 DOA 的估计精度较高，极化角估计精度较差，为了简化运算，本节对极化角进行搜索。信号参数$(\theta_{\mathrm{s}},\phi_{\mathrm{s}},\gamma_{\mathrm{s}},\eta_{\mathrm{s}})=(20°,-20°,20°,30°)$，干扰参数$(\theta_{\mathrm{i}},\phi_{\mathrm{i}},\gamma_{\mathrm{i}},\eta_{\mathrm{i}})=(10°,50°,40°,60°)$，信号的频率为 100Hz，干扰的频率为 140Hz，进行 600 次独立 Monte-Carlo 试验，实验结果如图 7.5.10 所示。

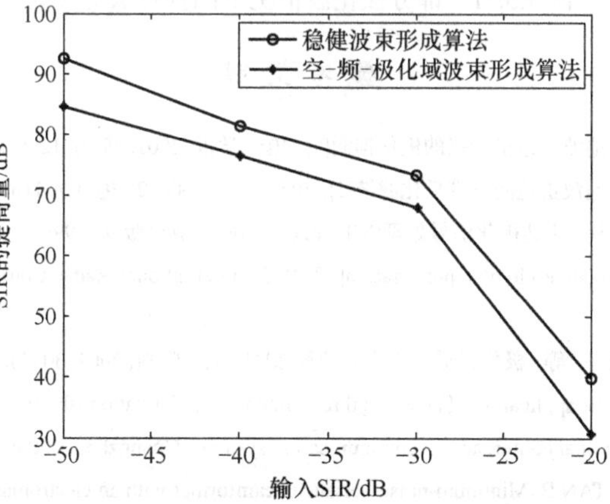

图 7.5.10　完全极化时两种算法的性能

仿真实验 1：极化角度的粗略估计值$(\hat{\gamma}_s,\hat{\eta}_s)=(24°,23°)$，搜索区域$\gamma_s=(24°-5°)\sim(24°+5°)$，$\eta_s=(23°-5°)\sim(23°+5°)$，4 个延时抽头。在完全极化时本节算法与空-频-极化域波束形成算法的性能随 SIR 的变化曲线如图 7.5.10 所示，由图可知在信号参数估计存在偏差的情况下，本节的稳健波束形成算法的性能明显优于空-频-极化域联合波束形成算法。

仿真实验 2：极化角度的粗略估计值$(\hat{\gamma}_s,\hat{\eta}_s)=(22°,25°)$，信号和干扰的极化度分别为$(d_s,d_i)=(0.4,0.6)$。图 7.5.11 给出了部分极化波情况下稳健波束形成算法与空域-极化域联合波束形成算法的性能随 SIR 的变化曲线，可以看出稳健波束形成算法的性能优于空域-极化域联合波束形成算法。图 7.5.11 中曲线随 SIR 的增大而下降，这是因为滤波的效果会随着 SIR 的增大而改善，所以提高程度越来越小。

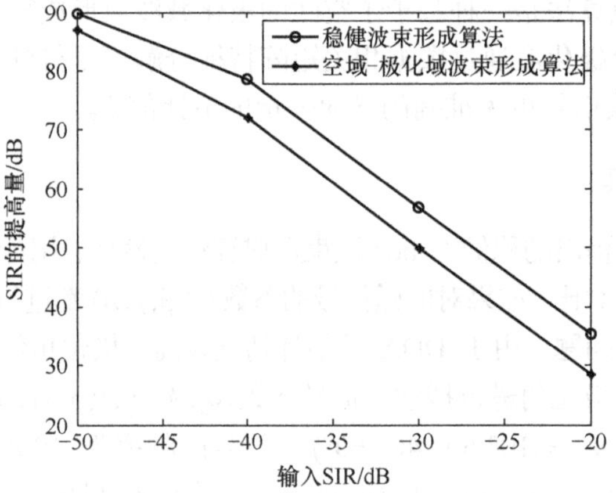

图 7.5.11　部分极化波情况下两种算法的性能

参 考 文 献

[1] 张国毅, 刘永坦. 高频地波雷达多干扰的极化抑制[J]. 电子学报, 2001, 29(9): 1206-1209.

[2] 张国毅, 刘永坦. 高频地波雷达的三维极化滤波[J]. 电子学报, 2000, 28(9): 114-116.

[3] 庄钊文, 肖顺平, 王雪松. 雷达极化信号处理[M]. 北京: 国防工业出版社, 1999.

[4] NATHANSON F E. Adaptive circular polarization[C]. IEEE International Radar Conference Arlington, Arlington, 1975: 221-225.

[5] 徐振海, 王雪松, 肖顺平, 等. 极化自适应递推滤波算法[J]. 电子学报, 2002, 30 (7): 608-610.

[6] WANG K, ZHANG Y. The application of adaptive three-dimension polarization filtering in sidelobe canceller[C]. 11th IEEE singapore International conference on communication systems, Guangzhou, 2008: 519-522.

[7] NEHORAI A, HO K C, TAN B. Minimum-noise-variance beamformer with an electromagnetic vector sensor[J]. IEEE Transactions on Signal Processing, 1999, 46(9): 2291-2304.

[8] WANG G B, TAO H H, WANG L M, et al. Joint robust beamformer of space-frequency- polarization[C]. 4th IEEE

International symposium on Microwave, Antenna, propagation and EMC Technologies for wireless Communications, Beijing, 2011: 435-437.

[9] 王兰美. 极化阵列的参数估计和滤波方法研究[D]. 西安: 西安电子科技大学, 2005.

[10] LI J, STOICA P, WANG Z S. Doubly constrained robust capon beamforming[J]. IEEE Transactions on Signal Processing, 2004, 52(9): 2407-2423.

[11] LI J, STOICA P, WANG Z S. On robust capon beamforming and diagonal loading[J]. IEEE Transactions on Signal Processing, 2003, 5l(7): 1702-1714.

[12] COX H. Resolving power and sensitivity to mismatch of optimum array processors[J]. Journal of the Acoustical Society of America, 1973, 54: 771-785.

[13] GOLUB G H, VAN LOAN C F. Matrix Computations[M]. Baltimore: Johns Hopkins University Press, 1983.

[14] COMPTON R T. The tripole antenna: An adaptive array with full polarization flexibility[J]. IEEE Transactions on Antenna Propagation, 1981, 29(11): 944-952.

[15] ER M H, CSNTONI A. Derivative constraints for broad-band element space antenna array processor[J]. IEEE Transactions on Acoustics Speech, and Signal Processing, 1983, 31: 1378-1393.

[16] BUCKLEY K M, GRIFFTHS L J. An adaptive generalized sidelobe canceller with derivative constraints[J]. IEEE Transactions on Antenna Propagation, 1986, 34(3): 311-319.

[17] GUERCI J R. Theory and application of covariance matrix tapers for robust adaptive beamforming[J]. IEEE Transaction Signal Processing, 1999, 47(4): 977-985.

[18] CARLSON B D. Covariance matrix estimation errors and diagonal loading in adaptive arrays[J]. IEEE Transaction on Aerospace and Electronic Systems, 1988, 24(4): 397-401.

[19] 刘宏清, 廖桂生, 张杰. 稳健的 Capon 波束形成[J]. 系统工程与电子技术, 2005, 27(10): 1669-1672.

[20] 游娜. 电磁矢量传感器取向误差校正和干扰抑制研究[D]. 西安: 西安电子科技大学, 2011.

[21] 王兰美, 廖桂生, 黄际英. 矢量传感器幅相误差校正与补偿[J]. 系统仿真学报, 2007, 10(6): 1326-1328.

[22] 王兰美, 王洪洋, 廖桂生. 基于四阶累积量的多参数联合估计算法[J]. 西安电子科技大学学报, 2005, 32(3): 374-377.